湖南省自然资源科技计划项目（2020-04）资助

新疆主要金属矿产区域成矿概论

田培仁　王永新　成功　｜编著｜

INTRODUCTION TO REGIONAL
METALLOGENESIS OF
MAIN METALLIC MINERALS IN XINJIANG

U0332132

中南大学出版社
www.csupress.com.cn
·长沙·

图书在版编目(CIP)数据

新疆主要金属矿产区域成矿概论 / 田培仁,王永新,成功编著. —长沙:中南大学出版社,2023.9
ISBN 978-7-5487-5373-5

Ⅰ. ①新… Ⅱ. ①田… ②王… ③成… Ⅲ. ①金属矿床—成矿—研究—新疆 Ⅳ. ①P618.201

中国国家版本馆 CIP 数据核字(2023)第 091360 号

新疆主要金属矿产区域成矿概论
XINJIANG ZHUYAO JINSHU KUANGCHAN QUYU CHENGKUANG GAILUN

田培仁　王永新　成功　编著

□出 版 人	吴湘华	
□责任编辑	刘小沛	
□责任印制	唐　曦	
□出版发行	中南大学出版社	
	社址:长沙市麓山南路	邮编:410083
	发行科电话:0731-88876770	传真:0731-88710482
□印　　装	长沙鸿和印务有限公司	

□开　　本	710 mm×1000 mm 1/16	□印张 19.75	□字数 396 千字
□互联网+图书	二维码内容　字数 1 千字　图片 12 张		
□版　　次	2023 年 9 月第 1 版	□印次 2023 年 9 月第 1 次印刷	
□书　　号	ISBN 978-7-5487-5373-5		
□定　　价	98.00 元		

序 /
Preface

我国是全球最大的资源进口国和资源消费国。随着经济快速发展，我国主要战略性矿产资源对外依存度也不断攀升。当前，世界面临百年未有之大变局，国际形势发生深刻变化，发达国家已高度重视关键矿产安全问题并开展谋划和布局，我们在充分利用国外丰富的矿产资源的同时，也要重视提升我国战略性资源供应保障能力。

新疆地处欧亚大陆腹地，横跨中亚、特提斯两大世界级构造−成矿域，自北向南包括天山—兴蒙造山系、中天山南缘地壳对接带、塔里木克拉通、秦祁昆造山系、康西瓦—南昆仑地壳对接带、羌塘—三江造山系(即三系两带一块)。独特的造山过程导致新疆地质环境复杂多样，叠加复合成矿作用异常显著，矿产资源禀赋良好。目前，全疆已发现矿种153个，占全国已发现矿种173个的88.4%，已查明资源储量的矿种102个，占全国163个矿种的62.6%，其中，石油、天然气、煤炭、铁、锰、铬、钛、铜、镍、钴、锡、钼、金、铌、钽、锂、铍、镓、钾盐、萤石等20个矿种新疆保有资源量排名全国前十，为新疆重要战略性矿产。近年来，随着国家和自治区财政的不断投入，基础地质调查、区域成矿规律认识取得新进展。新疆是我国重要的能源资源勘查开发区及接替区，在新一轮战略性矿产找矿行动中，新疆有望成为我国能源资源战略保障基地。

《新疆主要金属矿产区域成矿概论》首先对新疆地壳结构与深部构造做了一个初步介绍，然后，进一步分析了新疆地球物理场及地球化学场特征，再论述了新疆主要固体金属矿产地域性成矿特征，对新疆主要固体金属矿产区域性成矿地质构造进行了归类，最后，详细分述了新疆固体金属矿产区带，将新疆分为八个重要成矿区带：西伯利亚（阿尔泰）成矿省、额尔齐斯—布尔根板块构造缝合带、准噶尔成矿省、那拉提—阿其克库都克板块构造缝合带、塔里木成矿省、东昆仑成矿亚省、康西瓦—鲸鱼湖板块构造缝合带、青藏（喀喇昆仑）成矿省，详细叙述了主要成矿区带的地质矿产状况，并插入典型矿山实例丰富了本书的内涵。《新疆主要金属矿产区域成矿概论》系统总结了新疆矿产资源及其开发利用实况，是矿业人士了解新疆矿产资源和矿业实况的一部重要的工具书。

该专著不仅是作者在新疆数十年地质工作的积累，更是新疆固体矿产的较为全面的展示，可为矿业人士和地质工作者提供重要参考。

何继善

2023 08 28

前言 /
Foreword

　　新疆是我国的一个矿产资源大省，能源潜力巨大、固体金属及非金属矿产丰富、化工原料和建材品种繁多。21 世纪，丝绸之路经济带建设又给新疆的发展带来了难得的机遇，地质勘查也迎来了春天，鉴于近代新颖的成矿理论和全方位立体式配套的勘查方法，使新疆固体金属矿产的理论研究深化、地质勘查方法多样化，地质勘查成果丰硕，大–超大型矿床多有发现，带来了矿产采掘业的复苏，矿产经济效益趋好，新疆固体金属矿产的研究–勘查形势平稳而良好！

　　笔者在新疆从事固体金属矿产勘查–研究–管理达半个世纪之久，一直在学习地质前辈和同仁们勤奋、敬业、吃苦、奉献的精神，以及他们高水平的地学研究成果和学术见解，汲取众家技术精华，逐步形成对新疆金属矿产区域成矿背景的粗浅认识。

　　本书资料收集的时间跨度有 50 余年，研究理念与观点繁杂，为了尊重原著，引用时大多未作更改。几十年来我国地质界大地构造学派林立，主流学派随着时间的推移也不断更替和转换，成矿理论更是百家争鸣，促进了矿产研究的深化和矿产勘查技术的发展，对此本书仅进行了罗列，未做调整和统一。

　　大地构造是矿产赋存的基础，大部分地质、矿产著作以某一大地构造理论为指导而开宗明义，诚如正文所述，本专著对新疆矿产成矿地质背景的分析，采取以矿例为依据，控矿条件为主导，通过勘查、研究、预测，达到发现矿床的目的，而不局限于用一种大地构造思想去引领全书。

　　根据地壳类型、深部构造、地球化学场、地球物理场和大地构造分区等综合性因素去分析成矿地质背景，基于新疆地壳的过渡性质特征，去言明区域矿产分布的内在控矿因素，从基础上、本质上，根据区域较有代表性矿产的分布划分成矿区带。

　　突出地质历史发展过程、研究古地理环境、综合构造演化、厘定大地构造性质，以区域成矿的非典型性与"过渡态"控矿表现等去着墨矿产。本专著旨在探讨新疆这个在地壳稳定（如华北地台）与地壳活动（如中亚地槽）区域之间的，既非稳定亦非活动的过渡性地壳上的固体金属矿产特征及其成矿时间分配与空间分布规律，探索研究区域成矿机制。

　　成矿区带的划分，是以不同级别、不同规模的地质构造单元为基础，以主要矿种和矿床类型为目标，有利于对成矿区带的认识，进一步和有效地为成矿预测提供实际可依的地质矿产依据。以成矿地质构造背景为依托、以主要矿种为方向、以成因系列为联系，以配套研究为手段，从而达到成矿预测的目的。

　　本专著本应有大量的插图，鉴于工作量太大，除区域矿产有少量附图外，乃以文字叙述为主，更由于涉及整个新疆地区，矿带多、矿种杂，限于篇幅和容量，仅说明其主体而少予深究。存在的问题虽在编辑过程中给予调整和改正，但篇多、量大也难免有疏漏与失误，敬请各位读者批评与指正。

目录 / Contents

第 1 章 新疆地壳结构与深部构造

1.1 新疆大地构造立论基础

本专著所引用的地质矿产资料，素材来源广、时间跨度大，涉及大地构造理论门派多，笔者也期望优选出一种大地构造思想作为立论基点去探讨新疆地理变迁、地史演变，构造演化、时代更替，特别是用来进行成矿预测，但其结果并不理想，在深入研究综合成矿与控矿的地质构造背景之后，笔者发现采用多种构造理论并借用其主体理论内核，会使深入地质研究和成矿预测收益颇丰。

用板块构造理论认识和研究地球演化与地壳发展，在当前地质科学中，具有强大的生命力和广阔研究前景，用它的发展规律去规划洲际、国际、省际矿产区带优于其他构造学说，而板块构造理论也存在诸多难解的构造问题，对于小型的矿产亚带和成型矿床的成矿背景解疑，更是问题颇多。

地壳波浪镶嵌构造学说对我国西北地区的构造划分与成矿，特别是对新疆和中亚地区的找矿颇有指导性作用，这是基于该地区的盆(块)山(条)互为镶嵌的构造格架。在国际、省际及中、小型矿带预测与成型矿床定位中，其成功概率相对较高。笔者曾试想将板块构造与镶嵌构造合并运用，虽不能解决所有问题，但可使两种学说扬长避短、优势互补。在以往的矿产勘查实践中，有意或无意地互为引证且倍感收效显著。

源于欧洲的槽台学说在我国沿用已有百余年历史，它利用地壳活动(地槽)区和稳定(地台)区地质构造单元的成对出现，随着时间的更替和空间的转换构建大地构造演化史。地洼学说的提出，实质是对槽台学说的延续、修正、补充和提高(后地台阶段)，地质动力的动定递进和螺旋式上升的多次动定构造单元的性质旋回变化，纠正了大地构造发展上的"轮回"的概念，笔者认为，笼统地讲，将槽台学说与地洼学说加以融合，"动""定"递进发展，取其合理的理论内核，用于大地构造演化研究和区域成矿预测将是相对完美的。

地质力学的研究与发展，启示了地质动力学在地壳形成中的主导作用，地质力学研究者认为刚性地壳只不过是一组流体-胶体物质组成物，它可随着地质动力演化和性质变化，而形成级别不同、形状各异、规模大小、性质有别的各类构造图像，这一大地构造理论在研究地壳发展与区域成矿预测以及矿床勘查中都有明显的指导作用。断块构造研究的实质，乃是对地质力学学说有关断裂构造系统的细化和内容综合，也是对断裂研究的系统提升。

新疆完整的大地构造研究起始于 20 世纪 50 年代，以槽台学说的大地构造思想为指导。中途推行过用地质力学学说作为大地构造和矿产研究的指导方针。80 年代板块构造学说正式作为新疆地质研究的构造学说而被明文提出直到构造开合学说的兴起。笔者积累了 50 余年新疆金属矿产的勘查经验，深深感悟到新疆矿产依赋大地构造单元，受控于地史变迁、构造演化。找矿工作取决于正确的大地构造思想和相应的成矿地质构造背景研究，决定着区域矿带的圈定和成（找）矿靶区优选以及矿床定位，现以新疆金属矿产为例加以说明。

新疆区域矿带划分方案和版本较多，其中以板块构造观点划分的矿带得到普遍认可与采用，实践证明该方案基本符合新疆区域矿产成矿实际。特别诸如额尔齐斯、觉罗塔格、康西瓦、加洪达坂四个较为醒目的构造缝合带（矿带），另如哈巴河矿结、北塔山矿结、琼河坝-蒙西矿结、额敏-和丰矿结、阿拉山口矿结、中天山矿结、哈密地块东端矿结、塔里木西缘矿结、于田-民丰矿结等规模不等、矿种各异的成矿集中区。新疆层控-改造型矿床成矿规律的研究，应建立在槽台-地洼学说的地史沿革基础之上和地质构造演化进程中，不同时代的古地理环境沉积建造构造形体，制约着各类矿种及层控矿床的产生。一般而言，在地质历史发展的进程中，有望矿床的生成总是集中于特定的时限、层位和成矿建造。如塔里木西缘中（英吉沙群）新（乌拉根组、安居安组）生代铜铅锌矿，是在元古宙地块活化基础上坳陷盆地沉积的产物，根据塔里木地区的地史、构造演化史，应视为地洼型沉积的大-超大型矿床。塔里木地块及其周边的诸多金属矿床，其成因大多可归为多因复成矿床，说明中亚型地洼区的成矿作用在塔里木及其周边不但普遍存在而且有强烈表现。

新疆地壳的过渡性质制约着新疆矿产的地域性成矿特征（后有专述），在运用大地构造学说和成矿理论时一定要加以变通。如新疆的斑岩型铜矿和濒太平洋（彼岸）的斑岩铜矿，成矿地质构造环境、控矿条件和矿床特征均不相同。新疆块状硫化物型矿床所依赋的大地构造条件也有所差异等。以上所列种种足以说明，在新疆要多门派、多学说、多观点、多理念、多阶段结合新疆地史、构造、矿产实际去选用大地构造理论，才能达到系统而完整地认识新疆地壳发展的全过程，并窥其构造全貌的目的。

1.2　新疆地壳、莫氏面特征

一般而言,地壳结构的划分,主要依据地壳分层及分层厚度(玄武岩质层、花岗岩质层、沉积岩层),地球物理场和地球化学场特征,地球动力学与均质程度,有无闪长岩介入,莫氏面、康氏面的空间状态,地壳的岩浆岩与非岩浆岩成矿专属性等。

从新疆布格重力异常图及地层厚度图得知,新疆莫氏面深度呈不均一性,隆洼相间,与表层构造和地貌形态延伸方向基本一致,统计莫氏面深度,在南北剖面上大体如表 1-2-1 所示。

表 1-2-1　新疆莫氏面深度及其构造特征表

构造部位	莫氏面深度/km	备注
阿尔泰幔坡带	50～58	北
准噶尔幔隆区	42～53	
天山南北边缘	50	
库鲁克塔格—星星峡幔凸	42～45	
伊宁幔脊	50～55	
南天山(阿合奇—和静)幔谷	60～65	
巴楚幔凸	45	
昆仑—喀喇昆仑幔坡带	50～65	南

新疆莫氏面深度是北薄南厚,南北方向剖面显示 M 形,即具有两坡(阿尔泰幔坡带、昆仑—喀喇昆仑幔坡带)两隆(准噶尔幔隆、塔里木幔隆)一洼(西天山幔洼)的深部构造特点。在上地幔隆起区,布格重力异常等值线稀疏,无一定延伸方向,形成互为镶嵌的块状异常,具相对稳定沉降区重力异常的特征,如塔里木盆地。在上地幔坳陷区,布格重力异常等值线较密集,具有明显的走向,一般呈束状,是相对挤压隆起活动带的重力异常特征,如阿尔泰山、西部天山、昆仑山等。而东部天山和准噶尔盆地,其布格重力异常图或莫氏面深度图,均反映出一种具有过渡性质的重力异常区特征。

新疆莫氏面的深部起伏状态与现存地表的地貌呈明显的镜向反映,即山区对应于上地幔坳陷,而盆地区对应于上地幔隆起,形成的地貌剖面为 W 形,这种镜向对应的现象,不仅反映出新疆地质构造运动的差异性和独特性,显示出地球外部的构造变形,更重要的是反映地球内部,尤其新疆上地幔内部物质运动的特征与结果。

1.3　新疆地壳类型

新疆地壳类型主要依据周守沄、乌统旦的有关研究成果,并借鉴中亚地区地壳类型的划分:苏联地球物理学家和地质学家们,首先利用地质-地球物理手段,研究地壳结构类型并进行地壳分区。Э·Э·费吉柯阿德以玄武岩层与花岗岩层的厚度比例为基础,把地壳分为四种类型;Т·И·麦纳克尔考虑到"闪长岩层"介入程度,划分出矿石-岩浆组合区,并将地壳类型分区的原则用于成矿研究;较有成效的是 С·Х·哈姆拉巴耶夫 1974 年利用地壳总厚度、玄武岩质层、花岗岩质层和沉积岩层的厚度与其相互关系以及与矿石-岩浆岩系列组合特征,对乌兹别克斯坦的地壳类型进行了成功划分,具体分为乌拉尔型(铁镁质地壳)、库拉马型(铁镁-硅铝质地壳)、南天山型(硅铝质地壳)、费尔干纳型(硅铝质地壳、局部硅铝-铁镁质地壳)。

新疆地壳深部构造研究,始于 20 世纪 80 年代,第一个系统而完整的成果是《新疆北部 1∶100 万区域重力图编制及综合地质研究》,在其先后尚有一些深部构造方面的研究论文,且以地球物理方面论文较多,笔者集中研究了中亚地区地壳类型的划分原则和新疆地壳类型已有的划分方案,发现在新疆较为普遍地采用如下地壳类型划分方案。

1.3.1　铁镁质地壳——准噶尔型

这类地壳分布区,布格重力异常值最高,一般是 $(-100\sim-70)\times10^{-5}m/s^2$,等值线多为方向不定的块状,地壳厚度最薄,平均 $43\sim45\ km$,盖层薄,"花岗岩质层"(Hg)厚度很小,"玄武岩质层"(Hb)厚度很大,故 Hb/Hg>1,莫氏面、康氏面上隆,属上地幔隆起区,地质构造以幔源断裂为主,岩浆岩以中基性-超基性岩占优势,元素地球化学集群,以亲硫性、还原性元素为主。矿产以铬、钛、钒、铁、金刚石、金、铜镍、石棉、石墨居多,石油、天然气,盐、碱也多有存在。这类地壳在准噶尔盆地西部、北部和东部分布,库鲁克塔格和北山也同属该地壳类型分布区。

1.3.2　铁镁-硅铝质地壳——天山型

这类地壳分布区,布格重力异常值较低,一般在 $(-300\sim-200)\times10^{-5}m/s^2$,等值线形态为过渡型,地壳厚度较大,一般 $50\sim55\ km$,盖层较厚,"花岗岩质层"

(Hg)厚度略小于"玄武岩质层"(Hb)的厚度,故 Hb/Hg>1,莫氏面、康氏面下陷,属上地幔坳陷区。该地壳多受切割而使整个地壳呈现块状、菱块状,构造岩浆活动强烈而频繁,成分复杂,从超基性至碱性均有存在,火山及火成活动形式多样,呈现出完整的演化过程(爆发—喷发—溢流—侵出—侵入),元素以弱亲硫、亲石元素为主,且沿着巨大断裂带,呈线性双向对称分带,由中心亲硫元素向两侧亲石元素过渡,矿种繁多,矿床类型多样,黑色金属、有色-贵金属、稀有金属、非金属、放射性元素矿产等应有尽有,矿床类型有岩浆型、斑岩型、层控型、火山岩型、花岗岩型等,这类地壳主要分布在西部天山。

1.3.3　硅铝-铁镁质地壳——阿尔泰型

这类地壳分布区,布格重力异常值较低,一般在 $-200 \times 10^{-5} \mathrm{m/s^2}$ 以下,重力等值线呈束状,有明显展布方向,梯度大,平均每千米可达 $1 \times 10^{-5} \mathrm{m/s^2}$,地壳厚度较大,平均大于 58 km,有较厚的盖层,花岗岩质层(Hg)厚度大于玄武岩质层(Hb),故 Hb/Hg<1,莫氏面、康氏面下陷,属地幔慢坡带,该类地壳岩浆活动强烈,火山岩、侵入岩发育,褶皱断裂普遍,以亲石元素和弱亲硫元素为主,以稀有元素、有色金属、黑色金属、非金属、放射性元素矿产占优势,而且它们大多与火山岩和中酸性侵入岩有成因联系,矿产类型的主体是花岗伟晶岩型、花岗岩型及层控型,这类地壳分布在阿尔泰山、东-西昆仑山和喀喇昆仑山。

1.3.4　硅铝质地壳——塔里木型

这类地壳分布区,布格重力异常值在 $-150 \times 10^{-5} \mathrm{m/s^2}$ 左右,重力等值线以宽缓、延伸方向不定、梯度较小为特征,地壳厚度一般在 $45 \sim 56$ km,盖层厚度大,"花岗质岩层"(Hg)厚度大于"玄武岩质层"(Hb)的厚度,故 Hb/Hg<1,莫氏面、康氏面平缓,该类地壳岩浆活动微弱,盖层褶皱平缓。矿产以石油、天然气、钾盐、煤、芒硝为主,黑色金属和有色金属矿产亦存在。

1.4　新疆地壳模型

新疆地壳特征是横向成块、纵向成带、垂向成层:垂直方向上的层状结构和水平方向上的条块结构,两者有机结合,构成新疆地壳结构空间模型。依据新疆东部地学剖面和袁学诚研究资料表述如下:

1.4.1　地壳横向结构

新疆地壳密度结构和横向的不均匀具有普遍性,这种特征除因局部高速体和低速体影响之外，主要是新疆地壳断裂构造发育，将地壳切割成块状和条状的缘故。如卡拉麦里深断裂，切穿上地幔、倾向北、倾角360°左右，断裂两侧地壳结构差异明显，北侧具有三层结构，密度小，南侧为四层结构，密度较北侧大，莫氏面断差 5 km 左右。该断裂又处于一个近于直立的低阻异常带上，而两侧为宽缓的高阻异常带，南侧电阻率为 1000～3000 Ω·m，北侧电阻率高达 1000～10000 Ω·m。又如苦水（雅满苏）断裂，它南北两侧的地壳结构差异明显，北侧为双层结构，南侧为多层结构，两者之间大地电磁测深表明，在北侧 17 km 深处电阻率低，为 500～1000 Ω·m，南侧上壳层电阻率为 3000～5000 Ω·m，足见该处是构造活动带，其构造活动的中心线，恰位于高阻与低阻异常带的过渡地段。

1.4.2 地壳垂向结构

根据地震测深资料，地壳在垂向上具有明显的分层结构，内部反射波分出不同波组，即分别对应于地壳分层界面，自上而下有：

(1) 代表松散沉积物及沉积盖层的底界面。

(2) 古老沉积变质岩系（含部分侵入岩）的底界面。

(3) "花岗岩质层" 中的一个密度界面。

(4) "花岗岩质层" 的底界面，相当于康氏面。

(5) "玄武岩质层" 的底界面，相当于莫氏面。

与此相适应而建立起垂向新疆地壳分层结构如图 1-4-1 所示。

图 1-4-1 新疆地壳分层结构

1.4.3 地壳速度结构类型

由地震测深剖面的地壳速度分布，归结出四种速度结构类型（层套结构类型）：

(1) 三层结构完整，界面清晰，属典型的大陆地壳。一般而言花岗岩质层厚

18~32 km，闪长岩层厚 5~20 km，玄武岩质层厚 10~20 km，新疆多数地区属该地壳速度类型。

（2）由花岗岩质层和玄武岩质层组成，中间缺失闪长岩层，多出现在岛弧和岛弧过渡区。

（3）由玄武岩质层和闪长岩层组成，上部花岗岩质层缺失，或很薄，属成熟岛弧或洋内岛弧型过渡地壳区。

（4）花岗岩质层直接盖在上地幔之上，缺失闪长岩层，该地壳速度类型在卡拉麦里深断裂南侧出现，推测可能是这里具有洋壳基底的反映。

在上述四种地壳速度结构类型中，均有异常速度的夹层与块体，这就是异常的高速层和低速层，前者应理解为地幔底辟或海洋残片，后者可认为是地壳局部熔融引起的结果。

1.4.4　地壳模型

新疆地壳具有横向成块、纵向成带（条）、垂向成层的结构和构造特征。

下地壳：纬向构造系由东西向和北西西向幔源断裂构成，经向构造系由南北向、北北西向、北北东向幔源断裂构成，两个构造系统互为切割使其成块，块状构造是下地壳的主要结构特征。

中地壳：属流变层，以层状构造为主体，部分显示有 X 形断裂构造的叠加，在层状构造的基础上，形成大菱格构造。

上地壳：处于刚性变形状态，实为下、中地壳结构构造的叠加与复合、发展与诱导，以东西向、北西西向纬向构造，南北向、近南北向经向构造，以及西域系构造为主体，兼有华夏系构造的叠合，使上地壳成为菱块状、层块状构造的复杂组合。

综上所述，新疆地壳结构模型应是：上地壳为菱块状结构构造式；中地壳为层块状、大菱块状结构构造式；下地壳为层状、块状结构构造式。

1.4.5　新疆地壳结构、构造演变的总特点

（1）地壳演化以层状为基础，由简而繁，由块状向菱块状发展，发育过程具有强烈继承性。

（2）除上述表现之外，地壳演化的继承性多表现出间歇继承性特征，如经向构造系，在下地壳表现少而清晰，上地壳表现不很清晰，而近代构造发育，同时出现一大批间歇性南北向断裂，如"西准"—科克苏断裂、福海—乌鲁木齐断裂、七角井—吐屋断裂、三塘湖—库姆塔格—矛头山断裂等，除表现继承性特征外，新生性地质动力学特征也很明显。

（3）构造演化除继承性和新生性之外，基于构造发展的不均一性，又表现出

构造迁移性和扩散性，如深部构造存在多级构造单元，经向构造除南北向外，北北西向、北北东向、北北西向也是新疆上地壳经向构造的主方向。纬向构造在阿尔泰山为北西西向，在天山为东西向、近东西向，但大多数构造被北西向和北东向菱格构造替代，因此上地壳构造的迁移性与扩散性应是地质动力变形的特色。

总而言之，新疆地壳是在层状结构基础上，叠加块状、菱块状构造，构成地壳结构的垂向成层、纵向成带、横向成块的空间（状态）特征。

1.5 新疆深部构造

对于新疆深部构造的论述及其构造单元的划分，本书在研究并利用滕吉文、林关玲、邓振球、周守云、鲁新便诸学者的研究资料基础上，做出如下论述：新疆莫氏面等深线图显示，新疆地壳厚度的总趋势是北薄南厚，莫氏面形态具有两坡、两隆、一洼的 M 形特征，阿尔泰山、昆仑山的莫氏面分别向北和向南斜倾下降，准噶尔、塔里木盆地深部属莫氏面上隆区，西部天山莫氏面下坳成为上地幔坳陷区。新疆深部构造的平面形状，为一近东西向准噶尔—塔里木马蹄形上隆区和西部夹持于其间的舌状西天山幔洼区，总构造平面形状是向东部合拢、向西部发散。

新疆地壳结构的力学特点是，准噶尔、塔里木的张应力和阿尔泰山、天山、昆仑山压应力相互作用，深部以垂直运动为主形成地壳断块，浅层以水平运动为主形成高山与低盆。以上事实证明，地幔状态与地壳运动，乃是高密度地幔与地壳压应力和大地水准面隆起相对应，低密度地幔与地壳张应力和大地水准面的坳陷相对应。新疆地壳相对全国地壳分区而言，其深部对应构造应属西部幔坪区和青藏幔坪区，深部次级构造单元自北向南为阿尔泰幔坡带、准噶尔幔隆、西天山幔洼、塔里木幔隆、昆仑—喀喇昆仑幔坡带。

笔者在综合诸家划分深部构造命名方案后认为：更次一级（三级）构造单元划分，应本着"准、少、清"的原则，准确、简单、清晰地去划分深部构造，即幔坡带：幔坡、幔阶；幔隆：幔凸、幔凹、幔台；幔洼：幔脊、幔谷。这些逐级构造单元的边界，尤其是二级构造单元之间的边界，多为重力梯度带，这些重力梯度带，又多对应于幔源及壳幔源断裂的位置。

1.5.1 阿尔泰幔坡带

阿尔泰幔坡带位于喀纳斯—青河重力梯度带以北，该梯度带长 400 km，走向北西西。西去哈萨克斯坦，东入蒙古国，重力梯度值由南向北均匀而逐步下降，为 $(-200\sim-120)\times10^{-5}m/s^2$，异常梯度为 $3\times10^{-5}m/s^2$ 以上，不同梯级等值线疏密有别，并发生走向弯曲，反映了北西西向构造受北西向构造干扰。阿尔泰幔坡带是阿尔泰—蒙古幔凸的南翼，其间地壳结构复杂，莫氏面起伏变化较大，整体上为不规则的北西西向延伸条带，若以阿尔泰市为界，其等值线表现为西疏东密，幔坡带由南而北逐步加深，地壳厚度 50～58 km，该幔坡带的次级构造有喀纳斯幔阶和诺尔特幔阶。

1.5.2　准噶尔幔隆

该幔隆在喀纳斯—青河重力梯度带与艾比湖—乌鲁木齐重力梯度带、托克逊—哈密重力梯度带之间，幔隆区重力梯度值高，其走向东西，长 700 km，宽 300～500 km，异常值为 $(-90～-80)×10^{-5}m/s^2$。莫氏面等深线为线形稀疏束状，走向多变，地幔总体隆升。地壳厚度较薄，厚度在 42～53 km，一般厚度 45～50 km，幔隆南侧的天山地壳较厚，康氏面变化较大，与东、北、西准噶尔地壳结构特征均不相同。

准噶尔东部：康氏面的隆起与坳陷相间出现，走向北西，深度为 32～40 km。

准噶尔中部：康氏面走向东西，呈南深北浅的一个斜坡，深度一般为 32～40 km。

准噶尔西部：表现为北东走向的隆起带，康氏面深度为 22～32 km，埋深最浅处在克拉玛依附近为 22 km。

准噶尔幔隆较为明显的深部次级构造单元特征见表 1-5-1。

表 1-5-1　准噶尔幔隆较明显的次级构造单元特征表

名称	康氏面深度	莫氏面深度
福海幔凸	—	43.5 km
克拉玛依幔凸	22 km	42 km
额敏幔凹	—	52 km
将军庙幔凸	—	46 km
老爷庙幔凹	—	51.2 km
中央准噶尔幔凸	33～38 km	48 km
荒草坡幔凸		<45 km

1.5.3　西天山幔洼

艾比湖—乌鲁木齐、乌鲁木齐—库尔勒、阿合奇—博斯腾湖三个重力梯度带，从北、东、南三个方向，呈弧形包围了西天山幔洼。西天山幔洼的莫氏面平均深度 62 km，最深达 66 km，康氏面走向北西，由局部隆起与坳陷组成，其深度变化在 26～34 km，属低重力异常区，次级深部构造有伊犁幔脊、博罗霍洛幔谷、西南天山幔谷。

1.5.4 塔里木幔隆

塔里木幔隆在阿合奇—博斯腾湖、托克逊—哈密重力梯度带与柯岗—阿尔金重力梯度带之间，地域包括塔里木盆地及东部天山。

塔里木幔隆是一个范围大、变化平缓的高重力异常区，又可进一步划分出巴楚—塔克拉玛干和库鲁克塔格—星星峡两个高重力异常中心，总体异常变化幅度为 $(-130～-110)\times10^{-5}$ m/s^2。区内各地莫氏面深度不同，西部隆洼相间分布，莫氏面深度为 54～60 km；中部相对平缓，莫氏面深度为 54～58 km，东部为地幔隆起区，莫氏面深度最浅约 48 km。康氏面分布特征与莫氏面相似，在西部高低相间，深部变化范围为 32～38 km，中部平坦，深度为 32～34 km，东部康氏面表现为走向东西的隆起带，最浅埋深为 26 km。

塔里木盆地深部构造总特征是横向成块、纵向成带、垂向成层。横向上的地电块状结构，基本反映了盆地深部隆坳相间的分布格局。垂向上的五套电性层，实乃壳幔垂向分层结构之反映：第一电性层为盆地沉积盖层，中新生代低阻层；第二电性层为盆地盖层中的古老变质岩层，厚 15～20 km；第三电性层为壳内低阻层——花岗岩质层；第四电性层为壳幔高阻层—玄武岩质层；第五电性层是上地幔中低阻层，顶面埋深 90～100 km。

从塔里木盆地磁力图得知，在喀什—库尔勒北东东一线，其南北两侧的磁场结构迥然有别，北侧为弱磁性区，磁性异常走向北西。南侧为高磁性区，磁性异常走向北东，这一长约 1800 km 的磁性分界线，是新疆较大的一组长期活动的、时代跨度较长的断裂带，将完整的塔里木地区，分为南北两个亚区，北亚区为弱磁性盖层区，南亚区则主要是具有磁性结构的结晶基底（表 1-5-2）。

表 1-5-2 塔里木幔隆上的次级深部构造特征表

构造名称	莫氏面深度/km
塔西南幔凸	45
库鲁克塔格—星星峡幔凸	49
阿克苏幔凹	53
塔南幔坡	54～60

1.5.5　昆仑—喀喇昆仑幔坡带

昆仑—喀喇昆仑幔坡带走向东西，条带分布，长逾千米，宽 200~300 km，两端分别延入国外、区外，莫氏面等深线十分密集向南下陷，坡度 0.06~0.12，地壳厚度 60~70 km，南界为康西瓦—慕士塔格深断裂和木孜塔格—鲸鱼湖深断裂。喀喇昆仑幔坡走向东西，莫氏面等深线密集，地壳厚度 70 km 以上，受北西西向和东西向构造干扰，地壳结构复杂，最大地壳厚度大于 80 km。

1.6　深部构造与浅部构造对应叠置关系

通过对深部构造与浅部构造对应叠置关系的研究，建立起三种对应叠置关系式：

（1）正向构造对应区，壳隆与幔隆对应。

（2）负向构造对应区，壳凹与幔坳、壳凹与幔坡等相互对应。

（3）异向构造对应区，壳凹与幔隆、壳隆与幔坳、壳隆与幔坡等诸级构造对应。

新疆深部构造所对应的浅部构造分为四大板块（西伯利亚、准噶尔、塔里木、华南），除西伯利亚板块、华南板块与深部两大幔坡对应一致外，准噶尔、塔里木两板块则与准噶尔幔隆、西天山幔洼、塔里木幔隆对应，跨深度构造分割，从而出现深浅构造对应叠置的复杂关系。

1.6.1　西伯利亚板块

上地壳为古生代及前寒武纪构造层，夹有较大范围的花岗岩层，总厚度 13 km。

中地壳为单一花岗岩层，见于可可托海及其以北地区的深部，该层底界面最浅为 28 km，厚 15~20 km。

下地壳为玄武岩质层，最大厚度 28 km。

该板块浅部构造是区域性复式向斜的南翼，次级构造自北而南有诺尔特复向斜、富蕴复背斜、克朗复向斜，它们所对应的是阿尔泰幔坡带，总体应属异向构造对应区。

1.6.2　准噶尔板块

准噶尔板块所对应的深部构造除大部分为准噶尔幔隆外，还包括西天山幔洼的北部和中部，塔里木幔隆东北部，其地壳特征：

上地壳为中新生代沉积盖层(5~8 km)和古生代构造层(底界面深 16 km)。

中地壳为花岗岩质层,其中夹中基性岩类。

下地壳为玄武岩质层,平均厚度 15 km。

准噶尔盆地所对应的深部构造为准噶尔幔隆,其中心为正向构造对应区,而周边为异向构造对应区。准噶尔板块南侧西段深部构造为西天山幔洼北侧,可理解为一个次级幔坡,博罗霍洛复背斜为次级异向构造对应区,东天山深部为塔里木幔隆上的星星峡幔凸,其所对应的浅部构造是觉洛塔格裂陷槽,亦属异向构造对应区。

1.6.3　塔里木板块

上地壳为显生宙及前寒武纪变质岩,厚度 10 km,夹有花岗岩侵入体。

中地壳为花岗岩质层,具有高速层和低速层。

下地壳为玄武岩质层。

地壳呈北薄南厚的平坦斜坡,塔里木板块所对应的深部构造是幔隆,主体为正向构造对应区,西南天山和北昆仑分别对应于西南天山幔谷和塔南幔坡。应视为负向构造对应区,北山裂谷对应于塔里木幔隆东部隆起,属异向构造对应区。

1.7　新疆地质构造综合演化与成矿作用

从粗略地对新疆上地幔深部构造单元划分,再结合新疆晚古生代板块构造划分方案,考虑深部构造和浅部构造对应叠置关系,在统一研究地壳结构的基础上,分析新疆地壳演化与成矿。诚如前述,上地幔构造单元与板块构造单元,其位置基本对应,唯它们各自影响的范围有大有小,相互之间有狭缩和超覆关系,总的趋势是板块范围多大于对应的上地幔构造分区范围,由于深部构造演化的统一性和发展的不均一性,尚可进一步划分出多级次级构造,一般而言这些次级构造同样具有深浅对应性关系,构造单元的界限多由重力梯度带分开,这些重力梯度带大多数是区域展布的幔源、壳幔源断裂。

矿产是一种综合性的地质因素作用的结果,这种地质综合条件孕育了矿产,矿产又反映了自身的发生、发展及生成的地质环境和地质演化历史。所以浅部矿产及其分布格局,是地壳结构深部构造和浅部构造等诸多地质因素综合演化反映的结果。

1.7.1　西伯利亚板块

该区在中国境内称阿尔泰幔坡带,仅相当于阿尔泰—蒙古幔洼南侧的一部分幔坡，坡度大陡降，浅部构造自北而南分别为诺尔特复向斜、富蕴复背斜和克朗复向斜，由两个次级负向构造对应区和一个次级异向构造对应区组成。

研究认为，异向构造对应区一般矿产多为混合型，即兼有层控型矿床及与侵入岩有成因联系的矿床，尤其是浅部构造处于正向时，更富产与侵入岩有关的亲石元素矿产，如富蕴复背斜带上与花岗岩、富碱花岗岩、花岗伟晶岩成因有关的稀有元素矿床。负向构造对应区一般以沉积-火山沉积层控型矿床占主体，如诺尔特、克朗两个负向构造对应区内的铁、铜、铅、锌、金矿床等。

1.7.2　准噶尔板块

准噶尔板块主体构造对应于幔隆区，因对应形式多样，故成矿特色多样，西部准噶尔的深部构造为一北东向隆起带，浅部构造为扎依尔复向斜，应属异向构造对应区，这里有层控型(含沉积型、沉积变质型)铁、金和与基性-超基性-花岗岩有成因关系的铬、金、铜、锡、钼。东部准噶尔的深部构造方向多变，浅部构造中的岩石建造与西部准噶尔地区有所差异，其他地质构造特征两者基本一致、矿产相同。准噶尔板块的南北两侧，是新疆有色-贵金属矿产分布密集区。北部额尔齐斯为一铲形巨型推覆带，南部觉洛塔格浅部构造为裂陷槽，均对应于准噶尔幔隆边缘，以富产火山系列的铁、铜、金矿，岩浆型铜镍矿，斑岩型铜钼矿，韧性剪切带型金矿，层控型铁铜矿为主。这种浅部构造为负向、深部构造为正向的异性构造对应区，呈现出层控型矿床和与侵入岩有关的矿床。

1.7.3　伊犁微板块

伊犁三角盆地的浅部构造为裂谷，对应的深部构造为幔脊，属异向构造对应区，可与觉洛塔格裂陷槽构造相对比，是以层控型铁、铜、金、锑、汞、铅锌为主体的矿产区域。博罗霍洛复背斜所对应的深部构造为幔谷，属异向构造对应区，类似于富蕴复背斜，矿产以与酸性、碱性侵入岩有关的锡、钼、钨、铍、铁铜铅锌、金、汞矿为主，其地球化学场与元素集群也和富蕴复背斜相像，只有挥发性元素含量远低于富蕴复背斜，故表现出以钼、锡、钨矿产为主。

1.7.4　塔里木板块

对应于塔里木幔隆和西天山幔洼南部，中部是塔里木盆地，为正向构造对应区，南侧的北昆仑为负向构造对应区，北侧南天山—西南天山为负向构造对应区：正向构造对应区已知矿产有岩浆型钒钛铁矿、铜镍矿、蛭石矿和与花岗岩类有成因联系的锡钼、铜金矿，负向构造对应区以层控型铜、铅锌、锑汞金银矿产为主，负向构造对应区沿塔里木外侧环状分布，尤其在塔里木幔隆西端表现清晰。

1.7.5　昆仑—喀喇昆仑幔坡带

昆仑—喀喇昆仑幔坡带对应的浅部构造为塔里木板块南部和青藏板块北部，总体属负向、异向构造对应区互换，以产岩浆岩系列，层控型铁铜、铅锌、黄铁矿、金矿为主，而中昆仑、羌塘则以稀有金属铍、钨和非金属白云母及水晶为矿产特色。

1.7.6　区域成矿作用

成矿作用是一种涵盖地质多物质来源、多因素组合、多阶段发展、长期性、综合性地质演化的过程。地壳的结构与演化、构造形式与转化，无疑是成矿的基础地质关键之所在。

研究深部构造与浅部构造演化后看出，地幔构造单元的面积总是小于对应的板块面积，它们之间既存在继承，更存在着增生（增长），晚古生代板块边缘出现增生、拼贴扩张带，在板块增生扩张的同时，地幔构造的中心和近中心部位，由垂向张应力向水平压应力转化，出现具有水平推覆性的线性断裂构造带，以协调深部与浅部构造动力学的平衡。最后阶段，由于经向构造的复活，在"垂直震荡水平推覆"的地质动力基础上，又出现叠加与交会构造。该地质现象对成矿具有实际意义。

基于上述新疆地壳的构造发展，由于地壳结构构造的逐级演化，呈现出阶段性、层次性特征，从而出现三种相应的成矿作用（成矿形式），如图1-7-1所示。

```
——额尔齐斯壳幔源断裂——
北侧：额尔齐斯
乔夏哈拉—老山口层控型铁铜金矿带
科克森套—喀拉通克岩浆型铜镍矿带
别斯库都克韧剪型金矿带
阿尔曼特（索尔库都克）斑岩型铜钼矿带
中间：准噶尔古陆
南侧：觉洛塔格
吐屋—三岔口斑岩型铜钼矿带
黄山—镜儿泉岩浆型铜镍矿带
雅满苏—苦水韧性剪切带型金矿带
阿齐山—雅满苏层控型铁铜矿带
——沙泉子壳幔源断裂——
```

图1-7-1　新疆地壳构造及相应成矿带

（1）垂直增生扩张成矿

在准噶尔和塔里木幔源边缘，由于地幔扩张地壳增生作用，出现对称的增生扩张构造演化带（即成矿带），如准噶尔幔隆两侧的额尔齐斯和觉洛塔格，塔里木幔隆两侧的南天山（含西南天山）与北昆仑山，实为新疆金属矿产的分布密集区和有望成矿带，而且区域矿产具有空间分布的对称性。

（2）构造开合-多层次成矿

塔里木板块基于自身地史的发展和多期次构造开合演化过程，其矿产在时间上集中于中元古代环形裂谷带、晚古生代似环形裂陷槽-裂谷带和中-新生代马蹄形边缘坳陷-断陷带，从而在塔里木盆地及其周缘构成三个区域性的巨型矿带，随着时间的推移而显示出多层次区域成矿的特征：

1）中元古代（老）裂谷，铁铜金铅锌银环形矿带（以海相热水-火山热水沉积为主）。

2）晚古生代（中）裂陷槽-裂谷，铁铜镍钴铅锌金似环形矿带（以海相热水-火山热水沉积为主）。

3）白垩世—新近纪（青）坳陷-断陷盆地，锌铅铜银马蹄形矿带（海相、亚陆相-陆相沉积）。

（3）水平推覆（纬向）挤压成矿

具体体现在幔隆核部和幔洼槽部，如准噶尔幔隆上的达尔布特—卡拉麦里成矿带、塔里木幔隆上的喀什—库尔勒—明水成矿带、西天山幔洼槽部的中天山成矿带，它们呈东西向及近东西向线形延伸，以产岩浆型铬、钒钛、铜镍钴，斑岩型的锡铜钼，热液型的金汞锑等为主，以亲硫性、还原性元素为主体，成型矿床多在远离线形构造主线 5~15 km 范围内分布。

（4）横向引张（经向）聚合成矿

在构造综合演化过程中，该成矿作用是由继承与发展了纬向挤压构造动力作用转化为横向拉张作用引起的，亦多显示构造交会聚合成矿。一般而言不少矿床，甚至大-超大型矿床，多存在于构造及构造交会区，这应视为聚合成矿的典型，对解释新疆固体金属矿产在区域上成带展布、成群集中的特征提供了实际例证和成矿理论依据。

很明显，在地壳结构构造演化基础上去研究区域成矿作用，对解释新疆固体金属矿产的时、空分布与集中，具有针对性和真实性，加深理性认识会更加接近阐明成矿主因，如再结合地壳类型，深、浅构造的对应关系，地球物理场性状，区域地球化学特征等一并考虑，对于成矿预测会裨益良多。

第 2 章　新疆地球物理场及地球化学场特征

2.1　新疆地球物理场特征

2.1.1　新疆航空磁力异常特征

将新疆地壳划分出四个磁性块体，其中南塔里木块体与准噶尔–吐鲁番块体构成新疆磁性块体的主体，尤其是南塔里木块体，不仅是新疆主要磁性块体，而且在中亚乃至亚洲大陆整个区域均居重要地位。

（1）南塔里木磁性块体

南塔里木磁性块体分布于塔里木河以南的塔克拉玛干沙漠区，南部界限在和田、策勒、民丰县城一线，长 1600 km、宽 400 km，面积 50 万 km^2，平面形状为西宽东窄，呈东、西向帚状。再向东进北山，总走向变为北东向。该块体地表绝大部分被沙漠覆盖，仅在巴楚—阿瓦提县境，部分出露二叠纪玄武岩及基性侵入岩，可产生部分磁异常。

磁性块体属性是由前寒武纪结晶基底引起的，岩性主体可能是深变质的麻粒岩相混合岩。

塔里木盆地，可分为南、北两部分：

南侧为南塔里木磁性块体，分界为喀什—罗布庄—明水深断裂带，北侧为北塔里木非磁性块体。

就其物性而论，塔里木盆地并不是一个完整的地质整体，而是由被深大断裂分割的两个(磁性、非磁性)块体构成。

（2）准噶尔—吐鲁番磁性块体

其范围包括古尔班通古特沙漠全部，南到伊林哈比尔尕，东部包括吐哈盆地，平面形状似牛角，总体延伸方向为北西，长 1000 km，宽 400 km，面积约

40 km^2。地表在古尔班通古特沙漠戈壁区和吐鲁番盆地范围内，皆被第四系沙漠覆盖，在伊林哈比尔尕、博格达、哈尔里克等山区为晚古生代地层，其中含一定的中基性火山岩，并有大片花岗岩及闪长岩侵入。有关磁性块体的性质，推断由前寒武纪变粒岩、混合岩引起，且准噶尔与伊林哈比尔尕同属一个磁性块体，局部地区盖层中分布具磁性的火山岩，地表具有构造分割线的博罗霍洛、阿其克库都克两断裂在该磁性块体中却没有显示，表明磁性块体分布于中、深部，与地表地质的显示具有差异性。

（3）伊犁磁性块体

伊犁磁性块体北西向延伸，呈楔形插入天山与北塔里木非磁性块体之间，平面形状是西宽东窄，地表出露晚古生代地层，其中含有一定的中基性火山岩。该磁性块体应是前寒武纪磁性变质岩基底与叠加其上的晚古生代中基性火山岩综合作用的结果。

（4）阿尔泰磁性块体

阿尔泰磁性块体呈北西走向的弧形，长 600 km，宽 20 km，面积达 10 km^2，它东宽西窄，东西两端分别分布于蒙古国和哈萨克斯坦，它所显示的磁场特点是，向上延拓 40 km 之后磁异常消失。地表出露晚古生代具磁性的中基性火山岩，存在前寒武纪结晶基底之上，它与准噶尔—吐鲁番磁性块体的分界线是托里—和什托洛盖—库普大断裂。

很显然，新疆卫星磁力异常所反映的大幅值磁异常与古老地层有关，并表明如下特征：新疆卫星磁力异常分布特征与中国华北—西南磁异常特征存在明显差异，新疆卫星磁力异常呈东西向延伸，而华北—西南磁力异常走向则呈北东向，由此推论，它们是由两个延伸方向完全不同的古老地盾组成，也就是说华北地台与塔里木地台是两个构造体系。

新疆塔里木正磁异常与西藏负磁异常紧密相邻，在西藏负磁异常南面，为缅甸—孟加拉—印度正磁异常，帕米尔—西藏负异常介于两个正磁异常之间，这种关系使帕米尔—西藏（青藏高原）夹持于两个古老冷硬地盾之间，青藏高原的隆升是这两个古老地盾长期作用的结果，这两个古老地盾硬块在巨大板块动力驱动下相互作用，构成青藏高原隆升的一种可能性力学机制（即相向的 V 形推覆）。

中国华北—西南正磁异常与缅甸—孟加拉湾—印度正磁异常呈环形分布。向东出现的日本正磁异常延伸方向，大致平行于中国华北—西南磁异常，它们环太平洋分布，反映出几个古老地盾环太平洋分布，成为现代亚洲板块前缘与现代洋壳对接部分，构成中生代以来地壳块体的轮廓。

根据新疆卫星磁力异常图，以其正、负磁异常块体，可厘定出四条北西—东西向区域性深断裂带，这些断裂带与区域矿产有着密切关系，从而构成新疆四个近东西向区域性重要矿带：

1）额尔齐斯断裂：（阿尔泰前缘）铁铜镍钼铅锌金银矿带。

2）托里—和什托洛盖—库普（即达尔布特—卡拉麦里）断裂：铬金铜矿带。

3）阿希—望峰—康古尔塔格—山口（即北纬42°成矿带）断裂：铁锰铜钼镍钴铅锌金银矿带。

4）喀什—罗布庄—明水（即塔里木中间地带）断裂，钒钛铁锰铜镍铅锌金矿带。

2.1.2 新疆布格重力异常特征

新疆布格重力异常变化比较复杂，既具有类似我国中原地区布格重力高异常的某些特点，又具有我国西南地区布格重力低异常的类似特征，这种现象说明，新疆是一个深部构造颇为复杂的地区，主要表现为：

（1）横贯全疆将新疆地貌分为南北两部分的天山，在布格重力异常上的明显表现，是以南北向乌鲁木齐—博斯腾湖复杂布格重力异常梯度带为界，将其分为东、西两段，托克逊—哈密梯度带又将东部天山分解为南、北两块。

（2）近东西向拉长的塔里木菱形盆地，其布格重力异常图上，显示出有三个北西向的异常。

（3）长期以来，地学界在所确定的塔里木刚性稳定地块上，最突出的布格重力高异常不在盆地中部，而是偏向南部，在巴楚到和田河一带。

（4）天山博格达山以东，海拔高度4000 m，所对应的是布格重力高异常。库鲁克塔格和觉洛塔格地表有大量花岗岩分布（占东天山的1/3面积），其有24万km^{2}面积的重力高异常，规模大于塔里木盆地的重力高异常范围。

由于布格重力异常主要反映地壳深部构造，与地表浅部地质构造往往相悖。

2.1.3 新疆地壳厚度与莫氏面状态

新疆地壳厚度发育的总趋势是北薄南厚，并显示发展的不均一性，在准噶尔与塔里木两盆地地壳厚度较薄，阿尔泰、昆仑—喀喇昆仑及西天山地壳厚度相对增厚。新疆莫氏面的深部状态，就其南北向剖面而言表现为 M 形，具体由北向南依次有：阿尔泰幔坡—准噶尔幔隆—西天山幔洼—塔里木幔隆—昆仑—喀喇昆仑幔坡，即所谓的"两坡两隆一洼"的莫氏面深部状态。新疆现存地貌即三山两盆，空间外形南北向剖面现 W 形，因此，新疆深部构造的 M 形和浅部地貌的 W 形（阿尔泰山、准噶尔盆地、天山、塔里木盆地、昆仑—喀喇昆仑山）构成两者在空间上的镜向反映模式。

依据布格重力异常图和莫氏面空间状态，划分新疆深部构造分区，如图2-1-1所示。

二级	西部幔坪区	青藏幔坪区
三级	阿尔泰幔坡带	昆仑—喀喇昆仑幔坡带
准噶尔幔隆区		
	西天山幔洼区	
塔里木幔隆区		

图 2-1-1　新疆深部构造分区

2.2　新疆地球化学场特征

区域地球化学的归类与分区，受深部构造、浅部构造、地壳类型、地壳厚度、莫氏面、康氏面空间状态控制，以及深大的地壳活动带和活动带之间的时间演化、空间分布、有机结合的影响，这些也制约着元素的区域分布属性和时间分配特征。

（1）准噶尔板块

准噶尔板块地层厚度小，地壳厚度薄，地壳基性度高，玄武岩质层厚度大于花岗岩质层的厚度，莫氏面与康氏面上隆，二氧化硅和全碱含量相对较低，属铁镁质地壳类型，有利于亲铁元素的形成。

在洋盆扩张阶段，形成与蛇绿岩有关的铁矿、铬矿和金矿。

在地动力挤压环境下，形成与钙碱性岩浆有关的火山岩型铁铜矿，斑岩型、矽卡岩型、热液型铜钼矿，火山岩型、碳酸盐型汞矿。

造山后期非造山扩张环境，产出与碱性及富碱花岗岩有关的锡钼铋钨矿、铜锌金矿、稀有金属、稀土金属矿等。

陆壳发展在陆内扩张环境中，发育有与基性-超基性杂岩有关的岩浆熔离-贯入型铜镍矿和与基性岩有关的钒钛磁铁矿。

（2）塔里木板块

塔里木板块属硅铝质地壳，地壳厚度薄，具前震旦纪变质基底和稳定沉积震旦纪等古生代盖层，成矿以沉积作用和变质作用为主，产沉积及沉积变质铁矿、层控型铅锌矿、层控热液型金银矿、寒武纪磷钒铀矿。在其发展后期由于地台活化，出现与基性岩有关的钒钛磁铁矿，与基性-超基性杂岩有关的铜镍矿，火山-次火山岩型铁矿、铜矿。总的看来，该构造单元的元素地球化学特性，仍以亲铁性元素为主。

（3）伊犁亚板块

伊犁亚板块属铁镁-硅铝质过渡地壳类型，花岗岩质层厚度略小于玄武岩质层的厚度，莫氏面下陷，地壳内构造与岩浆活动强烈而频繁时，可形成以亲硫元素为主、亲铁元素为辅的矿产组合。

在挤压构造环境条件下，有岩浆岩和火山岩分布时，产斑岩-矽卡岩-热液型钨锡铜铅锌银等矿产，处于拉张环境时，在所形成的火山盆地内，会产生火山系列矿产，矿浆型铁矿，火山-次火山岩型、火山沉积型铜铅锌矿，铁锰矿，浅成低温热液金矿，韧性剪切带金矿。

（4）西伯利亚板块南缘的阿尔泰陆缘活动带和青藏板块北部的喀喇昆仑地区

这两个地区具有共同的地球物理与地球化学特征。布格重力异常值较低，梯度陡，地壳厚度大，盖层厚，花岗岩质层厚度远大于玄武岩质层的厚度，莫氏面、康氏面下陷。地层中二氧化硅和全碱含量较高，铁镁含量较低，属硅铝-铁镁质过渡地壳类型，有利于亲硫和亲铁元素矿产的形成，由于构造拉张作用，形成火山沉积盆地，出现火山系列矿产及与之配套的矿产类型。地史演化初始阶段的海相环境条件下，出现火山沉积铁矿。构造扩张阶段形成英安流纹岩与玄武岩双模式火山岩建造，产火山沉积-喷流沉积铜铅锌矿等块状硫化物矿床。构造挤压条件下酸性侵入岩发育，则有壳源重熔型 S 形花岗岩及其有成因联系的花岗伟晶岩型、花岗岩型稀有金属、稀土金属矿产形成。

（5）板块增生边缘带

准噶尔板块南北边缘增生拼贴带为觉洛塔格与额尔齐斯，由板块向外元素对称演化，依次出现斑岩型铜矿、岩浆型铜镍矿、韧性剪切带型金矿、火山热水沉积铁铜铅锌矿。其分布规律是由深源元素向浅源元素过渡、物质来源由矿源体向矿源层发展，类型由岩浆型向火山岩型转变。

塔里木板块南北边缘增生拼贴带为北昆仑与西南天山和南天山，由板块向外，元素演变系铁金钒钛、铜铅锌银、锑汞等。由亲铁元素（结晶基底）向亲硫元素（盖层褶皱）演化过渡。

（6）新疆地球化学单元划分（依据国家 305 项目 96-916-07-01-04 专题研究成果并稍作调整）：

Ⅰ.阿尔泰稀有金属铅锌铜铁金地球化学省（阿尔泰陆缘活动带）：

Ⅰ1 诺尔特铅锌银砷锑镉金地球化学带。

Ⅰ2 哈龙-青河铍锂铌钽镧铀钍钨铋氟磷硼金地球化学带。

Ⅰ3 克朗铅锌铜银砷锑金镉锰铁地球化学带。

Ⅱ.准噶尔铜镍铬铁金汞锡钨钼镁地球化学省：

Ⅱ1 额尔齐斯铜镍钼金铁铬钒钛锰镁地球化学带。

Ⅱ2 萨乌尔-加波萨尔金铜钼银砷锑铬镍钴钒钛锰铁镁地球化学带。

Ⅱ3 洪古勒楞—阿尔曼特铬镍钴铜钼铁镁金砷锑汞地球化学带。

Ⅱ4 谢米斯台—库普—三塘湖金汞锡铜砷锑银地球化学带。

Ⅱ5 达尔布特—卡拉麦里金铬铜镍钴钒镁锑砷汞地球化学带。

Ⅱ6 唐巴勒铬镍镁铜金地球化学带。

Ⅱ7 将军庙金银砷汞铜铅锌地球化学带。

Ⅱ8 伊林哈比尔干铬铜钴钒镍金地球化学带。

Ⅱ9 博格达铜锌铬钴钒铁锰地球化学带。

Ⅱ10 哈尔里克铜钼铅锌砷金地球化学带。

Ⅱ11 觉洛塔格铜镍金铁钼铬钴铅锌砷锑地球化学带。

Ⅲ. 西天山铜铅锌金银铁地球化学省：

Ⅲ1 阿拉套钨锡铜金地球化学带。

Ⅲ2 赛里木铅锌铜钼金银铋砷地球化学带。

Ⅲ3 博罗霍洛铜金铅锌钨锡钼铋铍钨铁铌镧钇铀钍钛锆地球化学带。

Ⅲ4 巩乃斯铁铜金银钼铅锌地球化学带。

Ⅲ5 那拉提铜金镍铬钴铁镁钾钠硅地球化学带。

Ⅳ. 塔里木铁钒钛铜镍磷金砷锑汞铅锌地球化学省：

Ⅳ1 哈尔克套锑砷汞铁铜镍铅锌金钙地球化学带。

Ⅳ2 额尔宾山钨锡铋铍铬镍钴钙金地球化学带。

Ⅳ3 黑英山锑砷汞硼铬镍钴铜稀土地球化学带。

Ⅳ4 西南天山铜砷锑汞铅锌金银地球化学带。

Ⅳ5 柯坪铁钒钛铅锌汞磷铀稀有－稀土元素地球化学带。

Ⅳ6 木扎尔特铁铜铅锌地球化学带。

Ⅳ7 铁克里克铅锌铜银地球化学带。

Ⅳ8 库鲁克塔格铜镍金磷铅锌银钼地球化学带。

Ⅳ9 星星峡钙镁铁钒钛铬镍金银铅锌钨铌地球化学带。

Ⅳ10 阿尔金铬镍钴钒钛铜铅锌金地球化学带。

Ⅳ11 北山铁铜镍金砷银锑磷地球化学带。

Ⅳ12 恰尔隆—库尔良铜铅锌金铁地球化学带。

Ⅳ13 公格尔—桑珠铜铅锌金银砷铁锰地球化学带。

Ⅴ. 喀喇昆仑铁铜铅锌银金砷铍锂地球化学省：

Ⅴ1 阿克赛钦—羌塘铁铜铅锌金砷地球化学带。

Ⅴ2 康西瓦铍锂铌钽钨铅锌地球化学带。

Ⅴ3 林济塘铜铅锌地球化学带。

Ⅴ4 木孜塔格铜金地球化学带。

Ⅵ. 东昆仑铬镍钴铜铁钛铅锌金钨锡地球化学省：

Ⅵ1 祁曼塔格铬镍铜钴铁钛钨锡铅锌金地球化学带。

Ⅵ2 喀帕铬镍钴铜钼地球化学带。

Ⅵ3 布拉克巴什—云雾岭铜金地球化学带。

共计 6 个地球化学省，39 个地球化学带。

第3章　新疆主要固体金属矿产地域性成矿特征

新疆地处中亚腹地，具有独特的大地构造背景与特殊的区域地质条件，它没有像中国东部那样稳定的地壳圈层，也没有像乌拉尔地区那样标型的优地槽活动带，而是表现出既活动而又稳定的过渡性地壳特征和体现过渡性质的构造特征，以及独具"新疆特色"的成矿特点。

3.1　新疆地壳的过渡性质

新疆古地理环境是多岛海和小洋盆，没有大洋和标型的岛弧带，这已是业内人士的共识，通过对重力异常的研究得知：

（1）新疆深部构造概括地说是两隆（准噶尔幔隆、塔里木幔隆）两坡（阿尔泰幔坡、昆仑—喀喇昆仑幔坡）和一洼（西天山幔洼），剖面显示 M 形，而三山两盆的现代地貌却呈现 W 形，两者在空间上互为镜像对应。现知新疆地幔（莫氏面）深度为 42 km（克拉玛依）到 65 km（加洪达坂）。

（2）垂向地壳分层（图 3-1-1）：

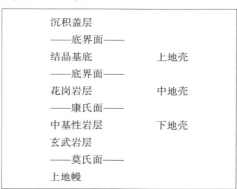

图 3-1-1　新疆垂向地壳分层

地壳一般具有三层结构。

（3）地壳模型：新疆地壳是以层状结构为基础，辅以块状、菱块状构造块叠合而成，形成纵向成带、横向成块、垂向成层的地壳空间结构模式。

（4）地壳过渡特征：新疆地壳具有活动中孕育稳定，稳定中又显示活动的地质动力学特征，活动性体现为中天山水字形构造，稳定性由塔里木盆地的多断块构造证明。

（5）古地理与古构造条件：新疆古地理环境是多岛海-小洋盆，缺失完整大洋和标型岛弧。

上述种种，充分说明了新疆地壳发育的非标准状态和显示过渡态构造性质。

3.2　区域地质控矿规律

3.2.1　塔里木及其周边构造多期次开合与多层次成矿

塔里木及其临侧区的金属矿产随着塔里木地史发展与构造演化，表现出三个金属矿产成矿期和相应的地域分布带。

（1）中元古代裂谷（西昆仑山、喀喇昆仑山西段、中天山），地形标高 3500～4500 m，产出铁铜金铅锌银矿，如铁矿（哈拉墩、铁列克契、赞坎、老并）、铜金矿（布伦口）、铅锌银矿（彩霞山、玉西）。

（2）晚古生代裂陷槽（夭折裂谷）：西昆仑西段、西南天山南侧，地形标高 2500～3500 m，产出铅锌铜钴锡钼铁金矿。如库斯拉甫铅锌铜钴矿带、库尔良铜矿带、霍什布拉克铅锌矿带、赞比勒锡钼铁铜锌金稀有-稀土金属矿带。

（3）中新生代坳陷-断陷盆地：（乌恰盆地、拜城—库车盆地、阿其克库勒盆地），地形标高 2500 m 以下，为铅锌铜矿带。如白垩纪萨热克铜矿带、乌拉根铅锌矿和古近纪西克尔铜矿带、新近纪的杨业、花园、滴水、康村、克其克勒克等铜矿带。

这里的矿产根据其成矿时限，分为老（中元古代）、中（晚古生代）、青（中-新生代）三个成矿时代，根据其成矿空间分布，以地形高、中、低分为三个成矿区域。

3.2.2　准噶尔板块外缘板块增生与拼贴及对称成矿

以准噶尔板块为核心，分别由北侧额尔齐斯、南侧觉洛塔格两个镶边构造带，构成板块外缘增生拼贴对称矿带，由北向南：

（1）西伯利亚板块：阿尔泰陆缘活动带矿产分布如图 3-2-1 所示。

——额尔齐斯壳幔源断裂——

北侧：额尔齐斯构造挤压带

乔夏哈拉—老山口海相火山热水沉积铁铜金矿带

别希库都克—老山口韧性剪切金矿带

科克森套—喀拉通克基性杂岩铜镍矿带

索尔库都克—扎河坝斑岩型铜钼矿带

——阿尔曼特壳幔源断裂——

中间：准噶尔古陆

——托克逊—哈密壳幔源断裂——

南侧：觉洛塔格晚古生代岛弧带

土屋—玉海斑岩型铜钼矿带

黄山—镜儿泉基性—超基性杂岩铜镍矿带

雅满苏—苦水韧性剪切带金矿带

沙垅—银帮山海相火山热水沉积铁铜铅锌矿带

——沙泉子壳幔源断裂——

图 3-2-1 阿尔泰陆缘活动带矿产分布图

（2）准噶尔板块。从上述矿带的排列可以较好地解读，中天山地块（变质带）准噶尔板块环状斑岩铜钼矿带的生成与分布区域构造以及岩浆活动的背景条件（图 3-2-2）。

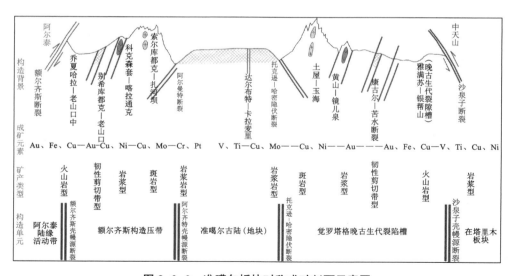

图 3-2-2 准噶尔板块对称成矿剖面示意图

3.2.3 伊犁亚板块水平挤压-拉张线形成矿

博罗霍洛古生代复背斜上的金属矿产属酸性岩浆岩系列成矿，即依附侵入岩体（复背斜轴部），从山脊向两坡依次出现斑岩型铜钼矿、矽卡岩型铁铜钼锡铅锌矿、热液型铜铅锌金锑汞等矿带，具有明显的区域性环带成矿特征。

伊犁晚古生代陆内裂谷是以火山岩成矿系列为主，以浅成火山低温热液型金矿、斑岩型铜钼矿和陆相火山岩型铜银矿占主导，特别是浅部的火山低温热液型金矿和深部的斑岩型铜钼矿，它们的时间相随、空间相伴的成矿规律尤为清晰。如早石炭世吐拉苏火山断陷盆地内，有阿希、京希等浅成火山低温热液金矿，其周边也有斑岩型铜矿出现，包括盆地北侧的卡森克伦、盆地南侧的乌里昆阿夏和阿尔特萨依等斑岩-矽卡岩型铜钼矿。乌孙山北坡博古图萨依金矿、乔拉克金矿皆属浅成火山低温热液金矿类型，而它们的南北两侧，则有斑岩型苏阿苏钼矿、卡拉萨依铜钼矿和库勒钼金矿。新源县城近侧南山，恰合博河中游近东西向河床，为伊什基里克东西向中轴断裂的东段，南侧为脱勒斯拜克浅成火山低温热液（硅化岩）型金矿，北侧则对称出现含铜金的霏细岩-花岗斑岩角砾岩筒型斑岩铜矿。

3.3 重要矿床类型成矿背景剖析

3.3.1 俯冲构造条件下的斑岩型铜钼矿

（1）构造特征：它依附的构造背景多样，土屋—延东斑岩型铜矿产于北东东向觉洛塔格北断裂与北西向七角井断裂交会区；包古图斑岩型铜钼矿产于北东东向达尔布特断裂与南北向希贝库拉斯断裂丁字形交会区；北达巴特斑岩型铜钼矿产于汗吉尕晚古生代裂谷中次级元古宇隆起边缘；卡拉先格尔、哈拉苏斑岩型铜矿受控于北西西向额尔齐斯断裂与北北西向卡拉先格尔断裂的十字交会构造影响区；索尔库都克斑岩铜钼矿依附于乌伦古断裂；希勒库都克斑岩钼矿受控于额尔齐斯断裂；东疆沙泉子断裂北侧斑岩铜矿依附于其次级平行断裂与火山穹隆构造；伊犁地区斑岩型铜矿、钼矿、铜钼矿皆与火山构造（含火山机构）关系密切。

（2）岩石特征：属海西中晚期中酸性岩石系列，多偏重于岩石演化的最后端元——钙碱性、碱性岩石，诸如斜长花岗斑岩、花岗闪长斑岩、碱性闪长玢岩、钾长花岗斑岩等。

（3）矿产特征：矿体多为板状、条状和带状，含矿元素单一，有铜型、钼型、铜钼型。大多数矿床铜钼分离，浅部与地表元素品位低，多数铜品位在 $0.2 \times$

10^{-2} 左右，深部铜品位可达 $0.8×10^{-2}$，钼品位大于 $0.03×10^{-2}$，普遍缺失硫化物次生富集带，其围岩蚀变相对中国东部斑岩铜钼矿而言，蚀变强度不大，分带不完整，硫化物含量少、硅化作用强烈为其突出的围岩蚀变特征，面型与线形蚀变兼有。

3.3.2 冒地槽条件下的块状硫化物型铜锌矿

新疆的大地构造背景具有过渡构造性质，属于多岛海与小洋盆，缺少标准的大洋沉积和岛弧构造，这样的构造环境，理应缺失海相火山热水沉积型块状硫化物矿床，但最近几年的找矿实践，却提示新疆不但有海相火山热水沉积型块状硫化物矿床，而且为数不少，并多具有中、大型规模。对铜矿而言，如果阿舍勒铜锌矿的发现，可能与哈萨克斯坦矿区阿尔泰优地槽成矿环境有关，那么东天山的泥盆纪和石炭纪中的块状硫化物铜锌矿，只能归为冒地槽构造单元中的产物，这类矿床产于酸性火山喷发旋回（英安岩系）与基性火山喷溢旋回（玄武岩系）之间的火山间歇沉积旋回（沉凝灰岩、火山碎屑岩、砂岩、灰岩、硅质岩）内。矿化层由上部火山热水蚀变（硅钾化）和下部块状、网脉状矿石（Cu、Zn、Au、Ag、Pb、Co 等）构成，呈现出标型的火山热水沉积块状硫化物矿床特征。分析其产出的构造环境，应该是冒地槽内局部深陷带或同生断陷带，宏观上属冒地槽中次级构造单元，但又具有优地槽沉积建造特点，故而相对地显现出矿层长度短、宽度窄、厚度大、产状平缓（0°~30°）的发育特征。

以上仅指海相热水–火山热水–喷流沉积类型。

3.3.3 活动造山带型铜镍矿

涂光炽院士于 20 世纪 80 年代将新疆铜镍矿按其存在的大地构造背景条件，分为造山带型和克拉通型。造山带型铜镍矿，截至目前是新疆此类矿产的唯一工业来源，也是新疆区别于中国东部铜镍矿的成矿特点之一。

新疆造山带型铜镍矿的成矿母岩，大多是基性–超基性杂岩。基性杂岩的含矿性是铜镍兼有，而基性–超基性杂岩的含矿性则以镍为主，多以中–小型岩体成带出现，矿床规模大、中、小型均有，现知新疆具有工业价值与发展远景的 5 条铜镍带中，造山带型占 3 条（喀拉通克—老山口、黄山—镜儿泉、北山克孜勒塔格），克拉通型占 2 条（沙泉子—箐布拉克、兴地）。根据新疆铜镍矿成矿的地质背景分析，今后除继续对造山带型铜镍矿深化区域地质找矿与进行已知矿床深部评价外，开拓与发展克拉通型铜镍矿也势在必行，如沿中天山北断裂，扩大找矿区域与加速发展沙泉子—箐布拉克铜镍矿矿带的工业前景，对箐布拉克岩体的镍、铜、铂的蕴矿性进行全面的地质勘查，以确定其工业价值；兴地岩带的关键是扩大找矿范围并尽快完备岩带和矿带，对I、II号岩体深部的含矿性要继续探索。

第 4 章　新疆主要固体金属矿产区域性成矿地质构造归类

　　新疆大地构造的总特点是具有过渡性，即以多岛海-小洋盆为构造基础。在地质构造演化过程中没有标型大洋盆地，其构造性质表现为既非稳定又非活动的过渡型地壳特征，故矿产的生成亦显示非标准、非典型的矿床类型。具体而言，它既没有像加拿大古陆上类似萨特伯里熔离型铜镍矿，也没有类似乌拉尔与地壳活动带有生因联系的矿床类型。新疆矿产有其自身的区域成矿特点，根据其存在的构造背景、岩石系列、古地理环境以及后期改造程度，可将其划分成 9 类，即可从 9 个方面对新疆固体金属矿产进行控矿构造归类。

4.1　与板块构造缝合带、俯冲带、蛇绿岩带有关的矿产

　　新疆自北向南有三条板块缝合带，即额尔齐斯—布尔根板块缝合带、那拉提—阿其克库都克板块缝合带、康西瓦—昆中—鲸鱼湖板块缝合带。板块缝合带矿产本身生成具有分带性、类型配套性和生成时代的层次性与叠加性。这三条板块缝合带东、西两端均伸向新疆区域之外，并出现不少大型-超大型矿床。
　　额尔齐斯—布尔根板块缝合带，西去哈萨克斯坦西卡尔巴，以产铜金为主，大型金矿巴克尔奇克即位于此带。
　　那拉提—阿其克库都克板块缝合带，西出国境有查尔库拉大型金矿（哈萨克斯坦）、科姆多尔超大型金矿（吉尔吉斯斯坦），以及少偏南侧的萨雷贾兹大型锡矿与纳伦盆地元古宙变质岩型（260 亿 t）杰特姆铁矿（吉尔吉斯斯坦）。东去甘肃省有红尖兵山黑钨矿和为数不少的铁矿、铜矿。
　　康西瓦—昆中—鲸鱼湖板块缝合带在新疆境内虽少有成型矿床发现，但矿化迹象不少，矿床类型较好，如海相热水沉积型铁、铜金矿（铁列克契、孜洛依），

斑岩型金铜矿（布拉克巴什、云雾岭），以及铅锌矿、稀有金属矿等，它东去青海省有五龙沟大型金矿、驼洛沟钴金矿，西去阿富汗与 20 亿 t 储量的哈尔吉加铁矿、超千万吨储量的艾纳克元古宙层控型铜矿相连。

板块俯冲带（含巨大韧性剪切带）是一种深源构造，空间上依附于板块缝合带，在发生的时间上有先后之别且相随相伴。就其成矿特点而言，以具有还原性、强亲硫的元素组合为主，矿产生成具有时间更替性、矿种转化性和空间分带性，这里会出现岩浆型铜镍矿、斑岩型铜钼矿，甚至可能有海相热水沉积块状硫化物铜锌矿床。

目前新疆已厘定出 32 条蛇绿岩带和 6 条基性−超基性杂岩带，前者具有铬钛钒金的含矿专属性，后者产铜镍钴铂金矿。

（1）32 条蛇绿岩带自北向南为：

1）科克森套准蛇绿岩带（D）。

2）额尔齐斯准蛇绿岩带（D）。

3）达尔布特准蛇绿岩（C）。

4）巴尔鲁克蛇绿岩带（D）。

5）和布克赛尔蛇绿岩带（D）。

6）唐巴勒蛇绿岩构造地层地体（S）。

7）玛依勒蛇绿岩构造地层地体（S）。

8）洪古勒楞蛇绿岩构造地层地体（O）。

9）乌伦古−阿尔曼特蛇绿岩带（D）。

10）卡拉麦里蛇绿岩带（C）。

11）巴音沟蛇绿岩带（C）。

12）博格达−哈尔里克准蛇绿岩带（C）。

13）觉罗塔格准蛇绿岩带（C）。

14）古洛沟−库米什蛇绿岩带（D）。

15）米斯布拉克蛇绿岩带（C）。

16）红柳河蛇绿岩带（C）。

17）卡瓦布拉克蛇绿岩带（D）。

18）木吉−昆盖山蛇绿岩带（D）。

19）乌孜别里山口蛇绿岩带（D）。

20）塔什库尔干蛇绿岩带（C）。

21）恰尔隆蛇绿岩带（Pt）。

22）库地蛇绿岩带（C）。

23）他龙蛇绿岩带（Pt）。

24）慕士塔格蛇绿岩带（Pt）。

25）苦牙克蛇绿岩带（P）。

26）红柳沟-拉配泉蛇绿岩带（Pt）。

27）阿帕-喀帕蛇绿岩带（P）。

28）叶桑冈-蛇绿岩带（P）。

29）秦布拉克蛇绿岩带（Pt）。

30）清水泉蛇绿岩带（Pt）。

31）依吞布拉克蛇绿岩带（D）。

32）木孜塔格蛇绿岩带（P）。

（2）6 条基性-超基性杂岩带自北向南为：

1）科克森套—喀拉通克海西中期岩浆熔离-贯入型铜镍矿带，它西起中哈边境，东过老山口，呈近东西向延伸。基本上沿着额尔齐斯断裂发展，形成一系列酸性-中性到基性的杂岩体，具铜镍的含矿专属性，成矿依赋基性杂岩相。

2）黄山—镜儿泉海西中期岩浆熔离-贯入型镍（铜）矿带，该矿带西起库姆塔格沙垄，东过甘（肃）新（疆）边境，呈北东走向，沿康古尔塔格深断裂分布，属基性-超基性杂岩，产镍（铜）矿。

3）箐布拉克—天宇海西中期岩浆熔离-贯入型镍（铜）矿带，该带沿着天山北断裂南侧、元古宇长城系和蓟县系中所派生的次级断裂分布，属基性-超基性杂岩带。岩浆岩主体是辉长岩、辉橄岩及橄榄岩。其成矿特点是以镍钴铂金为主，并含少量铜。

4）依格孜塔格海西中、晚期岩浆型铜镍矿带，该带受依格孜塔格古生代裂陷槽与晚古生代裂谷之界限断裂控制，呈东西向线形分布，岩体以基性岩、超基性岩为主，属基性-超基性杂岩。成矿特点是富镍少铜。

5）达尔布特（柳树沟—唐巴勒段）岩浆型铜镍矿带，位于达尔布特超基性岩带上盘辉橄岩内，属熔离型硫化（铜）镍矿。

6）兴地晋宁期岩浆型铜镍矿带，是新疆铜镍成矿年代最老（晋宁期）的矿带，位于太古—元古宇库鲁克塔格隆起边缘，岩带沿着兴地断裂近东西走向发育着数个含矿岩体。

统观新疆铜镍矿，根据其成矿母岩及含矿特征可归为两类，即含铜镍的基性杂岩类，以及含镍（铜）的基性-超基性杂岩类，且以后者居多。若以其存在的大地构造背景条件划分，则有造山带型（如科克森套—喀拉通克、黄山—镜儿泉、北山依格孜塔格）和克拉通型（如兴地、箐布拉克—天宇）两类铜镍矿。

4.2 "岛弧带"矿产

板块在其发展的各个阶段所出现的岛弧(含火山弧、岩浆弧)含矿的共同特点是以斑岩型矿床为主,并有铜、铜钼、铜钼金、铜金、多金属(含金银)等矿种组合,同时与其他矿种特别是以中酸性岩浆岩有成因关系的金属矿床,可构成如下的金属矿床组合带,并大多分布在陆缘活动带上。

(1)萨乌尔斑岩型铜成矿带:托斯特,以及境外哈萨克斯坦的克孜勒卡茵和肯萨依。

(2)谢米斯台斑岩型铜成矿带:谢米斯台、阿尔木强。

(3)老爷庙—琼河坝铜钼成矿带:琼河坝、蒙西、保尔赛。

(4)北塔山—纸房斑岩型铜钼成矿带:塔黑巴斯套。

(5)哈尔里克—土屋斑岩型弧形铜成矿带:北带有欧巴特、八大石、铜山,南带有三岔口、玉海、土屋、延东。

(6)呼斯台—莱历斯高尔斑岩型-矽卡岩型铜钼成矿带:莱历斯高尔、肯屯高尔、埃木奴斯台。

(7)白山斑岩型钼成矿带:白山。

(8)东戈壁斑岩钼成矿带:东戈壁。

(9)铁里库坦斑岩型铜成矿带:铁里库坦。

(10)克孜勒塔格斑岩型铜成矿带:阿克萨拉。

(11)奥依亚依拉克-库拉木勒克斑岩型铜钼成矿带:阿克萨依。

(12)大同斑岩型钼成矿带:大同、小同。

(13)布拉克巴什—云雾岭斑岩型铜金钼成矿带:云雾岭。

在岛弧带的主体构造方向与北北西、北西,以及与南北向构造交会区,更有利于与中酸性岩浆岩有关的矿床(含斑岩型矿床)生成,如在天山主断裂上的阿克赛铜矿(与北东东向准噶尔—阿拉套岛弧交会)、莱历斯高尔钼矿(与北西西向博罗霍洛岛弧交会)、土屋铜矿产于哈尔里克岛弧与北西向七角井断裂交会区等(图4-2-1)。

在卡拉先格尔—纸房北北西向的一组断裂(以断续形式东南延至星星峡),与额尔齐斯—布尔根缝合带交会有哈拉苏、卡拉先格尔铜矿,与北西西向卡拉麦里断裂带交会有纸房区的铜金汞矿,与近东西向哈尔里克岛弧交会有欧巴特铜矿,甚至双井子火山盆地中的铁铜金-多金属等矿产也可理解为卡拉先格尔—纸房北北西向断裂和中天山构造交会区控矿的结果。

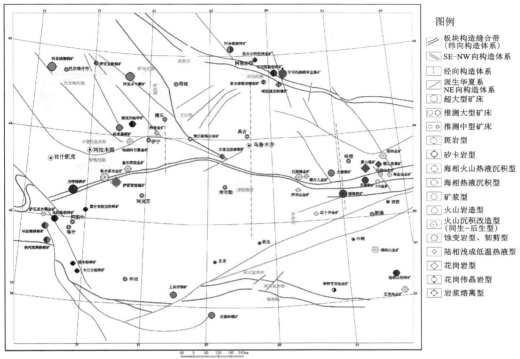

图 4-2-1 天山主断裂带矿产等距性集中分布图

4.3 裂谷、裂陷槽矿产

新疆固体金属矿产，尤其是大、中型层控矿床多受控于负向构造，特别是裂谷和裂陷槽、坳拉槽。就其构造演化史分析有两大裂谷期，即元古宙(长城纪—蓟县纪)和晚古生代(泥盆纪—石炭纪)。以产黑色金属、有色金属和贵金属为主，多为海相沉积层控矿床，而海相热水–火山热水沉积型矿床又具大型矿床前景。

(1)元古宙金属矿产

古元古代有鲍纹布拉克铜矿(库鲁克塔格)、托克赛铅锌矿(别珍套)。

中元古代有哈拉墩—铁列克契—孜洛依—黑黑孜占干铁铜金矿带、塔木其—巴西其其干铜锌金矿带、赞坎—塔阿西铁矿带(西昆仑山)、喀拉达弯铅锌矿、迪木那里克铁矿（阿尔金山）、彩霞山铅锌矿（中天山）、维宝铅锌矿（东昆仑山）、哈尔达坂铅锌矿（别珍套）、喀拉铜矿、海泉铅锌矿（赛里木）。

新元古代有天湖铁矿、红星山铁锰铅锌矿（中天山）、喇嘛萨依铜金矿（赛里木）。

晋宁期岩浆侵入活动在库鲁克塔格兴地断裂带与赛里木地块南缘断裂上，有与基性－超基岩杂岩有关的铜镍矿和与中基性侵入岩有关的铜钼铋金矿。

（2）晚古生代金属矿产发育，自北而南有：

1）诺尔特石炭纪断陷盆地铅锌金矿。

2）克朗斜列泥盆纪断陷盆地（夭折裂谷），有阿舍勒、冲乎、阿勒泰、麦兹铁铜锌铅银金矿。

3）福海—乔夏哈拉—老山口泥盆纪断陷盆地，产铁铜金矿。

4）谢米斯台泥盆纪断陷盆地，产铜锌金矿。

5）萨热达克塔依泥盆纪坳陷盆地，产含铜黄铁矿。

6）伊犁石炭纪陆内裂谷，产铁铜银金矿。

7）可可乃克奥陶纪坳陷盆地，产含铜黄铁矿。

8）彩华沟—亦格尔泥盆纪裂谷，产铜黄铁矿。

9）彩华山泥盆纪坳陷盆地，产铁铜锌钴矿。

10）卡拉塔格泥盆纪同生断陷盆地，产铜锌矿。

11）印尼卡拉塔格石炭纪—二叠纪裂谷，产金铜矿。

12）帕尔岗泥盆纪坳陷盆地，产铁铜矿。

13）昆盖山—库斯拉甫—库尔良石炭纪裂陷槽－裂谷，产铜锌铅银锰矿、黄铁矿。

14）卡特里西石炭纪裂谷，产铜锌矿。

晚古生代裂谷的鼎盛时期是早泥盆世和早石炭世，它以海相热水－火山热水沉积型矿床为主，每每构成大－超大型矿床。该期与火山－侵入活动有关的矿床也为数甚多。

早古生代寒武—奥陶纪坳陷盆地层控改造型铅锌矿在柯坪断隆上广为分布，个别矿床可达中型规模，这为南疆铅锌矿又开拓了一个找矿方向。

中生代白垩纪陆相－亚陆相坳陷盆地中的大－超大型矿床铜铅锌矿（萨热克、乌拉根）和古近纪乌拉根组海相砂岩型铜矿（拜希塔木）及其他相应的矿点出现，表明中、新生代海进式（海侵）"陆相－亚陆相－海相"沉积建造铅锌铜矿在塔里木及其周边具有成矿前景。

4.4　断裂带矿产

西域系构造在中国西北部广泛发育，大多起始于古生代，具有长期活动的继承性特点，以北西向、北北西向、南北向构造为主，这些断裂在区域上多具走滑（尤其是右行走滑）性质（图 4-4-1）。

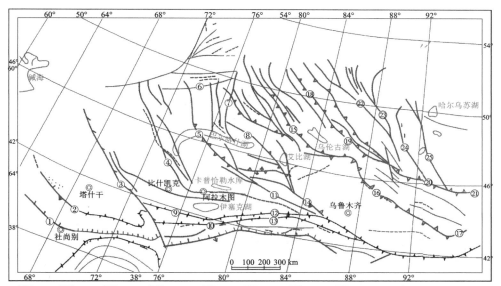

图 4-4-1　中亚西域系断裂构造示意图
（摘自陈哲夫资料并简化）

（1）北北西向断裂自西向东有：

1）塔什库尔干谷地断裂，经木吉—布仑口—卡拉库里—塔什库尔干—红其拉甫，有卡拉玛铜矿、铁列克契银矿、赞坎铁矿。

2）切列克辛断裂，经托云—康苏—喀什—叶城，有塔木—卡兰古铅锌矿带。

3）阿拉山口—阿齐山断裂（天山主断裂），经阿拉山口—艾肯达坂—阿齐山西，有阿克赛铜矿、莱历斯高尔钼矿。

4）卡拉先格尔—纸房断裂，经卡拉先格尔—二台—纸房—哈密西山，有哈拉苏铜钼矿、塔黑巴斯套铜矿。

5)琼河坝—塔林断裂，经琼河坝—塔林(蒙古国)，有蒙西铜钼矿、塔林金矿(蒙古国)。

(2)南北向断裂(自西向东)

1)东经81°位置，经库斯台—赛里木—察布查尔—阿格牙孜，有库斯台钨锡矿、洪纳海铜矿。

2)东经82°位置，经博乐—五台—科克苏，有五台金矿。

3)东经82°30′位置，经小于赞—群吉—恰普其海—恰西，有加曼特金矿、小于赞金矿、群吉萨依铜银矿。

4)东经93°位置，经苏海图—三塘湖—东泉—哈密西山—库姆塔格沙垄，有西山钨矿、沙垅铁矿。

5)东经96°位置，经头苏泉东—明水西，有明水金矿、南金山金矿。

(3)三条近东西向构造(航磁反映中深部断裂)

1)托里—谢米斯台—库甫断裂(断裂构造带)，主产金矿。

2)阿希—康古尔塔格断裂(韧性剪切带)，主产金铜矿。

3)喀什—罗布庄—明水断裂(走滑线)，主产铁铜金矿。

(4)北东向走滑线

诸如达尔布特断裂，产铬矿和金矿；阿尔金南断裂—苦牙克断裂，以铜镍钼金矿为主；明水断裂，以铁铜金锡钨镍钴矿为主；另如阿尔金山北麓隐伏的拉竹笼断裂，也属于本构造系统。

上述断裂系统与主构造系统交会的地段，多为金属矿矿田之所在，现根据其交会的形式分为三种：

1)断陷型，多为以裂谷、裂陷槽、火山坳(断)陷为代表的负向构造，产层控型矿床。如布伦口—铁列克契—孜洛依中元古代海相热水沉积型铁铜金矿、奥依塔格晚古生代海相热水沉积铅锌铜矿、库尔良晚古生代火山热水沉积块状硫化物型铜锌矿、磁海新元古代海相热水沉积及次火山改造铁铜钴矿。

2)穿窿型，以火山构造为主，正向构造(岩体区、火山岩区)，产与岩浆系列有关的矿产，如斑岩型、矽卡岩型、次火山岩型铁铜金矿。典型者是受巩乃斯旋卷构造控制的铁铜金矿床群。

3)褶皱-断裂型，产与岩浆成矿系列有关的矿产，以脉状、复脉状热液型、斑岩型矿床为主。

4.5　上叠盆地(含火山断陷盆地)矿产

根据新疆地质历史发展与构造演化，由于新疆地壳活动的震荡性、间歇性和不均一性,地层缺失,同时由于地壳活化和构造开合,在不同时期,尤其是晚古生代发育着范围不同、规模各异、以火山活动为主体的上叠盆地(含火山盆地),在诸多盆地(含火山盆地)内产出各类矿产,并存在着矿种转化、类型配套的矿产演化系列,新疆上叠盆地及相应含矿层如图 4-5-1 所示。

莫托沙拉早石炭世火山断陷盆地,含矿层(铁锰矿)下石炭统莫托沙拉组

~~~~~~~~

长城系星星峡组

双井子早石炭世火山断陷盆地,含矿层(铜锌矿)下石炭统红柳园组

蓟县系卡瓦布拉克群

吐拉苏早石炭世火山断陷盆地,含矿层(金矿)下石炭统大哈拉军山组

~~~~~~~~

奥陶-志留系砂板岩

萨热克巴依白垩纪沉积碎屑岩盆地,含矿层(铜银矿)侏罗系-下白垩统克孜勒苏群

~~~~~~~

长城系阿克苏群

</div>

图 4-5-1　新疆上叠盆地及相应含矿层

这些上叠式的坳陷-断陷盆地,主要表现在天山地区,这与天山地区的地质历史发展密不可分,也就是说在古生代及以前的地史阶段,天山构造稳定而完整,晚古生代地壳活化时,通过开裂作用构成断块山体,形成不同世代、不同规模、不同性质、出现不同程度火山活动的各类断陷盆地,这一上叠式盆地的构造控矿形式,构成新疆另一种重要的构造成(控)矿区域。

新疆显生宙地壳构造演化,自北向南由老到新渐进发展,由泥盆纪(阿尔泰)到石炭纪(天山)(360~250 Ma),昆仑山是印支—燕山期(230 Ma),过渡到喀喇昆仑山—冈底斯山,为燕山期和喜山期。所以新疆地壳是劳亚古陆向冈瓦纳古陆,由北而南依次推移逐步固结而形成。故含矿的上叠盆地成矿时代也由北而南依次变新。

上叠盆地(含火山断陷盆地)的矿产,具有矿种转化、类型配套的产出特征。有规律可循者如吐拉苏火山断陷盆地中金矿,在矿田内表现为三层楼的成矿模式:①斑岩型(次火山岩型),在塔乌尔别克、阿比因迪。②浅成火山低温热液型(冰长石-绢云母型),在阿希、恰布汉卓他。③热泉型(硅帽型),在京希、伊尔曼特。莫托沙拉火山断陷盆地中矿产,则具有上锰、中铁,下铅锌的垂向矿产分带。地质勘查证明伊犁新源县预须开普台火山热水沉积铁矿,其成矿具有上铁下铜的矿种转化过渡特征。

4.6　非造山带矿产

所谓非造山带矿产，指板块登陆后海洋消减的最后边缘区的矿产。就成矿而言，在新疆的具体体现是与碱性岩及富碱花岗岩(幔源重熔型——A 型花岗岩)有关的铜锌金、锡铋钼钨、稀有–稀土金属等矿产。截至目前自北而南可理出如下几个岩带：

（1）额尔齐斯富碱花岗岩带：有锡伯渡的石英二长岩、塔克什肯含钠铁闪石钾长花岗岩和阿比金钾长花岗岩。

（2）乌伦古富碱花岗岩带：分布在扎河坝—恰库尔特南侧，有钾长花岗岩和碱长花岗岩。

（3）萨吾尔富碱花岗岩带：分布于萨吾尔山北坡，以钾长花岗岩为岩石主体，富含金。

（4）谢米斯台富碱花岗岩带：分布于洪古勒楞蛇绿岩带南侧，以石英二长岩和钾长花岗岩为主。

（5）达尔布特—卡拉麦里富碱花岗岩带，表现为"西准"庙儿沟、哈图、铁厂沟，"东准"老鸦泉—野马泉一带的钾长花岗岩、钠铁闪石花岗岩，以产金锡为区域成矿的突出特点。

（6）准噶尔—阿拉套富碱花岗岩带：以产钨锡矿为主。

（7）巩乃斯河上游富碱花岗岩带：分布于新源阿尔玛勒及国防公路零公里以北巩乃斯林场一带，为钾长花岗岩、石英二长岩和正长岩，产镱、钇等稀土矿产。

（8）红柳井—刘家泉富碱花岗岩带：表现为红柳井钾长花岗岩和刘家泉的碱长岩，产稀土金属矿产。

（9）塔里木北缘碱性岩、富碱花岗岩带：吐古买提—巴什苏贡—赞比勒碱长花岗岩、碱性辉长岩，黑英山霞石正长岩、石英正长岩、钾长花岗岩，野云沟上游钾长花岗岩和石英二长岩。产锡钼金铌钽锌矿。

（10）兴地富碱花岗岩带：在兴地村东有钾长花岗岩、石英二长岩。

（11）塔什库尔干富碱花岗岩带：在塔什库尔干县城西部，塔什库尔干河西岸山区出现北北西向排列的正长岩和钾长花岗岩，产金、铜、刚玉及绿宝石。

富碱花岗岩的出现，除了指示造山带结束和非造山历史开始的地质构造意义之外，尚可体现与之相关的成矿专属性。统计获得：

①与钾长花岗岩有关的矿产，有金、锡、铜、钼，个别呈现上金下铜的垂向分带。

②与碱长岩有关的矿产，有钇、铌、钽、锆、霞石等稀有–稀土金属。

③与碱性岩有关的矿产,有稀有金属和稀土金属矿产。

非造山带属于后碰撞构造产物,多与蛇绿岩带、板块构造缝合带、俯冲带相随相伴,故而常有三位一体(岩浆岩型,斑岩型,富碱花岗岩型)的矿产组合。

4.7 变质岩带中的稀有–稀土金属矿产

这里主要侧重于造山带中的变质带,如阿尔泰山哈龙—青河复背斜,博罗霍洛复背斜(浅变质岩带)、中天山变质带和中昆仑变质带。

这些变质岩除具有沉积–变质–改造型金属矿床之外,还有重熔–同熔型花岗岩分布,花岗岩时代较年轻时,易于形成花岗岩型、花岗伟晶岩型稀有–稀土元素矿床,在古老地块边缘的深断裂带上,同样具有形成稀有–稀土金属矿产的条件。

就已知稀有–稀土金属矿产的成矿特点总结如下:

(1)稀有–稀土金属矿产与古老的变质岩有密切的空间分布关系(与变质岩成因关系不明)。

(2)稀有–稀土金属矿产与海西晚期—燕山期壳幔重熔型花岗岩具有成因关系。

(3)稀有金属矿产多分布在阿尔泰山及昆仑山,且与白云母构成统一矿带。而稀土金属矿带多展布在天山及塔里木周边。这种区域性矿产分布,其最根本的制约因素是地壳类型和元素的地球化学区不同,即硅铝–铁镁质地壳类型区主产稀有金属(阿尔泰山、昆仑山),而铁镁–硅铝质地壳类型区以稀土金属矿产居优势(天山、塔里木周边)。

(4)在新疆酸–碱性岩浆岩带,造山带的变质岩带(隆起带)、深断裂带,是稀有–稀土金属矿产存在的大地构造背景条件。

(5)在研究稀有–稀土元素地球化学场时认为,如地球化学场中有挥发分 B、F 元素,则有形成电气石和氟石的前提,更具有稀有–稀土金属矿的找矿意义。

4.8 古老地块及其边缘矿产

4.8.1 古老地块内部矿产

古元古代,别珍套隆起,产温泉群海相热水沉积型托克赛铅锌矿;库鲁克塔格隆起,产兴地塔格群海相火山热水沉积型鲍纹布拉克铜铁矿。

中元古代,别珍套隆起,产哈尔达坂群海相热水沉积型哈尔达坂铅锌矿;中天山隆起，产卡瓦布拉克群沉积变质角闪岩型铁矿（玉山铁矿）；卡瓦布拉克群海相热水沉积型银铅锌矿（玉西银矿、彩霞山铅锌矿）；西昆仑西段：产布伦阔勒群海相热水沉积型铁铜金矿（布仑口—铁列克契），塔昔达坂群火山热水沉积型铜锌矿（塔木其），东昆仑狼牙山群海相热水沉积型铅锌矿；阿尔金断隆：产卓阿布拉克组海相火山喷溢-喷流沉积型铜-多金属（喀拉大弯铜-多金属矿，喀腊达湾铅锌矿、更新沟铜锌矿）；羌塘板块：产布伦阔勒群塔阿西—赞坎铁矿等；赛里木隆起：产库松木切克群海相热水沉积型铜矿（喀拉铜矿）铅锌矿（海泉铅锌矿）。

新元古代：中天山天湖群红星山海相热水沉积型铅锌矿（上部铁锰矿、下部铅锌矿）、沉积变质型铁矿（天湖铁矿）、赛里木隆起青白口系碱性火山热水沉积型铜金矿（喇嘛萨依铜金矿）。

4.8.2 地块边缘构造过渡带矿产

古老地块边缘构造过渡带是新疆主要矿产集中区，例如中天山两侧深断裂带（中天山北断裂、中天山南断裂）、库鲁克塔格隆起两侧深断裂带（兴地断裂、辛格尔断裂）、阿尔金南、北深断裂（阿尔金南断裂、拉竹笼断裂）、柯坪地块北缘喀拉铁热克深断裂、克孜加尔—苏鲁切列克地块北缘乌恰断裂、东端切列克辛走滑断裂、昆仑山昆北深断裂、赛里木地块南缘深断裂带（科古尔琴南断裂）等均形成中大型金属矿产聚矿带，并孕育大-超大型金属矿床。

4.9 陆相沉积盆地（含陆相火山沉积盆地）矿产

新疆陆相沉积-火山沉积矿产颇受业内人士青睐，新疆地质历史演化到晚古生代时，其多岛海、小洋盆的大地构造特征显示更加清晰，亚陆相沉积在海相环境下时有显现。晚石炭世—早二叠世，大多陆相盆地伴着火山活动，晚二叠世地壳抬升，基本属于陆相磨拉石建造的地质环境。进入中新生代，则属于陆相河湖沉积。

就其分布地域、时代、矿种而言：石炭纪陆相火山岩主要分布在东准噶尔和伊犁盆地周边（亚陆相），以产浅成火山低温热液型金矿为主要成矿特点，并伴有铅锌银矿，且与斑岩型铜矿、钼矿生成时间相随、分布空间相伴。二叠纪尤其是晚二叠世地层，集中分布在伊犁裂谷中部阿吾拉勒山、伊什基里克山。北山裂谷南部因尼卡拉塔格和北部红柳河断陷内，以火山成矿系列的铜金银矿为主。它们以火山构造为依托，遵从火山演化过程梯次和以相应形成的各阶段火山岩为主导，所产生的火山喷发-喷溢-沉积-侵入各类岩石建造及与之相适应的各类铜金银矿产。中新生代地层分布遍及新疆两大盆地及其周边低山区，该时段在塔里木古陆周边，由于阿赖海的存在及其地史演化过程中所产生的独特成矿地质环境，促使盛产铅锌铜矿，为新疆提供了一个相对年轻的成矿时段和地区。

就其存在的大地构造背景条件可分为：

（1）石炭纪岛海环境下的亚陆相火山沉积盆地：为一套亚陆相火山喷发沉积盆地，其成矿特点是以火山活动阶段为主线，矿产分带为导向，成矿显示其成矿的连续性、集中的阶段性和类型的配套性，显示出热泉型（硅帽）-浅成低温热液型-次火山岩型金矿三层楼的成矿模式。典型代表是吐拉苏早石炭世亚陆相火山断陷盆地。

白垩纪岛海环境下的亚陆相沉积盆地：属碎屑岩沉积建造，成矿主体为铅锌矿，呈现出四个成矿阶段。①依赋海盆原始铅锌矿源层形成；②构造变形低温热液铅锌矿叠加；③热卤水（膏盐卤水、油田卤水）循环改造；④古风化环境使铅锌氧化加富。从而在库孜维克向斜中有乌拉根超大型铅锌矿产出。

（2）大陆边缘火山沉积盆地：为克拉通外缘坳陷沉积-火山沉积的断陷盆地，多以裂隙式火山喷发形式形成等距、似等距的金属矿产集中区，以金铜铅锌铁为成矿主元素。

（3）造山带晚期残余火山盆地：发育方向与造山带方向一致，多形成长条状火山断陷盆地，矿种以铜金为主，一般有两种成矿形式，其一是具有层控特征的含铜沉凝灰岩，其二是晚期次火山岩。断裂对该类型铜矿起着控制作用。二叠纪陆相火山断陷盆地均属此类。

（4）中新生代沉积盆地：严格受古地理环境制约，产出砂岩型及砂砾岩型铜银矿。它们的区域成矿特点是分布面积广、矿层多而薄、埋藏浅、品位富且矿层多变，属于沉积型氧化铜-硫化铜矿。

就其空间分布可分为：

（1）早石炭世吐拉苏—也里莫墩亚陆相火山断陷盆地。以产火山浅成低温热液金矿、热液型铅锌矿、斑岩型铜矿为主。

（2）早石炭世（含二叠纪）淖毛湖陆相火山岩盆地。产火山岩型铁矿、低温热液型金矿、斑岩型-热液型铜矿。

（3）早石炭世红柳峡—纸房陆相火山岩盆地。以产火山浅成低温热液型金矿、汞矿，斑岩型-热液型铜矿为主。

（4）石炭世金山沟—明矾沟陆相火山岩盆地。产火山低温热液型金银矿、火山岩型铅锌矿。

（5）早石炭世双井子火山断陷盆地。以产浅成火山低温热液型金矿和岩浆系列成矿的矿浆型铁矿、矽卡岩型铜铅锌矿、脉型金矿为主。

（6）晚二叠世霍诺海陆相火山断陷盆地：产火山沉积砂砾岩型铜矿。

（7）二叠纪阿吾拉勒陆相火山岩盆地：产火山成矿系列的次火山岩型、火山沉积型、火山热液型铜银矿。

(8)晚二叠世北山因尼卡拉塔格火山断陷盆地:以产韧性剪切带金矿、火山浅成低温热液金矿和火山岩型铜矿为主。

(9)早白垩世乌恰县萨热克巴依陆相沉积(断陷)盆地侏罗系与白垩系之过渡层位砾岩:产砾岩型铜银矿。早白垩世且末县吐拉陆相沉积盆地:产砂砾岩型铜银矿。

(10)晚白垩世乌恰沉积盆地克孜勒苏群(K1)—英吉沙群(K2)过渡层位亚陆相沉积建造(砂岩、含砾砂岩):产砂岩型铅锌矿。

(11)新近纪乌恰陆相沉积盆地安居安组:产砂岩型铜矿。

(12)新近纪温(宿)-拜(城)-库(车)陆相沉积盆地康村组:产砂岩型铜矿。

(13)新近纪阿其克库勒沉积盆地石马沟组-石壁梁组过渡层位:产砂岩型铜矿。

4.9.1 库斯拉甫铅锌铜矿带上的矿床类型

库斯拉甫铅锌铜矿带上的矿床类型,受奥依塔格(塔木—卡兰古)裂陷槽(夭折裂谷)控制。空间上分为东西两个矿产亚带:东带包括塔木、卡里亚斯卡克、佐拉根、卡兰古等,西带包括铁克里克、阿拉尔恰、苏盖特、喀普喀、阿尔巴列克、克孜、吐洪木里克、乌苏里克等。受三个地层层位控制(中泥盆统克孜勒陶组上亚组、下石炭统卡拉巴西塔格组、霍什拉甫组),四个矿产集中区(铁克里克、塔木、阿尔巴列克、阿其克),在约 2000 km² 面积内有矿床(点)达 31 处。

围岩条件:该矿带矿床的围岩可分碳酸盐岩类和碎屑岩类两类,两类岩石均产铅锌铜矿。

控矿构造:依据裴荣富院士提出的三同一体构造成矿理论,将这里的矿产归类为区域性同生断裂带控制矿带,同生不协调褶皱制约矿田,同生角砾岩控制矿化层,层间虚脱、层内小型断裂与褶皱制约富矿体的四级构造控矿机制。

该类型铅银锌、铜钴的矿种组合,大多表现出铅、锌分离的特点,如塔木锌矿和卡兰古铅矿;铅铜合璧而上铅下铜,如铁克里克上部石英岩铅矿和下部砂岩铜矿,卡里亚斯卡克白云质灰岩铅矿(C_1k)和砂岩铜矿(D_3q)、阿尔巴列克厚层白云岩夹灰黑色砂岩铅矿(上部)和泥质砂岩及泥灰岩铜矿(下部)、吐洪木里克铜铅锌矿。这一类型的矿床具有层控性和构造改造特点,由于该类型铅锌矿其围岩并非单一的碳酸盐岩,不少矿床的围岩为碎屑岩,成矿虽具有一定的时限和层位,但构造控矿却贯彻始终,另一突出的特点是富含铜,并具有中型以上规模前景。上述资料可以说明,该矿床类型的成矿有别于"密西西比河谷型"铅锌矿的标型特征。故应按成因分类,称之为"海相热水沉积铅锌铜矿床"类型或"准密西西比河谷型"铅锌矿较妥。

4.9.2　海陆变迁制约中新生代砂砾岩–砂岩型铜铅锌矿成矿机制

塔里木西部中新生代坳陷盆地地质演化特征

塔里木砂砾岩型–砂岩型铜铅锌矿区域成矿特点，是围绕其古地理环境变迁而更替矿种、变换类型的。中亚新特提斯海在中生代中期，由阿赖山向东形成阿赖海峡，晚白垩世—古近纪的西塔里木和南塔里木的古近纪均为海环境。若将该区金属矿产成矿归类，区域上按时间可分为三个成矿时代、六个赋矿层位，即早白垩世克孜勒苏群陆相砂砾岩型铜银矿（萨热克）、晚白垩世英吉沙群亚陆相砂岩型铅锌矿（乌拉根）、古近纪乌拉根组海相砂岩型铜矿（拜希塔木）、新近纪早期安居安组陆相砂岩型铜银矿（萨哈尔）、新近纪中期库车盆地康村组陆相砂岩型铜银矿（滴水）、新近纪晚期阿其克库勒盆地石壁梁组陆相砂岩型铜银矿（克其克勒克）。

具体而论，萨热克含铜砂砾岩是在侏罗纪湖盆萎缩之后，属局部准平原化地形条件下的河流边滩沉积。笼统可归属于白垩纪碎屑岩盆地底砾岩中矿产。晚白垩世阿赖海由西向东进入新疆西南部，沿卡巴恰特隆起分两支进入西塔里木，南支为主流，晚白垩世时经喀什到莎车，古近纪又远达民丰县境。而北支晚白垩世时进入乌拉根岛海区，在苏鲁切克—乌拉根隆起的弧形海湾内，沉积原始铅锌矿源层。古近纪海水沿着柯坪断隆北侧，经乌什、阿克苏，到达库车地区。到古近纪晚期，海水又沿原海侵海道退出。中新世时，地形、地貌尚无太大变化，气候湿润，残留湖广为分布，致使新近纪的铜银矿沉积，点多而面广，构成塔里木砂岩–砂砾岩型铜银矿带。

对矿床评价而言，弄清氧化带与还原带的矿物组合及其过渡分带关系至关重要。从已知矿产资料综合研究与分析来看，地表呈现由赤铜矿、自然铜、辉铜矿组合的矿点占新近纪铜矿之多数，而向深部转换为原生带辉铜矿者为数不多，特别是新近纪安居安组的铜矿大多如此（原因尚不知），地表出现辉铜矿时，大多矿点可成为成型矿床。除注意矿石的分带性之外，就近的构造（尤其是断裂）改造，会导致矿床的成矿叠加，从而增大、增富矿体而构成工业矿床。

新疆地壳的过渡性质由深层构造、地壳结构、表层构造、古地史环境及构造演化等得以证明，受控于此类大地构造基础背景条件下的金属矿产，自然具有与之相适应的地域性成矿特点，诸如 A 型俯冲（陆-陆碰撞）构造条件下的斑岩型铜钼矿，冒地槽中深陷带或同生断陷带内火山热水沉积块状硫化物铜锌矿，造山带型铜镍矿与克拉通型铜镍矿两类并存且均有工业前景等成矿现象，反映了过渡地壳的双重成矿性。中新生代与海环境发展有关联的海相-亚陆相-陆相砂岩–砂砾岩型铅锌铜矿，以及产于陆缘裂陷（裂谷）碳酸盐岩、碎屑岩内的铜-多金属矿产等，自始至终依附时代、层位、（沉积）建造、构造，具有层控改造等诸多特点，较有力地说明新疆金属矿成矿有别于中亚如乌拉尔活动带，也不同于我国东部中国地台的成矿特点，表现出其独具新疆特色的地域性成矿特征。

第5章　新疆固体金属矿产区带分述

5.1　西伯利亚(阿尔泰)成矿省

5.1.1　阿尔泰地质

阿尔泰位于西伯利亚板块阿尔泰陆缘活动带,自北而南分为诺尔特晚古生代弧后盆地、哈龙—青河古生代岩浆弧、克朗晚古生代火山弧三个次级构造单元。

(1)区内地层:主要是古生界海相地层和中新生界陆相沉积层。前泥盆系主要为巨厚(数千至万余米)的浅海陆源碎屑岩沉积,广泛分布于哈龙—青河岩浆弧区,经受不同程度的变质作用形成各种片麻岩、片岩、千枚岩、变砂岩等,属稳定的大陆边缘沉积(冒地槽沉积),上古生界火山岩发育,形成火山岩夹正常碎屑岩、火山碎屑岩,主要分布于克朗、诺尔特两个晚古生代火山岩-沉积岩带,形成各类片麻岩、片岩、变英安岩、变流纹岩、变凝灰岩和凝灰角砾岩、变砂岩、粉砂岩和大理岩化灰岩等,总厚度数千至万余米,属活动大陆边缘沉积类型。

(2)构造背景:区内主体构造为右行雁列式紧闭线形褶皱和右旋高角度压扭性断裂,总体走向300°～320°,构成一长度达数百千米、宽数十千米的北西向构造带。该带以哈龙—青河古生代岩浆弧为中心,向南经克朗晚古生代火山弧,逐渐过渡至北西西向。向东进入诺尔特晚古生代弧后盆地,逐渐被北西西向构造代替。在哈龙—青河岩浆弧的西段(布尔津河以西),北西向构造被北北东向构造代替,在北西向构造控制区紧密线形褶皱和深大断裂发育,部分主干断裂走向延长数十至二百千米以上,破碎带宽达数百米,切割深,具有长期继承活动的特点,这类断裂对区内沉积、岩浆活动、变质和成矿,在很大程度上起着控制作用。而在以北西西向和北北东向构造发育为主的地带,褶皱宽缓变质较浅。

(3)侵入岩(含原地交代花岗岩):区内侵入岩极为发育,出露面积占全区面积40%左右,其中90%为花岗岩类,由大小不等100多个岩体组成,总体呈北西向展布，绵延 400 km² 多属多期次、多成因的产物，分别形成于加里东期和海西期，按其岩性生成次序是：加里东期，生成闪长岩-辉长岩，英云闪长岩、闪长岩-花岗闪长岩、黑云母花岗岩；海西期，生成片麻状花岗岩(海西晚期)、角闪黑云花岗岩、似斑状黑云母花岗岩、中粒黑云花岗岩、二云母花岗岩、白云母花岗岩(海西晚期)、闪长岩、英云闪长岩、花岗闪长岩、黑云母闪长岩、碱性钠铁闪石花岗岩(海西晚期)。

　　加里东期花岗岩主要分布在哈龙—青河岩浆弧区，海西中晚期花岗岩主要分布于哈龙—青河岩浆弧和克朗火山弧区，海西晚期花岗岩分布于额尔齐斯深断裂的两侧，由早至晚岩浆侵入活动中心不断向南迁移，与西伯利亚板块不断向洋侧增生相呼应。按物质来源和形式分类：区内花岗岩可分为陆壳交代型，(简称交代型)、陆壳重熔型(简称重熔型)、壳幔同熔型(简称同熔型)、幔源重熔分异型(简称幔熔型)，前三种类型形成于造山挤压环境，后一种类型形成于非造山拉张环境。重熔花岗岩含加里东期的黑云母花岗岩，海西中晚期的似斑状黑云花岗岩、中粒黑云母花岗岩、二云母花岗岩、白云母花岗岩，同熔花岗岩含加里东期英云闪长岩-花岗闪长岩，海西中晚期角闪黑云花岗岩交代花岗岩(原岩为 Z-O、S 地层)，海西中期片麻花岗岩(原岩为 D、C 地层)，幔熔花岗岩为海西晚期非造山花岗岩(钠铁闪石花岗岩、白云母花岗岩)。

　　各类型花岗岩的空间分布具有明显的规律性，由西伯利亚板块陆缘活动带边缘至板内，依次为海西期幔熔性花岗岩、交代型花岗岩、同熔型花岗岩、重熔花岗岩，到加里东期为交代型花岗岩、同熔型花岗岩、重熔型花岗岩。此种分布规律反映了西伯利亚板块在其向南西增生过程中，岩浆有两个旋回加里东期与海西期。所形成花岗岩的空间分布，有其共同的模式，即由陆侧向洋侧均为重熔型、同熔型、交代型花岗岩的依次更替过渡，反映了在俯冲造山过程中上覆板块的不同部位岩浆的来源、形成的方式以及定位深度的差别，幔熔型(非造山)花岗岩的出现，标志着该区造山作用的终结，进入非造山期发展阶段。

　　(4)变质岩：根据岩石变质程度可分为：板岩-千枚岩类、片岩-片麻岩类、混合岩类三种。板岩-千枚岩类主要分布在诺尔特弧后盆地和克朗火山弧区，属低(中)压绿片岩相。片岩-片麻岩类主要分布于哈龙-青河岩浆弧区，在克朗火山弧内仅出现在大断裂和花岗岩体附近，属低压角闪岩相。混合岩类分布于花岗岩的周围，特别是交代型花岗岩的周围，多出露于复背斜核部，与交代型花岗岩呈过渡关系，是深部超变质作用的产物，主要在哈龙—青河岩浆弧区出现。

5.1.2　成矿区带地质

　　(1)诺尔特晚古生代弧后盆地铅锌金钨锡稀有金属成矿区带

　　诺尔特弧后盆地北界越过中蒙边境，南界以红山嘴断裂与哈龙—青河古生代岩浆弧分开。其现存构造乃为被侵入岩吞噬的极不完整的复式向斜，褶皱开阔变质程度低。北侧由上泥盆统中酸性火山岩-火山碎屑岩构成次级背斜。南侧为下石炭统(红山嘴组)碎屑岩组成的复理石建造,形成次级向斜。已知矿产较多,相对集中于三个分区:

1)库马苏海相火山岩型多金属矿、金矿分区:上泥盆统为含铅锌层位,具体表现为铅锌化探异常,东西长 60 km,南北宽 2~4 km,自西向东形成芒代衣卡、库马苏、吐尔根三个次级化探异常群:

库马苏化探异常群:已发现 10 个矿化体,分北、中、南三个亚带,其矿化断续长度分别为 3 km、5 km 和 2 km,宽为 500 m 以上。中亚带锌含量(质量分数)最高 $23×10^{-2}$,铅含量(质量分数)最高 $6.2×10^{-2}$,铜最高品位 $0.5×10^{-2}$,金最高品位 $0.35×10^{-6}$。金格铅锌矿化带,断续长 8 km,宽 200~300 m,沿断裂带分布,拣块样中铅品位 $(6.17~8.19)×10^{-2}$、铜品位 $(1.86~2.42)×10^{-2}$。芒代衣卡化探异常群:规模不清,几个拣块样中铅品位 $8.2×10^{-2}$,锌品位 $2.4×10^{-2}$,金品位 $0.35×10^{-6}$。吐尔根化探异常群,大部分被第四系掩盖,地表仅见铁帽,发现 100 m×1 m 的矿化体,可见金属矿物黄铁矿、方铅矿、闪锌矿、铜兰、孔雀石。

2)红山嘴石英脉型金矿分区:该区处于诺尔特复向斜与哈龙—青河复背斜之界限断裂上。呈北西向延伸,已知诺尔特区金化探异常面积 680 km²,有 36 个异常中心,最大异常面积 20 km²。金异常值为 $(150~600)×10^{-9}$,落入断裂带附近的上古生界碎屑岩、千枚岩、碳质板岩和石英岩中,并有海西中期中酸性侵入岩和大量砂金分布。经检查已发现三处含金地质体,部分样品含金 $(0.9~16.65)×10^{-6}$。沿红山嘴断裂还有 7 处化探异常和多处含金地质体,如铁木尔巴坎、库鲁木特、阿克萨拉等化探异常区,有含金 $1×10^{-6}$ 的地质体。红山嘴北部蒙古国境内有萨格赛钨矿,围岩为中上泥盆统,当它与海西晚期花岗岩接触时,沿断裂形成含硫化物石英黑钨矿脉并伴生钼。南侧在中国境内有大片钨重砂异常,相对集中在三处,分布面积 72 km²,白钨矿重砂品位 $(1~1.2)×10^{-6}$。基性泡铋矿重砂异常三处面积共 77 km²,泡铋矿品位为 $(0.07~1.8)×10^{-6}$。异常区侵入岩有海西期斑状黑云母花岗岩和燕山期中粗粒含斑二云花岗岩。

3)别也萨马斯花岗伟晶岩型钽铌等稀有金属分区:在 3200~2300 m 海拔高程约 24 km² 范围内,有 100 余条花岗伟晶岩脉,其中长度大于 20 m、厚度大于 0.8 m 的含矿花岗伟晶岩脉有 14 条,而含较高锂钽铌的花岗伟晶岩脉有 8 条。伟晶岩脉主要分布在粗粒、似斑状二云花岗岩与中细粒二云花岗岩接触界限附近,并以靠中细粒结构一侧居多,另在该区面积达 1000 km² 的二云花岗岩体中,已发现富铯、钽花岗岩体。初步认为该区具有发现大型规模钽铌等稀有金属矿床的前景。

(2)哈龙—青河古生代岩浆弧(花岗伟晶岩型)稀有稀土金属成矿区带:该带是西伯利亚板块南侧陆缘活动带上的古生代岩浆弧,长期处于相对活动状态,古生代沉积作用基本上是浅海陆缘碎屑沉积,形成一套巨厚的复理石建造,仅在志留系中,部分出现中酸性火山岩,该时期地壳属于相对稳定的大西洋型陆缘。志留纪时中亚—蒙古大洋板块的向北俯冲，致使西伯利亚板块南缘出现频繁的构造变动和火山活动，从而使大西洋型陆缘向安第斯型转化，早古生代地层全部隆起，构成了哈龙—青河复背斜褶皱带，并伴有大规模的花岗岩侵入。晚古生代构造变动和岩浆活动更加强烈和频繁，在岩浆活动区两侧的沉积区域，有巨厚的中酸性火山岩和浅海陆源碎屑岩沉积建造，石炭纪末—二叠纪初，大洋板块再度向西伯利亚板块强烈俯冲，使泥盆纪、石炭纪地层全部褶皱隆起，并伴有大量花岗岩，这时的西伯利亚板块再度增生。

区带主要地层：为古生代海相地层，寒武-奥陶系为巨厚的数千米至近万米的复理石建造；西段喀纳斯区为浅变质砂岩、粉砂岩、千枚岩、片岩。布尔津县以北为变质较深的各种结晶片岩、片麻岩和混合岩。志留系库鲁木提群为浅海陆源碎屑岩-火山岩建造，局部夹碳酸盐岩，不整合于寒武-奥陶系之上。

区带构造：古大洋板块俯冲方向与西伯利亚板块边缘斜交，形成一系列右行、雁行式紧密线性褶皱和右旋高角度压扭性断裂，呈北西向展布，构成一个长数百千米、宽数十千米的北西向构造带，成为控制全区的主体构造，哈龙—青河岩浆弧又是这一构造的主体。而向南（克朗晚古生代火山弧）和向北（诺尔特晚古生代弧后盆地），其构造方向均变为北西西向，在岩浆弧的西北段，北西向构造被北北东向构造取代。北西向构造为一组紧闭线形褶皱，两翼倾角 50°~80°，偶有向南西倒转之趋势。断层多为高角度右旋压扭性断裂，多倾向北东，倾角 60°~80°，切割深而延伸远，部分主干断裂延伸数十至二百千米以上，破碎带宽达数百米，具有长期活动的特点和对沉积作用、岩浆活动、变质作用以及成矿作用的控制意义。

区带侵入岩（含原地交代花岗岩）：大约在 6400 km² 范围内，分布着以花岗岩类为主的侵入岩，出露面积约占全区面积 40% 以上，大小岩体达 400 个，其形态与产状均甚复杂，具多期次、多成因的特点，95% 为花岗岩类。

加里东晚期侵入岩，其形成次序为闪长岩、辉长岩、英云闪长岩、花岗闪长岩、黑云（二长）花岗岩、花岗片麻岩、片麻花岗岩。海西期花岗岩按先后次序依次有花岗片麻岩、片麻状花岗岩。海西早期有角闪黑云（二长）花岗岩、似斑状黑云（二长）花岗岩、中粒黑云（二长）花岗岩、二云母（二长）花岗岩，晚期有白云母（碱长）花岗岩。

受区域变质作用、局部动力作用和热变质作用等叠加影响，区内岩石遭受不同程度的变质作用，根据其变质程度可分为：

1）板岩-千枚岩类：以各种千枚岩、板岩、变质砂岩、粉砂岩为主，夹大理岩和黑云绿泥片岩透镜体。原岩恢复为砂质泥质硅质岩，部分为玄武岩、安山流纹岩，属低绿片岩相。仅见于哈龙—青河古生代岩浆弧西北端（布尔津河以西）。

2）片岩-片麻岩类：片岩主要是云英片岩、绿泥片岩、黑云母片岩、斜长片岩和少量角闪片岩。片麻岩主要有黑云斜长片麻岩、二长片麻岩、混合片麻岩等。

所含特征变质矿物有十字石、红柱石、硅线石、堇青石、铁铝榴石，属低角闪岩相。有些地段除上述特征变质矿物之外，还有大量蓝晶石出现，属中低压角闪石相。片岩-片麻岩类的原岩主要是海相陆源碎屑岩及火山岩。

3)合岩类：以均质、渗透、条痕和眼球状混合岩为主，夹片麻岩、片岩，分布于交代花岗岩周围，其原岩为泥砂质岩石，在深部超变质的环境下形成，多出露于岩浆弧中部的复背斜轴部，与交代花岗岩呈渐变过渡关系。

区带矿产为哈龙—青河古生代岩浆弧上的矿产，自西向东分为三段：

1)以喀纳斯隆起为主体的钨锡矿结远景区：位于哈龙—青河古生代岩浆弧西段，构造上自成一体，地层以震旦系、寒武系为主，海西中期花岗岩发育，没有发现成型的矿床，通过区域化探，得知钨锡矿异常反映良好。

2)苏木达里克金矿远景区：位于北西向构造与东西向构造之交替转换地段，构造形式多样，各类含矿异常广布，其构造部位乃属喀纳斯隆起与北西向岩浆弧（奥陶-志留系）的转换带。该区成型金属矿不多，仅有砂金分布，如卡拉迈里、苏木达里克等所代表的河床型、河谷型和阶地型砂金矿。在卡拉迈里砂金矿北部山脊有含金石英脉发现。

3)花岗伟晶岩型稀有金属和工业白云母分布区：位于区带中东部，在 2000 km² 范围内，已发现花岗伟晶岩脉30000余条，其中数千条具有不同程度的稀有金属矿化和白云母化，并有工业宝石产出。伟晶岩成矿带，乃是沿着大陆板块边缘活动带的延伸方向延伸。作北西—南东向展布，在这里形成一个长 400 km，宽 10~40 km，规模宏大、极其壮观的花岗伟晶岩带，它向北西与南东方向，分别进入哈萨克斯坦和蒙古国，阿勒泰市—可可托海之间，是花岗伟晶岩脉最密集、矿化最集中的地段，70%以上具有工业意义的花岗伟晶岩矿床集中在这里。而且几乎所有大型稀有金属矿床和白云母矿床，均分布在这个地段，而分别向北西和南东两端花岗伟晶岩密度减少，矿化也随之减弱。自南向北横越花岗伟晶岩带（低山区—中山区—高山区），伟晶岩带呈现出较为明显的规律性的变化，矿化由 TR-BeNb、白云母-Be、NbLi-Be 转化过渡，同样伟晶岩的成因类型，也呈现出规律性的更替，即由变质分异型—超变质分异型—重熔岩浆分异型向热液型转化。花岗伟晶岩带在区域上存在着水平分带和垂直分带特征，也从侧面反映了该区在其地质发展过程中，元素地球化学演化的特点，间接地说明了花岗伟晶岩形成的长期性和复杂性。花岗伟晶岩矿区的展布受复背斜、复向斜及花岗岩分布区的控制，花岗伟晶岩相对密集分布在复背斜轴部及倾伏端和大型复式花岗岩体的周围，构成若干个花岗伟晶岩矿田：由南东向北西大致可分为①阿木纳宫—纳林沙拉—塔格尔巴斯套；②可可托海，代表性矿床有可可托海 3 号脉（图 5-1-1）、柯鲁木特、库克拉格等；③结别特—库威；④角尔特河；⑤喀拉额尔齐斯，⑥哈拉苏—可可西尔；⑦小卡拉苏—切别林；⑧也留曼；⑨加曼哈巴等九个矿田（图 5-1-2）。

图 5-1-1　可可托海 3 号脉露天采场影像图

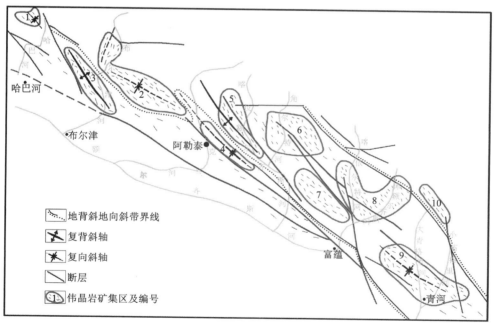

据新疆有色地质研究所

1—加曼哈巴；2—小卡拉苏—切别林；3—也留曼；4—哈拉苏—可可西尔；5—喀拉额尔齐斯；6—角尔特河；
7—结别特—库威；8—可可托海；9—阿木纳宫—纳林沙拉—塔格尔巴斯套；10—库马苏—土尔根。

图 5-1-2　阿尔泰山花岗伟晶岩稀有金属矿集区与地质构造关系略图

（据新疆有色地质研究所）

(3)克朗晚古生代火山弧(夭折裂谷)海相火山热水沉积型铜-多金属成矿区带

成矿带走向为北西—南东,北西去哈萨克斯坦接矿区阿尔泰和山区阿尔泰,东南由于两组断裂的归并(285°~315°),逐渐尖灭而中止于卡拉先格尔—二台断裂,全长400 km、宽15~40 km,涵盖面积15000 km²。

该成矿带实质是一个复式向斜构造,并被一系列次一级北北西向斜向复式褶皱和断裂复杂化,故而自西向东出现了阿舍勒向斜、琼库尔向斜、阿勒泰向斜、麦兹向斜和苏普特、乌恰山背斜等紧闭线形褶皱群。断裂构造发育,以北西向构造为主,详加划分有315°的科沙哈拉尔、玛因鄂博、克因宫等断裂,285°的克孜加尔、达罕第尔等断裂,其次为345°方向,具有代表性的有玛尔卡库里、哈巴河、卡拉先格尔—二台断裂等,均系具有走滑性质的继承性断裂,并斜切以上两组压扭性断裂。由于克孜加尔、科沙哈拉尔两断裂之斜切,使带内地层的空间分布显示北西宽、南东窄,地层北部老、南部新的特征。构造上呈现出向北西撒开、向南东收敛聚合,形成帚状形态的构造格局。北西向哈巴河断裂和北北西向卡拉先格尔—二台断裂的横截,把本带截为三段,由南东向北西依次为卡拉先格尔—二台断裂以东,泛指额尔齐斯挤压带东段,乃是以北西向布尔根断裂为主体的强挤压带;卡拉先格尔—二台断裂与哈巴河断裂之间,构成一个独立的完整帚状构造体;哈巴河断裂以西与哈萨克斯坦境内,构成另一个帚状构造体,阿舍勒铜锌矿位于这一帚状体东南的收敛部位。该带为晚古生代火山弧,由海西构造层构成,下部亚构造层为泥盆系,发育下、中泥盆统,上泥盆统缺失。上部亚构造层为石炭系,仅在区内零星出露。下泥盆统康布铁堡组为一套石英角斑岩和细碧角斑岩建造,主要岩性为变流纹岩夹石英角斑岩,其中火山碎屑岩多于熔岩,岩石属钙碱性系列,系大陆边缘活动带火山岩。铜、铅锌成矿作用与流纹岩有关。分布于该构造单元的北界。中泥盆统为阿舍勒组和阿勒泰镇组,前者为一套中酸性火山岩夹少量正常沉积碎屑岩、碳酸盐岩,后者为正常碎屑沉积岩及碳酸盐岩,分布于哈巴河断裂西南侧。下石炭统零星分布,系海相陆源碎屑岩与火山岩建造。

带内侵入岩以花岗岩为主,出露于构造带西北段,时代为海西中期,成因类型为S型。东南段有少量A型花岗岩,属海西晚期产物,本区岩体多与围岩呈渐变过渡关系,可见区内花岗岩应属原地、半原地重熔成因。

带内变质作用较为发育,西部较弱,向东逐渐增强,区内以热动力变质作用为主,下泥盆统康布铁堡组岩石大部已变质,相当于绿片岩相,或绿片岩相-绿帘角闪岩相间的过渡相。

该带矿产主要体现在四个北西向斜列火山盆地(夭折裂谷),其现状构造表现为向斜:

1)阿舍勒向斜。阿舍勒铜锌矿位于帚状构造体收敛聚合部位,赋存于中泥盆统阿舍勒组火山岩和辉绿玢岩、玄武玢岩内,发育着多种走向断裂(含环状断裂)。围岩蚀变强烈,主要蚀变有次生石英岩化、绢云母化、绿泥石化、高岭土化、黄铁矿化、绿帘石化、阳起石化及明矾石化等,沿断裂带呈线形、沿火山岩体呈面形分布。成矿元素组合为 Cu、Pb、Zn、Au、Ag、Se、Fe、S 和相应的硫化物矿物、硫盐矿物、氧化物和自然元素。矿床具有复杂的矿体形状,如单脉、复脉、树枝状、分叉状、凸镜状、巢状、大型层状体。其走向有北西、南北、北西西、北东东等,切层现象普遍,大型层状体为隐伏矿体,尖灭厚度不足 3 m,深部最大视厚度 200 m(图 5-1-3)。

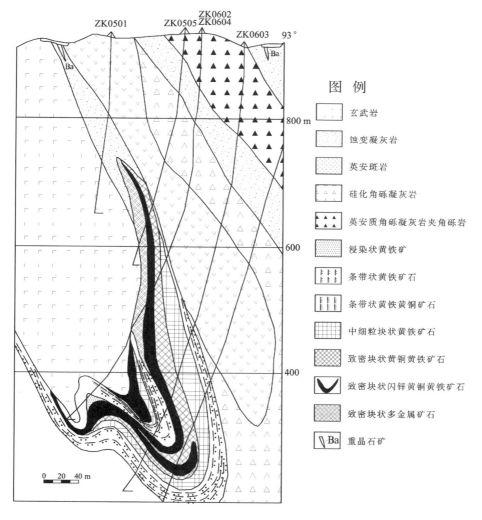

图 5-1-3　阿舍勒铜矿主矿层 5 勘探线地质剖面图

2)琼库尔向斜。克茵布拉克铜锌矿位于向斜东南部阿克巴斯套断裂西南侧的塔尔朗岩体区，矿区地层为下泥盆统变质砂泥岩及火山喷发岩，以侵蚀残山状构成北西向、东西向两个条带。矿体呈层状或柱状。围岩主要有矽线石石榴子石石英片岩、石榴子石黑云石英变粒岩、绿帘长英变粒岩、大理岩。围岩蚀变以硅化为主，次为绿泥石化、绿帘石化、矽卡岩化，褐铁矿化断裂带为含矿指示线索。矿石矿物有闪锌矿-黄铜矿-黄铁矿，方铅矿-黄钾铁矾。脉石矿物有石英、白云母、黑云母、绿帘石和长石。勘查经验证明激发极化法电性异常85%为工业锌铜矿体引起。

3)阿勒泰向斜：如图5-1-4所示，已知在下泥盆统中有铁木尔特铅锌矿、萨热阔布金矿、恰夏铜矿、乌拉斯沟铜矿、阿巴宫铅锌矿，中泥盆统中有红墩铅锌矿等，均属火山热水沉积改造矿床。地层为①下泥盆统康布铁堡组，分布于阿勒泰向斜两翼，由一套中等变质海相中酸性火山岩、火山碎屑岩、陆源碎屑沉积岩、碳酸盐岩组成。细分两个亚组：下亚组主要岩性为黑云石英片岩、千枚岩、残斑石英片岩、二云石英片岩、变流纹岩、流纹质晶屑凝灰岩、霏细岩、流纹质凝灰角砾岩、变英安斑岩、变英安质火山角砾岩等，总厚度500~1500 m；上亚组主要岩性为变流纹岩、酸性凝灰岩、熔结凝灰岩夹绿泥黑云片岩、大理岩薄层，总厚度为1850~3000 m，与上覆地层阿勒泰镇组（D_2a）整合接触。②中泥盆统阿勒泰镇组，由一套浅-中等变质的浅海及滨海相碎屑岩、基性火山岩及碳酸盐岩组成，分布于阿勒泰向斜槽部。阿勒泰镇组底部为斜长角闪片岩与变石英钠长斑岩互层，下部为绿色绢云绿泥片岩，变质粉砂岩夹石英钠长斑岩薄层，中部为浅灰色绢云石英片岩夹硅质岩，上部为灰绿色中酸性凝灰岩、凝灰质粉砂岩，局部变为阳起石片岩夹石英岩。区域构造线呈北西—南东向，以阿勒泰向斜为主体，轴长大于50 km，北西转折端位于玉勒肯塔勒萨依西侧，南东转折端分布于康里克台以东2 km处，南西翼属正常翼，倾向北东，倾角60°~70°，北东翼为倒转翼，倾向北东，倾角50°~70°，两翼次一级的构造发育。

4)麦兹向斜。向斜两翼以及东南一侧部分被花岗岩侵吞，总体呈北西—南东向展布，北东以巴塞断裂为界，南西由可依洛甫断裂界定边界，长40 km，宽6~10 km，北东翼倒转、轴面倾向北东，两翼地层倾向一致。麦兹火山沉积盆地西北侧发育少量中、上奥陶统哈巴河群变质砂岩、板岩、千枚岩、片岩、片麻岩和混合岩。麦兹向斜北翼有上志留统库鲁木提组，为深变质浅海-滨海相复理石建造（变质砂岩、片岩、片麻岩、混合岩），盆地主体地层为泥盆系，分下泥盆统康布铁堡组和中泥盆统阿勒泰镇组。

下泥盆统康布铁堡组为火山碎屑沉积-化学沉积-碎屑沉积。

下亚组，主要岩性为变质石英角斑质凝灰岩（浅粒岩）、变质角斑岩夹变质细碧岩、变质细碧质凝灰岩（变质为斜长角闪岩及角闪片岩）、变质磁铁角斑岩、大理岩和钙铁榴石片岩，系重要的铁矿（蒙库铁矿）含矿层位。

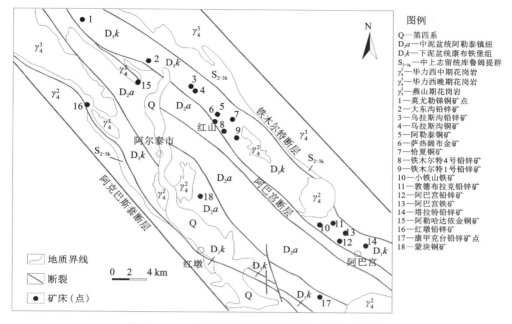

图 5-1-4　新疆阿勒泰复向斜地质与矿产分布图

上亚组，1 岩性段：由变粒岩夹黑云石英片岩、斜长角闪岩、角闪斜长变粒岩等组成。

上亚组，2 岩性段：下部为长石石英变粒岩、大理岩、浅粒岩，在大理岩和石榴绿帘长英变粒岩中，局部可见矽卡岩透镜体，形成硫化物铁帽，发育铅锌铜矿化。中部为细变粒岩、石榴黑云石英片岩、长英变粒岩夹不纯大理岩（可可塔勒铅锌矿含矿层位），地层总厚度 570 m。

上亚组，3 岩性段：顶部含绿帘石黑云变粒岩，矽卡岩化大理岩夹层。上部有重晶石条带和萤石条带（铁热克铅锌矿、阿克哈仁铅锌矿含矿层位）。

总体为向斜构造，中泥盆统阿勒泰镇组以碳酸盐岩为主，位于向斜槽部。

蒙库铁矿：

位于麦兹晚古生代陆内裂谷盆地的北东缘中部，即麦兹倒转紧闭复式向斜的北东倒转翼中部。赋存于下泥盆统康布铁堡组下亚组第二岩性段，该岩性段下部为黑云角闪片岩夹角闪岩、角闪变粒岩、大理岩透镜体，上部为角闪更长片麻岩、黑云更长片麻岩、变粒岩夹薄层大理岩等，厚 70~230 m，为铁矿的赋矿层位。铁矿严格受北西—南东走向的铁木下尔滚紧闭向斜（麦兹向斜次一级构造）构造控制。它西起蒙克木沟西南，东至巴利尔斯河以东约 20 km，轴长 40 km。核部地层为下泥盆统康布铁堡组下亚组第二岩性段，翼部地层为康布铁堡组下亚组第一岩性段。两翼地层相向倾斜，南西翼地层倾向北东，倾角较陡，为 65°~85°，北东翼地层倾向北西，倾角较缓，为 40°~70°。向斜轴面陡几近直立，矿体在向斜核部转折处增厚（如 1 号、7 号铁矿体）。

铁矿带长约 5 km，宽 400 m，面积约 2 km^2。该矿带内铁矿体呈层状、透镜状、窄条状等，与围岩界线清晰，贫、富矿渐变过渡且同步褶皱，矿体边界线与围岩片麻理随构造同步变动。矿区已圈出矿体 40 余个，稍具规模者 33 个（地表出露 29 个、盲矿体 4 个）。矿体长 100~1200 m、厚 1~85 m、延深 50~200 m，矿体走向 290°~300°，向南西、北东陡倾（个别缓倾），空间上矿体以平行、相互斜列、尖灭再现的方式排列，矿区矿层总体有向西侧伏之趋势。

1 号矿体位于矿区西北边部，为不规则透镜状，北西端呈圆弧翘起，矿体向北陡倾，并向下盘弯转分支尖灭。长 620 m，宽 20~85 m，平均宽 55 m。矿石类型主要为条带状、浸染状钙铁辉石磁铁矿和块状磁铁矿，平均品位全铁为 45.87×10^2，矿体与围岩界限清晰，围岩主要为角闪斜长片麻岩，局部为黑云斜长片麻岩。

18 号矿体位于矿区南东段，呈透镜状，但南东端矿体具有小分支。矿体长 514 m，最大宽度 100 m，平均宽度 58 m，倾向南西、倾角 60°~72°，矿石类型主要为浸染状钙铁榴石磁铁矿和浸染状钙铁（透）辉石磁铁矿，含少量块状磁铁矿。钙铁（透）辉石磁铁矿平均品位全铁为 38.98×10^{-2}，钙铁榴石磁铁矿平均品位全铁为 31.01×10^{-2}，矿体与围岩不整合接触，其南东端可见围岩捕房体，捕房体形态为似透镜状且棱角分明，围岩主体岩性为角闪更长片麻岩。

矿物成分中，金属矿物以易选的磁铁矿为主。少量黄铁矿、微量磁黄铁矿、黄铜矿、辉钼矿等金属硫化物，多以脉状、团块状、浸染状分布于铁矿体中。脉石矿物主要为钙铁（透）辉石、钙铁榴石、少量角闪石、透闪石、方解石、石英等。副矿物主要为榍石、少量磷灰石、方柱石等。矿石结构为粒状变晶结构、以细粒为主，粗粒和不等粒次之，偶见变斑状结构。矿石构造有块状构造、斑杂状构造、浸染状构造、条纹状构造、条带状构造、角砾状构造及网脉状构造等。磁铁矿明显地分为细粒与粗粒两种，细粒磁铁矿（粒度 0.05~0.2 mm）是主体，呈他形粒状，其形成时间与细粒钙铁（透）辉石、钙铁榴石相同，相对形成较早，而且在由细粒磁铁矿组成的铁矿体中，块状、斑杂状、条带状、条纹状等构造相互间无明显的界限而呈渐变过渡关系。粗粒磁铁矿（粒度 0.2~2 mm）仅存在于铁矿石的裂隙及其附近，自形程度较好，其形成时间与粗粒钙铁（透）辉石、粗粒钙铁榴石、硫化物相同，相对形成较晚，常呈脉状、角砾状、浸染状产出。矿石类型以块状磁铁矿石、浸染状钙铁（透）辉石磁铁矿、条带状钙铁（透）辉石磁铁矿为主，少量块状钙铁榴石磁铁矿石，微量方解石磁铁矿和石英磁铁矿石。

蒙库铁矿的成因，应为喷流沉积-变质改造-岩浆热液叠加富集型多因复成铁矿床。

可可塔勒铅锌矿：

位于麦兹倒转紧闭复向斜之北东倒转翼的东南端近转折部位，本区早泥盆世康布铁堡组下亚组为一套变细碧角斑岩-碎屑岩建造，厚度为 3000 m，系蒙库铁矿含矿层位。上亚组为一套变中酸性熔岩-喷发碎屑岩-碳酸盐岩建造，厚度大于 4600 m，为可可塔勒铅锌矿床赋矿层位。

矿层赋存于下泥盆统康布铁堡组上亚组第二岩性段中上部，岩性自下而上依次为变质酸性熔岩、变集块火山角砾岩、变凝灰岩、角砾凝灰岩、变沉凝灰岩、黑云石英片岩、变凝灰质粉砂岩和铁锰质不纯大理岩互层带。含矿岩系的原岩为酸性火山岩-泥砂质岩-碳酸盐岩。就整体而论，矿区构造是由裂隙式和中心式喷发而形成的火山机构连结而成，可可塔勒主矿段（B-11）下矿层的本身就为一中心式喷发所形成的火山机构，矿层定位于火山穹窿边侧火山沉积洼地（洼地长 12 km）中。

铁帽特征：铁帽是可可塔勒矿床地表最醒目的标志之一，该矿是经检查化探异常、追索与评价铁帽而发现的。矿体在地表为土褐黄色、褐红色、深褐黄色铁帽，以淋滤胶状构造、粉末状构造为主，局部发育蜂房状交代构造、条带状交代构造和块状交代构造体。其形态多为层状、似层状和透镜状，一般为单层产出，局部呈多层出现，规模一般长 20~60 m，宽 0.2~25 m 不等。铁帽的金属矿物主要有褐铁矿、赤铁矿、黄钾铁矾、磁铁矿，次要的有黄铁矿、方铅矿、铅矾，脉石矿物主要有石英、白云母、斜长石、微斜长石、高岭土、方解石、黑云母，次要有石榴子石、绿帘石、阳起石、透闪石、蛋白石、明矾石和石膏等，局部还可见锆石、榍石、钛铁矿、电气石等。铁帽中微量元素有 Pb、Zn、Ag、As、Sb、Ti、In、Ba、Bi、Cd、Mo 等，As、Sb、Ag、Ti、Bi 的富集与方铅矿有关，Cd、In、Sb、Ti 的富集与闪锌矿有关，Ba 的富集与重晶石存在有关，综合对比表明：成矿有利的铁帽组合及指标范围 $w(PbZn)$ 为 $1000×10^{-6}$，$w(Ag)$ 为 $10×10^{-6}$，$w(As)$ 为 $(1~10)×10^{-6}$，$w(Sb)>10×10^{-6}$，$w(Ti)>10×10^{-6}$，$w(In)≈3×10^{-6}$，$w(Cd)$ 为 $(1~10)×10^{-6}$，$w(Ba)(1~1000)×10^{-6}$。与探槽中铁帽和钻孔中相应矿体的铅锌品位对比，当地表 $w(Pb)>0.7×10^{-2}$、$w(Zn)>0.15×10^{-2}$ 时，深部存在中-富铅锌矿体的可能性较大。

矿体分布、产状及品位：矿体呈似层状，与地层产状基本一致，一般走向 130°~170°，倾向北东，部分南西，倾角 47°~85°，共有 15 条矿体，矿体走向长 50~1350 m，沿倾向延深 200~750 m，最大延深 800 m，水平厚度 5~80 m，厚大矿体赋存在火山洼地中火山岩与沉积岩转换的厚大部位（不排除后期构造变形所导致的局部矿体加厚加富），向西远离火山口时，矿体向西侧伏且埋深较大，矿体呈单层或多层产出。可可塔勒矿床以铅锌为主，伴生 S、Ag、Cd。矿体中 $w(Pb)$ 为 $0.379~4.95×10^{-2}$，平均品位 $1.51×10^{-2}$，$w(Zn)$ 为 $(0.4~10.74)×10^{-2}$，平均品位 3.16×

10^{-2}，$w(Pb+Zn)$ 为 4.67×10^{-2}，其中富矿 $w(Pb+Zn)\geq8\times10^{-2}$，约占 30%，Pb 与 Zn 的品位之比在 $1:2\sim1:3$。银最高品位为 222×10^{-6}，一般品位 $\leq40\times10^{-6}$，S 品位一般在 10×10^{-2} 左右，铅锌储量达大型规模。

微量元素：矿区基岩中高于克拉克值的元素有 Pb、Zn、Cd、As、Sb、Bi、Ag 等亲硫元素，浓集倍数为 1.2~10 倍，低于克拉克值的元素是以亲铁元素为主的 Cr、Ni、Co、Ti、V、Hg、Fe 等元素，而 W、Mo、Sn 元素的克拉克值略为富集或大致持平。说明该区成岩的物质来源主要是壳源，而与幔源物质无密切关系。矿区矿层中的各种元素含量较高，其元素组合为 Pb-Zn-Ag-Cd-As-Sb-Hg-Mo-W-Mn-In-Ti-Fe-Cu，其中 Pb、Zn 为主成矿元素，Ag、Cd 为伴生有益元素，As、Sb、Mn、Mo 为特征指示元素，TFe、CaO、MgO、K_2O、MnO 含量较高，而 Al_2O_3、Na_2O 含量较低，均为控岩控矿的常量元素，$w(K_2O)/w(Na_2O)$ 比值达 16.3，与碳酸盐岩的 $w(K_2O)/w(Na_2O)$ 比值相类似，同时致密块状矿石较浸染状矿石成矿元素及伴生指示元素含量高，尤以 As、Hg 更为突出。矿石具有 As、Sb、Ba、Ag、Hg、Cd、Mn、Mo 等微量元素组合，与典型的热水沉积矿床微量元素组合 Ba、Ag、As、Sb、Hg 特征类似。

矿区矿石矿物：主要为黄铁矿、磁黄铁矿、方铅矿、闪锌矿，次要的有毒砂、黄铜矿、硫锑矿、黝铜矿、斑铜矿、白铁矿等。脉石矿物：有石英、微斜长石、斜长石、白云母、金云母、方解石、透辉石、铁铝榴石，黑云母、角闪石、绿帘石、石膏等，偶见重晶石、萤石。

矿石结构：中细粒自形-半自形结构（自形晶黄铁矿、非自形磁黄铁矿、闪锌矿及方铅矿分布于黄铁矿粒间），他形-半自形结构（半自形黄铁矿，他形磁黄铁矿、闪锌矿、方铅矿）、粒状结构、斑状结构（毒砂、黄铁矿呈大斑晶分布，黄铁矿、磁黄铁矿、闪锌矿、方铅矿呈半自形晶构成基质部分）、反应边结构（斑铜矿和辉铜矿镶边包围黄铜矿）、共边结构（磁黄铁矿、闪锌矿、方铅矿具共同生长边）、交代溶蚀结构（黄铁矿被磁黄铁矿、闪锌矿、方铅矿等交代）、填隙结构（细小的磁黄铁矿充填在黄铁矿晶体之间）等。

矿石构造：以浸染状构造、斑杂状构造、块状构造为主，其次是条带状、条纹状、似条纹状构造，少数为角砾状构造等。

矿石的结构构造表明：矿床既具有沉积作用特征（如条带状构造、条纹状构造、变余层状构造），又具有热液作用特征（如交代溶蚀结构、共边结构、胶状构造、角砾状构造、网脉状构造等），属于典型的海底火山热水喷流沉积矿床。

矿石类型及分带性：a.以矿石构造可分为六种类型，即块状矿石、稠密浸染状矿石、条带-条纹状矿石，稀疏浸染状矿石、细脉状矿石、网脉状矿石，以前三种为主。b.以矿石品级可分三种类型：贫矿石：$w(Pb+Zn)<4\times10^{-2}$，主要分布于矿区西段及XI号矿体浅部；中富矿石：〔$w(Pb+Zn)$ 为 $(4\sim8)\times10^{-2}$；富矿石：$w(Pb+Zn)>8\times$

10^{-2}，主要分布于矿区中东段及 XI 号矿体中深部。c. 以脉石成分可分为四种类型：绢云母长英质型、碳酸盐岩(方解石)透辉石型、铁铝榴石-绿帘石型、石英脉型。d. 以矿物组合成分可分为五种类型，以前三种为主：方铅矿-闪锌矿-黄铁矿-磁黄铁矿型(块状、浸染状、斑杂状、条带状矿石)；方铅矿-闪锌矿-磁黄铁矿型(块状、浸染状、条带状矿石)；方铅矿-闪锌矿-黄铁矿型(浸染状、条带状、块状矿石)；方铅矿-黄铁矿型(浸染状、脉状矿石)；方铅矿-石英大脉型。

矿物生成阶段：早期为磁黄铁矿-黄铁矿-闪锌矿-方铅矿矿化阶段；晚期为黄铁矿-方铅矿脉阶段。

矿物分带：总结起来大致自上而下有：黄铁矿-方铅矿-闪锌矿浸染状矿石，黄铁矿-闪锌矿-方铅矿块状、斑杂状矿石，黄铁矿-闪锌矿-方铅矿-磁黄铁矿斑杂状、稠密浸染状、条纹状、块状矿石(主矿层)，磁黄铁矿-方铅矿-闪锌矿(黄铁矿)浸染-条带状矿石，磁黄铁矿-方铅矿(闪锌矿)浸染-条带状矿石[$w(Pb) \geq w(Zn)$]，磁黄铁矿-闪锌矿-黄铜矿-(方铅矿)块状矿石[$w(Zn) > w(Pb)$]。块状矿石多在矿体中下部，磁黄铁矿主要在矿体下部，向上磁黄铁矿减少黄铁矿增多。

原始层序：下部磁黄铁矿大于黄铁矿，以锌为主，局部含铜，到中部黄铁矿与磁黄铁矿含量相差不大，闪锌矿呈条带状，方铅矿增加，再向上闪锌矿减少而以方铅矿为主，同时磁黄铁矿变得极少而黄铁矿占优势。

(4)滨额尔齐斯(哈巴河—北屯)金铜成矿区带

该带地理位置在额尔齐斯河北岸，在克朗晚古生代火山弧与额尔齐斯构造挤压带两大地质构造单元之间，西接哈萨克斯坦滨额尔齐斯构造带，东在北屯东狭缩尖灭。这里矿产有产于韧性剪切带中的多纳拉萨依、赛都金矿，构造蚀变带内的塔拉德、卡奔布拉克金矿和阿克希克含金铁硅质岩等中小型金矿及锡伯渡北铜镍矿化点。

该带在区域上显示为北西向褶断构造，被两条大型纵断裂挟持，具有由北东向南西推覆逆冲断层制约的条块构造性质。主要地层有中泥盆统阿勒泰镇组(凝灰粉砂岩、凝灰岩、安山岩及硅铁建造)和上石炭统卡拉额尔齐斯组(页岩、砂岩、斜长角闪片岩、云母片岩)。岩浆岩发育，主体有海西中期花岗岩，沿断裂带呈岩脉状、岩株状分布，辉绿-辉长岩出露在额尔齐斯构造挤压带近主轴线上，个别岩体有铜镍矿化。

阿克希克金矿：

位于北屯西北方向，金矿产于中泥盆统阿勒泰镇组凝灰质粉砂岩、凝灰岩和安山岩中，属含金硫化物硅质岩(石英脉)，地表均赤铁矿-褐铁矿化，共发现三个含金脉群，总产状与地层一致，长 1600 m，宽 500 m，其中有 13 条金矿脉，单体长数米至数百米，宽数十厘米至数米，形态为脉状、透镜状、串珠状，围岩蚀变有硅化、高岭土化、褐铁矿化和碳酸盐化。

Ⅰ号矿脉：长 560 m，宽 3～9 m，金平均品位 6.82×10^{-6}，金最高品位 8.72×10^{-6}。

Ⅱ号矿脉：长 150 m，宽 7～9 m，金最高品位 10.6×10^{-6}。

其余金矿脉长度小于 100 m，宽度小于 3 m，金品位一般为 $(3 \sim 5) \times 10^{-6}$。

5.2　额尔齐斯—布尔根板块构造缝合带

该带为西伯利亚板块与哈萨克斯坦—准噶尔板块间的构造缝合带，是一条巨大的韧性剪切带，与北部的阿勒泰的中低压高温变质带组成了双变质带。在新疆境内的缝合带内主要分布着中泥盆世蛇绿岩(科克森它乌蛇绿岩)、火山岩下石炭统碎屑岩、斜长角闪岩、碎裂花岗岩，以及元古宙变质岩块等，构成混杂堆积岩带。二叠纪时期该带处于张弛环境，出现陆相碱性火山岩和磨拉石建造沉积。在哈萨克斯坦查尔斯克地区的混杂岩中有蓝闪片岩和早古生代蛇绿岩块(王家枢，1986)，研究认为该缝合带曾经历了斋桑洋盆加里东期和华力西期板块张裂和闭合作用，从而形成了当今的复杂格局。

5.3　准噶尔成矿省

5.3.1　准噶尔地质

准噶尔所囊括的范围在阿尔泰山以南，天山以北，以准噶尔盆地为中心的广大北疆地区。就大地构造单元划分为：北界额尔齐斯—布尔根板块构造缝合带，南界为阿其克库都克—艾比湖断裂，而达尔布特—卡拉麦里断裂带乃系板内俯冲构造带，即准噶尔造山带，北西进入哈萨克斯坦与扎尔马—萨乌尔和成吉斯—塔尔巴哈台褶皱带相连。岩石以一套以奥陶纪—泥盆纪被肢解的蛇绿混杂岩产出为典型特征，出露的早古生代地层为奥陶系和志留系，下奥陶统为砂岩和页岩(多已变成板岩和片岩)，中奥陶统由蚀变大洋枕状玄武岩、安山质熔岩、凝灰岩和放射虫硅质岩组成，上奥陶统为一套生物灰岩岩块、砾岩岩块和蛇绿岩岩块所构成的滑塌堆积岩岩序。志留系为含生物化石的复理石建造。在达尔布特—卡拉麦里断裂带与蛇绿混杂岩伴生的沉积地层为志留系到石炭系，志留系为一套具岛弧特点的火山岩、火山碎屑岩和浊积岩，泥盆系下中统主要是枕状熔岩、放射虫硅质岩和灰岩，上泥盆统和石炭系为裂陷槽及上叠盆地复理石沉积碎屑岩、碳酸盐岩夹硅质岩和火山岩建造，总体上，泥盆系-石炭系为一套具弧-盆系沉积特点的火山沉积岩系。二叠系(尤其是上二叠统)多为陆相沉积，分布于山前地带。侵入岩有加里东期辉长辉绿岩、斜长花岗岩和花岗闪长岩，海西期花岗闪长岩和花岗岩，且以海西期侵入岩为主。准噶尔中间地块，大部分为第四系覆盖，仅在别景套—赛里木地块和纸房隆起上有前寒武纪地层出露，西部晚古生代为沉降盆地，东部早石炭世该盆地相对隆起，晚石炭世起变为断陷盆地直至第四纪，形成万余米厚的陆相盆地沉积。目前认为该盆地的基底为洋壳板块或以玄武岩为古老基底，总体认为它可与吉尔吉斯斯坦境内的穆云库姆中间地块对比，可能同属古亚洲大洋内的古陆块体性质。

构造属性方面，有两种截然不同的构造归属意见：①稳定的准噶尔地块；②活动的准噶尔褶皱带。大部分研究地质构造的学者们倾向于第一种观点。

侵入岩方面，以海西期侵入岩为主酸-碱性岩石占主流，海西中期超基性岩与铬铁矿有成因联系。造山带Ⅰ型花岗岩多产铜金矿。非造山带海西晚期碱性岩和富碱侵入岩与锡钨金、稀有-稀土金属矿具有亲密的成矿专属性，系构成准噶尔锡钨金等矿带的岩石基础。

矿产方面，固体金属矿产主要出现在东、西准噶尔界山、觉洛塔格，且以金铜镍钴铬铁锡钼汞等矿种为主，"西准"产金铜钼镍铬矿，"东准"产金铜钼锡铬矿，"北准"产铜镍钴钼金矿，觉洛塔格主要是铜镍钴钼金铁矿，准噶尔板块固体金属成矿，依赋于含矿时代、层位和相关的沉积建造，依赋于区域性构造，依赋于岩浆岩及其成矿专属性。

5.3.2　成矿区带地质

额尔齐斯

(1)哈拉苏—卡拉先格尔—二台斑岩型铜钼成矿区带

北北西向的卡拉先格尔—二台断裂是该斑岩成矿区带的控矿构造。含矿岩体呈线形分布、岩株状和岩脉状产出，延伸方向与断裂方向一致。现知以斑岩型铜钼矿为主，如希勒克特哈拉苏中型铜矿、玉勒肯哈拉苏中型铜(钼)矿、卡拉先格尔小型铜矿、希协特克哈拉苏小型铜矿和喀拉萨依小型铜矿等。地层有下泥盆统康布铁堡组火山岩建造，下泥盆统托让格库都克组双峰式火山岩建造，中泥盆统阿勒泰镇组火山岩建造，中泥盆统上部蕴都喀拉组玻镁安山岩建造、中酸性火山岩建造、苦橄岩建造，下石炭统南明水组海陆交互相碎屑岩建造。侵入岩沿主构造线分布，有闪长玢岩、二长花岗岩、钾长花岗岩等富碱侵入体和酸性岩类，它们多为成矿母岩。

矿带受卡拉先格尔—二台断裂和与之平行的山前断裂两大断裂控制，总走向310°~340°，倾向北东，倾角60°~70°，这两条北北西向断裂又被两条近东西向断裂及其派生的多条次级断裂一起，将矿带切成一系列块状、菱块状的构造块，块状体的边缘与闪长玢岩、闪长岩的复合地段，是重要的矿化地段，伴随着强烈的金铜钼铁矿化。

玉勒肯哈拉苏斑岩铜(钼)矿：矿床处于北西向额尔齐斯—玛因鄂博断裂与北北西向卡拉先格尔—二台断裂构造交会部位(位于哈萨克斯坦—准噶尔北缘活动陆缘)。区域出露地层有①下泥盆统托让格库都克组，为一套浅海相火山碎屑夹少量陆缘碎屑沉积建造，下部以细砂岩为主，夹含砾粗砂岩，上部为中基性火山熔岩夹火山碎屑岩及火山碎屑沉积岩。②中泥盆统北塔山组，系一套以基性–中基性火山岩、火山碎屑岩为主，火山碎屑沉积岩夹少量超基性岩、火山岩、碳酸盐岩，分为两个岩性段：第一岩性段以玄武安山质凝灰岩、沉凝灰岩、玄武安山岩为主，夹少量安山岩；第二岩性段以玄武岩、橄榄玄武岩、辉斑玄武岩及玄武质、玄武安山质凝灰岩为主，局部发育苦橄岩。它多是各类铜金矿的围岩。③下石炭统姜巴斯套组，为一套以酸性火山碎屑沉积为主夹正常沉积岩和少量火山碎屑岩建造，岩性组合为千枚岩、含碳泥质粉砂岩、凝灰质粉砂岩及中酸性凝灰岩等，局部夹有硅质泥岩。区域断裂构造发育，韧性剪切变形显著，主要断裂有近东西向玛因鄂博断裂、北北西向卡拉先格尔—二台断裂、北北西向桑绕断裂，北西向玉勒肯哈拉苏—卓勒萨依断裂、北西向老山口断裂、近南北向奥尔塔哈拉苏断裂。

矿区地层：主要为中泥盆统北塔山组第二岩性段基性火山岩及其碎屑岩建造。岩性为玄武质凝灰岩、玄武岩、辉斑玄武岩，局部夹少量玄武质角砾凝灰岩、凝灰质砂岩、玄武质沉凝灰岩。下石炭统姜巴斯套组系一套陆相碎屑岩夹火山碎屑岩建造，下部主要为含碳粉砂岩与凝灰质砂岩互层，以凝灰质砂岩为主。中部以英安质凝灰岩为主，夹少量凝灰质粉砂岩、玄武质安山岩、流纹岩等。上部为安山质凝灰岩。

矿区构造：玉勒肯哈拉苏矿区处于近东西向玛因鄂博断裂与卡拉先格尔—二台断裂之构造交会部位，因受断裂影响，矿区内发育一系列北西向、北东向、近南北向和近东西向的次级断裂，北西向次级断裂是矿区主要的断裂构造。近东西向断裂延伸短、数量多，并与北西向断裂斜交，倾向南西或北东，倾角 45°~85°；近南北向断裂延伸也短，倾向西或东，倾角较大。矿区内韧性剪切带的强、弱变形带相间出现，中泥盆统北塔山组、下石炭统姜巴斯套组、石英闪长岩、含矿闪长玢岩及矿体、似斑状黑云二长岩和黑云母石英斑岩，均发生不同程度的糜棱岩化。地层及岩体均可见糜棱岩化、片理化、砾石为压扁腊肠状、S–C 组构、拉长线理、鞘褶皱、旋转碎斑，石英和长石颗粒有压扁拉长的拔丝现象。

矿区侵入岩：主要岩性有石英闪长岩、黑云母石英斑岩、闪长玢岩和似斑状黑云石英二长岩。石英闪长岩主要分布于矿区南部及东部，呈不规则岩株状侵位于北塔山组玄武岩、玄武质凝灰岩中。似斑状黑云石英二长岩，局部中细粒黑云石英二长岩、二长岩，主要分布于矿区南部，呈 NW 向不规则岩株状，侵位于北塔山组第二岩性段上部的辉斑玄武岩内，岩体内有少量的矿化。黑云母石英斑岩在矿区零星出露，侵位于下石炭统姜巴斯套组含碳粉砂岩中。闪长玢岩是主要含矿岩体，侵位于北塔山组第二岩性段上部玄武质凝灰岩、玄武岩、辉斑玄武岩中，呈北西向的不规则状岩株、岩支、岩脉，部分地段与姜巴斯套组断裂接触。矿区内闪长玢岩地表出露长度约 2.7 km，宽度 50~500 m，岩体总走向 110°~120°，岩石为斑状结构、块状构造。岩脉有辉长岩脉、石英正长岩脉、花岗斑岩脉、石英二长岩岩脉、石英闪长岩岩脉、花岗闪长斑岩脉、流纹斑岩脉。

矿化主体受闪长玢岩，其次受似斑状黑云石英二长岩控制，少部分矿化赋存在北塔山组火山熔岩和火山碎屑岩中，可圈出Ⅰ号、Ⅱ号两个铜矿化带：

Ⅰ号铜矿化带分布于矿区中、东部，呈不规则的长条带状，断续延长约 800 m，宽 20~120 m，总体走向 330°左右，倾向北东，矿化带内的岩石主体为闪长玢岩，少量为似斑状黑云石英二长岩。该矿化带主要由四个矿体构成，为隐伏-半隐伏矿体，其中Ⅰ-1 矿体分布在 1160 m 标高到地表，长约 170 m，平均厚度 4 m，目前控制最大斜深 500 m，铜平均品位 $0.25×10^{-2}$。Ⅰ-2 矿体是主矿体，由工业矿体和低品位矿化体组成，赋存于 845~1530 m 水平标高，目前控制深部矿体长度大于 500 m，厚度 2.1~45.1 m，控制矿体最大斜深 810 m，铜平均品位 $0.79×10^{-2}$，Ⅰ-4 号矿体位于Ⅰ-3 矿体下部，赋存于 820~1400 m 水平标高，工业矿体为主，厚度 1.8~17.8 m，平均厚度 12.1 m。低品位矿化体厚度小，一般 1.9~4.0 m，最大厚度 7.8 m，平均厚度 3.9 m，铜平均品位 $0.67×10^{-2}$。矿石中伴生金，其平均品位为 $(0.43~0.63)×10^{-6}$，伴生钼，平均品位为 $0.027×10^{-2}$。Ⅰ号铜矿化带的四个矿体主要分布在蚀变闪长玢岩的中、下部，呈脉状、似层状、透镜状，北西向延伸，有分支复合和膨胀变化。在Ⅰ号铜矿化带内圈出 2 个钼矿体，2 个钼矿化体，Ⅰ-2 矿体中钼矿体平均厚度 7.6 m，目前控制长度约 200 m，倾向延深达 250 m，矿石中钼矿品位平均为 $0.06×10^{-2}$，在Ⅰ号铜矿化带的深部，局部地段还可圈出磁铁矿体。

Ⅱ号铜矿化带：分布于矿区西北部，长约 350 m，宽 10~100 m。矿化岩石以似斑状黑云石英二长岩为主，次为玄武岩，目前地表已圈出一个品位较高的铜金矿体和三个规模较小的铜金矿化体。

矿石类型：分黄铁矿黄铜矿矿石、含辉钼矿黄铜矿矿石、辉钼矿矿石和磁铁矿矿石。矿石构造：主要有浸染状、团块状、网脉状、细脉浸染状、细脉状及角砾状等构造。矿石结构：他形粒状结构、他形-半自形粒状结构、充填结构、共结构、碎裂结构，交代结构等。金属矿物：黄铁矿、黄铜矿、斑铜矿、辉钼矿、磁铁矿、少量方铅矿、磁黄铁矿、毒砂、钛磁铁矿、白钛矿。非金属矿物：石英、斜长石、钾长石、黑云母、绿帘石、绿泥石、角闪石、方解石、石膏。

热液蚀变：闪长玢岩内主要发育钾硅酸盐化(包括石英、钾长石、黑云母、磁铁矿)、黄铁绢英岩化(石英、绢云母、白云母、绿泥石、石膏、黄铁矿)、青磐岩化(绿帘石、绿泥石、黄铁矿、方解石)，还有少量黏土化、萤石化、磁黄铁矿化。斑岩体中蚀变略具分带性，由闪长玢岩体向外，具钾长石化-黑云母化-硅化-绢云母化-青磐岩化等过渡蚀变分带现象。

成矿期次：可分为三期，即斑岩期、剪切变形期、表生期。

①斑岩期，为主要成矿期，细分为五个阶段：(a)磁铁矿阶段，矿物以浸染状、网脉状、细脉状磁铁矿和黄铁矿为主，局部可圈出磁铁矿体；(b)硫化物-钾硅酸盐阶段，为铜的主要成矿阶段，钾硅酸盐蚀变呈面形分布，蚀变矿物主体为钾长石、黑云母、石英和少量钠长石，该阶段形成浸染状、网脉状、细脉浸染状、细脉状黄铁矿、黄铜矿、磁黄铁矿及少量磁铁矿和斑铜矿；(c)辉钼矿阶段，为钼的主要成矿阶段，形成浸染状、细脉状、薄膜状辉钼矿及少量石英辉钼矿脉；(d)硫酸盐阶段，石膏细脉和黄铁矿石膏细脉；(e)碳酸盐岩阶段，形成方解石脉、石英方解石脉，并伴生黄铁矿和黄铜矿。

②剪切变形期：以韧性剪切带的形式出现，使矿体变形、糜棱岩化。矿物定向排列、压扁、拉伸，成矿元素活化迁移再沉淀等。

③表生期：黄铁矿氧化为褐铁矿、黄铜矿氧化为孔雀石和蓝铜矿、长石变化为高岭土。

(2)乔夏哈拉—老山口海相火山热水沉积型铁铜金成矿区带

该区带处于西伯利亚与准噶尔两板块之间的额尔齐斯—布尔根板块构造缝合带内北侧，区域地层有奥陶系、志留系、泥盆系、石炭系和第三系、第四系。上奥陶统小范围出露，主要岩性为灰岩夹砂岩和少量玄武安山质火山角砾岩。泥盆系和石炭系为本区主要赋矿地层，呈北西—南东向展布。下泥盆统托让格库都克组，为双峰式火山岩，以玄武岩、安山玄武岩为主夹凝灰质砂岩及少量碳酸盐岩。中泥盆统下部北塔山组主要岩性为玄武岩、苦橄质玄武岩、安山岩夹碳酸盐岩；上部蕴都喀拉组为中酸性火山岩夹火山碎屑岩。上泥盆统卡希翁组为滨-浅海相夹陆相火山碎屑沉积，局部有陆相玄武岩、流纹岩。下石炭统南明水组为海陆交互相碎屑岩夹偏碱性火山岩建造。上石炭统哈拉加乌组为砾岩、砂砾岩夹英安岩、凝灰岩。二叠系为陆内河湖相磨拉石沉积建造。

区带构造：额尔齐斯构造总走向为北西—南东，北界额尔齐斯—玛因鄂博深断裂、南界阿尔曼台深断裂和东段的北北西向具走滑性质的卡拉先格尔—二台断裂。由于两组构造及其派生构造系统的交会，形成额尔齐斯格状-菱格状区域构造格局，控制着区带成岩与成矿。

区带侵入岩：为海西期闪长岩、石英闪长岩、二长花岗岩、二长花岗斑岩、石英二长岩、钾长花岗岩、石英斑岩、辉长岩等。大多以小岩体、岩株、岩支、岩脉等形式在断裂带及断裂交会区出现(岩基较少)，这些岩体大多数为含矿岩体。

区带矿产：具有标志性矿产铁铜金矿，统一产出于中泥盆统下部北塔山组中，主体岩性为中基性火山岩和火山碎屑岩，详分为三个岩性段：

第一岩性段为区域性赋矿层位，岩石组合为苦橄岩夹辉斑玄武岩、玄武岩、玄武质安山岩、玄武质火山角砾岩、安山岩、安山质火山角砾岩、灰岩、粉砂岩；第二岩性段以粉砂岩、凝灰岩、硅质岩、含砾砂岩为主，局部夹薄层玄武岩；第三岩性段出露较少，主要是硅质岩。该带与成矿有关的侵入岩有闪长玢岩(379.7±3 Ma)和中粒闪长岩(353.8±1.9 Ma)，侵入中泥盆统北塔山组中，与区域上铁铜金矿化有密切的生因关系。

该成矿区带代表性矿床有乔夏哈拉铁铜金矿和老山口铁铜金矿。

乔夏哈拉铁铜金矿：

矿区处于额尔齐斯—布尔根板块构造缝合带(构造混杂岩带)中段。

1)出露地层

有中泥盆统蕴都喀拉组、北塔山组和下石炭统南明水组。

①蕴都喀拉组，分布于矿区北部，为中基性火山碎屑岩建造，主要岩性有安山质凝灰岩、凝灰质粉砂岩、细砂岩夹凝灰质砾岩。

②北塔山组，系矿区的含矿层位，分布于矿区中部，为一套基性-中基性火山-沉积岩建造，根据岩石组合与层序将其分为三个岩性段：

下岩性段：以基性-中基性火山碎屑岩和熔岩为主夹少量流纹岩。

中岩性段：系主要含矿层，为一套中基性火山沉积岩夹少量熔岩，主要岩性为玄武岩、玄武安山质角砾岩、集块岩及凝灰岩(有时夹安山岩)，凝灰岩夹多层薄层灰岩偶见硅质岩，顶部有凝灰质粉砂岩。

上岩性段：以中基性火山碎屑岩为主。

③下石炭统南明水组：分布于矿区南部，为海陆交互相的类复理石建造，主要岩性为粗砂岩、凝灰质砂岩、板岩夹硅质岩和灰岩透镜体。

2)地质构造

矿区为单斜构造，倾向 20°，倾角 55°~65°，断裂发育以北西向为主，两条主干断裂分别在矿区中部和南部通过。中部断裂控制着矿区内火山喷发与岩浆侵入活动。北东向晚期断裂对矿层起到破坏作用。

3)侵入岩与火山岩

成矿晚期中基性-中酸性岩脉发育。火山岩为碱性-亚碱性火山岩，部分属碱性拉斑玄武岩。

4)矿床地质

矿带长度约为 13 km，宽数十至数百米，分西、中、东(含科克库都克)三个矿

段,依其元素组合,将铜矿分为两大类型:

①磁铁矿型铜(金)矿。该类型主要赋存于安山质凝灰岩中,部分产于靠近凝灰岩的安山岩内,如西矿段磁铁矿型铜矿体呈层状、似层状或透镜状,与围岩整合产出,常见铁与铜(金)呈过渡与互为消长关系,出现含铜磁铁矿凝灰岩和含铜磁铁矿。该矿床已发现含铜磁铁矿体10余个,长$100\sim600$ m,厚$7\sim25$ m,倾向$15°\sim25°$,倾角$60°\sim75°$。围岩蚀变有硅化、绢云母化、绿泥石化、矽卡岩化(石榴子石、绿帘石和透闪石)、碳酸盐化及少量电气石化。金属矿物以磁铁矿为主,黄铁矿、黄铜矿、赤铁矿及镜铁矿次之,地表有孔雀石、褐铁矿和铜兰,铁矿体普遍含金,各矿段铁矿体采样化验结果表明,大部分铁矿样品铜含量接近或达到边界品位,部分富铜可构成矿体,地表铁矿体普遍含孔雀石,在采坑中常见网脉状、细脉状或团块状黄铜矿,并随铁矿体的延深而变富,甚或转变为金铜矿体。20世纪80年代"地矿四大队"施工ZK001钻孔,获得视厚度15.65 m、铜平均品位1.64×10^{-2}、金平均品位1.61×10^{-6}的独立金铜矿体。另在矿区中矿段,Ⅰ-Ⅰ′剖面的钻孔显示,140 m以上为铁矿,$140\sim300$ m为铜矿,显示出上铁下铜(含铜磁铁矿-铜矿)的矿种转化现象。

②金铜矿。该类铜矿不是赋存于磁铁矿中,而是单独与金共生,呈层状、似层状产于安山岩或安山质凝灰岩内。在东矿段铁矿层下盘的安山岩和部分凝灰岩内,普遍发育孔雀石和少量黄铜矿,少量样品可圈出长数十至百余米、宽数十厘米至四米似层状、透镜状的铜(金)矿体,围岩蚀变有硅化、矽卡岩化(石榴子石、绿帘石等)、绿泥石化和碳酸岩化。原生铜矿物为黄铜矿、斑铜矿,次生矿物为孔雀石。单矿物电子探针分析结果显示,8个黄铜矿平均金含量230×10^{-6},4个斑铜矿平均金含量395×10^{-6},5个黄铁矿平均金含量158×10^{-6},故金的载体矿物主要是斑铜矿和黄铜矿,其次是黄铁矿。

5)矿床成因:两种矿化类型主体呈层状、似层状,整合产出于安山质凝灰岩中,矿体附近常见薄层灰岩,表明成矿作用发生在火山活动间歇期。磁铁矿常呈条带状产于凝灰岩中,矿体下盘与侧旁顺层发育硅质岩,矿体与围岩普遍矽卡岩化,构成石榴子石、绿帘石和透辉石层状、似层状矽卡岩,反映出同生沉积构造特征和火山喷流沉积岩的性质。从稳定同位素数值分析表明:成矿物质来源于上地幔或下地壳(硫同位素组成$\delta^{34}S$为$0.73‰\sim2.92‰$),表明成矿与碱性玄武岩有密切关系,成矿水溶液来自火山气液和大气降水(据三个磁铁矿样测定结果,$\delta^{18}O_{H_2O}$值分别为10.76‰、11.49‰和9.43‰),因此该矿床属海底火山喷流沉积磁铁矿型金铜矿床。

老山口铁铜金矿:

从北西向南东依次划分四个矿段,具有代表性的有托斯巴斯套(Ⅳ)和老山口(Ⅱ)两矿段:①托斯巴斯套矿段(Ⅳ),铁矿由上部含金铜磁铁矿层与下部金铜矿层构成，围岩上盘为安山质火山角砾岩，下盘为含集块玄武质火山角砾岩，其间有矽卡岩化(绿帘石、绿泥石、阳起石、方解石)。铁矿为层状，总体走向 290°~300°，倾向北，倾角 30°~50°。地表出露长 200 m，厚度 8.34 m，局部膨胀为囊状，全铁平均含量 36.42×10^{-2}，最高品位 53.35×10^{-2}。铜平均品位 0.28×10^{-2}，最高品位 1.57×10^{-2}，金平均品位 0.49×10^{-6}，最高品位 1.90×10^{-6}。金铜矿层走向 290°，倾向北，倾角 18°~25°。矿层地表长 110 m，平均厚度 4.60 m，铜平均品位 0.41×10^{-2}，最高铜品位 1.67×10^{-2}，金平均品位 1.31×10^{-6}，最高品位 9.11×10^{-6}。②老山口矿段(Ⅱ)，围岩为玄武岩，矿体总走向 300°~320°，倾向北，倾角 18°~50°，地表出露长 1400 m，厚度 0.44~1.80 m，铜平均品位 0.31×10^{-2}，最高品位 1.23×10^{-2}，金平均品位 3.29×10^{-6}，最高品位 5.98×10^{-6}，地表有铜兰、孔雀石及硅化、绿帘石化、绿泥石化、透闪石化等围岩蚀变。

(3)希勒库都克斑岩型钼、韧性剪切带型金成矿区带

该带在额尔齐斯深大断裂和乌伦古深大断裂之间，受制于沙尔布拉克—阿克塔斯断裂，早古生代之前，该区属古中亚板块的一部分，系稳定大陆边缘，早奥陶世开始，形成了分割阿尔泰地块与准噶尔板块的准噶尔洋，经过俯冲、碰撞、增生等发展过程，晚古生代期间，随着西伯利亚板块的南移和准噶尔板块北挤，准噶尔洋逐渐闭合。此后准噶尔地区进入后碰撞造山演化阶段，且以后碰撞深成岩浆活动为特征。区内出露地层主要为泥盆纪、石炭纪中基性火山岩和火山碎屑岩，间或有中酸性成分。主构造线北西—北北西向，褶皱有加波萨尔复式背斜。沙尔布拉克—喀拉通克复式向斜，依铁克—阿克塔斯复式背斜，区内断裂与褶皱系列呈菱格状排列，较大的断裂有北西向额尔齐斯深大断裂、乌伦古深大断裂、北北西向的卡拉先格尔—二台断裂、沙尔布拉克—阿克塔斯断裂—科克别克提断裂、喀拉通克—萨尔托海断裂等。侵入岩，活动强烈，分布广泛，大多取背斜轴部与断裂交会处为侵入构造空间，岩石有超镁铁岩、辉绿岩、橄榄岩组合和闪长岩、石英闪长岩、二长花岗岩、钾长花岗岩、花岗斑岩、石英斑岩及钠长花岗岩等中酸性岩群。

区带现知矿产主要是斑岩型钼矿、铜矿和韧性剪切带型、热液型金矿。

希勒库都克斑岩型钼铜矿：

1)地层：主要为下石炭统南明水组和黑山头组，其中南明水组上亚组为矿区主要赋矿地层，系一套滨-浅海相火山碎屑沉积岩、陆缘碎屑岩建造，岩性主要为凝灰质砂岩、粉砂岩变质砂岩等，黑山头组下亚组为一套中酸性火山岩、火山碎屑岩建造，岩性有英安岩、安山质凝灰岩、凝灰质砂岩，该地层未见矿化。

2)构造：矿区位于沙尔布拉克向斜南翼张性断裂较发育地段，计四组断裂，有北西向、近东西向、北东向、北北西向，其中，走向北北西向(310°~345°)、倾向南西、倾角 60°~70° 的一组断裂控制着矿区钼铜矿的生成。

3）侵入岩：矿区内侵入岩发育，主要为海西中-晚期中浅成-浅成侵入体，岩性有闪长岩、闪长玢岩、花岗闪长岩、花岗闪长斑岩、似斑状黑云二长花岗岩、花岗斑岩、石英斑岩，除花岗闪长岩、似斑状黑云二长花岗岩呈岩基、岩株状产出外，余者皆以岩脉产出。

4）围岩蚀变：矿区内围岩蚀变普遍，岩体（脉）及其接触带附近围岩中，常见硅化、绢云母化、钾化、绿帘石化、黝帘石化、绿泥石化、矽卡岩化和少量碳酸盐化。

5）矿床

①矿体特征：矿体平面形态展布受花岗斑岩体与围岩接触带产状严格控制，已圈定出多条钼铜矿（化）体，其中钼矿体 12 条、铜矿体 6 条，赋存于花岗斑岩、闪长玢岩、石英斑岩及其接触带矽卡岩和围岩凝灰质粉砂岩、变质砂岩内裂隙中。赋存标高 280～930 m，富厚矿体在 400～700 m 的高程区间，皆为隐伏的钼铜盲矿体，矿体走向 310°～315°，倾向南西，倾角 60°～70°，长度 100～400 m，宽度 100～500 m，延深大于延长，真厚度 2.66～19.96 m。矿石类型主要是钼矿石与铜矿石，钼品位（0.062～0.12）×10^{-2}，12 条工业钼矿体平均品位（0.062～0.098）×10^{-2}。铜品位（0.1～3.75）×10^{-2}，6 条工业铜矿体平均品位（0.42～0.68）×10^{-2}。当前的 12 条工业钼矿体，其资源储量已达中型矿床规模。

②矿石特征：钼矿石金属矿物主要有辉钼矿、黄铁矿、黄铜矿、白铁矿、磁铁矿，脉石矿物主要有石英、绢云母、绿泥石、绿帘石、少量钾长石、斜长石、黑云母、角闪石、方解石和萤石等。铜矿石金属矿物主要有黄铜矿、黄铁矿，少量白铁矿、磁铁矿，脉石矿物主要有石英、绢云母、石榴子石、绿泥石、绿帘石、少量斜长石、黑云母、角闪石、方解石。金属矿物生成次序：黄铁矿→辉钼矿→黄铁矿→黄铜矿→黄铁矿。

③矿石结构：矿石多为半自形-自形鳞片状结构。矿石构造有细脉状、网脉状、浸染状、团块状。矿石类型主要有石英-辉钼矿、石英-辉钼矿-黄铁矿、石膏-黄铜矿和浸染状辉钼矿。其中石英-辉钼矿脉，为矿区主要矿石类型，辉钼矿主要分布在石英脉壁。

④地球化学：本区花岗斑岩具有高 SiO_2，富 CaO、NaO、K_2O，低 Al_2O_3 特征。花岗闪长斑岩具有高 SiO_2，富 K_2O，低 Al_2O_3、CaO、NaO、的特征。闪长玢岩具高 CaO、低 Al_2O_3 特征。随着 SiO_2 含量增加，TiO_2、Fe_2O_3、MnO、MgO、CaO、NaO、K_2O、P_2O_5 呈一定线形关系，TiO_2、MnO、CaO 线形关系最明显，上述线形关系说明含矿岩体为同源岩浆演化产物，岩石的地球化学属弱铝质高钾钙碱性系列岩石。

⑤地球物理：磁力异常分三类：（a）北部北西走向线形异常与阿尔泰山前磁异常一致；（b）由希勒库都克黑云母二长花岗岩体（香蕉状岩体）引起的磁异常，还应包括紧邻南侧的纺锤状磁异常（花岗闪长岩体引起），希勒库都克钼铜矿位于

纺锤状磁异常低磁异常处；（c）香蕉状磁异常外围次一级磁性异常体，它可能由充填磁性岩脉而引起。矿区断裂发育且北西或北北西、北西—近东西和北东三类磁力异常基本反映了矿区断裂构造格架。激电异常：激电视极化率异常呈驼峰状，由走向东西和北北西（350°）的哑铃状异常构成，西段异常极值达 8.24%、异常走向长 1000 m，宽约 550 m，异常两侧对称，等值线北密南疏，从而反映激化异常体沿走向向北西倾伏，异常基本具低阻高极化特征。由于矿区出露的南明水组含碳质凝灰质砂岩、粉砂岩中的岩浆岩出现，地表可见多条岩脉穿插，蚀变强烈，褐铁矿化、黄铁矿化发育，推定激电异常可能由岩体和砂岩接触带部位硫化矿物所引起。东部异常具低阻高激化异常特征，异常总体走向北北西，局部走向南北，长约 700 m，宽约 350 m，从平面特征分析，异常实由两个走向南北异常条带水平叠加而成，极值分别达 8.77%、7.71%，两个异常分布的位置与走向北北西向出露于地表的石英斑岩位置相吻合，故应为斑岩体内金属硫化物所引起。

（4）科克森套—喀拉通克岩浆岩型铜镍钴金成矿区带

该带有铜镍、金铜、稀有金属矿等。喀拉通克铜镍矿位于西起锡泊渡东到清河县基性杂岩带的中段，在东西长 200 km、南北宽 10~20 km 的狭长范围内，呈现出 40 余个杂岩体和 10 余个航磁异常，已知岩体主要由闪长岩、辉石闪长岩及辉长岩等组成，其中喀拉通克Ⅰ、Ⅱ、Ⅲ号岩体具有大中型铜镍矿储量规模。关于这条基性杂岩带，研究倾向于产生于上地幔，沿额尔齐斯超壳断裂侵入，由碱性-亚碱性拉斑玄武岩浆分异演化而成。它向西北延伸越过大片第四系后，与境外额尔齐斯挤压带相接（北界额尔齐斯—玛尔卡库里断裂、南界卡尔巴—纳雷姆断裂），额尔齐斯挤压带是西伯利亚板块南缘一个断裂带，起源于元古宙，后演变为深海沟-裂谷，艾菲尔期由于北东、南西海沟边缘的靠拢，形成水下隆起，继之演变为向北陡倾的变质板片，它主要由中上泥盆统、石炭系和少量元古宇组成。岩石变质深、变形强、糜棱岩片麻岩发育，并断续出露辉绿-辉长岩、辉长岩及超基性岩。由于该带在哈萨克斯坦境内没有铜镍矿发现，部分学者有意将锡伯渡—喀拉通克铜镍矿带，通过吉木乃县出境与哈萨克斯坦马克苏特岩浆岩型铜镍矿带相连。

喀拉通克铜镍矿：

1）矿区地质

喀拉通克铜镍矿位于额尔齐斯构造挤压带上，一号岩体（Y_1）为一全岩矿化基性杂岩体，构成岩浆熔离-贯入型铜镍矿床。矿化约占全岩体积 60%，分布在 500~1000 m 高程区间。岩体侵位于早石炭世南明水组中上段，直接围岩为沉凝灰岩、凝灰质碳质泥板岩。岩体侵入使围岩发生角岩化、石墨化和重结晶作用，形成花瓣状、雪花状红柱石或菫青石雏晶斑点板岩、空晶石碳质板岩、石榴石泥板岩、黑云斜长角岩、透辉石斜长角岩等。

一号岩体(Y_1)沿着北西向与北北西向两组断裂交会区侵位，又更多地依赖于北北西向断裂，在诸多岩体中独树一帜呈北北西走向，平面呈扁豆状，长695 m、宽39~289 m，出露面积 0.1 km²，岩体走向330°~150°、倾向北东、倾角60°~65°。横剖面呈偏斜漏斗状，由北西向南东侧伏。岩体由内向外、由下而上呈环形-半环形分带，即由黑云橄榄苏长岩、黑云角闪苏长岩、黑云闪长岩、辉绿岩和辉长岩组成岩体的底部到边部岩相。

2）岩相分带特征

岩相分带特征见表 5-3-1。

表 5-3-1　喀拉通克铜镍矿床岩相分带特征表

岩相名称	岩体中的部位	占岩体的体积	主要矿物	次要矿物	副矿物	蚀变矿物	结构、构造	镁铁比值	固结指数	含矿性
黑云闪长岩	上部	5%	中长石、角闪石	黑云母、石英、辉石、钾长石	磷灰石、磁铁矿、钛铁矿、锆石、榍石	绢云母次闪石	自形粒状结构，块状构造	1.33，1.41	31.74	差
黑云角闪苏长岩	中上部	38%	拉长石、古铜辉石	角闪石、黑云母、普通辉石、石英	磷灰石、磁铁矿、钛铁矿、榍石	滑石、绿泥石、阳起石、绢云母	包含结构为主，辉长结构次之，块状构造	2.55，2.19	49.79	好
黑云角闪橄榄苏长岩	中下部	29.6%	拉长石、古铜辉石、橄榄石	磷灰石、磁铁矿、钛铁矿、榍石	磷灰石、磁铁矿、钛铁矿、榍石	蛇纹石、滑石皂石、金云母、次闪石	包含结构，含长结构，块状构造	2.45，2.43	54.54	最好
辉绿-辉长岩	底部边部	27.4%	拉长石、普通辉石	古铜辉石、橄榄石、角闪石、黑云母	磷灰石、磁铁矿、钛铁矿	次闪石、绿泥石	辉绿-辉长结构，海绵陨铁结构，含长结构，块状构造	1.59	32.30	较好

3）按工业品位划分的矿体，实际上是一个埋深不大、分布集中、重叠套合的整体，为不规则的透镜状，地表局部出露铁帽，矿体向150°方向倾伏延伸、向 NE 倾斜，平面呈豆荚状，主矿体集中在 650~830 m 标高区间，向上分支复合呈火焰状（蝌蚪状、凸镜状或脉状），向下收缩呈蛇曲状，根部楔形尖灭。岩体根部呈折线收缩变小（图 5-3-1）。

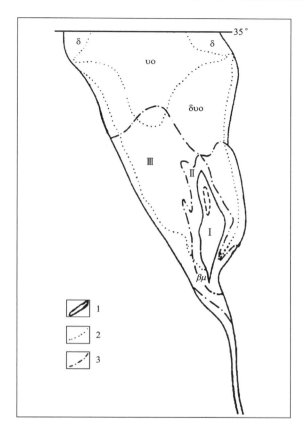

δ—黑云闪长岩相；υo—黑云角闪苏长岩相；δυo—黑云角闪橄榄苏长岩相；

βμ—辉绿辉长岩相；Ⅰ—致密块状特富铜镍矿；Ⅱ—中等稠浸染状富铜贫镍矿；

Ⅲ—稀疏浸染状贫铜贫镍矿；1—富镍高铜特富铜镍矿；2—岩相界线；3—矿体界线。

图 5-3-1　喀拉通克铜镍矿 1 号矿床 28 线地质剖面简图

4）矿物成分

矿床中矿物分类：

①主要造岩矿物：贵橄榄石、古铜辉石、斜长石、黑云母、角闪石及其蚀变矿物。

②主要金属矿物：磁黄铁矿、黄铜矿、镍黄铁矿、黄铁矿、紫硫镍矿与磁铁矿。

③主要贵金属矿物：碲镍铂钯矿、等轴铋碲钯矿、铋碲钯矿、砷铂矿、碲银矿、银金矿、银镍黄铁矿、碲铋银矿。

④矿石结构：矿石结构以形成条件分为三组：固熔体与热液中结晶结构；固熔体分离结构和交代溶蚀结构。

矿物可总体归类于硫化物、砷化物、硫砷化物、锑化物、碲铋化物、氧化物、氢氧化物、金属互化物和自然元素。

5) 矿石类型

矿体分氧化和原生两类：原生矿体以其结构、构造分为浸染状矿体和致密块状矿体。浸染状矿体与岩体(围岩)呈过渡关系，致密块状矿体分布在浸染状矿体内部且界限清晰。原生矿石类型以工业品级分为浸染状矿石(稀疏浸染贫铜贫镍矿石，细脉浸染贫铜矿石，中等-稠浸染富铜贫镍矿石，含斑杂状、网脉状、胶结状富矿石等过渡类型)、致密块状矿石(致密块状特富铜镍矿石，致密块状富镍高铜矿石)，上述矿石类型无论平面还是剖面都是对称分布，致密块状矿石居中居下，向外向上依此为中等-稠密浸染矿石(局部含胶结状、网脉状过渡矿石类型)、稀疏浸染状矿石。致密块状特富矿与浸染状矿石之间界限清晰，有明显的接触界面。而各类浸染状矿石之间、浸染状矿石与岩体(围岩)之间均呈渐变过渡。

光片研究显示：各类矿石矿物组成一致；非金属矿物与岩体造岩矿物一致，说明为正岩浆矿床。块状矿石和浸染状矿石以及非金属矿物数量上的差别，说明了成矿流体的性质，如贵橄榄石、辉石、斜长石等造岩矿物及蚀变矿物的存在，说明成矿流体具有矿浆性质，块状高铜特富矿石中热液成因矿物出现较多，表明在岩浆演化过程中热液性质越来越明显。

6) 岩石化学特征

Y_1 岩体平均岩石化学成分与诺科斯基岩石化学成分平均值及黎彤等中国基性岩化学成分平均值比较，主要特点是富镁贫钙、碱质略高、硅铝钛均低于同类岩石平均值。$m/f=2.2$，主要含矿的橄榄苏长岩与苏长岩 m/f 均大于 2.45，属铁质基性岩。平均成分：酸度45.1，钙碱富集度55.2，属偏镁系列。

①各岩带岩石化学特征及变化：岩体由上而下(闪长岩-苏长岩-橄榄苏长岩)主要氧化物(SiO_2、Al_2O_3、CaO、Mg_2O)逐渐减少(辉绿-辉长岩中氧化物含量与岩体平均成分相近)。这反映了岩浆演化由早到晚，即由橄榄苏长岩-苏长岩-闪长岩的化学成分，从富镁铁向富硅铝碱含量过渡。

②Y_1 岩体的化学成分所反映的构造环境，根据戈蒂指数、里特曼指数作图，Y_1 岩体平均成分投影点绝大多数投入 B 区或靠近 A、C 区的 B 区部位，说明造山带或岛弧区火山岩与所处的大地构造环境一致。

③梅厚均把暗色岩体的岩石，按化学成分划分出镁岩类、偏镁岩类和偏钙岩类：含铜镍硫化物与偏镁岩类有关，即与 Y_1 岩体中橄榄苏长岩、大部分苏长岩和部分辉绿-辉长岩有关。岩石中的 S、Cu、Ni，全岩平均含量分别为 1.68×10^{-2}、0.3×10^{-2}、0.21×10^{-2}，较之 Y_2、Y_3 岩体更具有丰富的成矿物质基础。根据岩石化学特征概括如下几点：(a)岩体属正常类型的镁铁质侵入岩，具富镁铁、贫钙、略富碱和贫硅铝的特点。(b)岩体含矿参数表明岩体属于含铜镍基性岩体，岩体

含硫丰度高,具备铜镍硫化物熔离成矿条件。(c)岩体内岩石化学成分呈现良好的变化规律,显现出成岩过程中良好的结晶分异、分离演化。

④矿石化学成分:各类矿石有用元素平均品位和相对含量说明,各类矿石有用元素组合相同、有用元素富集度高,致密块状特富矿石和块状高铜矿石中贵金属铂族元素及 S、Se、Te 明显富集。矿石中有害组分含量在各类矿石中也有差别。成矿元素空间分布规律,由矿体中主要成矿元素与综合利用的元素分布总规律看,高含量在岩体和矿体中下部,由内向外其含量呈环带状依次降低,可综合利用的组分主要分布在高品位铜镍矿中。

⑤岩石微量元素丰度及配分型式:岩石中过渡元素配分型式为 W 型,表明各类岩石配分型式比较接近,各元素丰度趋于同步消长。

⑥稀土元素丰度及配分型式:表现出富集型配分特点,配分曲线除正负铕外,其余部分有一定起伏,曲线形状接近,彼此近于平行,仅稀土总量有差别,这暗示岩体各岩相带岩石由统一岩浆结晶分异而形成。配分曲线形状比较接近相对活动构造部位的亚碱性玄武岩特征。边缘辉绿-辉长岩相和结晶分异形成橄榄苏长岩相稀土总量及 $w(La)/w(Yb)$ 比值均较低,而分异晚期形成的苏长岩、闪长岩其 ΣREE 和 $w(La)/w(Yb)$ 比值都较高,稀土元素分馏现象明显也表示属同一岩浆分异,轻稀土元素随碱度增加、基性度降低而递增。

⑦岩体铷锶同位素年龄值

锶含量为(100~1400)$\mu g/g$,$w(Sr^{87})/w(Sr^{86})$ 为 0.7033~0.7044,斜率为 0.00406,相关系数为 0.995~0.985,等时线年龄为(285±16.7)Ma~(298±23)Ma。

⑧岩体 K-Ar 年龄(稀释法):黑云母(157.28~153 m)284 Ma,黑云母(36.28~160 m)295 Ma,长石(131~157.28 m)273.76 Ma。

⑨铂族元素地球化学特征:铂族元素与母岩同源,岩体赋矿工业价值越大,铂族元素总量越高,Y_1 岩体中 Pt 总含量为 $114.95×10^{-9}$。

⑩岩石化学模式

垂向元素分带:

上置晕:I、F。

矿上晕:As、Ba、B、Mo。

近矿晕:Cr、Ag。

成矿晕:Cu、Ni、Co。

水平元素分带:由外而内 B(I、F)-Ba-As-Mo-Ag_1-Cr-Co-Ag_2-Cu-Ni。

7)岩石物理特征

含矿岩体密度、Q 值(Q=剩余磁化强度/感应磁化强度)都与岩相和矿化程度成正比。

①各岩相及其密度、剩余磁化强度、Q 依次为：闪长岩（2.76、562、0.88），辉长岩（2.86、382、0.44），矿化辉长岩（2.89、430、0.51），苏长岩（2.85、700、0.82），浸染状铜镍矿（3.02、1713、1.44），角砾状铜镍矿（3.40、5409、3.62），块状铜镍矿（4.27、18644、2.93）。

②上、中、下三岩相带和相应的物性相带，由于变质分异的特性、矿化度不同和矿物成分的差异，岩体内部自上而下密度和磁性递增，并随着岩体磁性和基性度增高而增高，和低电阻率、高极化率反映出三高（高磁性、高密度、高极化率）一低（低电阻率）的岩体物理特性。

8）Y_1、Y_2、Y_3 岩体与矿床为含矿岩浆就地分异成矿-同源矿浆贯入成矿的复合定位，皆属同一性质的岩浆熔离叠生矿床。

（5）加波萨尔斑岩型铜钼、海相火山热水沉积型铁铜、构造蚀变岩型金成矿区带

该带是指在额尔齐斯挤压带（北）与纳林卡拉—阿尔曼特断裂（南）之间地带为古生代岛弧带（加波萨尔古生代岛弧带）。西去哈萨克斯坦与卡尔巴—纳雷姆及西卡尔巴构造成矿带对应，东进蒙古接南蒙褶皱带内带—西呼赖铜铅锌金成矿带（多属含铜石英脉及金-多金属石英脉），如北塔格铅锌矿（哈塔尔乌拉、努赫尼努鲁）。

该带地层，下泥盆统托让格库都克组，海相基性-中基性火山岩及其碎屑岩建造，主要岩性为玄武岩、玄武安山岩、安山岩、凝灰岩和凝灰质砂岩等；中泥盆统蕴都喀拉组，海相-海陆交互相细碎屑沉积岩夹中性、中基性、基性火山岩建造，主要岩性为凝灰岩、凝灰质砂岩、安山岩、安山玄武岩及碳酸盐岩；上泥盆统卡希翁组，主要岩性为安山岩、安山玢岩、英安岩等；下石炭统南明水组，为海陆交互相，陆源碎屑岩-火山碎屑沉积岩建造，主要岩性为砂岩、凝灰质砂岩，安山质凝灰岩等。

该带构造以海西期构造活动为主，褶皱断裂发育，加波萨尔复背斜是该带主要褶皱构造，轴面倾向北北东，倾角近直立。断裂主要有北西西向和北西向两组，其中以北西西向断裂破碎带最为发育，控制着区域性铜金矿化的空间展布。

该带岩浆岩主要是海西期酸性-中性-基性-超基性岩类，以岩体、岩株、岩脉等形式出现。

加波萨尔铜金矿化区发育着以安山岩为主的玄武岩-安山岩-流纹岩建造，以北西西向断裂为界分南北两部分：北部为中泥盆统蕴都喀拉组，主要岩石为安山岩、玄武安山岩、玄武岩、闪长斑岩、凝灰岩，少量英安岩和碳酸盐岩。南部为下泥盆统托让格库都克组，主要岩石为玄武岩、安山岩、辉绿岩、凝灰岩，少量英安岩和流纹岩。区内断裂发育以北西西向和北北西向为主，区内铜金矿化与硅化（甚者则形成硅帽-强硅化安山岩、英安岩及凝灰岩）关系密切。

典型矿例：

索尔库都克铜钼矿：地处乌伦古深断裂带北侧恰乌卡尔断褶带与乌伦古构造带之接合部。

地层：属中泥盆统北塔山组第二亚组，为中基性火山岩–火山碎屑岩建造，其岩性有凝灰细砂岩、含砾凝灰细砂岩、凝灰砂砾岩、凝灰细砾岩、凝灰质长石砂岩、凝灰粉砂岩、安山岩、安山玢岩、英安岩、玄武岩、火山角砾岩。矿区露岩较少，70%的面积被第三系、第四系覆盖。

矿区构造为一单斜层（系索尔库都克背斜南西翼），属海西中期构造带。可归属于西域系构造系列，走向北西—南东，倾向南西，倾角 25°～50°，南缓而北陡，由于断裂破坏，背斜极不完整。断裂发育，可分三组：①走向 310°～340°（压性）；②斜交两组：走向分别为 25°、60°（压扭性）；③南北向（张扭性）。岩脉多受斜交断裂制约。

岩浆岩：侵入岩属海西期辉石闪长岩、正长花岗岩、花岗斑岩、英安斑岩、霏细斑岩、辉长岩。与矿化有关的侵入岩为海西中期辉石闪长岩，平缓埋深于百米之下，隐伏倾角 35°～40°，岩体规模不清，岩石为灰黑色致密块状，细粒–似斑状结构，主要矿物是斜长石、角闪石、辉石。岩体中可见浸染状黄铁矿、黄铜矿、辉铜矿等硫化物，常见凝灰砂岩、英安岩、安山玢岩俘房体，岩体内接触带有次闪石化、黑云母化，外接触带有矽卡岩化、硅化、绿泥石化。

矿床：矿体呈带状在矿区中部分布，矿带长约 2600 m，宽 900 m，向北西变窄，延深 50～600 m，走向与地层一致，铜矿与矽卡岩化、绿帘石化关系密切。矽卡岩为层状、有数层至数十层之多，层间被凝灰砂岩、凝灰粉砂岩、安山岩隔开。矽卡岩由地表向深部，由厚变薄、蚀变由强变弱，矽卡岩矿物为石榴子石、绿帘石、透闪石、透辉石、阳起石，以矿物组合将矽卡岩分为石榴子石矽卡岩、石榴子石–绿帘石矽卡岩、绿帘石矽卡岩三类，以内带石榴子石矽卡岩含矿性较好。

矿区共圈出 7 个铜矿体，赋存于辉石闪长岩接触外带约 100 m 宽范围之内，直接围岩为绿帘石–石榴子石矽卡岩、石榴子石矽卡岩，在各类围岩中均可见星点状铜矿化，矿与围岩呈渐变关系。矿带中主矿体为透镜状、似层状，长 1400 m、宽 130～540 m，穿矿厚度数至数十米，延深达 600 m，产状与矽卡岩一致（倾向南西、倾角 25°～53°），矿体向北西方向有增厚之趋势。

矿石：分氧化矿石和硫化矿石两类。矿物有孔雀石、胆矾、蓝铜矿、黄铜矿、辉钼矿、黄铁矿、斑铜矿、方铅矿、闪锌矿。矿体产出状态以浸染状、细脉浸染状和薄膜状为主。矿石类型有黄铜矿石、辉钼矿石、辉钼矿–黄铜矿石、孔雀石矿石，以其赋存围岩分为矽卡岩型矿石、砂岩型矿石和安山岩型矿石三类。

矿石品位：铜平均品位 0.74×10^{-2}，单个样品最高铜品位有 3.05×10^{-2}（氧化矿）、5.78×10^{-2}（硫化矿），伴生钼品位 0.078×10^{-2}，最高钼品位 0.444×10^{-2}，钼

局部能达到工业品位，可圈出独立钼矿体。银平均品位 6.78×10^{-6}，金最高品位 0.78×10^{-6}。

矿床按成因分为斑岩型和火山沉积变质（层状矽卡岩）型。

（6）扎克特—苏哈依特布拉克石英脉型、构造蚀变岩型金成矿区带

该带受玛因鄂博大断裂南侧次级断裂控制，体现在南明水组火山岩的片理化带中，西起扎克特，东到苏哈依特布拉克（小沙尔布拉克），相继发现有三处金矿（石英脉-构造蚀变岩型金矿），其中扎克特金矿通过地质与工程勘察基本确定了工业前景。

地层：下石炭统南明水组滨-浅海相碳酸盐岩-火山碎屑岩建造。其中火山岩有安山岩、安山玢岩、火山角砾岩、霏细斑岩。

构造：矿带受控于北西西向玛因鄂博大断裂南侧次一级平行断裂，北北西向的更次级断裂及羽裂制约矿体，断裂由糜棱岩、碎裂岩及碎裂岩化砂岩构成，片理、节理、劈理发育，地貌为负地形而石英和岩屑砂岩突出地表。

蚀变矿化带：地表长约 4000 m，宽 300 m，带内岩石热液蚀变较强，主要是绿泥石化、绢云母化、褐铁矿化、碳酸盐化，绿泥石化多集中在南部，绢云母化在北部较多，褐铁矿化遍及全区，普遍发育在节理和劈理面上，硫酸盐以淋漓石膏形式出现，呈白色-黄色土状物，有黏土、绿泥石和绢云母，并有定向排列的方解石脉。

金矿化带（以品位 0.1×10^{-6} 为下限）长 1000 m、最宽处 30 m，共发现三个矿体、三个矿化体。地表三条工业矿体为大小不等的构造透镜体，呈左行雁形排列，并被后期断裂构造破坏：

Ⅰ号矿体：长 58 m，宽度由西而东变窄，为透镜状石英细脉集合体，产状 $60° \angle 50°$，地表采坑中富矿段主要是乳白色含金石英脉，受构造挤压发生细颈化，形成大小不等的眼球状或透镜状石英块体，单体长 7 m 左右，最宽处 1.5 m，后期构造破坏严重，局部形态复杂多变，矿体被一产状 $60° \angle 87°$ 正断层向北东方向下错。在石英脉裂隙中充填糜棱岩残余物及少量铁质氧化物，矿石有自然金、方铅矿、黄铁矿、褐铁矿、毒砂、白铅矿等，金最高品位 135×10^{-6}。矿体向深部渐趋稳定，呈脉状产出，在走向和倾向上均出现膨胀与狭缩现象，并向北西倾伏。矿体厚 0.5~4 m，斜井向下 60 m 矿体依然稳定，矿体金平均品位 11.64×10^{-6}、高者可达 100×10^{-6}。近矿围岩为含碳质绿泥石化、绢云母化泥岩和石英绿泥石-绢云母化粉砂岩。靠近石英脉部位含金，品位 1×10^{-6} 左右，矿体上盘为糜棱岩或岩屑砂岩，具强烈硅化及褐铁矿化蚀变。

Ⅱ号矿体：长 29 m，最宽处 2.6 m，总体产状 $60° \angle 52°$，地表由大小不等石英透镜体组成，石英脉受挤压而破碎，其裂隙中充填糜棱岩残留物和铁质氧化物，乳白色石英脉含金，可见蜂窝状构造。斜井中发现膨大矿体，矿脉厚 0.5~3.5 m，矿体沿走向 60° 糜棱岩化带延伸，网脉状矿体包容着岩屑砂岩。矿体由灰

白色-黑灰色条带状石英及乳白色-烟灰色斑杂状块状石英构成,可见明金,方铅矿、毒砂、褐铁矿极少,金平均品位 $9×10^{-6}$,最高品位 $233×10^{-6}$。

Ⅲ号矿体:为韧性剪切带控矿,含金透镜体长 2 m、厚 0.6 m,金品位 $1.92×10^{-6}$,另在矿体局部地段见到少量乳白色-烟灰色斑杂状石英中有星散状明金集合体,金最高品位为 $200×10^{-6}$,部分围岩有强烈硅化蚀变时,金品位可达 $1.5×10^{-6}$。

扎克特—苏哈依特布拉克金成矿区带和南部的布尔根金成矿区带是额尔齐斯构造带东段(清河县境)较有前景的两个平行金矿带。

(7)布尔根石英脉型、构造蚀变岩型金成矿区带

该成矿区带大地构造位置为西伯利亚板块与准噶尔板块之缝合带东段(额尔齐斯—布尔根板块构造缝合带),北界玛因鄂博断裂,南界相当于克孜勒卡拉尕依巴斯塔乌断裂,构成一个强烈的片理化带,其间蕴孕着石英脉型、构造蚀变岩型和花岗岩型金矿。

出露主要地层:下泥盆统托让格库都克组(D_1tc),为一套火山碎屑岩、沉积碎屑岩夹熔岩建造,岩石包括玄武岩、安山玢岩、流纹岩、角砾熔岩和凝灰质砂岩等。康布铁堡组(D_1kb),岩石已强烈地混合岩化和片麻岩化,原岩为一套中酸性火山岩夹正常沉积碎屑岩。中泥盆统阿勒泰镇组(D_2a)下亚组,有变质硅质泥岩、长石石英砂岩、粉砂岩、火山碎屑岩、大理岩、大理岩化灰岩等。北塔山组(D_2b)岩性为安山岩、安山玢岩、英安斑岩、玄武岩、火山碎屑岩夹砂岩及灰岩。上泥盆统卡希翁组(D_3k),岩性有辉绿玢岩、玄武玢岩、凝灰质与钙质砂岩、粉砂岩和千枚岩。江孜尔库都克组(D_3j),岩性为玄武安山岩、安山岩、凝灰砂岩粉砂岩。下石炭统南明水组(C_1n),为滨海-浅海相中酸性、中基性火山喷发岩及陆源碎屑岩建造,岩性包括硬砂岩、粉砂岩、泥岩、碳质页岩夹安山玢岩、钠长斑岩、玄武玢岩、英安岩。巴特玛依内山组(C_1b),为陆相火山岩及和火山碎屑岩建造,岩石主体有玄武岩、辉石安山岩、流纹岩、凝灰质砂岩、粉砂岩、角砾熔岩。侏罗系水西沟群($J_{1-2}sh$),由砾岩、中细粒砂岩、黏土质岩夹煤层构成。

矿产:截至目前所知,该区主要金属矿为金矿。较有远景者当推科克萨依韧性剪切带型金矿及玛依热铁、阿拉塔斯、汇流、黄羊滩和红山等石英脉型金矿。

科克萨依韧性剪切带型金矿:产于克孜勒套韧性剪切带。赋矿地层为下泥盆统托让格库都克组,岩性主要为灰绿色凝灰砂岩、晶屑岩屑凝灰岩及辉石安山玢岩,属于弧盆构造环境形成的浅海相火山碎屑岩建造。这里为一巨大的推覆构造,其上盘地层被强烈片理化,形成透入性劈理构造带,而位于下盘的地层(上泥盆统卡希翁组)则变形较弱,主要岩性为含砾杂砂岩、安山质凝灰岩、硅质粉砂岩及硅质岩等。强烈的逆冲推覆挤压作用导致卡希翁组褶皱变形,形成苏鲁巴依背斜构造,在核部有花岗岩侵入体。这表明在推覆叠置增厚作用下,产生了一个对成矿有利的构造-岩浆-热液系统。因此苏鲁巴依背斜构造、克孜勒套推覆构造和

布尔根推覆构造三位一体，构成本区的基本构造格局。

科克萨依金矿床成矿作用主要与克孜勒套推覆构造有关，矿化带表现为黄褐色强片理化带。走向北西—南东、倾向南西，近围岩为灰绿色安山质晶屑凝灰岩且片理化较弱，故强片理化带不是区域变质作用造成的，而是由构造韧性剪切表现出糜棱片理。矿体延续比较稳定，目前已控制的 3 个矿体，延长 1500 m、延深 60 m、宽度 2~10 m，金平均品位约 5×10⁻⁶，在矿体中的含金透镜体（富矿石）。金最高品位 40×10⁻⁶，向两侧金品位逐渐降低，矿体边界不明显，与围岩呈渐变过渡关系，另还有高品位的含金石英脉，其规模小，产状、形状多变，斜穿片理方向。科克萨依金矿床的矿体形态、产状及矿化强度等，均严格受控于韧性剪切带，金矿体的自身就是以糜棱岩系列为主的蚀变构造岩。其显微结构非常发育，具有典型的糜棱结构，如亚晶、边缘细粒化、动态重结晶、超糜棱岩结构、变形条带、云雾状构造、P-Q 域组构、核幔构造、定向构造、柔褶构造等。根据金矿石的变形程序和矿物组成特点，划分金矿石类型如下：

1）石英糜棱岩型矿石：含石英 95% 以上，硫化物 3%~5%，矿石具较强的油脂光泽，一般呈透镜状，含金最高。

2）绢云母石英超糜棱岩型矿石：石英约占 70%、硫化物 10%~15%、绢云母 10%~20%，矿石含金较高，分布于透镜状石英糜棱岩外侧，两者无明显界限。

3）绢云千糜岩型矿石：绢云母约占 90%、石英 3%~5%、硫化物 2%~5%，呈白色似黏土状，常被误称为"千枚岩"，厚度较小，圈闭含金石英透镜体。两者无明显界限。

4）石英绢云糜棱岩型矿石：绢云母约占 60%，石英 15%~30%，硫化物 10%~15%，常见绢云母交代石英，是数量最多的一种矿石，与绢云千糜岩型矿石呈渐变过渡关系。

5）碎屑岩质初糜棱岩型矿石：具有较弱的绢云母化、硅化及黄铁矿化，可见残留碎屑结构，含金较少，与石英绢云糜棱岩型矿石和蚀变围岩的界限均不清晰。

矿体蚀变总体清晰，从内而外可分为三个蚀变带：Ⅰ带为糜棱岩化含金石英脉透镜体（富矿体），表现为强硅化、稀疏浸染状黄铁矿化、黄铜矿化及弱绢云母化。Ⅱ带为黄褐色碎屑岩质糜棱岩（主矿体），表现为强绢云母化、硅化及稠密浸染黄铁矿化。Ⅲ带为灰绿色片理化碎屑岩（蚀变围岩），表现为绿泥石化、绿帘石化、浸染状黄铁矿化及弱硅化。

该矿床矿石矿物简单，属贫硫化物含金石英绢云母蚀变糜棱岩型金矿。硫化物以黄铁矿为主，毒砂、黄铜矿、闪锌矿、方铅矿等次之，除微量的银金矿、铜金矿、碲金矿、钯铜金矿之外，绝大多数为自然金（0.088~0.5 mm），常以粒间金、包裹金或裂隙金的形式与石英、绢云母和黄铁矿共生。

东、西准噶尔界山

（8）萨吾尔—北塔山—琼河坝晚古生代弧后盆地铜钼金铁成矿区带

萨乌尔山北界为阿尔曼特断裂带，南界为和布克赛尔断陷洼地，总体构造走向近东西，西出国境接扎尔玛—萨乌尔构造带。它本身的构造属晚古生代岛弧带，现存构造为一地垒式南陡北缓的不对称破碎复式背斜。

1）地层

主体地层为泥盆系和石炭系，前者分布在山南坡与东段，后者大范围地分布于北坡。

①中泥盆统萨乌尔山组（D_2s），主要分布在萨乌尔山山脊和西南坡，为灰绿色、紫色厚层块状安山质晶屑、岩屑凝灰岩、安山质火山角砾岩夹安山玢岩和石英斑岩，上部相变为硅质粉砂岩夹灰岩及泥质灰岩。②上泥盆统塔尔巴哈台组（D_3t）被断裂多方向分割，以带状分布于萨乌尔山南坡东段，主要岩性为灰绿色、紫色硅质粉砂岩、硅质泥质粉砂岩和具流纹构造的霏细岩，而南坡西段为含硅质条带凝灰岩、硅质粉砂岩夹火山角砾岩。递变层理和水平层理明显，有少量海百合茎化石。③下石炭统黑山头组（C_1h），分布于萨乌尔山北坡，为深灰色、灰绿色、紫色硅质粉砂岩，硅质泥质粉砂岩夹钙质砂岩及砂质灰岩，上部夹碳质页岩和劣煤。产 *Syhngathlig sp*、*Spirifer. Sudglundis*（Rotai）等化石。④下石炭统萨尔布拉克组（C_1s），分布于萨乌尔山东段南坡一小片地区，下部为灰色、黄褐色凝灰质砾岩细砾岩夹砂岩、粉砂岩。在黑山头一带，岩性为砾岩、砂岩、泥质粉砂岩、碳质页岩，上部为灰绿色安山玢岩、碳质粉砂岩及黄褐色霏细斑岩、酸性火山角砾岩夹辉绿玢岩和安山玢岩。产 *Angaropteridium*、*Candioptaroides*（Schm）等化石。⑤中石炭统哈尔加乌组（C_2h），分布于哈拉交西部的局部地段，岩组下部为灰绿色凝灰砾岩、火山角砾岩、安山玢岩、凝灰砂岩-粉砂岩，中部为杂色酸性火山角砾岩、凝灰砂岩、流纹状霏细斑岩，上部为灰绿-灰褐色安山玢岩、安山质凝灰岩夹凝灰质砂岩，产 *Calamites. sp*、*Noeggerathiopsis. sp.* 等化石。⑥中石炭统卡拉岗组（C_2k），分布在萨乌尔山北坡山前地带，岩层分上下两部分，下部为杂色安山玢岩、英安玢岩、流纹岩、霏细岩夹火山角砾岩及凝灰砂岩，底部岩石有凝灰砾岩、砂岩及碳质页岩，局部含劣质煤，上部为灰色-黄褐色霏细斑岩、流纹岩酸性火山角砾岩夹酸性凝灰岩，产 *Angaiopteridiam*、*Candiopteioider* 等化石。

2）构造

以断裂构造为主体，伴随着残留褶皱和侵入岩分布（多取褶皱为侵入空间），形成近东西向的褶断构造，其中最醒目的断裂为萨乌尔山脊断裂，西段呈东西向由米斯套向东，在萨乌尔他乌岩体南侧改为北东向，和其他各组断裂一起，构成萨乌尔山北坡弧形断裂网，清晰显示出区域性菱格状褶断构造，就是这些不同方向、不同形式的构造，控制着各期各类岩体的侵位和矿体的分布。

3）岩浆岩

岩浆岩发育是萨乌尔山一大地质特征，与之有关的矿产也占有重要地位，岩浆岩侵入的时代以海西期为主。超基性岩蚀变辉长岩在乌拉斯根河山脊分布，钾长花岗岩呈岩基出现，是萨乌尔山北坡分布面积最广的一种岩石，其间有花岗闪长岩分布，另沿北东向断裂还有石英正长岩岩脉和岩墙出现。

4）地球化学特征

萨乌尔山区域地球化学场，显示出西铜东金的走向迁移特点，西部以斑岩-矽卡岩型铜矿为主，东部则火山浅成低温热液金矿占主流，元素地球化学特点是 Mo、Cu、Au 异常组合，东部则出现 Hg、Sb、Au、As 元素组合，自上而下依次为 Hg、Sb、Ag-Au、As-Cu、Mo、Au 的垂向分带。Au、Cu 是萨乌尔山主要地球化学元素组成。

5）矿产

将萨乌尔山金属矿产分为两大类，一种是与中酸性侵入岩有关斑岩-矽卡岩型铜矿、铜金矿。另一种是与火山岩（含断裂）有关的火山浅成低温热液型金矿。前者以托斯特斑岩型铜矿、塔斯特斑岩型铜金矿、水库矽卡岩型铜矿为代表。后者以阔尔真阔拉金矿、布尔克斯岱金矿为标志。

区域成矿规律性显示，①萨乌尔山西去为扎尔玛—萨乌尔，在境外有肯赛和克孜尔卡茵斑岩型铜矿，在东西方向上前者距国境线约 100 km，后者则不足 50 km。该带进入中国与米斯套 Cu、Mo、Au 综合化探异常和托斯特斑岩型铜矿相对应，东去转换为火山浅成低温热液金矿带（阔尔真阔拉、布尔克斯岱），显示出走向上的成矿迁移，体现矿种转化与类型配套，是浅成火山低温热液金矿与斑岩型铜（钼金）矿时间相随、空间相伴孪生关系的真实体现。②萨乌尔山受南北两个边缘断裂挟持，加之山脊主断裂的影响，形成以东西向构造为主，北东、北西向两组压扭性断裂为辅的区域构造格架，制约着火山活动、岩浆侵入和矿产展布。断裂控制岩体，岩体制约斑岩-矽卡岩成矿，区域性断裂控制火山活动，营造金的矿源层，促使金元素活化而集成矿床。显而易见沿着中、酸、碱性侵入岩带和火山岩复合分布区可以重点寻找两类矿床。③岩浆岩的演化似有从基性-辉长岩向酸性-花岗岩类过渡之规律（$\Sigma_4^{2b} \rightarrow \lambda \gamma_4^3$），中酸性岩又有从酸性向碱性演化之趋势（$\delta 4^{2b} \rightarrow \xi \gamma 4^{2c} \rightarrow Bo4^{2c}$），所以这里成矿与岩浆成矿专属性密切。④在石炭纪火山岩成分演化上，出现由中基性向酸碱性过渡的特点，如下石炭统黑山头组和萨尔布拉克组一般多为安山岩和安山玢岩、霏细岩，而卡拉岗组火山岩主体则为霏细斑岩、流纹岩、酸性火山角砾岩，这里的金矿主要在下石炭统分布。从全区金矿（含矿点、矿化点）围岩统计来看，闪长岩与安山岩类岩石中金矿产生的比例较大，反映中性火山岩与金矿成矿关系密切。⑤在本区要注意花岗闪长岩和钾长花岗岩及其周边的铜矿铜钼金矿，注意具有推覆性质的区域断裂和与之配套产出的压扭性分支断裂的控矿性质，注意在下石炭统安山质火山岩中的浅成火山低温热液型金矿。

北塔山—琼河坝地段北界阿尔曼特断裂(在蒙古国)，南界为三塘湖—淖毛湖盆地北缘断裂，属晚古生代弧间盆地，其间自西向东，包括库甫、北塔山、大哈甫提克山、老爷庙、琼河坝。

①库甫—北塔山

总体构造走向为北西向，地层主体为泥盆系和石炭系，断裂发育，沿断裂线有各类岩体侵入和铜金矿化。

地层：

阿苏山组(D_1a)：辉石安山玢岩、杏仁状玄武岩、凝灰岩、凝灰角砾岩及灰岩。

托让格库都克组(D_1t)：层凝灰岩、钙质砂岩、凝灰砂岩夹生物灰岩。

北塔山组(D_2b)：中基性火山岩、火山碎屑岩夹硅质岩和灰岩。

蕴都卡拉组(D_2y)：凝灰岩、凝灰砂岩、玄武岩、放射虫硅质岩。

和布克组(C_1hb)：碎屑岩、火山碎屑岩。

黑山头组(C_1h)：凝灰砂岩、粉砂岩、角砾岩、凝灰岩。

姜巴斯套组(C_1j)：凝灰质砂岩、火山角砾岩、复矿砂岩、中基性火山岩。

纳林卡拉组(C_1n)：中基性火山岩、凝灰岩、砂岩夹硅质灰岩。

巴塔玛依内山组(C_1b)：陆相基-酸性火山岩。

构造：为走向北西的断裂构造活动带，主断裂带上有基性-超基性岩侵位，派生的同方向次级断裂及其北西西向分支断裂，形成北西向宽敞的构造活动带。

侵入岩：主要是海西中期超基性-基性岩、花岗闪长岩、钾长花岗岩、石英正长岩、石英斑岩岩株和石英钠长斑岩、闪长玢岩岩脉。

矿产：库布苏—三个泉韧性剪切带金矿带，有阿克塔斯金矿、三个泉金矿、托浪岗金矿、北塔山牧场金矿等，多受断裂破碎带控制，绢云母化、硅化、黄铁矿化，主要矿种是金，主要矿床为构造蚀变岩类型。

②老爷庙—琼河坝

属三塘湖—淖毛湖晚古生代弧间盆地东段，总体构造线近东西向，另在淖毛湖地段，又有北北西向的河西系构造系统叠加，似有大跨度的菱格状构造形成。地层主体有泥盆系、石炭系和二叠系。

下泥盆统：为碎屑岩-碳酸岩建造和海相火山岩建造，沉积及火山沉积铁铜矿与本地层有关。

中泥盆统：乌鲁苏巴斯套组，为中酸性熔岩及其凝灰岩、砂质泥岩夹薄层灰岩。

上泥盆统：卡希翁组，下部为枕状玄武岩、中基性熔岩及凝灰岩。上部为火山碎屑岩及硅质砂岩。

下石炭统：和布克组，为碎屑岩、火山碎屑岩。

③巴特玛依内山

属陆相基性-酸性火山熔岩及凝灰质碎屑岩，碳质页岩夹煤线，为金矿的赋矿层位。

下二叠统：下苍房沟组，有砾岩、碳质泥岩夹砂岩。

构造：该带地理位置是三塘湖—淖毛湖盆地北山，区域总构造应视为一个复式背斜，走向东西，西去大哈甫提克山，渐次转为北西向。次级褶皱构造则表现为西部老爷庙背斜和东部琼河坝向斜。区域断裂构造发育线形分布，近东西向压扭性断裂占主体，北西向压扭性断裂、南北向张扭性断裂分布普遍。在巴塔玛依内山组地层发育区火山构造清晰，火山穹窿、火山洼地、火山机构完整，火山口、破火山口、火山锥到处可见，并发现有火山颈相的含矿次火山岩体。

岩浆岩：区内广泛分布着海西中期中酸性侵入岩体（斜长花岗岩、二长花岗岩、黑云花岗岩、钾长花岗岩、石英闪长岩、闪长岩、花岗斑岩、流纹斑岩及霏细斑岩）。大多为岩基状复式岩体，岩支、岩墙、岩脉也不少。相对集中分布于复式背斜轴部和淖毛湖以东断裂构造之交会区，这类岩浆岩可基本归入 S 型、I 型花岗岩成因系列。它们显示出斑岩型-矽卡岩型铜钼矿、金矿的矿源体的特征。

区域化探异常：西段（哈甫提克山—海莱山）南部第四纪谷地见有 154 km² 以上钼、268 km² 锡、12 km² 砷元素等化探异常。异常含量 Mo 为 $(4\sim6)\times10^{-6}$，Sn 平均为 6×10^{-6}，最高可达 7×10^{-6}；As 为 $(55\sim60)\times10^{-6}$，此外尚见大量 Cu、Cr、Ni、Pb、Zn 等元素异常。根据周围地理、地质条件分析，上述元素的物源肯定来自哈甫提克山—海莱山一带，极有可能来自流纹斑岩、霏细斑岩等次火山岩及其有关的含矿地质体。东段（淖毛湖北山）发现 27 处总面积达 543 km² 钼元素异常，一般含量在 $(4\sim10)\times10^{-6}$，最高达 50×10^{-6}。锡元素异常 15 处，总面积 442 km²，一般含量 $(4\sim7)\times10^{-6}$，最高 70×10^{-6}。此外尚有铜、锆石、独居石等重砂异常。依据地质背景分析，红色钾长花岗岩、黑云花岗岩、二云花岗岩及霏细斑岩诸岩体可能对钼锡成矿有利。

矿产：该区矿产可分两大类，一类与火山岩有关，以火山热液、火山沉积的老爷庙铁矿、黑园山铁矿、琼河坝铁矿为代表；另一类与岩浆岩有关，主要是斑岩型、矽卡岩型、热液型铜矿、铜钼矿、金矿，如琼河坝、蒙西、和尔赛、云英山等斑岩型铜钼矿，绿石沟矽卡岩型铜矿，北山金矿等。

（9）卡拉麦里—梅箐乌拉晚古生代岛弧铬铜金汞铁成矿区带

本单元南界西段为卡拉麦里深断裂、东段为巴里坤盆地东北缘大断裂，断裂走向 300°，断面北倾，倾角 75°~80°。南盘近断裂处产状直立，北盘片理化发育，并有兰闪石片岩出现，断裂北盘发育一组入字形断裂，断裂性质为压扭性左行逆冲断层。在塔克扎勒—卡拉麦里一带，断裂北盘为蛇绿混杂岩带，北北西向的纸房大断裂将断裂北盘分成两段，西段为卡拉麦里复背斜，东段为梅箐乌拉复向斜。物探重力资料显示南盘为准噶尔重力高、北盘为库布苏重力低，具明显的重力梯度带。航磁资料显示南盘为准噶尔高磁场带、北盘为库布苏低磁场带。地震资料显示：北盘波速（P 波）显示地壳具双层结构，0～30 km 深度波速 5.91～6.06 km/s、30～50 km 深度波速 6.75 km/s，莫霍面深度 50 km。南盘地壳具三层结构：0～20 km 深度波速 5.94 km/s，20～35 km 深度波速 0.22～6.35 km/s，35～42 km 深度波速 7.03 km/s，莫霍面深度 42 km，南北两侧地层厚度相差 8 km。物探资料提供的信息表明，南北地壳经历了不同的发育历史。

该带最老地层为中上奥陶统荒草坡群，属浅海相中-酸性火山岩建造，由英安斑岩、安山玢岩及其火山碎屑岩构成。上志留统出露在梅箐乌拉山北坡，为浅海相中-基性火山岩建造，主要由安山玢岩及其火山碎屑岩组成。下泥盆统为浅海相安山质火山碎屑岩，以中性、中酸性凝灰岩为主，夹辉石安山玢岩、安山玢岩和生物碎屑灰岩。中-下泥盆统为浅海相碳酸盐岩及安山质、凝灰质碎屑岩。中泥盆统北塔山组为滨-浅海-海陆交互相中基性火山岩及其火山碎屑岩，含枕状玄武岩及放射虫硅质岩。中泥盆统蕴都喀拉组为浅海相火山碎屑岩-正常碎屑岩。据最新资料，在卡拉麦里蛇绿岩硅质岩中，发现中晚奥陶世的牙形虫，而其中有放射虫、小软舌类及小壳类等化石，鉴定者认为其时代不晚于早泥盆世。看来蛇绿岩套生成时代可能较长（$O-D_2$）。下石炭统南明水组不整合在蛇绿岩及泥盆系之上，为滨-浅海相碎屑岩建造。梅箐乌拉山的下石炭统，下部为浅海相凝灰质砂岩，上部为陆相中基性火山岩，主要岩石有杏仁状玄武玢岩、安山玄武岩、安山玢岩夹凝灰岩，两者呈不整合关系。中上石炭统缺失。下二叠统卡拉岗组为陆相火山岩夹少量酸性火山碎屑岩，为火山磨拉石建造，与下伏地层不整合。上二叠统与三叠系缺失。

构造：卡拉麦里复背斜轴向 290°轴部由泥盆系构成，两翼由石炭系、二叠系地层构成，南翼褶皱紧闭，轴面北倾，发育蛇绿混合岩，轴部有花岗岩侵入。梅箐乌拉复向斜轴向 300°左右，轴部由下石炭统组成，南翼地层为中、上奥陶统，北翼由上志留统和下泥盆统组成，南翼有花岗岩侵入，北翼有少量蛇绿岩侵位于上志留统，断续长 1000 m、宽 30～50 m，主要岩石为蛇纹岩化含辉橄榄岩。

岩浆岩：海西中、晚期侵入岩在卡拉麦里山及伊吾地区形成大岩基，萨惹什克（黄羊山）黑云钠铁闪石花岗岩，Rb－Sr 等时线同位素年龄为 336.5 Ma，$w(Sr^{87})/w(Sr^{86})$ 初始比值为 0.7000。老鸦泉、苏吉泉岩体 $w(Sr^{87})/w(Sr^{86})$ 初始比值为 0.7077。库甫地区，侵入下石炭统而被下二叠统不整合覆盖的斜长花岗岩有七个小岩体，具碎裂花岗结构、糜棱岩结构，部分具眼球状构造。开仁托让格南岩体面积约 100 km²，以石英斑岩、石英钠长斑岩为主，综上所述，本单元花岗岩形成于石炭纪中晚期及二叠纪。

矿产：已知矿产有变质橄榄岩、纯橄榄岩中豆荚状铬铁矿（清水、塔克扎勒），浅成火山低温热液型金矿（双峰山、索尔巴斯套、金山沟），石英脉型金矿（下巴羌子、金山），火山岩型汞矿（段家地），斑岩-矽卡岩型铁铜钼矿（大红山、盐池北、伊吾北），碱性辉长岩中钒钛磁铁矿（锅底山）等。

金山沟金矿矿床位于奇台县北山煤矿东北部，经新疆区调队厘定其大地构造位置属Ⅳ级北山煤矿凹陷（Ⅰ级为东准噶尔褶皱带、Ⅱ级为准噶尔坳陷、Ⅲ级为将军庙戈壁坳陷）。

1）地层

下石炭统巴特玛依内山组火山岩建造，岩石多样，有安山玢岩、凝灰岩、流纹英安岩、安山英安岩、集块岩、集块角砾岩、辉石安山岩、橄榄玄武岩、火山角砾岩、熔结凝灰岩、熔结角砾岩、凝灰角砾岩、凝灰砂岩、安山岩、角砾集块岩等，依其喷发次序划分为三期次：

第一期次，玄武岩、安山岩、凝灰角砾岩。

第二期次，安山玢岩夹少量英安斑岩、霏细斑岩、火山凝灰岩。

第三期次，安山岩、安山玢岩、玄武岩、凝灰角砾岩。

构造：矿区为一构造三角区，总体呈北西—南东向，其间自北西向南东依次排列6个火山机构：明矾沟—3 km—东黑山—0.5 km—金山沟—1 km—老君庙—2 km—羊圈子—1.2 km—东沟，围绕着火山口呈现出环状、放射状断裂组控制矿体。矿区具有北西向压性断裂带控制火山机构的分布，东西向断裂形成地表槽沟，北东和东西向两组压扭性断裂制约金矿与铜铅锌矿产出。

2）成矿元素

成矿元素在矿区分布于同一成矿断裂系统中，自北西向南东似有由Cu Pb Zn向Au Ag演化的元素过渡，从东黑山向老君庙方向Cu、Pb、Zn元素含量由高到低，而Au Ag元素含量由低至高。

3）围岩蚀变

主体蚀变为黄铁绢云岩化、次生石英岩化、绢云母化。

4）矿床

矿区除东黑山为铜铅锌矿伴有金外，余则5个火山机构皆为独立的金矿，现以老君庙金矿为例叙述如下：

该金矿位于老君庙火山机构南侧安山玢岩内外接触带的玄武安山玢岩、石英霏细岩、角砾岩内，以黄铁绢云岩化、次生石英岩化破碎带为容矿空间，有18个金矿体产于北东向断裂破碎蚀变带内，而产于近东西向断裂破碎蚀变带中的金矿体仅有3个。金矿体由于受断裂控制，故多数具有分支复合的单脉，形态严格受破碎带形体制约。单个矿体长度20~310 m，厚度0.48~4 m，倾向32°~335°（个别反向)，倾角 30°~80°，金品位(1.23~4.47)×10⁻⁶，全矿区平均品位 2.88×10⁻⁶，向深部金品位普遍降低变贫，勘查证明 Au 与 Cu、Pb、Zn 不相关，Au 与 As、Ag 呈正相关关系。

矿石矿物：黄铁矿、自然金、闪锌矿、方铅矿、黄铜矿、毒砂、褐铁矿、孔雀石等。

脉石矿物：石英、方解石、绢云母、绿泥石、石膏。

矿石构造：浸染状、细脉状、网脉状、晶洞状。

成矿阶段：石英-黄铁矿-闪锌矿阶段、多金属硫化物阶段、石英-黄铁矿-自然金阶段、碳酸盐化阶段。

5)成矿地质背景分析

①地质构造为成矿空间，火山机构、火山岩提供物质来源；②矿区内主体构造为断裂，进一步可分为北西和北东两组，北西向断裂控制火山机构的分布，北东向(含东西向、北西向、环形)断裂控制矿体的着位(如老君庙 21 个金矿体，18 个受控于北东向断裂破碎蚀变带，3 个为北东、东西向断裂交会处控矿)；③矿体走向和地层一致，其倾向多与地层相反；④矿区早石炭世火山活动强烈，在矿区中心 6~7 km² 范围(东黑山—金山沟—老君庙)(图 5-3-2)，金矿取环形放射状次级断裂为容矿空间，金矿化围绕火山口分布，且由近而远由弱到强；⑤属火山热泉-浅成火山低温热液金矿床；⑥目前查证具有中型金矿规模，就其成矿背景分析，具有形成大型金矿床的前景。

(10)塔尔巴哈台古生代岛弧铜、铁、金成矿区带

本单元北界在萨乌尔山南、塔尔巴哈台北一线，南界为洪古勒楞深断裂，北盘地层为奥陶—志留系，南盘则为二叠系(断裂带体现为洪古勒楞蛇绿混杂岩带)。东段在沙尔布尔提山南坡，中段沿谢米斯台山北麓延展，西段位于塔城盆地北部(隐伏断裂经航磁推断在额敏县城南约 10 km 处通过)，再向西与哈萨克斯坦塔尔巴哈台和成吉斯两褶皱带之界限断裂相接，航磁图上体现为一条狭窄的负磁异常带。

相对较老的地层为中奥陶统科克沙依组，属海相硅质岩-中基性火山岩建造，厚 2908 m。上奥陶统布龙果尔组为海相磨拉石建造，与中奥陶统关系不明。下志留统布龙组为凝灰质细碎屑岩建造。中志留统沙尔布尔提组及上志留统克克雄库都克组，为一套典型的火山复理石建造。下泥盆统芒克鲁组及和布克赛尔组为浅海相碎屑岩安山质火山碎屑岩建造。中泥盆统为碎屑岩夹中酸性火山岩建造，上泥盆统海陆交互相中基性火山岩建造。从晚奥陶世到晚泥盆世地层皆为整合关系。下石炭统下部黑山头组，为浅海相碎屑岩建造，与泥盆系角度不整合。下石炭统上部巴塔玛依内山组为陆相中基性火山岩建造，不整合于黑山头组之上。下二叠统哈拉加乌组为陆相橄榄玄武岩建造，与其他地层断层接触。

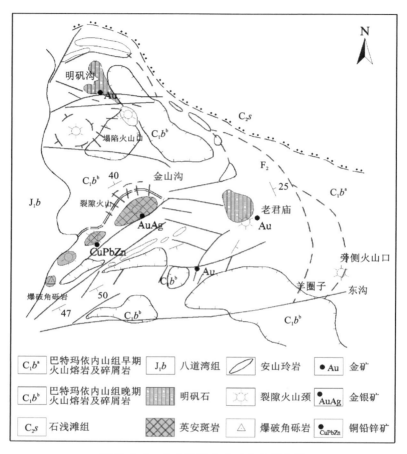

图 5-3-2 金山沟破火山口分布示意图

　　洪古勒楞蛇绿混杂岩带：由超镁铁岩及堆晶岩组成，变质橄榄岩宽 800 m，由斜辉辉橄岩、少量纯橄榄岩和铬铁矿及辉绿岩脉组成。堆晶岩底部以含长纯橄岩、斜长橄榄岩为主，中部为橄长岩和橄榄辉长岩互层，顶部以橄榄辉长岩为主，并见少量玄武安山岩及放射虫硅质岩。火山岩里特曼指数为 3.15~2.06。从稀土元素标准化曲线来看，变质橄榄岩曲线为平坦型，堆晶岩曲线有铕正异常，辉绿岩曲线接近洋脊拉斑玄武岩模式，火山岩曲线接近岛弧模式。综合分析，该蛇绿岩形成于晚奥陶世以前，为大洋中脊的产物。

　　构造：总体为一复式向斜，轴向近东西，两翼为加里东构造层，轴部为海西构造层，翼部倾角 60°~75°，为紧闭线形褶皱。沿倾向方向有十多条高角度断裂，断面多倾向北。中段达因苏地区发育一组北东向断裂，走向 20°~60°，属左行扭性断裂。

侵入岩为海西中期花岗闪长岩及晚期钾长花岗岩。前者以呼基尔岩体最大，面积 208 km²，侵入中泥盆统。后者钾长花岗岩以珠万托别岩体最大，境内面积 104 km²。

火山岩：中奥陶统火山岩主体为细碧岩和玄武岩。经 CIPW 标准矿物计算，出现霞石。在 $K_2O+Na_2O-SiO_2$ 图解中落在碱性系列区（C 区），在里特曼戈蒂尼图解上落在由活动区和非活动区派生出来的碱性火山岩区，说明中奥陶世时，本区为扩张型构造环境。在里特曼戈蒂尼图解上，中泥盆统落入造山带中部，而上泥盆统落入造山带边部。在都城秋穗硅碱图上，中泥盆统落入钙碱性区，上泥盆统落入碱性岩区。根据区域地质资料分析，中泥盆世本带处于岛弧环境，晚泥盆世是碰撞造山环境。早二叠世火山岩在硅碱图上落在碱性系列区。在里特曼戈蒂尼图解上落入碱性火山岩区（C 区），表明二叠纪为后造山构造拉张环境。

矿产：金、铁矿化点多处，如谢米斯台斑岩型铜矿和阿尔木强热液型铜矿。

阿尔木强—谢米斯台地区广泛出露中酸性火山岩和侵入岩，其中发育明显的铜矿化，形成一系列铜矿点，如卡姆斯特等铜矿点（赋存于安山岩中）、洪古勒楞等铜矿床（赋存于安山玄武岩中）。矿床产出特征如下：

1）大地构造

大地构造位置为塔尔巴哈台—阿尔曼特古生代复合岛弧，属塔尔巴哈台—谢米斯台成矿带，西与哈萨克斯坦成吉斯—塔尔巴哈台成矿带相连。

区带内巴尔喀什—西准噶尔斑岩型铜钼矿带示意图如图 5-3-3 所示。

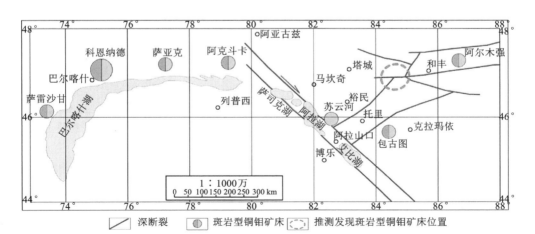

图 5-3-3　巴尔喀什—西准噶尔斑岩型铜钼矿带示意图

2)矿床地质

①火山岩及火山机构：矿区火山岩为安山岩-英安岩-流纹岩组合发育的熔岩和火山碎屑岩。熔岩有玄武岩、安山岩-角砾安山岩、英安岩、流纹岩-角砾流纹岩和霏细岩-角砾霏细岩等，其中安山岩、流纹岩、霏细岩是本区主要的岩石类型（体积分数>85%），英安岩和玄武岩仅在局部地段产出（体积分数<15%）。火山碎屑岩包括安山质火山角砾岩、流纹质火山角砾岩和晶屑玻屑凝灰岩，等分布面积极小。根据火山岩石学特点结合其野外产状，认为本区存在火山机构，再根据火山碎屑岩和热液矿化蚀变带分布及产状，初步判定出火山机构断裂系和矿化蚀变带，它们主要赋存于走向50°～60°断裂系中，少数赋存于近东西断裂系，有3个矿化蚀变带呈放射状分布在340°～350°断裂系中。产于流纹岩中的矿化体，受火山机构断裂系和区域性北东向断裂构造的叠加控制。②热液蚀变及矿化受一组北东向［产状（320°～340°）∠（80°～85°）］高角度断裂组控制（由几个次级断裂构成），地表控制走向长度1300 m、宽度50～60 m，热液蚀变矿化最发育的部位，由3条次级断裂组成，带内岩石破碎、裂隙发育、热液蚀变强烈，发现大量孔雀石，强硅化流纹岩节理组中普遍出现网状孔雀石。原生硫化物为块状、细脉状及浸染状黄铁矿、黄铜矿和闪锌矿，围岩蚀变主要是硅化、泥化、绿泥石化等。③矿体规模：地表有3个矿体，其中在钻孔中发现3层矿（43.8～45 m含孔雀石凝灰岩和流纹岩，51～53.2 m含孔雀石英安斑岩，106 m处20 cm宽凝灰岩裂隙中有孔雀石）。

3)地球化学探矿

利用便携式X荧光金属元素快速分析仪，对地表蚀变岩石和土壤样品进行成矿元素地球化学勘测，圈出3个矿化体，长度分别是100 m、100 m、60 m，相应宽度分别为20 m、10 m、10 m。查明断裂构造带长1300 m，矿化带长600 m，铜矿化体5个。

4)EH4双源大地电磁测深

为探测矿化体及火山机构在地下深部形态，进行了EH4双源大地电磁测深，在垂直于北东向断裂上布置4条地球物理测线，采取400 m线距、10 m极距网度进行测量，测量选择1（10 Hz～1 kHz）、7（1.5～99 kHz）频段，信号弱的观测点叠加了4（300 Hz～3 kHz）频段，甚至几个频段多次叠加测量E_X和H_Y，随着频段的改变，获得每个频点的卡尼亚电阻率值，对测量结果进行二维反演，得到视电阻率深度剖面图，剖面图中显示两种不同电性体：①中低电阻率（1～800 m）电性体，剖面上中低电阻率电性体呈不规则漏斗状向下延深400 m。②中高电阻率（1000～3000 m）电性体，分布于中低电阻率电性体的外围，各个测深剖面中均出现中低电阻异常，与地表已知矿化带对比，这些低电阻率异常应为矿致异常。总体上中低电阻异常呈向上发散、向下收敛的漏斗状，以XM2404测线最为明显，从地质、地球物理特点推知异常下限为地表向下 400 m，而在 XM03 和 X24M 剖面中，中低电阻率异常在倾向上向深部没有封闭，含矿构造带走向上沿北东方向还可继续延伸，故该矿床存在较大的找矿空间。

5）矿床成因

该矿床的直观控矿条件是断裂，尤其是北东向的断裂构造，应视为热液脉状铜锌矿床成因，也可将其定位于斑岩型铜矿的高位脉体。如果从火山活动的原始构造考虑，可将矿区构造视为火山穹窿，周边的三角形排列断裂（北东向、东-西向、北西向）是火山穹窿的边缘断裂，为此做出如下推论：在火山穹窿周边尤其是在西部应存在火山洼地，故圈定洼地范围去寻找火山热水沉积（块状硫化物）铜锌矿床也是可能的。

（11）巴尔鲁克晚古生代弧后盆地铜金汞铁成矿区带

本单元南界为巴尔鲁克断裂，其西南端被北西向的扎鲁勒山大断裂截断，北侧沿巴尔鲁克南麓塔斯特山及丘拉克山北东向延伸。东南侧由孟布拉克大断裂及查干陶列盖大断裂界定。沿断裂线有明显的构造阶地，断面总体北西倾，倾角 65°～70°，沿断裂线糜棱岩发育，断裂南段以志留系为主，蛇绿岩广泛发育，北段则为泥盆系、石炭系分布。该断裂属左行压扭性逆冲断裂，起着控制地层与岩浆活动的作用，近代仍在持续活动。

地层主体为晚古生代，下泥盆统下部为浅海相中基性火山岩建造，上部为滨-浅海凝灰质碎屑岩建造；中泥盆统为陆相中酸性火山岩建造；上泥盆统为浅海相-陆相中酸性火山岩建造；下石炭统下部黑山头组为陆相碎屑岩夹少量安山岩和石英钠长斑岩，与上泥盆统为不整合关系；下石炭统上部巴塔玛依内山组，为陆相安山岩，与下伏地层未见直接关系，中、上石炭统缺失。下二叠统见于沙尔布尔提南麓为陆相中酸性火山岩建造，上二叠统见于裕民县南的卡拉布拉河下游，为陆相红色粗碎屑岩建造。

主要构造：在谢米斯台山为齐吾尔卡叶尔山复背斜，轴向东西，轴部有一系列海西中晚期小侵入体；在巴尔鲁克山为一轴向北西方向的巴尔鲁克复背斜。这两个复背斜原本为一个复式背斜，由于巴尔鲁克左行扭动断裂被拉开而一分为二，两者的分界是老风口—阿克布拉克左行扭动断层。

侵入岩：主要发育在谢米斯台山一带，海西中晚期以花岗岩类为主，海西中期主要岩体有谢米斯台（坡尔托岩体）角闪石黑云花岗岩体、乌图顺辉石角闪石斜长花岗斑岩体、哈拉很纳特中粒黑云花岗岩体。海西晚期有莫阿特钾质花岗岩体、阿克台克赛肉红色碎裂碱长花岗岩、巴尔鲁克山加满铁列克钾质花岗岩体、塔斯特河钾质花岗岩体、额敏河钾质花岗岩体等。

矿产：位于北东向左行走滑巴尔鲁克断裂南段，裕民县城正南，存在一个弧顶向南的弧形构造，加满铁列克斑岩型铜矿正处于北西与北东两组断裂之交会处，在海西中期花岗岩体上，受北西向和北东向"X"形裂隙控制的石英-方解石黄铜矿-斑铜矿-黄铁矿脉，脉长 10~140 m，地表为孔雀石和蓝铜矿，铜品位 (0.01~1.40)×10^{-2}。另在托里县城西北的彭格特有汞矿发现。在去向北东的齐吾尔喀叶尔山巴尔鲁克断裂影响区，有石英脉型金矿发现和斑岩型铜矿的成矿地质背景条件。西南去在苏云河中游发现并通过地质勘探确定一大型斑岩钼矿。

苏云河斑岩钼矿(图 5-3-4)产于巴尔鲁克左行走滑断裂上盘入字形构造尾部撒开部位，矿化沿着三个海西中晚期(晚石炭世)二长花岗斑岩体与中泥盆统巴尔鲁克组凝灰岩、安山质凝灰岩、安山质含角砾凝灰岩之接触带呈环形分布。

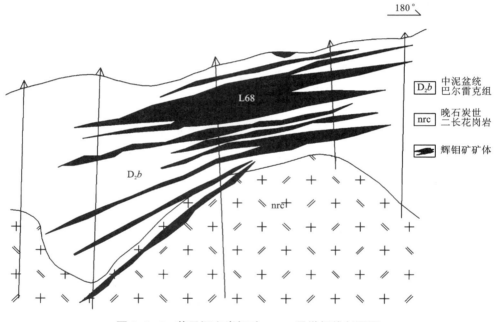

图 5-3-4　苏云河斑岩钼矿 KT00 号勘探线剖面图

地层：中泥盆统巴尔鲁克组，主要由凝灰岩、安山质凝灰岩和安山质含角砾凝灰岩组成，地层产状稳定(315°∠45°)。

断裂发育，主要是北东向、东西向、北西向和少量南北向，它们控制了矿区岩脉与节理的分布。

矿区出露三个小岩体，岩体形成于晚石炭世，三个岩体(Ⅰ、Ⅱ、Ⅲ号)的出露面积分别为 0.06 km^2、0.07 km^2 和 0.03 km^2，岩体岩性：浅部为肉红色二长花岗斑岩，深部逐渐过渡为中细粒结构或似斑状结构的二长花岗岩，且两者均含矿。矿区内岩脉发育，走向为北东和北西向，主要为二长花岗岩、闪长(玢)岩以及霏细岩脉等。

矿体围绕含矿斑岩呈环带状展布,主要赋存于岩体与围岩的外接触带,通过 104 个钻探工程对其控制,圈出 10 个盲矿体(编号为 $L_1 \sim L_{10}$),钼金属量约 56 万 t,$L_1 \sim L_6$ 矿体分布于 I 号岩体的外接触带,平均钼品位 $(0.053 \sim 0.094) \times 10^{-2}$,钼金属储量 19.4 万 t。$L_7$ 矿体分布于 II 号岩体内接触带及顶部凝灰岩地层中,平均钼品位 0.084×10^{-2},钼金属储量 35.3 万 t。L_8、L_9 矿体分布于 III 号岩体外接触带,平均钼品位 $(0.058 \sim 0.094) \times 10^{-2}$,钼金属储量 1.4 万 t。矿区内矿体总体呈水平-缓倾巨厚层状或似层状,L_1、L_7 为矿区主矿体,L_1 矿体长度约 1200 m,宽度平均为 920 m,厚度平均为 66.44 m,平均钼品位 0.059×10^{-2},钼金属储量 18.5 万 t,占矿区总储量的 32.97%。L_7 矿体近等轴方形长轴 1000 m,宽度 760 ~ 1000 m,厚度平均为 221.83 m,平均钼品位 0.084×10^{-2},占矿区总储量的 62.9%。

矿化类型:以脉状、网脉状为主,少量浸染状,常见脉体由早而晚依次是钾长石脉、石英钾长石脉、石英-钾长石-(黑云母)-多金属硫化物脉、石英-(钾长石)-(黄铁矿)-黑云母脉、石英-辉钼矿脉、石英-辉钼矿-黄铁矿脉、石英-黄铁矿脉、石英-萤石-辉钼矿脉以及石英-萤石-碳酸盐脉,无矿石英脉在早阶段与晚阶段都大量出现。

矿石矿物:主要有辉钼矿、黄铁矿、白钨矿及少量黄铜矿。辉钼矿呈结晶片状、鳞片状束状、花瓣状或花瓣状集合体,主要产在石英等脉石矿物之粒间,少量分布在黄铁矿与脉石矿物的粒间,或呈薄脉状分布在含矿岩石的裂隙面。

脉石矿物:由石英、长石、绢云母及少量方解石、萤石、黑云母组成。

矿石结构:主要有鳞片状-片状自形结构、残余结构和交代溶蚀结构。

矿石构造:有浸染状、放射状和脉状。

蚀变类型:硅化、钾化、绢云母化、绿泥石化、绿帘石化、碳酸盐化、高龄土化和黑云母化。总的看来似具有以钾长石-石英网脉带为中心,向外依次发育石英-(钾长石)-黑云母化带、石英-绢云母化带的蚀变分带趋向。

根据矿物共生组合、矿石组构和脉体穿插关系,可将苏云河斑岩钼矿的成矿过程分为三个阶段:①早阶段,主要发育石英-钾长石脉、石英-钾长石-(黄铁矿)-辉钼矿脉,钾长石脉以及无矿石英脉。脉宽 2 ~ 10 cm,多数大于 5cn,主要矿物组合为石英、钾长石、黄铁矿、黑云母,含少量辉钼矿,硫化物呈浸染状分布,黄铁矿自形程度很高,呈立方体状,以中粗粒为主。②中阶段,是成矿主阶段,脉体以石英-辉钼矿-黄铁矿脉、石英-辉钼矿脉、石英-黄铁矿脉为主,脉体宽度不等,0.1 ~ 10 cm 均有分布,但含矿脉体宽度通常小于 6 cm,以 0.5 ~ 2 cm 最为常见,矿物组合复杂,常见石英、绢云母、黄铁矿、辉钼矿,局部可见少量萤石、钾长石、黄铜矿、白钨矿等,钼矿化呈浸染状、网脉状、网脉-浸染状,主要出现在石英绢云母蚀变带中。③晚阶段,以发育石英-碳酸盐脉、石英-黄铁矿脉、无矿石英脉为特征，可见少量石英-(萤石)-辉钼矿-黄铁矿脉沿裂隙充填切穿早阶段脉体，脉体通常宽小于 5 cm，主要矿物组合为石英、方解石、萤石、黄铁矿，含少量辉钼矿。

包裹体特征：分次生包裹体和原生包裹体两类。次生包裹体主要是富液相包裹体，气液比以 5%~10% 为主，切穿主矿物颗粒边界沿裂隙定向分布。原生包裹体多以孤立状分布，也有成群随机展布，少数原生包裹体呈定向分布，但这种类型的包裹体通常比较大、气液比高，且未切穿寄主矿物(石英)颗粒，以区别于次生包裹体。根据室温条件包裹体的相态特征，结合测温数据以及激光拉曼光谱特征，可将原生包裹体分为三个类型：

Ⅰ型包裹体：为富液相包裹体，室温条件下为两相(V+L)，由液体和少量的气体组成，气液比集中于 10%~40%，形状以负晶形、椭圆形、长条形以及不规则状为主，长轴范围为 3~20 m，主要集中在 4~10 m，这种类型的包裹体升温后均一至液相，是成矿中阶段和晚阶段最常见的包裹体类型。

Ⅱ型包裹体：富气相包裹体，室温条件下为两相(V+L)，气体含量大于液体，气液比以 50%~70% 为主，形状以椭圆状和不规则状为主，长轴范围 4~15 m，尤以 5~7 m 居多，这种类型的包裹体升温后均一至气相，主要出现在成矿中阶段。

Ⅲ型包裹体：含子晶多相包裹体，室温条件下为三组(V+L+S)，气液比为 10%~30%，长轴范围 4~15 m，尤以 6~10 m 居多，含子矿物数量不等，多数含 1~2 个子晶，少数含 3 个及以上子晶，子晶矿物均透明，形状有立方体状(石盐子晶)、椭圆状(方解石子晶)和长板状。

氢氧同位素特征指明：从早阶段到晚阶段流体由靠近岩浆水一侧向大气降水一侧过渡。

成矿时代：等时线年龄为(294.4±1.7) Ma。另计算获得 7 个样品的加权平均年龄为(295.0±1.5) Ma，平均权重方差 MSWD = 0.26，在误差范围内与等时线年龄基本一致，因此苏云河斑岩钼矿床的成矿时代为早二叠世。

(12)玛依勒晚古生代岛弧铜金铬铁成矿区带

本单元南界为玛依勒大断裂，走向北东，东段界限相当于沙勒根特托拉—巴拉特大断裂。地貌上存在高达数百米的构造阶地，断面总体倾向北西、局部倾向南东。倾角 75°~80°，破碎带宽 30~100 m，糜棱岩化、片理化极为发育，为左行压扭性逆冲断层，其断距达 10 km。

地层：中上志留统玛依拉群为海相片理化复理石建造夹玄武岩、安山岩及细碧岩，含放射虫及浅海相生物化石。下泥盆统为碎屑岩-火山碎屑岩建造，中泥盆统库鲁木迪组不整合在中上志留统之上，为海陆交互相凝灰碎屑岩建造，火山碎屑成分为安山质、流纹质及粗面质，并夹有少量安山岩及石英斜长玢岩。含铁锰及薄煤层。白杨河洼地以北，中泥盆统萨乌尔山组为浅海相中基性火山岩建造，上泥盆统塔尔巴哈台组为浅海相中酸性火山岩及其碎屑岩，上部夹基性火山岩，泥盆系各组皆整合关系。下石炭统为海相碎屑岩，碳酸盐岩，酸、中、基性火山岩建造，上部巴塔玛依内山组为酸、中、基性火山岩建造，下石炭统各组之间为整合关系，下石炭统与上泥盆统为平行不整合或角度不整合。中石炭统为陆相碎屑岩夹少量灰岩及安山岩，与下石炭统平行不整合。下二叠统莫老坝组和恰勒巴依组，为陆相中酸性火山岩夹基性火山岩，某些具双模式火山岩特征。

构造：本单元总体构造为一复式背斜，轴向在西南部为近东西向，中部为北东向，在白杨河洼地以北为近东西向，显示明显的"S"形构造特征。轴部在西南部有志留系分布，东北部则为中、下泥盆统，两翼分别为泥盆系和石炭系，翼部倾角60°以上局部有倒转现象，总体来看复背斜翼部倾角南陡北缓，轴面向北倾斜。

侵入岩：主要是海西中期钾长花岗岩（库鲁木苏和赛里克两岩基、面积大于600 km²），沿背斜轴部侵入石炭系与泥盆系。以肉红色碱长花岗岩为主，其次尚有花岗岩、花岗斑岩、石英二长岩、钠铁闪石花岗岩等。海西晚期角闪花岗岩见于和什托洛盖北东 15 km 处，为小岩体群，侵入泥盆系。

志留系玄武岩在 $K_2O+Na_2O-SiO_2$ 图解上落入 A 区，为碱性玄武岩。在 AFM 图解上属钙碱性系列。在 $K_2O+Na_2O-SiO_2$ 图解上落入深海拉斑玄武岩区，这表明本区志留系形成的构造环境十分特殊，可能是洋内弧的产物。二叠系橄榄玄武岩化学成分在 $K_2O+Na_2O-SiO_2$ 图解上为碱性-钙碱性玄武岩系列。在 AFM 图解上为钙碱性系列，应为后造山拉张阶段的产物。

玛依勒是典型的蛇绿混杂岩带，蛇绿岩层序极不完整。萨雷诺海北段保存有蛇纹岩-辉长岩-细碧岩-凝灰岩夹放射虫硅质岩的层序，玛依勒剖面北段保存有蛇纹岩-辉石岩-辉长岩辉绿岩的层序，另外辉绿岩常在玄武岩中呈岩床产出，斜长花岗岩大多伴随辉长岩分布。该带蛇绿岩稀土配分曲线显示超镁铁岩曲线跳动较大。基性岩显示铈正异常及轻稀土富集。火山岩分平坦型和富集型两种，它表示当时洋壳为成熟度极低的初始洋壳。

矿产：最重要的是豆荚状铬矿、中泥盆统库鲁木迪组火山沉积铁矿，且有石英脉型金矿出现。

拉巴69号铬铁矿点：位于拉巴西岩带，总体为东西向延伸、南倾的单斜岩体，东西长 6 km、南北宽 3 km，中间夹 1 km 宽的地层。细分为两个岩带，北岩带有分支，包体夹层甚多，分异差。南岩带呈三角形，中间偏基性，四周呈酸性，具对称分带和分异的特点。岩性以斜辉辉橄岩为主，次为纯橄岩。含辉橄榄岩岩相含矿性好，就成矿而言南岩带优于北岩带。

南岩带矿体：呈透镜状、似脉状产于纯橄榄岩中，纯橄榄岩以带状异离体分布在斜辉橄榄岩内，矿体与围岩界限清晰，形状不规则，矿体边部有冷凝边、强片理化，围岩蚀变见绿泥石化、强蛇纹石化。含矿纯橄榄岩异离体又可细分为三个矿化段，全长 110 m、宽 21 m、产状(183°~195°)∠(50°~60°)，中段矿体规模大，矿化较好，东、西两段矿化差，规模小，皆受岩体原生构造控制。单个矿体长数厘米至数米不等，所见的 8 个矿体中有两个较大(尺寸为 33.5 m×6.5 m×21 m、14 m×7 m×12 m)，其余 6 个为一般规模[尺寸为(2.05~4.75)m×(0.41~1.15)m×(1~2.8)m]。矿石为中细粒致密块状、中-稠密浸染状镁质铬尖晶石。脉石矿物有铬绿泥石、蛇纹石。矿石全分析质量分数：$Cr_2O_3(25.83~48.03)×10^{-2}$，$SiO_2(7.13~20.63)×10^{-2}$，$Fe_2O_3(2.53~3.75)×10^{-2}$，$FeO(8.16~11.05)×10^{-2}$，$Al_2O_3(3.69~5.67)×10^{-2}$，$CaO(0.31~0.78)×10^{-2}$，$MgO(18.14~28.44)×10^{-2}$，$w(Cr_2O_3)/w(FeO)=2.24~3.73$。

北岩带(斜辉辉橄岩相)由纯橄榄岩及含辉橄榄岩异离体构成含矿带，异离体沿 60°~70°方向延伸，倾向南—南东，倾角 60°~70°，矿化带全长 75 m，宽 3.5~7 m，由 64 个矿体组成，较大者三个，尺寸分别为 53.5 m×4.5 m×8 m、9 m×0.8 m×4.5 m、13 m×3.6 m×6.3 m。

(13)达尔布特海沟铬镍金铜成矿区带

本带以达尔布特深断裂为主线，其走向延伸 50°~75°，显示"S"形平面特征，断层面倾向北西，倾角 80°左右。断裂破碎带一般宽 50~100 m，最宽处达400 m。地貌上表现为沟谷或构造阶梯，北西高而南东低，局部高差达 50 m。蛇绿岩沿断裂两盘分布，形成著名的达尔布特蛇绿混杂岩带。根据断裂两盘褶皱、断裂组合和入字形分支断裂判断，断裂带为高角度逆冲断层，该断层晚近时期活动强烈，沿断裂曾发生过 5.7 级地震。

下泥盆统为安山质火山碎屑沉积岩建造(或复理石建造)，夹少量安山玢岩，局部地段发现浅海相动物化石。中下泥盆统为深海浊流相，是由火山碎屑沉积物组成的复理石建造。中泥盆统中酸性火山碎屑岩及凝灰碎屑岩建造厚度大、化石稀少，含放射虫硅质岩。

石炭系为连续沉积，总厚度 5705 m，为深海浊流沉积，并有海底基性火山岩喷发，属残留洋构造环境。下石炭统下部太勒古拉组下亚组为深海相基性火山岩建造；上亚组为深海相细碎屑岩建造含放射虫。中部包古图组为深海相硅泥质建造，有 129 m 厚的英安岩夹层，含放射虫。上部希贝库拉斯组为复理石建造、浊流沉积，含大量植物化石及放射虫。中石炭统为浅海碎屑岩碳酸盐岩建造，含丰富的化石。下二叠统为陆相中酸性火山岩建造，与中上石炭统假整合，上二叠统为湖泊沼泽相碎屑岩建造含薄煤层，与下二叠统假整合。

该带的基本构造形态为(扎伊尔)复式向斜：轴向北东—南西，枢纽弯曲略呈"S"形，轴部由石炭系、翼部由泥盆系组成。由于复向斜夹在玛依勒和达尔布特两条巨型左行压扭性主干断裂之间，构成压扭性应力场，形成若干个大型的扭动构造和环形构造。在环形构造的中心有海西中晚期侵入体,外围形成包卷砥柱弧形或环形断裂,这些断裂与平行于或斜交于主干断裂的低序次断裂复合,使本带形成一幅十分复杂的构造图像。较大的次级构造有庙尔沟旋卷构造、阿克巴斯套旋卷构造、苏鲁朔克向斜、铁厂沟背斜、阿克科拉向斜及白杨河中新生代坳陷。界于铁厂沟背斜与苏鲁朔克向斜之间的哈图断裂带、扎伊尔复向斜 NW 边界的安齐断裂带、南东边界的萨尔托海等一组北东向断裂带与北西向断裂系统组合,构成西准地区金矿区域性格状–菱格状控矿构造。

岩浆岩:海西中晚期花岗岩类侵入体较为发育,多形成花岗岩基与岩株,主要有铁厂沟岩体、哈图岩体、阿克巴斯套岩体和庙儿沟岩体。岩性以肉红色中粗粒碱长花岗岩为主,其次为灰白色斑状花岗岩,在庙儿沟岩体的局部地段含钠铁闪石,属海西晚期侵入体。

达尔布特蛇绿岩带是新疆最有名的蛇绿混杂岩带之一,总长 100 km、宽 1~3.5 km。由超镁铁岩、块状及枕状玄武岩、放射虫硅质岩及少量辉长岩、辉绿岩组成,超镁铁岩总面积达 50.35 km^2,形成 10 个岩群,未发现完整的层序。其中在硅质岩和灰岩透镜体中含大量放射虫。变质橄榄岩中有二辉橄榄岩团块、基性火山岩、拉斑玄武岩、碱性玄武岩等与蛇绿岩伴生,其 K_2O、NaO 含量大大高于洋中脊玄武岩及碱性玄武岩平均值,在 $w(FeO)/w(MgO)-w(TiO_2)$ 图解上,分散于不同构造环境区(主要在大洋区、部分在岛弧区)。稀土配分曲线上,二辉橄榄岩为平坦型,稀土总量接近或略高于球粒陨石。其他变质橄榄岩曲线总体呈下凹形态,堆晶岩曲线具铕正异常及铈负异常,斜长花岗岩轻稀土明显富集,具铕负异常和铈负异常。

矿产:主要是铬矿、镍钴矿和金矿,前者有变质橄榄岩中的鲸鱼铬矿,中者在庙儿沟南西马嘎增发现,后者有萨尔托海金矿带,由与超基性岩边缘富镁碳酸盐化、强硅化形成的蚀变岩型与石英脉型金矿所构成。

萨尔加克镍矿位于托里县庙儿沟镇南西 15 km 的马嘎增地区,海西中期岩体就位于达尔布特深断裂带近上盘位置,已知 7 个岩体都不同程度地含铜镍硫化物,岩体分异良好,岩相清晰。自上而下依次分布着闪长岩、辉长岩、辉橄岩(含矿岩相),$m/f=2.34~4.78$。其中一岩体钻探得知有长 200~400 m、宽 2~16 m、镍品位 $(0.25~0.3)×10^{-2}$ 的矿体,概算金属资源量 3 万 t。这是继在钒钛磁铁矿带(东疆尾亚)发现硫化物铜镍矿之后,又在铬矿带上发现硫化物铜镍矿的一个范例。

两矿例提示新疆蛇绿岩带及基性–超基性岩带的多矿种多期次迁移过渡转换的岩浆成矿活动具有普遍性,从而开阔了我们对铜镍矿的认识,开拓了铜镍找矿的多个方向。

西准噶尔界山金矿(简称"西准"金矿)是新疆的重要金矿带,它以达尔布特深断裂为主线，囊括萨尔托海、安齐、哈图等断裂的影响区，构成以北东、北东东向为主(含北西、北北西向)菱格状构造的控矿系统，造就了规模不同、类型配套的有望金矿区域。

"西准"金矿带就其空间分布分为四个区域：自西向东有庙儿沟区，围绕庙儿沟钾长花岗岩体外侧环形、弧形断裂成矿，以博格特金矿为代表；铁厂沟区，主要受花岗岩岩体接触带和哈图断裂及其羽裂与分支断裂控制，以卡里牙卡希金矿为代表；哈图区，沿北东向安齐断裂线形分布着辉绿山、满洞山、鸽子沟、黄粱子、齐求Ⅰ(哈图)、Ⅱ、Ⅲ、Ⅳ、Ⅴ等金矿；萨尔托海区，金矿沿着萨尔托海超基性岩外侧接触带分布，以蚀变岩、石英脉为含矿载体，有以萨尔托海Ⅰ、Ⅱ、Ⅳ、Ⅴ等为代表的13个金矿点和洛门沟金矿等(图5-3-5)。

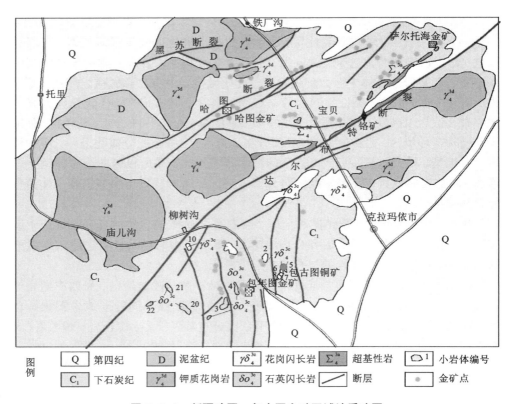

图5-3-5 新疆哈图—包古图金矿区域地质略图

(14)唐巴勒古生代弧后盆地铬铜钼金成矿区带

该带走向波状弯曲，产于古生代早期，受高角度正断层控制，在海西晚期因碰撞造山而转化为逆断层，中新生代时再次转化为推覆构造。根据物探资料，该断裂在深部与达尔布特断裂汇合后，成为高角度逆冲断裂。换句话说，该断裂实际上是一个构造推覆体，故准噶尔古陆壳南侧的真正边界应是达尔布特断裂。

1）地层

下奥陶统拉巴组，为变质的陆源碎屑岩。中奥陶统科克沙依组，为酸性及基性火山岩组成的双模式火山岩-硅质岩建造，含放射虫及少量海相化石。中、下奥陶统整合过渡为深海-半深海相沉积。上奥陶统缺失。下志留统恰尔尕也组为凝灰质细碎屑岩建造，与中奥陶统不整合接触。缺失的中上志留统、下泥盆统和中泥盆统在达尔布特断裂两侧呈断块出现，为中酸性凝灰质细碎屑岩建造，浅海相生物化石丰富。石炭系下部包古图组和太勒古拉组，为深海相凝灰质细碎屑岩泥质岩建造夹中基性火山岩。石炭系上部的希贝库拉斯组为海相复理石建造，含放射虫化石夹"安山玢岩"层，剖面底部砾岩中有大量花岗岩砾石。本区缺失下二叠统，上二叠统为陆相碎屑岩建造，超覆不整合于石炭系之上。

2）构造

总构造形态为破碎复式向斜，翼部与倒转端由早古生界、轴部由晚古生界组成。强烈的左旋扭动应力场形成莲花状旋卷构造，其中心由克拉玛依西 956 高地、797 高地花岗岩侵入。细分三个次级构造，即唐巴勒单斜、克拉玛依向斜和乌尔禾背斜。唐巴勒单斜向北西倾，下部由奥陶系、上部由志留系、泥盆系组成，并发育一系列北东向、平行于达尔布特的断裂，形成迭瓦状构造推覆体。克拉玛依向斜以莲花状构造为核部。乌尔禾背斜轴向东西，与达尔布特断裂斜交，组成入字形构造。

3）侵入岩

海西中期花岗岩侵入体中，较大者有红山岩体、卡拉休卡东北岩体（308 Ma）、797 岩体、克拉玛依西岩体（916 高地岩体）、956 高地岩体。在克拉玛依西岩体（305 Ma）的边缘相，人工重砂中发现自然金。在包古图小岩体中发现含铜石英脉，在 956 高地岩体中发现浸染状铜矿化。

唐巴勒蛇绿混杂岩带长 95 km、宽 5~10 km，由超镁铁岩、辉长岩、斜长花岗岩、枕状玄武岩、细碧岩、角斑岩、放射虫硅质岩、蓝闪石片岩及少量生物灰岩透镜体组成。层序混乱，迭瓦状构造发育。蛇绿岩套被下志留统、中泥盆统、下石炭统不整合，研究认为，其时代不晚于中奥陶世［斜长花岗岩 Pb 同位素年龄（508±20）Ma］。

该带的基性熔岩在 $w(Na_2O)$-$w(K_2O)$ 图解上，Na_2O 含量大大高于世界同类岩石平均值，K_2O 含量也偏高。在 $w(FeO)/w(MgO)$-$w(SiO_2)$ 图解上，大部分为拉斑系列，少部分为钙碱系列。在 $w(TiO_2)$-$w(FeO)/w(MgO)$ 图解上落入洋脊岛范围。稀土元素标准化曲线显示，变质橄榄岩稀土元素全面亏损，总含量 $1×10^{-6}$，曲线呈下凹状。堆晶岩组成异曲线组，都有铈正异常。浅色岩稀土总量高，轻稀土富集。基性火山岩有两类，一类为轻稀土亏损，另一类为轻稀土富集，分别形成于大洋中脊和大洋岛弧。

4）矿产

金属矿产主要是铬、铜、金及潜在的镍、钴矿。较集中体现在唐巴勒区豆荚状铬铁矿、包古图区斑岩型铜钼矿、石英脉型–构造蚀变岩型金矿等。

唐巴勒铬铁矿：唐巴勒岩体的围岩为奥陶系科克沙依组凝灰岩、霏细岩、硅质岩、玄武玢岩、安山玢岩等，岩体总体是东西延伸，呈楔状向北倾，分三个岩相带：①斜辉辉橄岩岩相带，分布于岩体西、西南和北部边缘。②含纯橄岩斜辉辉橄岩岩相带，分布于岩体的中部和南部。③纯橄岩–斜辉辉橄榄岩岩相带，在岩体中部偏北出现。就空间分布而言，岩体受东西、北东东两组断裂控制，岩体的三个岩相带具似环状对称分布的特点，中心为较基性的纯橄岩–斜辉辉橄岩相、边缘为偏酸性斜辉辉橄岩相。

5）矿床

全区共发现铬铁矿矿体 97 个（地表 80 个），分属于 5 个矿体群。

①矿床地质：铬铁矿呈带状、星散状分布，局部成群富集。矿体围岩主要为纯橄岩、斜辉辉橄岩，其次为菱镁岩化蛇纹岩、蛇纹岩。矿体与围岩界限有两种，一种为界限清晰急变式接触，另一种为界限渐变浸染状过渡。铬铁矿的形状与产状因控制因素不同而不同，纯橄岩异离体中矿体多呈层状、不规则透镜状、团块状及似脉状，产状与矿体附近的流动构造一致，受断裂和岩体原生构造控制。

②矿物：矿石矿物主要是铬尖晶石，块状矿石质量分数为 80%～95%，次要矿物有黄铁矿、磁黄铁矿、镍黄铁矿、硫镍钴矿、针镍矿、磁铁矿、赤铁矿及褐铁矿。脉石矿物有绿泥石（叶绿泥石、淡斜绿泥石、铬绿泥石、钙铬绿泥石）、蛇纹石、水镁石。

③矿石结构与构造：致密块状矿石质量分数为 72%，其次有浸染状，个别为条带状、斑杂状等构造。块状矿石结构多为半自形–他形粗粒–伟晶结构，浸染状矿石多为半自形–自形中–粗粒结构。

④矿石化学成分：一般 Cr_2O_3 含量较高，Cr_2O_3 在块状矿石中质量分数为 $(45～60)\times10^{-2}$，$w(Cr_2O_3)/w(FeO)$ 比值偏低。浸染状矿石品位：Cr_2O_3 为 $(17～40)\times10^{-2}$，Cr_2O_3 平均品位 31×10^{-2}，岩石中 Cr_2O_3 平均质量分数 6.9×10^{-2}，FeO 平均质量分数 13×10^{-2}。$w(Cr)/w(Fe)=4$（块状矿石），$w(Cr)/w(Fe)=3$（浸染状矿石），MgO 含量随 Cr_2O_3 含量的升高而降低，矿石中普遍含 Co、Ni、V，个别矿体还有 As、Cu、Zn 等元素。

2 号矿群矿体多、规模大、质量好，为矿区主要矿群，它位于岩体中部北缘，有 11 个矿体呈带状分布，北东向带长 150 m，南东向带长 120 m，个别矿体 NEE 向分布与片理化一致，皆北倾，倾角 50°～70°，矿体延深在西段 51 m、在东段 56 m。矿体为不规则状、透镜状和团块状产于斜辉辉橄岩中，矿石以致密块状为主，Cr_2O_3 质量分数 $(53 \sim 61) \times 10^{-2}$，$w(Cr)/w(Fe) = 4$。

包古图铜矿：

1）大地构造位置：位于哈萨克斯坦—准噶尔板块北缘，晚古生代火山岩带的部分向南东偏转的地段，即唐巴勒弧后盆地。隶属哈萨克斯坦—准噶尔环形斑岩铜钼矿带北带，含矿岩体定位在北东东向达尔布特断裂与近南北向希贝库拉斯断裂组的丁字形构造交会区。

2）矿区外围地层与构造：下石炭统为一套巨厚的半深海-大陆坡相火山岩、火山碎屑岩沉积建造，其上的二叠系分布面积很小，为陆相碎屑沉积。岩浆岩主要是中酸性岩浆岩，属钙碱性岩石系列，多以岩株状产出，周围伴有大量中基性脉岩，矿区地质构造以南北方向断裂（控矿构造）为主。

3）包古图地区岩浆岩：通过 8 个花岗岩岩株及部分中酸性岩脉同位素测定，其侵入时代为海西中晚期（$250 \sim 325$ Ma）。岩石化学特征：①SiO_2 含量随岩石生成次序而逐渐减少，小岩体 SiO_2 含量 $(59 \sim 72) \times 10^{-2}$，闪长玢岩脉和细晶闪长岩脉 SiO_2 含量在 $(54 \sim 59) \times 10^{-2}$，具中性-中酸性岩石特征。②$Al_2O_3$ 含量在 14.48% ~ 7.32%，属铝过饱和岩石。③$Na_2O > K_2O$（分子数），且 $w(Na_2O) + w(K_2O)$ 为 $(4.75 \sim 6.77) \times 10^{-2}$，为钙碱性-钙性岩石特征。④同类岩石中平均主元素分子数：$(CaO + Na_2O + K_2O) > Al_2O_3 > (Na_2O + K_2O)$，属岩石正常系列。

4）矿床地质

①地层：矿区出露地层为下石炭统希贝库拉斯组和包古图组：由老至新分别为：希贝库拉斯上亚组，分布在矿区中部背斜两翼，主要岩石为厚层块状灰-灰绿色凝灰质中细粒砂岩，灰黑色中-厚层含砾凝灰质粗砂岩、中粒砂岩、粉砂岩，与下亚组地层整合接触；包古图组下亚组，分布在背斜东西两翼，出露岩石主要为灰色薄层状凝灰质粉砂岩、细砂岩，暗灰色-灰绿色凝灰岩、深灰色安山岩；包古图组上亚组，分布在背斜东西两翼，底部岩石为灰-灰绿色凝灰质细粒砂岩、灰黑色厚层-块状含砾凝灰质中粗粒砂岩，顶部逐渐过渡为灰绿-深灰色凝灰质粉砂岩与沉凝灰岩互层。

②构造：矿区为一走向南北的（希贝库拉斯）背斜构造，断裂发育计分三期：早期为南北向压扭性断裂，依赋于南北向背斜褶皱与之同期产生，规模大、延伸远，个别长度超数十千米；中期为北东向断裂，在矿区比较发育，规模较大、走向延长达十数千米，在与早期南北向压扭性断裂交会处往往有小岩体出现；晚期为近东西向张扭性断裂，多显示为裂隙构造，矿区范围内极其发育，在岩体及其周边密集分布，为含金石英脉的控矿构造，一般断续延长 2~3 km，部分被脉岩充填。

③侵入岩：V 号岩体位于达尔布特深断裂东南侧 3~4 km，希贝库拉斯背斜东翼包古图下亚组地层中，岩体呈不规则钟状，出露面积约 0.84 km^2，岩性以花岗闪长斑岩为主，其次为花岗闪长岩、黑云花岗闪长岩、闪长玢岩及细晶闪长岩

等。其中花岗闪长斑岩具斑状结构、基质霏细结构、团块状构造。斑晶以中长石为主，次为钾长石角闪石和微量石英，质量分数 5%～35%，基质质量分数 65%～95%，除长石类矿物为主外，还有黑云母、角闪石、石英，其中石英含量变化较大，矿物质量分数 5%～25%。岩体普遍蚀变，蚀变矿物主要有绿泥石、绿帘石、石英、绢云母、水白云母、钾长石及黑云母。岩体中可见褐铁矿、孔雀石、黄铜矿、黄铁矿、辉钼矿、毒砂及其他金属矿物，多呈浸染状、细脉状分布。铜金矿（化）体产于岩体内外接触带。岩石化学特征：SiO_2 质量分数为 $(64.48～71.26)\times 10^{-2}$，属于中性–中酸性岩石类型，$Al_2O_3$ 质量分数为 $(14.24～16.97)\times10^{-2}$，属铝过饱和岩石。$w(Na_2O)+w(K_2O)$ 为 $(6.05～6.77)\times10^{-2}$，属钙碱性–碱性岩石系列。同位素特征和代表性小岩体、岩脉中的稀土配分模式说明侵入岩来自同一岩浆源，属壳–幔同熔花岗岩。

④蚀变：岩体蚀变强烈，主要有钾长石化、黑云母化、硅化、泥化、绢云母化、绿泥石化、绿帘石化，构成较明显的蚀变分带，在断裂构造发育处褐铁矿（黄铁矿）化普遍发育，常形成具有一定规模的构造蚀变体，往往是金（铜）矿化的赋存部位。V 号岩体的蚀变分带由中心向外依次出现钾化带（石英、钾长石、黑云母、绢云母）、石英绢云母化带（石英、绢云母、水白云母、黄铁矿）、青磐岩化带（黄铁矿、绿泥石、黝帘石、钠长石，局部有黑云母、绢云母叠加）。钾化带和石英绢云母化带主要在花岗闪长斑岩体中及接触带附近，青磐岩化在岩体与围岩中都有，另外还有高岭土化、伊利石化。矿区铜金等矿化与蚀变带关系密切，铜矿化主要发生在石英绢云母化带和黑云母化带中。

⑤矿物组成：主要金属矿物为黄铁矿、黄铜矿、毒砂、磁黄铁矿、辉钼矿、闪锌矿、辉铜矿、赤铜矿、自然铜、蓝辉铜矿。金属矿物共生组合划分为三期，第 1 期主要是磁黄铁矿、黄铁矿、黄铜矿、闪锌矿、毒砂等；第 2 期主要为磁黄铁矿、黄铁矿、黄铜矿、闪锌矿、毒砂、辉钼矿等；第 3 期主要是黄铁矿、黄铜矿、辉钼矿等。金属矿物具水平与垂向分带，岩体外接触带及岩体表、浅部主要分布黄铜矿、黄铁矿、毒砂，岩体内及深部主要是黄铁矿、黄铜矿、磁黄铁矿，辉钼矿含量明显增加。就有用元素分带而言，用一句话形象地概括为钼核、铜圈、金镶边。主要脉石矿物为石英、绢云母，黑云母、钾长石、金红石、电气石等。

⑥矿石结构：主要有他形粒状结构、固熔体分离结构、交代残余结构等。

⑦矿石构造：主要有浸染状构造、网脉状构造、细脉状构造、角砾状构造、斑杂状构造、块状构造等。

⑧矿化特征：V 号岩体矿化范围大，根据铜品位 0.2×10^{-2} 圈定矿化范围，南北长 800 m、东西宽 200 m。若以铜品位 0.1×10^{-2} 圈定，则是全岩（稀疏浸染）铜矿化。岩体东侧上部和深部局部地段，叠加有黄铁矿、黄铜矿、辉钼矿、石英网–细脉，岩体内矿化界线不清，要依据化验结果圈定边界，岩体外接触带（远离

100 m) 矿化为黄铁矿、黄铜矿石英细脉-大脉，矿化类型主要为黄铁矿-黄铜矿-石英大脉型。

已知矿化主要发育在岩体东侧，深部钻探均见厚大铜矿化体，9 个钻孔累计平均见矿厚度 178 m，平均铜品位 0.28×10^{-2}，9 个钻孔所反映出的矿化规律表明，浅部成矿仅见 1 期，矿化不均匀，呈细脉浸染状，金属矿物主要有黄铜矿、黄铁矿、毒砂等。向深部(250 m 以下)特别是在隐爆角砾岩带内，矿化较上部均匀，矿化期次多，至少分 3 期，即早期细粒浸染状、中期网脉-细脉状、晚期细脉-大脉-小囊状。

⑨矿化强度：岩体内接触带较外接触带强，矿化体界线上部不明显，下部较明显，矿化向深部有变大变富的趋势。

5) 矿床成因

包古图铜矿主产于浅成-超浅成花岗闪长斑岩内(图 5-3-6)，金属矿物为黄铁矿、黄铜矿、辉钼矿、毒砂与闪锌矿等，矿石构造为细粒浸染状和细脉浸染状，元素组合为铜钼金型。蚀变种类、类型组合和分带与斑岩型矿床相符，成矿物质来源为其同生岩浆，属有别于传统斑岩型、具有新疆地域成矿特色(A 型俯冲条件下过渡壳成矿)的斑岩型铜钼矿床。

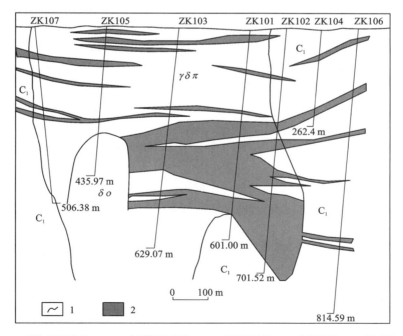

C_1—凝灰质粉砂岩；$\gamma\delta\pi$—花岗闪长斑岩；δo—石英闪长岩；1—岩体界线；2—铜矿体。

图 5-3-6　新疆托里县包古图 V 号岩体 1 号勘探线剖面图

（15）准噶尔—阿拉套晚古生代岛弧钨锡铜金铁成矿区带

准噶尔—阿拉套为复式背斜构造，由于推覆式东西向断裂的影响，山体表现出阶梯式平台山地貌。地层源为上泥盆统别景他乌群板岩、灰岩、砂板岩，其次为维显阶厚层灰岩、生物灰岩和砂岩。岩浆岩沿复背斜轴部东西向分布，西段侵入岩为海西中期（祖尔昏）晚期（库斯台）中酸性花岗岩类。其中以海西晚期第二侵入次蔷薇红色花岗斑岩为主，尚有少量暗紫色石英斜长斑岩。第三侵入次以斑状黑云花岗斑岩为主，岩体围岩蚀变以角岩化、矽卡岩化、云英岩化和绿泥石化突出，产锡钨矿。东段侵入岩主体为海西晚期石英二长岩、钾长花岗岩、黑云花岗岩和花岗斑岩，产斑岩型、矽卡岩型铜钼金锡矿。

区内矿产：西段锡钨矿与海西中期花岗岩和海西晚期钾长花岗斑岩有密切的成因关系，云英岩型锡矿、硫化物型锡矿产于岩体内接触带与其顶部，石英脉型锡矿多在岩体的顶部、边部及外接触带。该带北侧和西侧接哈萨克斯坦的准噶尔锡钨矿带。

祖尔昏黑钨矿：矿体产于祖尔昏岩体西南侧断裂带上，黑钨矿带走向东西，由四条东西向含黑钨矿石英脉及南北向细网脉构成，矿带总长 500～800 m、宽 40 m、倾向北、倾角 50°～60°。矿石矿物以黑钨矿、黄铜矿居多。以往地质工程所揭示的脉体变化由浅而深具有"五层楼"成矿变化模式。

卡斯别克云英岩型锡矿已开采殆尽，岩体外侧硫化物型锡矿规模太小，坡残积砂锡矿分布范围大，20 世纪 50 年代进行过开采，因品位过低且矿体不稳定而被搁置。

本钨锡矿带与哈萨克斯坦列普西钨锡矿带相连，那里已知的钨锡矿均为石英脉-云英岩型，如扎曼塔斯矿床，产在侵入早、中泥盆世页岩的粗粒斑状黑云母花岗岩北侧内接触带，并被细-中粒浅色花岗岩脉穿插，矿化为含矿石英脉，脉壁云英岩化强烈，共见数十条（长 5～15 m、宽 2～10 cm）含矿石英脉。岩体南接触带有阿吉内特稀有金属矿田及阿克朔沙克、克孜尔坚克锡矿点（与本矿带同属一体）。

东段铜钼金锡矿与海西晚期酸性、碱性侵入岩有关，对应于阿拉套铜、金、银、钨、铅、锌、锡、铋组合元素地球化学异常带，带内存在多处铜锡、铜铁、铜砷、铜金异常和矿点，其中铜异常强度分别是 76×10^{-6}、162×10^{-6}、113×10^{-6}、330×10^{-6}。金化探异常多处，最大异常长 5000 m、宽 2000 m，强度一般为（2～4）$\times 10^{-9}$，最高峰值 28×10^{-9}。矿带有一定的发展远景，需注意斑岩型、矽卡岩型铜金矿、铜铁矿及伴生锡矿。

阿克赛矽卡岩型铜金矿：宏观地质背景属早古生代边缘海盆，位于天山主断裂与准噶尔阿拉套构造带交会区。矿区围岩为中石炭统阿克赛组，由碳质千枚岩、板岩、灰岩（以碳质灰岩为岩石分布主体）组成。矿区构造属准噶尔—阿拉套复背斜南翼，由于走向上的构造波动，形成诸多南北向的次级向斜与背斜。阿克赛铜金矿位于其中一个南北向向斜中，而博尔通和可可赛则为次级背斜且为岩体集中区。矿区岩浆岩有钾长花岗岩、花岗闪长岩，以断裂为侵入构造空间。花岗闪长岩为铜矿生成的矿源体。

阿克赛铜金矿区已知矿体 12 个，较大矿体为 3 号和 4 号，约占矿床铜储量的五分之三。矿体呈豆荚状、脉状，受矽卡岩体控制，产状多变、倾角较陡。矿带方向近南北，矿体长 15~76 m、斜深 6~15 m。很显然，矿体受花岗闪长岩接触带及南北向断裂双重因素控制。矿区围岩蚀变为矽卡岩化。矿石矿物有黄铁矿、黄铜矿、辉铜矿、斑铜矿、孔雀石、蓝铜矿，块状、脉状、浸染状构造。主要脉石矿物有石榴子石、阳起石、石英。矿石品位铜（0.8~1.65）×10^{-2}，伴生金品位（0.1~70）×10^{-6}，矿区金平均品位 3.3×10^{-6}（31 个样品结果平均值），黄铜矿矿物（电子探针）含金 720×10^{-6}。

另在博尔通沟有含铜的花岗斑岩脉全岩矿化，可惜规模太小。

（16）赛里木元古宙隆起（含汗吉尕晚古生代裂陷槽）铅锌铜钼金成矿区带

就大地构造性质而论，该成矿区带隶属准噶尔地块的西南部，北界为裴伟线（阿尔桑—楚拉克断裂），南界为科古尔琴南断裂，东界为天山主断裂，西出国境接塔尔迪库尔干地块。其上由晚古生代活化而产生的汗吉尕裂谷构造叠加。

1）地质历史的发展

①早元古代结晶基底，地层为温泉群，出露于别景套扇形背斜上，地层由中间向两翼自下而上依次分布牙马特组（斜长片麻岩、二云斜长片麻岩、细晶混合花岗岩、变粒岩、片状角闪岩、眼球状糜棱岩），视厚度 825.14 m；苏鲁别景组（大理岩、石英砂岩、角闪片岩、石英片岩、白云质大理岩），视厚度 643.87 m，产托克赛铅锌矿；库鲁别景组（石英片岩、蓝晶石白云母石英片岩、硅线石石英片岩），视厚度 133.71 m。②中新元古宙稳定基底，长城系哈尔达坂群，底部主要为一套浅海相碳酸盐岩夹少量碎屑岩，富含叠层石化石，产哈尔达坂铅锌矿；蓟县系库松木切克群，以镁质钙质碳酸盐岩为主，夹碎屑岩和硅质岩，在赛里木湖以东为一套灰岩，顶部为石英岩，底部为碎屑岩，其中可划分硅质角砾灰质白云岩、角砾状硅质岩、硅质角砾岩和具鸟眼状构造的白云岩夹含铜砂岩（喀拉铜矿）、海泉铅锌矿，地层厚度 1494 m。青白口系开尔塔斯群，为一套浅变质浅海相镁硅质碳酸盐岩夹碎屑岩、火山岩建造，产喇嘛萨依铜金矿。元古宙晚期中基性岩浆活动沿着地块南缘断裂带，以小岩株和岩脉群形式侵入（晋宁期）库松木切克河上游青白口系白云岩中，产矽卡岩型铜钼铋金矿。③早古生代上叠盆地，元古宙晚期地块渐趋稳定，早古生代碎屑岩-碳酸盐岩建造为元古宙古陆盖层，滨-浅海含磷板岩、碳酸盐岩建造仅在赛里木地块南侧科古尔琴山出现，广大赛里木地块在早古生代时为裸露区。④晚古生代裂谷，晚古生代赛里木地块进入构造活化期，首先从地块中间阿克苏—汗吉尕开裂为裂陷槽（在乌尔达克赛断裂与

三台断裂之间）。产生碎屑岩-碳酸盐岩-火山岩建造。这个近东西向裂谷由于两侧上升中间下降形成三分式亚构造单元（别珍套隆起、汗吉尕裂谷、赛里木隆起），其后各自开拓自身的发展历史。晚古生代晚期构造活动加强、岩浆活动加剧，出现与酸性岩浆系列有关的矿产（北达巴特斑岩铜矿、喇嘛苏复合型斑岩型铜锌矿、热液型脉状铅锌矿等）。

2）构造单元划分

赛里木元古宙隆起构造单元划分如图 5-3-7 所示。

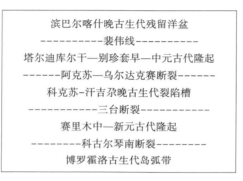

滨巴尔喀什晚古生代残留洋盆
----------裴伟线----------
塔尔迪库尔干—别珍套早—中元古代隆起
------阿克苏—乌尔达克赛断裂------
科克苏-汗吉尕晚古生代裂陷槽
----------三台断裂----------
赛里木中—新元古代隆起
--------科古尔琴南断裂--------
博罗霍洛古生代岛弧带

图 5-3-7 赛里木元古宙隆起构造单元划分

3）金属矿产展布

矿产分布依赋于构造单元，受制于大地构造的演化阶段，沉积建造，具固定层位，笼统地讲是两个时间层次成矿：

元古宙海相热水-火山热水沉积铅锌矿含晋宁期矽卡岩型铜钼铋金矿：

①产于别珍套扇形背斜轴部温泉群上部白云质大理岩内托克赛铅锌矿和翼部中元古代哈尔达坂群白云质大理岩内的哈尔达坂大型铅锌矿。

②产于中新元古代赛里木隆起蓟县系的沉积-火山沉积铜铅锌金矿，有蓟县系库松木切克群上亚群中部具鸟眼状构造白云岩夹砂岩层内铜矿（喀拉）、白云岩-白云质灰岩内的海泉铅锌矿。青白口系厚层白云质大理岩夹响岩类熔岩及其凝灰岩，产蚀变响岩型、阳起石化凝灰岩型、矽卡岩型铜金矿（喇嘛萨依）以及阔托尔汉—且台克苏银-多金属矿。

③产于赛里木地块与博罗霍洛古生代岛弧带之间过渡带内与晋宁期辉绿-闪长岩有关的矽卡岩型铜钼铋金矿（阿克图别克、卡桑布拉克）。

晚古生代裂陷槽斑岩型-矽卡岩型-脉型铜钼铁锌矿：

产于汗吉尕晚古生代裂陷槽及其侧旁与海西中晚期花岗岩有关的斑岩型、矽卡岩型铜钼矿（北达巴特、喇嘛苏本体），以及泥盆系-石炭系中热液型脉状库尔尕生布拉克铅锌矿、五台金矿。

4）与周边矿产的对比

古元古代别珍套隆起，中新元古代赛里木隆起，西去接塔尔迪库尔干地块，在塔尔迪库尔干地块及其周边有超大型捷克利铅锌矿、大型乌谢克铅锌矿，可与温泉县哈尔达坂群层控型铅锌矿、阔托尔汉—且台克苏银–多金属矿、博乐市喀拉砂岩铜矿、海泉层控型铅锌矿对比。今后进行矿产对比研究时，要注意含矿时代、地层过渡和岩相变化、构造迁移及古地理环境更替与变迁等因素，充分考虑矿种转化及类型配套这一区域成矿较为普遍的规律。

（17）博罗霍洛古生代岛弧钨锡钼铜铅锌汞铁稀有金属成矿区带

就大地构造的属性划分，习惯将准噶尔阿拉套与博罗霍洛构造视为一体，作为准噶尔地块西南缘弧形镶边构造（弧顶在哈萨克斯坦境内），为西部天山较早发育的古生代岛弧带。

习惯的范围划分：北界为卡赞其断裂（科古尔琴南断裂），南界为尼勒克断裂（西段称喀什河断裂），东去阿拉沟断裂。由晋宁期、加里东期、海西期三个构造层构成，且以前两者为主。海西构造层主体分布于成矿带南部，晋宁期构造层有长城系和蓟县系，长城系岩性为片麻岩、混合岩、片岩和碳酸盐岩，属浅海相碎屑岩（砂泥质）建造，蓟县系为碳酸盐岩建造。加里东构造层：震旦系–寒武系冰碛层和含磷层，中奥陶统中基性火山岩建造，上奥陶统板岩、黑色碳酸盐岩建造，中志留统浅海相流纹岩–安山岩–玄武岩建造和上志留统细碎屑岩建造。海西构造层：中泥盆统为浅海相中酸性火山碎屑岩建造，上泥盆统为陆相酸性–中性–基性火山岩建造，含植物化石，超覆不整合于上奥陶统之上。下石炭统下部为美路卡（尼勒克）河组浅海相中酸性火山岩，上部阿恰勒河组为浅海相火山碎屑岩夹碳酸盐岩，两者系不整合关系，中石炭统东图津组为滨海–浅海相凝灰质碎屑岩建造，整合于阿恰勒河组之上。

本单元基本构造形态为一长约 500 km 的复式背斜，轴部由元古宇、早古生界组成，翼部分布晚古生界，沿复背斜轴部有串珠状花岗岩侵入，从不同时代地层（上奥陶统、中志留统、上泥盆统、下石炭统）都超覆不整合在前震旦系之上和下石炭统超覆于上奥陶统来看，该带在古生代时多处于岛链状态，是一个长期发育的古岛弧。

本带为一巨大的海西中期花岗岩带，侵入岩基本沿着博罗霍洛复背斜轴部分布，自西向东有霍尔果斯岩体、卡里牙卡希岩体、塔拉奇岩体、博尔博松岩体、呼斯特岩体、秀尔玛特恰依特奇（东图津）岩体，以及玛纳斯河上游东岩体，分布面积超过 1500 km²。由辉长岩、花岗闪长岩、二长花岗岩、花岗斑岩及钾长花岗岩组成，二长花岗岩占一半以上，$w(^{87}Sr)/w(Sr^{86})$ 初始比值为 0.7076，K-Ar 年龄有 292 Ma、284.5 Ma，生于石炭纪末期。海西晚期有电气石钾长花岗岩，在阿恰勒河南部的阿克图伯克出现，海西早期(怀疑为加里东晚期)呼斯特、乌拉斯台花岗岩和花岗闪长岩出现在该带北侧断裂带，所得同位素年龄值为464.8 Ma [$w(Sr^{87})/w(Sr^{86})$初始比值为0.7171]，变质时代为中奥陶世末期，属艾比湖运动产物，也可能是加里东晚期。

矿产：这里的主体矿产是与酸-碱性岩浆系列有关的矿产，如霍尔果斯岩体北接触带的矽卡岩型白钨矿(开干)，塔拉奇岩体矽卡岩型铁锡铅锌矿(新二台区)，博尔博松岩体矽卡岩型铅锌金矿，胡斯特岩体矽卡岩型、斑岩型铁金钼矿(阿恰勒、赛里克底、可斯卡赛)，秀尔玛特恰依特奇岩体斑岩型、矽卡岩型钼铜铁铅锌矿(莱历斯高尔、肯屯高尔、七兴等)。

莱历斯高尔钼矿：产于海西中期秀儿马特卡依特奇岩体南接触带相对较晚期的花岗斑岩岩筒内，其围岩为上志留统板岩，共8个小岩体，其中5个小岩体具有钼矿化，两个岩体矿化最好。过去仅对1号岩筒进行过少量勘查工作，其长108 m、宽40~60 m，向下陡倾近直立，其中含钼石英脉沿着岩体原生节理以细脉状-网脉状充填，单脉宽0.01~0.2 m，矿化体为北东走向。

地表矿化相对富集在四个带上，其矿化范围分别为：80 m×9.5 m，80 m×9 m，51 m×11 m、50 m×8 m。经第一个钻孔查明，矿化从地表向下深100 m(未穿透)，矿化比较均匀，岩体蚀变强烈，绢云母化、硅化明显，长石几乎全部绢云母化和高岭土化，显示出斑岩型矿床蚀变特征。矿石矿物主体由辉钼矿和石英构成，局部有黄铜矿和黄铁矿。辉钼矿为自形片状、花瓣状集合体，自形-半自形粒状结构，星点状、细脉浸染状构造。矿物组合有辉钼矿-石英组合、黄铁矿-辉钼矿-石英组合、黄铜矿-辉钼矿-石英组合。钼品位为$0.098×10^{-2}$，伴生铜金及硒铼分散元素。1号岩体预计钼金属量1万t。

(18)吐拉苏晚古生代火山断陷盆地金铜成矿区带

吐拉苏晚古生代火山构造盆地，发育在博罗霍洛古生代岛弧带的西部(复式背斜轴部)。总体构造线展布方向为北北西向，南北边界被伊犁盆地北缘断裂和科古尔琴南缘断裂界定。盆地内断裂构造发育，主体为依附于盆地、平行于南北两侧的边界而产生的北西西向次级断裂。晋宁期、加里东期基底断裂，对海西期岩浆侵入和火山喷发活动具有重要控制作用。盖层中有两种断裂，一种为继承性断裂，为北西西向和北西向，另一种为南北向断裂和环形断裂，属新生性断裂。早石炭世吐拉苏盆地处于拉张构造环境，基底断裂复活导致岩浆侵入和强烈的火山活动，这一时期形成的大哈拉军山组，以钙碱-碱性亚陆相中酸性火山岩组合为特征，广布于火山盆地中，与金矿成矿关系极为密切。

火山盆地内出露地层分为基底和盖层两部分，基底地层主要由中元古代蓟县系库松木切克群浅海相碳酸盐岩夹碎屑岩及硅质岩，中奥陶统奈楞格勒达坂组、下志留统千子里克组、尼勒克组、中志留统基夫克组一套滨海-浅海相碎屑岩和碳酸盐岩夹火山碎屑岩等构成。盖层地层主要是上泥盆统吐乎拉苏组和下石炭统下部大哈拉军山组、上部阿恰勒河组，中石炭统脑盖图组、东图津组。上泥盆统在盆地中有少量分布系陆相沉积碎屑岩，与下伏上奥陶统和上覆下石炭统大哈拉军山组均为角度不整合接触关系。下石炭统大哈拉军山组在盆地内广泛分布，包括早期沉积大哈拉军山组和晚期沉积阿恰勒河组。大哈拉军山组火山岩为陆相火山岩建造，主要由辉石安山岩、英安岩、酸性凝灰岩、安山质集块岩等中酸性火山岩和火山碎屑岩组成，厚 1500 m，自下而上分为砾岩段、酸性火山灰凝灰岩段、下安山岩段、火山碎屑岩段、上安山岩段共五个岩性段。其中酸性凝灰岩段和上安山岩段是本区主要含矿层位及建造。阿恰勒河组为滨-浅海相碎屑岩夹碳酸盐岩，角度不整合覆盖在大哈拉军山组之上。脑盖图组与东图津组为火山碎屑岩、沉积碎屑岩，不整合于大哈拉军组之上。

盆地成矿构造：吐拉苏火山盆地浅成低温热液成矿构造系统，包括火山机构、塌陷式断裂成矿构造和层间水压式断裂成矿构造，前者发育在破火山口周缘，受火山机构局部构造应力场控制，后者发育于喷发-沉积相中，为层间水力压裂作用所致，虽然两者成因不同，但都是在火山盆地的形成与演化过程中形成的，具有时间上的一致性并相互连通，共同组成浅成低温热液活动与沉淀的构造控制系统。

阿希火山机构与塌陷式断裂成矿构造

1) 阿希中心式火山机构：阿希火山机构位于吐拉苏断陷盆地的西段中心部位，为一中心式火山机构。火山机构呈椭圆形，长轴延伸方向为 NE30°，面积 4×3 km²，其南西部裸露地表北东部被阿恰勒河组覆盖。火山颈相，主要有石英角闪安山玢岩、辉石安山玢岩组成，局部可见直立的流动构造，火山颈外壁向内陡倾。喷溢相分布于火山颈相外缘，主要有杏仁状辉石安山岩、角闪安山岩及英安质角砾熔岩，局部可见低角度流动构造。爆发相分布于火山颈相周缘及外围，主要由英安质火山角砾岩、火山集块岩、晶屑玻屑凝灰岩等组成，常见塑性火山弹与火山饼。爆发沉积相分布于火山机构最外缘，主要由沉凝灰岩、沉凝灰角砾岩夹灰岩与砾岩透镜体构成，与下伏地层呈不整合或断裂构造接触。

2) 塌陷式断裂成矿构造：阿希金矿受弧形断裂控制，平面展布为走向呈近南北微向南西凸出的弧形，南东端约 300 m 为弧形断裂的尾部，不仅断裂宽度逐渐变窄，而且出现雁列式尖灭构式。

侵入岩在火山盆地周边分布，多呈岩基状。唯海西中期花岗岩和花岗闪长岩具铜钼含矿性。在火山盆地中还有海西中期英安岩、安山玢岩和斜长安山岩等次火山岩体出现。

矿产：有吐拉苏火山盆地内的火山低温热液型金矿(冰长石-绢云母型和硅化岩型)、铅锌矿，以及外围的斑岩型-矽卡岩型铜钼矿。

具有工业价值的金矿有两种矿床类型：以阿希、阿庇因的金矿为代表的冰长

石-绢云母型金矿；由伊尔曼特、京希克布拉克、恰布坎卓它、吐乎拉苏西南金矿
为代表的硅化岩型金矿。

硅化岩型金矿主要赋存于酸性火山灰凝灰岩段和次要的砾岩段内。金的赋矿
岩石有硅化凝灰质砾岩、硅化凝灰质砂砾岩、硅化凝灰质砂岩和硅化凝灰岩等。
控矿构造为北西西向断裂、北西向断裂和近南北向断裂及其交会部位，成矿常与
环形断裂密切相关。

一般而言硅化岩型金矿属品位低、规模大的一类金矿。矿体长度几百米，最
长超过1000 m。厚度数米至100余m，最厚可达200 m，与围岩呈渐变过渡关系。
形态多为透镜状、似层状或层状，产状与围岩一致，少数呈脉状产出，产状与围
岩斜交时具分支复合状态，但在宏观上仍受一定层位控制。

矿石类型主要有三类：第Ⅰ类含金硅化凝灰质碎屑岩型，凝灰质碎屑岩经强
硅化作用而形成，为最主要的矿石类型（如含金硅化凝灰质砾岩，含金硅化砂砾
岩，含金硅化凝灰质含砾砂岩等）。该类矿石分布在矿体上部，硅化强烈，局部可
达到次生石英岩程度，很难见到黄铁矿、毒砂及其他硫化物矿物，镜下可偶见明
金。第Ⅱ类含金毒砂、黄铁矿凝灰质碎屑岩型，由凝灰质碎屑岩经轻微的硅化和
强烈的毒砂、黄铁矿化及碳酸盐化等交代蚀变作用而形成，如含金毒砂黄铁矿化
凝灰质细砾岩、含金毒砂黄铁矿化凝灰质砂岩、含金毒砂黄铁矿化凝灰质粉砂岩
等。该类矿石分布于第Ⅰ类矿石之下，硅化程度虽较弱但毒砂黄铁矿含量高。第
Ⅲ类含金硅化凝灰岩型，由酸性火山灰凝灰岩经硅化黄铁矿化作用而形成，如含
金硅化酸性火山灰凝灰岩、含金硅化角砾岩屑凝灰岩、含金硅化晶屑凝灰岩等，
该类矿石多分布于第Ⅰ类矿石之上，矿石以强烈黄铁矿化和相对较弱的硅化作用
为特征，含金品位较前两类矿石低。此外在大哈拉军山组与上奥陶统呼独克达坂
组之角度不整合面上，含金硅化黄铁矿化灰岩，金品位小于$0.5×10^{-6}$，偶见金品
位大于$1×10^{-6}$者。

矿物成分：自然金、自然汞、自然铅。

金属矿物：黄铁矿、毒砂、辰砂、白铁矿、褐铁矿、赤褐铁矿、白钛矿、黄钾
铁矾、菱铁矿、锐钛矿、孔雀石、金红石、磁铁矿、白钨矿。

非金属矿物：石英、绢云母、方解石、绿泥石、高岭石、重晶石等近20种
矿物。

研究证明金与黄铁矿具有密切的成因关系。

矿石结构构造：以其成因将其分为继承性和新生性两类：①继承性结构与构
造，包括变余凝灰质砾状结构（在变余凝灰质砾状结构岩石中取样证实，金丰度
值有$0.58×10^{-6}$和$0.23×10^{-6}$）、凝灰质砂状结构、变余凝灰状结构和变余凝灰质
角砾状结构、块状构造、层状构造、条带状构造。②新生性结构与构造，包括他
形粒状镶嵌结构、自形-半自形粒状结构和聚粒状结构、微细粒浸染状构造、细脉

浸染状构造、网脉状构造、对称梳状构造和晶洞构造等。

矿石品位：金品位（1~3）×10^{-6}，局部地段金品位可达 3×10^{-6}。矿石品位与硅化、黄铁矿化、毒砂化强弱正相关。

围岩蚀变：垂向蚀变，自上而下为硅化、黄钾铁矾化、黄铁绢英岩化、重晶石碳酸盐化。前三种蚀变与金矿关系密切。水平蚀变表现为矿体两侧高岭土化、重晶石化，中间为硅化。

成矿作用与成矿期：硅化岩型金矿的成矿作用可分为原生沉积、水热交代、氧化淋滤三个成矿期。①原生沉积富集期，经下石炭统大哈拉军山组酸性火山灰凝灰岩段内，无水热交代蚀变的凝灰质砾岩和酸性火山灰凝灰岩中采样证实，金的丰度值分别为 0.58×10^{-6} 和 0.23×10^{-6}，说明这些岩石在原生沉积过程中金已初步得到富集。②水热交替蚀变期，岩石中的金在原始富集的基础上，经后期水热交代蚀变作用进一步富集，与此同时发生强烈的硅化交代作用，出现大量的微晶他形粒状石英和黄铁矿，形成次生石英岩和各种硅化凝灰质岩石，以及黄铁矿、毒砂、方解石、重晶石细脉，根据矿物共生组合，结构构造及围岩蚀变特征的不同，将该成矿期划分为三个阶段：

第 1 阶段为硅化阶段：在水热交代蚀变作用下，岩石发生强烈的弥漫状硅化蚀变，出现大量的他形粒状石英或微晶硅质体，形成各种硅化岩石，同时伴生少量黄铁矿和毒砂。

第 2 阶段为毒砂、黄铁矿化阶段：该阶段早期，形成粒度较粗呈稀疏浸染状分布的立方体晶形黄铁矿。晚期出现五角十二面体晶形的黄铁矿和自形-半自形晶的毒砂，呈细脉浸染状或稀疏浸染状分布，同时伴生石英、方解石等非金属矿物。

第 3 阶段为石英碳酸盐化阶段，形成梳状石英脉和方解石脉及少量硫化物，在围岩中出现大量白云石、伴生重晶石、绢云母、高岭石、绿泥石、萤石等非金属矿物，该阶段形成的石英粒度较第 1 阶段形成的粗大。

表生氧化淋滤期：在氧化淋滤作用下，近地表的矿石不同程度地被氧化、分解和淋滤，金元素再一次被迁移、贫化或富集。

通过对吐拉苏火山盆地及周缘的矿产研究（图 5-3-8），两种成矿规律表现突出：①盆地内的火山低温热液金矿与周缘斑岩型铜（钼）矿（生成）时间相随、空间（位置）相伴、上金下铜[上部为低温热液金矿、下部为斑岩-矽卡岩型铜（钼）矿]。②火山盆地内部，顺层的硅化岩型金矿与切层的冰长石-绢云母型金矿孪生产出。上述规律适用于火山浅成低温热液金矿成矿系列的区域及矿床成矿预测。

（19）伊林哈比尔尕晚古生代岛弧铜金成矿区带

该成矿区带指乌鲁木齐以西博格达山西延至（沙湾—石河子—乌苏）南山。

地层：中泥盆统拜辛德组，以中基性火山碎屑岩为主夹灰岩透镜体，厚度

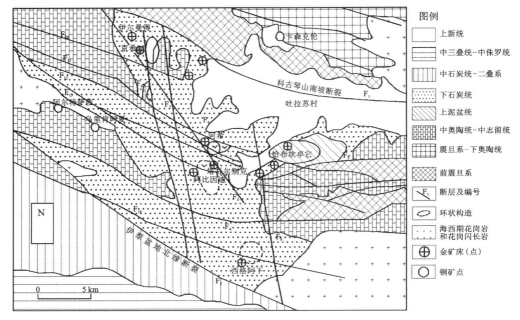

图 5-3-8　吐拉苏火山盆地浅成低温热液型金矿与斑岩型(钼金)矿环形分布略图

4162 m，最厚达万米以上，产珊瑚化石；上石炭统下部巴音沟组，为复理石砂页岩含菊石、珊瑚等化石；上部称沙大王组，为一套枕状玄武岩、碧玉岩、放射虫硅质岩及凝灰质粉砂岩，含放射虫地层厚度 500 m 以上，两组之间为假整合接触。

构造：伊林哈比尔干地区处于晚古生代准噶尔板块与伊塞克湖微板块之缝合带北侧，现存构造为北西向带状分布条带构造块。

侵入岩：带内深成岩极少，除蛇绿岩外仅有少量闪长岩、花岗岩岩株，岩体总面积 40 km²(闪长岩岩体面积 35 km²、钾长花岗岩岩体面积 5 km²)，岩石为正常结晶结构、块状构造，由于受断裂影响，常具糜棱岩化，属钙碱系列-低碱类型。

蛇绿岩：沿博罗霍洛断裂北侧分布，长 280 km、宽 5～20 km，带内为石炭纪玄武岩、细碧岩、硅质岩、凝灰岩，并有大量超镁铁-镁铁杂岩体。蛇绿岩建造之南侧为中泥盆统陆屑建造，北侧为上石炭统下部复理石建造(与蛇绿岩建造顶部为假整合)，其上依次有上石炭统上部海陆交互相磨拉石及下二叠统陆相磨拉石建造。以巴音沟剖面为例：

上部：玄武岩、硅质岩互层，总厚度 100～300 m，大致可分出三个喷发-沉积韵律，每个韵律由下而上为火山集块岩(或红色泥质硅质岩、凝灰岩)-枕状玄武岩-块状玄武岩-凝灰岩夹硅质岩。

中部：层状辉长岩，厚 100~400 m，有斜长花岗岩脉穿插。

下部：变质橄榄岩（以斜辉辉橄岩为主），剖面中无岩墙群，岩带其他地段有时缺失堆积岩段，故火山岩直接覆于变质橄榄岩之上。

变质橄榄岩与堆积岩组成超镁铁-镁铁杂岩体，岩带内有岩体上百个，聚集成 27 个岩群，岩体呈岩墙状、透镜状，单个岩体长 1~10 km，宽 0.05~0.3 km，最宽 0.5 km，并常见有复合分支现象，岩体与围岩均为剪切接触，内外接触带一般有宽 1~2 m 的透闪石化带。

岩体以斜辉辉橄岩为主，含少量斜辉橄榄岩、二辉橄榄岩和纯橄岩。堆积岩段的异剥橄榄岩、辉石岩、辉长岩在多数岩体中均有不等量分布，常呈岩块形状夹于蛇纹岩化变质橄榄岩中，岩体中常见有围岩岩块，总量可达 10%，岩石深度蛇纹石化、部分菱镁-滑石化，在少部分岩体边部或围岩捕房体边部的小岩支中常见透闪石化，少量已达到软玉品级，岩体间成分相近，其中变质橄榄岩平均为 $m/f=9.02$ 为镁质岩，Al_2O_3 含量较低，平均 0.96×10^{-2}。

独立的辉长岩体在达努达坂等处多有分布，其中可见层状构造，下部块状辉长岩向上过渡为辉长辉绿岩，斜长花岗岩极少，仅以小岩枝在辉长岩中穿插。

带内玄武岩有枕状、块状两类。前者通常在下，为细碧岩、杏仁状玄武岩，后者通常在上，主要为粗玄岩，部分为辉绿玢岩。在化学成分上，后者偏碱性，轻稀土明显更富集。硅质岩 SiO_2 含量高，Al、Mg、Fe 及碱质低，接近正常沉积。

伊林哈比尔尕蛇绿岩带，基于稀土元素特征值和各类岩石稀土元素球粒陨石标准化曲线配分模式而归属于堆积橄榄岩类，枯竭程度不深，玄武岩由平坦型过渡为轻稀土富集型，与堆积辉长岩相近，两者为同岩浆分异物。

矿产：已知矿产有泥盆纪沙尔塔格塔依含铜黄铁矿，沙尔通木索克、博红托斯、可可默依纳克等斑岩型-火山岩型铜砷矿，豹子沟热液型铜-多金属矿，以及岩体接触带型查汗萨拉金矿和石英脉-构造蚀变岩型黑山头金矿等，在山系北坡各水系（头屯河、塔西河、玛纳斯河、四棵树河）砂金矿广布。

查汗萨拉金矿：

地层：矿区出露地层主要是上石炭统沙大王组上亚组和奇尔古斯套组。以查汗萨拉深大断裂（地形为河谷，可见宽度 100 m 左右）为界将矿区分为南北两部分：矿区南部的沙大王组上亚组，为一套蛇绿混杂堆积粉砂岩、硅质岩、玄武岩，厚度近 2000 m；矿区北部的奇尔古斯套组，为一套海相碎屑岩建造，可分上、下两个亚组，上亚组厚 3906.6 m，下亚组厚 342.9~1745.8 m，岩性主要为灰黑色粉砂岩、淡灰绿色硅质粉砂岩、灰黑色凝灰质粉砂岩，岩石中可见明显细小条纹状沉积层理，上亚组又可细分两个岩性段，上岩性段为含浅灰白色硅质条带和条纹的硅质凝灰质粉砂岩，下岩性段为灰黑色凝灰质粉砂岩。地层总体南倾，倾角 50°~80°，南部倾角较大，局部发育成为紧闭向斜，地层的倾向和倾角均有较大的变化。

构造：矿区位于区域复向斜北翼近槽部一带的查汗萨拉深大断裂北侧。查汗萨拉深大断裂之次级平行与斜交断裂在矿区广泛发育，平行于查汗萨拉深大断裂的次级北西—北西西向张性断裂(倾角53°~65°)属控岩、控矿断裂，而斜交的次级断裂，表现为右行错动，对矿体起破坏作用，将一完整的矿化段(含闪长岩脉)错成两个矿化段，斜向拉开达200 m水平断距。矿区断裂带大小不一，一般宽10~20 m，延伸千米以上，小者1~2 m乃至几十厘米，延伸数十米至数百米。

岩浆岩：矿区岩浆岩不发育，主要有石英闪长岩脉和石英脉。石英闪长岩脉规模较大，侵入上石炭统齐尔古斯套组上亚组上部凝灰质粉砂岩中，以北西西向脉状贯穿整个矿区，长2500 m，宽10~100 m，中部被NW向断层错断，倾向南，倾角40°~70°，在闪长岩脉及凝灰质粉砂岩裂隙中有大量石英细脉和碳酸岩脉。

矿化：矿区金矿化明显受石英闪长岩脉和断裂构造双重控制，查汗萨拉金矿化带主要产于顺层侵入的石英闪长岩脉中的构造破碎带内，总体呈北西西向延伸，平均走向280°~290°，倾向北或北东，倾角一般为51°~72°，局部在80°以上。矿化带长1.67 km，宽20~80 m，受后期断层破坏分成西(Ⅰ)、中(Ⅱ)、东(Ⅲ)三段，其中Ⅱ号矿段矿化较好，为主要矿体。

1)矿体特征：地表共圈出金矿体19个，分布在西(Ⅰ)、中(Ⅱ)、东(Ⅲ)三个矿段内，其中Ⅰ号矿段有5个矿体、Ⅱ号矿段有10个矿体、Ⅲ号矿段有4个矿体。Ⅰ号矿段矿体长115~143 m，厚0.98~5.32 m，金品位$(1.57~3.83)×10^{-6}$。Ⅱ号矿段矿体长125~294 m，厚3.53~8.26 m，金品位$(2.21~7.99)×10^{-6}$。Ⅲ号矿段矿体长14~165 m，厚0.93~2.33 m，金品位$(1.43~4.07)×10^{-6}$，矿体均呈脉状北西西方向展布，倾向8°~25°，倾角53°~78°。

2)矿化类型：矿区金矿主要有蚀变岩型和石英脉型两种。蚀变岩型按其原岩性质，细分为蚀变粉砂岩型和蚀变闪长岩型，两者矿化相对较弱，金品位$(1.12~3.76)×10^{-6}$。石英脉型以其矿物共生组合，细分为石英-黄铁矿-毒砂-磁铁矿-黄铜矿-闪锌矿-辉钼矿、石英-黄铁矿两种类型，其中前者金品位相对较高，为$(4.25~22.21)×10^{-6}$，后者金矿化较弱，品位一般小于$3×10^{-6}$(它总体规模不大，长5~10 m，厚1~20 cm，构不成矿体)。蚀变岩型和石英脉型金矿在空间上往往叠加发育，石英脉型金矿化多沿次级脆性构造裂隙，穿插于蚀变岩型金矿体中。

3)矿物成分：主要矿石矿物有自然金、黄铁矿，次要有毒砂、磁铁矿、黄铜矿、斑铜矿、辉钼矿和闪锌矿等。脉石矿物以石英、绢云母、方解石为主，含少量绿泥石和高龄土等。常见矿石结构有填隙结构、充填结构、碎裂结构、鳞片变晶结构、变余凝灰质粉砂结构。矿石构造主要为块状、角砾状、脉状等穿插构造。

4)矿石类型：按工业利用金属硫化物发育特征，原生矿物可划分为两种类型：①金-黄铁矿-毒砂-磁铁矿-黄铜矿-闪锌矿-辉钼矿-石英型，在矿区分布最广，是含金性最好的主要矿石类型。金含量（质量分数）为（0.2~45.82）×10⁻⁶，大多在 3×10⁻⁶ 以上。主要矿石矿物为黄铁矿，其次为自然金、毒砂、磁铁矿、黄铜矿、辉钼矿、闪锌矿。脉石矿物以石英为主，其次为绢云母和方解石。②金-黄铁矿-石英脉型，金含量（质量分数）为（1.24~13.6）×10⁻⁶，大多为（1~2）×10⁻⁶。矿石矿物为黄铁矿，脉石矿物以绢云母为主，石英和方解石次之。

5）围岩蚀变：近矿围岩蚀变主要有硅化、绢云母化、黄铁矿化、碳酸盐化，其次为绿泥石化、高龄土化，偶见孔雀石，蚀变以断裂破碎带为中心向两侧逐渐减弱，黄铁矿等金属硫化物见于矿体和围岩中，与成矿关系密切，是直接的找矿标志。

6）矿床成因：矿体产于海西晚期石英闪长岩与凝灰质粉砂岩接触部位的构造破碎带内，以石英脉为含矿载体，应属与中低温热液作用有关的中酸性侵入体接触带型金矿。

（20）伊犁晚古生代陆内裂谷阿吾拉勒铁铜银成矿区带

阿吾拉勒属伊犁晚古生代陆内裂谷中心地带，巩乃斯复向斜槽部。次级构造单元自西向东可分为阿克图别克向斜、阿吾拉勒背斜（含铁木里克-坎苏断隆）及巩乃斯旋卷构造。南北两侧由巩乃斯断裂、和喀什河断裂界定边界。

西段阿克图别克向斜地层由老至新如图 5-3-9 所示。

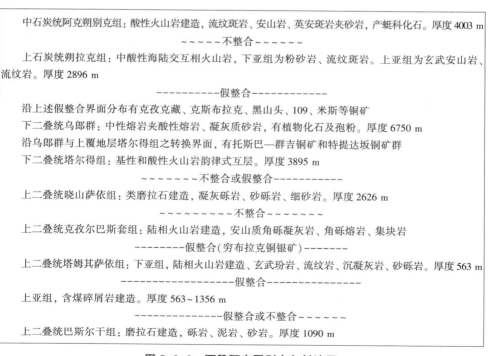

图 5-3-9　西段阿克图别克向斜地层

矿产：主要矿种为铜，属受地层转换界面控制的层控型矿床：①产于石炭系（朔拉克组 C_1s）与二叠系（乌郎群 P_1w）之地层转换界面的铜矿点，有克孜克藏、克斯布拉克、黑山头、109、米斯等。②产于下二叠统塔尔得组（P_1t）与乌郎群（P_1w）之间的有托斯巴背斜区铜矿点（托斯巴、查尔库拉、克亚克特、无名沟。）和特提达坂区铜矿点。③产于上二叠统克孜尔巴斯套组（P_2k）与塔姆基萨依组（P_2t）之间，有穷布拉克铜银矿床。④次火山岩型（准斑岩型）铜矿，在下二叠统乌郎群（群吉、群吉萨依）、上二叠统克孜尔巴斯套组（巴斯尔干）均有发现。脉型铜矿（奴拉赛、元头山、阿克图别克）多在岩体上部及边缘和背斜轴部出现，以下二叠统乌郎群地层分布区最多。新疆尼勒克县阿吾拉勒环状铜矿带分布如图5-3-10 所示。

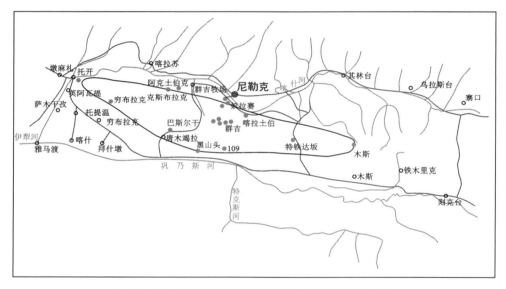

图 5-3-10　新疆尼勒克县阿吾拉勒环状铜矿带分布图

中段阿吾拉勒背斜（含铁木里克-坎苏断隆）：

区域地层由老至新主要为中上泥盆统坎苏组、下石炭统阿吾拉勒组、中石炭统吐尔拱组、下二叠统乌郎群、中下侏罗统喀什河组以及古近系、第四系。

1）坎苏组（$D_{2-3}k$），主要由中性及酸性喷发熔岩及火山碎屑岩组成，按其岩性可分下、中、上三个部分。下部以火山灰凝灰岩、凝灰粉砂岩、凝灰质钙质粉砂岩等细碎屑岩为主，夹少量灰岩薄层或透镜体；中部以钠长斑岩、霏细斑岩及火山碎屑岩为主，夹少量英安斑岩；上部则以偏中性英安斑岩为主。

2）阿吾拉勒组（C_1a），为一套火山岩-火山碎屑岩建造。可分为四个岩性段：

本区未见第一岩性段。第二岩性段(C_1a^b)由酸性火山岩、火山碎屑岩组成,主要岩性为紫红色岩屑凝灰岩、浅红褐色流纹斑岩、霏细斑岩夹凝灰角砾岩,与下伏阿克塔什组(D_2a)呈整合接触。第三岩性段(C_1a^c)下部由正常沉积的灰岩及粉砂岩、泥岩构成,上部为钠长斑岩、霏细岩、石英钠长斑岩及其碎屑岩,与下伏的第二岩性段呈断层接触。第四岩性段(C_1a^d)下部为一套正常沉积岩,上部为中性熔岩及碎屑岩。主要岩性为紫红-灰紫色杏仁状安山玢岩、安山岩、中性凝灰岩、灰白色生物碎屑灰岩、砂质灰岩、灰黑色钙质粉砂岩夹凝灰岩及凝灰砾岩,与下伏的第三岩性段呈整合接触,该岩性段为阿吾拉勒中段铁铜矿床的主要赋矿层位。

3)吐尔拱组(C_2tu)为一套具有明显旋回特征的火山喷发岩系,主要岩性:底部为紫红色凝灰砾岩,中上部为中-酸性晶屑凝灰岩及酸性熔岩。

4)喀什河组($J_{1-2}k$)为主要含煤地层的含煤建造与沉积旋回。自下而上可分为砂砾岩层、下含煤层和上含煤层三个分层(这里上含煤组缺失)。砂砾岩层由黄褐-灰褐色砾岩、砂砾岩、细砂岩夹泥质粉砂岩组成,以角度不整合覆于阿吾拉勒组之上。下含煤层分上下两部分,下部岩性为褐、灰、黄灰褐色厚-巨厚层状砾岩、砂砾岩及中厚层砂岩。上部岩性为灰、黄灰色中粒砂岩、含煤屑砂岩、泥质粉砂岩和煤层,与下伏砂砾岩层呈整合接触关系。

5)第四系(Q)分布于巩乃斯河与喀什河两岸,为中上更新统冰积、冲-洪积、风成堆积物和全新统冲-洪积物。

构造:背斜构造由北而南涵盖喀什河山间凹陷、阿吾拉勒背斜、铁木力克—坎苏断窿、巩乃斯山间凹陷。两翼地层倾角40°~60°,铁铜矿(化)点分布于铁木里克—坎苏断隆(巩乃斯复向斜的槽部)。断裂构造主体断裂为北东东向和近东西向,发育在巩乃斯断裂及喀什河断裂之近侧,且控制了区内海西晚期岩浆岩分布,伴有铁铜矿床(点),是区内主要的控岩、控矿构造,其次是北东向和北东东向断裂,系矿后断裂,局部具有对热液型矿床的控矿作用。

侵入岩:沿着区域型断裂发育的海西晚期侵入岩,多以中性及酸性侵入岩为主,如海西晚期第二侵入次的库尔德能岩体、依生布古岩体和坎苏岩体,主要岩性为碱性正长花岗岩,其中库尔德能岩体内部常见有暗色矿物异离体,以团块状不均匀分布,矿物成分为花岗闪长岩及闪长岩,与围岩界限渐变过渡。岩体侵入吐尔拱组和阿吾拉勒组第四岩性段的中酸性火山岩-凝灰岩内,个别小岩株侵入中上泥盆统坎苏组中酸性喷发熔岩及其火山碎屑岩中,岩体与围岩界限清晰,围岩蚀变以角岩化、硅化为主,混染与褪色现象普遍。

火山岩:属海相喷溢-喷发岩,泥盆世活动频繁,到石炭纪达到高潮。细分为①中泥盆世喷发岩:属海相喷发岩,喷发形式为喷溢式和爆发式,其喷发韵律为单一的酸性熔岩-火山碎屑岩序列,普遍含有大量火山碎屑物质,两者掺杂过渡,喷发岩普遍具有流纹构造。且自下而上色调渐趋变深,喷发熔岩主要有钠长斑岩、石英纳长斑岩及霏细斑岩。②中晚泥盆世喷发岩，属海相喷发岩，由中性、酸性熔岩及火山碎屑岩组成，大体反映出火山碎屑→酸性喷发熔岩→到中性喷发熔岩演化之趋势。喷发熔岩有英安斑岩、钠长斑岩、霏细斑岩、角闪长石斑岩和角闪安山玢岩。③早—中石炭世喷发岩，属海相喷发岩，喷发极为频繁，具明显的旋回性，其喷发韵律由单一向多次过渡，由下而上为下部酸性熔岩→中部中性熔岩→上部基性熔岩，反映物质由酸性向中、基性方向转化。喷发熔岩岩性为霏细斑岩、安山玢岩英安斑岩、杏仁状玄武玢岩及石英钠长斑岩。成矿与喷发熔岩关系密切，构成海相火山岩型铁铜矿成矿序列。

矿产：主要金属矿产有火山沉积-火山热水沉积型铁矿（予须开普台、松湖、坎苏）、斑岩型铜矿（松树沟）。

东段巩乃斯旋卷构造区：

该段（泛指巩乃斯林场以东的高山地区）是北西向博罗霍洛、北西西向阿吾拉勒、北东东向卡特斯格、北东向那拉提四条构造带的三角形汇集区-地质动力旋卷构造区。

地层：中元古星星峡群，主要岩性为乳白色大理岩、结晶灰岩、白云岩、黑云斜长片麻岩和角闪二长片麻岩。志留系中下统为中浅变质岩系，主要岩性为粉砂岩、变质砾岩、变凝灰岩、石英岩、硅质岩、千枚岩、片岩、黑云斜长片麻岩、花岗片麻岩夹大理岩透镜体。上志留统（阿河布拉克组），依其岩性组合，自下而上而分为三个亚组：第一亚组，轻变质的灰岩、碎屑岩系；第二亚组，以火山岩和火山碎屑岩为主的浅变质岩系；第三亚组，主要岩性为结晶灰岩、大理岩、凝灰岩及粉砂岩。中泥盆统头苏泉组，为一套浅海相火山碎屑沉积建造，夹少量正常碎屑沉积岩。主要有绿灰-黑灰色薄层中酸性-中基性凝灰岩、含碳质晶屑凝灰岩及其夹凝灰角砾岩、火山角砾岩、少量紫红色铁质砂岩、碧玉岩、硅质灰岩透镜体。上泥盆统艾尔肯组，为一套滨海-海陆交互相火山岩、陆源碎屑岩和碳酸盐建造，上部为浅灰色千枚岩、粉砂岩、灰岩晶屑玻屑凝灰岩，下部为细碧岩、辉石安山岩、辉绿玢岩、玄武岩和薄层灰岩、钙质砂岩。

石炭系与二叠系是该段分布广泛、与成矿有密切关系的地层。

1）下石炭统大哈拉军山组：为一套海相火山喷发-沉积碎屑岩夹碳酸盐岩建造，其上部自下而上可分三个亚组。

①第一亚组，灰绿色英安质凝灰质角砾岩、安山质晶屑凝灰岩夹凝灰质砂砾岩、灰岩、安山岩、辉绿玢岩。厚度 762.41 m。

②第二亚组，灰绿-灰绿色流纹质熔结凝灰岩、白色-灰色厚层状大理岩、晶屑岩屑凝灰岩等。厚度 897.97 m。

③第三亚组，灰绿色安山岩、安山质晶屑玻屑凝灰岩夹安山玢岩。厚度 224 m。

2)上石炭统伊什基里克组:主要为一套火山角砾岩、凝灰岩及熔岩,局部夹正常沉积岩和灰岩。该组自下而上可分三个亚组、五个岩性段。

①第一亚组,下部为紫红色安山质凝灰角砾岩、安山质、流纹质晶屑玻屑凝灰岩,厚 170.9 m;上部主要为绿色沉凝灰岩、紫红色凝灰质砂岩,厚 1088.46 m,与下伏的大哈拉军山组不整合接触。

②第二亚组,岩性主体为流纹质晶屑玻屑凝灰岩、流纹质凝灰角砾岩、安山质熔结集块岩等。

③第三亚组,主要为安山岩、安山质晶屑岩屑凝灰岩、安山质熔结角砾凝灰岩夹安山质熔结角砾岩、集块岩等。

3)下二叠统下亚组底部为灰绿色底砾岩,中部为绿灰-黄灰色厚层含砾粗砂岩,顶部为紫红色砾岩夹含砾砂岩。上亚组为黄灰色夹灰绿色等杂色薄-中-厚层砾岩、细砾岩、含砾砂岩、砂岩夹碳质、泥质砂岩,常具韵律沉积特征。

中新生代地层零星分布于河谷盆地、高山草原等低洼地带。

构造:总体为旋卷构造,其是不同方向、不同时代、不同性质线形构造的碰接所致,或是受占 300 余 km² 的破火山口群的影响,但就该区的褶皱系与断裂系的分布及其搭配以及两种成因构造的结合,应是旋卷构造形成的主因。

矿产:东段矿金属矿产主要是火山岩型-矿浆型铁矿和与之成因相配套的铜金矿,如查岗诺尔、智博、敦特、备战等铁矿、胜利、巴拉特等铜金矿。

(21)伊犁晚古生代陆内裂谷伊什基里克—卡特斯格金铜钼铁锌铅成矿区带

该区带属伊犁晚古生代裂谷槽部,现存构造为破碎复式背斜,有北东东向三条纵向断裂。

自北向南为伊犁河—巩乃斯河断裂、伊什基里克中轴断裂—恰合博河断裂、特克斯河-恰西断裂,自西向东为近等距性分布的南北向的洪那海断裂、科克苏断裂、恰普其海断裂、恰合博河中游断裂。这些断裂构成格状-菱格状区域性褶皱-断裂构造格架及环形构造特征。地层主体为石炭系和二叠系,石炭系有下统大哈拉军山组(阿吾拉勒组)和阿克萨克组,分别为双峰式火山岩和碳酸盐岩-碎屑岩建造,中统火山陆屑夹火山建造。二叠系为下统乌郎群和上统铁木里克组。属后碰撞拉张盆地沉积,由火山碎屑岩、凝灰砂岩、砂砾岩,以及含百合茎的不纯灰岩组成。侵入岩发育,以花岗岩、花岗闪长岩为主,并有中基性岩体及岩脉出现。

该区带矿产丰富。由于地质勘查程度低而工业矿床相对发现较少。新疆晚古生代伊犁陆内裂谷伊什基里克地质矿产略图如图 5-3-11 所示。

诚如前述,这里的矿产均受构造形式控制:①火山穹窿区,产斑岩型铜钼矿、热液脉型金矿,如苏阿苏火山穹窿上的苏阿苏斑岩钼矿、喀拉萨依斑岩型铜钼矿、乔拉克构造蚀变岩-石英脉型金矿。②火山沉积盆地,有石炭纪阿尔恰勒火

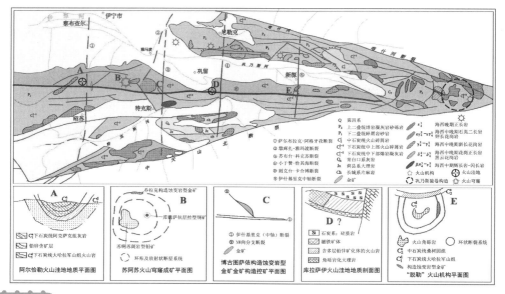

图 5-3-11　新疆晚古生代伊犁陆内裂谷伊什基里克地质矿产略图

(据胡庆雯，2007 年修改)

山沉积盆地的层控铅锌矿、库姆萨依铜锌矿、阔拉萨依火山断陷盆地层控铁锌矿。二叠纪火山沉积盆地，有洪那海、马克西姆、谢克森、小洪那海等层控型铜铅锌矿和巩乃斯林场火山沉积型铜矿。③火山机构，有卡特斯格的脱勒斑岩型铜矿和浅成火山低温热液型脱勒斯拜克金矿。④断裂交会区，有博古图萨依金矿、阿尔玛萨依金矿，切提米斯、乔拉克米斯等铜矿。⑤与岩浆岩有关矿产有卡拉辛赛矽卡岩型铁矿、卡能库尔矽卡岩型铜矿、吾尔达米斯斑岩铜矿、阿拉马勒稀土金属矿点。⑥河谷型、阶地型砂金矿集中于恰普其海和莫河沟以及恰合博河流域。

恰合博火山机构浅成低温热液型金矿与斑岩型铜（钼金）矿对称型分布图、乌孙山浅成低温热液型金矿与斑岩型铜（钼金）矿线形分布略图分别如图 5-3-12 和图 5-3-13 所示。

（22）那拉提古生代岛弧铁锰金铜镍成矿区带

本带西起中（国）哈（萨克斯坦）边界，东止吐（鲁番）哈（密）盆地西端南缘，北界特克斯大断裂与伊犁陆内裂谷毗邻，南以那拉提北（中天山北）大断裂（相当于境外捷尔斯克伊—卡拉套断裂，即尼古拉耶夫线）与哈尔克套变质岩带分开。东西延长 600 km，为一古生代岛弧带。

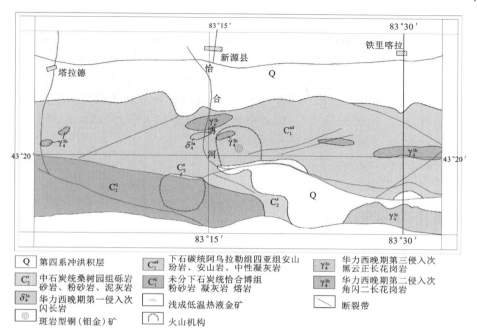

图 5-3-12　恰合博火山机构浅成低温热液型金矿与斑岩型铜(钼金)矿对称型分布图

（据周胜华等，2008 年修改）

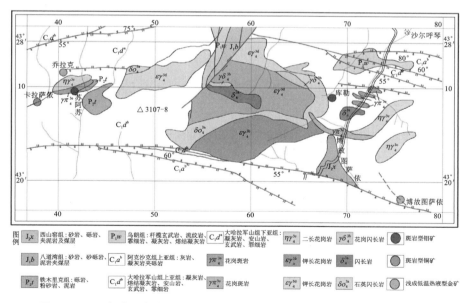

图 5-3-13　乌孙山浅成低温热液型金矿与斑岩型铜(钼金)矿线形分布略图

（据周胜华等，2008 年修改）

地层由长城系、蓟县系、青白口系和志留系与石炭系组成。元古宇主要分布于特克斯县域东南一带，长城系以变质片岩、千枚岩为主，夹碳酸盐岩及片理化流纹岩、橄榄玄武岩。蓟县系及青白口系则以碳酸盐岩为主，夹含铁石英砂岩、千枚岩化凝灰砂岩。志留系相对分布较广，除在该带南部出露外，还见于大哈拉军山以西等地，是一套变质较深的浅海细碎屑岩。下石炭统以盆地(含火山盆地)沉积的方式，出现碳酸盐岩-富镁碳酸盐岩建造和火山岩-火山碎屑岩建造。二叠系呈带状主要分布在特克斯大断裂的两侧。

构造以区域性断裂为主，多为高角度逆冲断层，断面南倾，糜棱岩发育，具韧性剪切带特征。

岩浆活动强烈，各类岩浆岩广泛分布，以海西期为主，包括基性-超基性岩、中性、酸性和碱性等侵入岩。

矿产：该构造-成矿区带矿产丰富，已知有鱼儿沟石炭纪海相沉积锰矿，巴音岩浆热液型铜矿，志留系与海西期酸性侵入岩接触带附近的铜、钼、铍、铁矿(爱登格铁矿、热液型铜-多金属)，昭苏县北阿克苏—加满台一带石炭纪海相沉积碳酸盐性氧化锰矿、超基性杂岩中浸染状铬铁矿(巧拉克铁列克铬矿)和广为分布的砂金矿(阿拉沟、恰合博、恰普其海、科克苏、阿格亚孜、夏特、卡茵卡拉苏等)。

加满台锰矿：位于哈尔里克山北坡山前的阿克苏—加满台锰矿带，由五个矿床组成(阿克苏西、阿克苏东、卡拉苏、其格台、加满台)，东西长 20 km，南北宽 3 km 左右，其中以加满台锰矿量大质优。

加满台锰矿产于下石炭统阿克萨克群，属浅海相碳酸盐岩夹碎屑岩建造，且以厚层灰岩为主，夹薄层灰岩、白云质灰岩、白云岩、杂色黏土质岩、含锰灰岩、细砂岩、硅质岩和氧化锰矿层。

沉积岩剖面自上而下为：

1)厚层状灰岩，含少量星散状萤石；

2)上含矿层：粉红色页岩、薄层状含锰泥灰岩夹锰矿层，厚 80~120 m；

3)灰白色厚层状灰岩，含少量分散的萤石，厚 500 m；

4)灰白色富含百合茎的生物灰岩，厚 40~50 m；

5)中含矿层(主矿层)，矿层底盘杂色灰岩及黏土岩，顶盘含锰灰岩，厚 80~100 m；

6)灰色厚薄互层状灰岩，厚层灰岩发育方解石细脉及星点状萤石，厚 400~500 m；

7)下含矿层，以粉红色页岩为主，夹黑色页岩及含锰泥岩，其中有透镜状锰矿，厚 150~260 m；

8)灰白色薄层灰岩，偶夹生物灰岩，厚 250 m；

9)绿色板岩与灰白色厚层灰岩互层，厚 300~400 m。

矿区构造：为北倾的单斜层。

矿区岩浆岩：仅见小型花岗岩岩株。

矿床特征：矿带上各矿区分别可见 3~4 层锰矿，以层状、似层状为主，少数扁豆状、透镜状。矿体长度 20~2160 m，以 200~300 m 居多，500~1000 m 者次之，厚度 0.5~7.5 m，一般厚度 2~4 m，常见岩石夹层。

矿石矿物：地表为软锰矿、硬锰矿，地下转变为菱锰矿和含锰方解石，此外，还有褐锰矿、黑锰矿、水锰矿、硅质锰矿。矿石构造主要为条带状、块状，矿石结构为粒状和胶状。矿带富锰矿极少，且品位偏低，平均锰品位 $(18.76 \sim 28.91) \times 10^{-2}$，有害杂质质量分数 $S(0.074 \sim 0.65) \times 10^{-2}$，$P(0.04 \sim 0.14) \times 10^{-2}$，$SiO_2(15.86 \sim 16.75) \times 10^{-2}$，$Ca(17.17 \sim 26.30) \times 10^{-2}$。

（23）博格达开裂构造铜钼金成矿区带

带内最老地层是中上奥陶统荒草坡群中酸性火山岩建造，下部为凝灰质碎屑岩夹中酸性熔岩及其凝灰岩，含德姆贝、雷氏贝等化石，上部为厚层块状中性熔岩夹中酸性火山角砾岩及凝灰质碎屑岩。巴里坤盆地以南，下泥盆统为海相中基性火山岩建造，中泥盆统为海相中酸性火山岩建造，中、下泥盆统整合过渡，巴里坤盆地以北泥盆系为灰绿色、黑色浅海相碎屑岩夹碳酸盐岩，缺失火山岩，可能属弧后盆地岩石建造。在博格达山北部中石炭统下部的柳树沟组，为浅海相中酸性火山岩建造，上部祁家沟组为浅海相碎屑岩夹碳酸盐岩建造，含丰富的浅海相化石，两组为假整合关系。上石炭统为海陆交互相碎屑岩建造。下二叠统为陆相碎屑岩建造，上二叠统含油页岩-泥岩建造。三叠系为陆相碎屑岩泥质岩建造。从中石炭统到三叠系，没有明显的角度不整合，地层总厚度 6584~11284 m。博格达山南部，在 C_2 与 C_3 之间、P_1 与 C_3 之间，P_2 与 C_2 之间，均见有不整合存在。七角井一带下二叠统为巨厚的海相玄武岩、霏细岩、流纹岩及少量安山岩所构成的双模式火山岩建造。

本构造单元岩浆侵入活动相对微弱，在博格达山有大量基性岩侵入及少量酸性侵入岩。本单元现存构造形态为复式背斜，轴向东西，轴部由奥陶系、泥盆系，翼部由石炭系、二叠系、三叠系组成。

矿产：总结起来有与基性岩有关的热液型铜矿（西地、空道良、克里库尔等）、玄武岩型（热液改造）铜矿（孔雀山）、砂砾岩型铜矿（铜沟、苇草沟、博斯塘等）、斑岩型铜钼矿（马场沟）、与火山（中、酸性）有关的热液型铜矿（庙尔沟、杏沟等）和火山岩型铁矿（黑沟、大河沿）。

孔雀山铜矿：位于博格达复背斜南翼与柴窝堡坳陷北缘之临界区晚古生代的山前坳陷。

矿区地层：为一套未分中-上石炭统中基性火山岩和火山碎屑岩建造，以岩性细分为上、下两组，上亚组为中-基性喷发岩、火山碎屑岩建造，岩石组合有火山角砾岩、安山岩、玄武岩，三者均反复更替出现，喷发频繁但强度不大，单层厚度小韵律层清晰，喷发旋回明显，达 30 次之多，除土黄色钾化含铜玄武岩与下伏岩层呈断裂接触外，余则皆为整合接触，产状（325°~360°）∠（40°~53°），厚度480 m 左右。铜矿层（土黄色钾化含铜玄武岩）产于上亚组玄武岩中。下亚组为基性–中性喷发岩–火山碎屑岩建造，岩石组合为火山角砾岩、玄武岩、安山岩，且三者交替重复出现，与上亚组岩石比较，其喷发不甚频繁但强度较大，单层厚度大、韵律层理不甚清晰，喷发旋回不甚明显，大致可辨识有 10 次以上的喷溢作用，岩石之间呈整合接触，产状（345°~355°）∠（41°~56°），个别岩石倾角达71°，岩层厚度 340 m 左右。

矿区构造：矿区属孔雀山向斜南翼，走向东西，向北倾斜，倾角 30°~50°，显单斜层。石英闪长岩的侵入，使地层扭曲，矿区东部地层扭转，其产状为 140°∠45°，西部地层产状扭转为 275°∠（66°~76°）。断裂构造发育，以近东西向层间断裂为主，其次为南北向、北北西向、北北东向断裂，前者为控矿断裂，后三者为成矿后对矿体起破坏作用的断裂。

岩浆活动：矿区侵入岩不发育，仅在矿区南部出现大面积的海西中期石英二长岩和极少量的晚期花岗斑岩脉。

围岩蚀变：矿区以热液蚀变为主，主要有钾化、绿帘石化、绿泥石化，褐铁矿化、硅化、碳酸盐化，随着矿体离开蚀变依次减弱。与铜矿化较为密切的蚀变，有钾化、褐铁矿化和硅化：钾化主要分布在主矿体上盘土黄色钾化含矿玄武岩中，蚀变宽度 0.5~10 m，近矿体处蚀变较强，现肉红色。褐铁矿化主要分布于矿体与围岩中，其宽度 1~10 m 不等，在围岩中相对发育。硅化体出现在矿体中且不均匀分布，其发育的强度与矿化强度成正比。

矿床：孔雀山铜矿矿化面积约 1 km^2，受两条似平行近东西向的断裂控制，由北向南形成两条矿带（即 Ⅰ 矿带、Ⅱ 矿带），Ⅰ 矿带矿体分布在山坡上，相对连续，Ⅱ 矿带出露于山前，多被近代沉积覆盖，矿体有侧列式分布特点。

1）矿带特征

Ⅰ 矿带长 560 m，宽 310 m，地表呈舒缓波状展布，由 Ⅰ-1、Ⅰ-2 两个矿体组成，Ⅰ-1 号矿体位于 Ⅰ 矿带西侧，长 390 m、地表宽 2~8 m、平均厚度 4.6 m，地表矿体铜品位（0.42~1.26）×10^{-2}，平均铜品位 1.12×10^{-2}。产状（300°~350°）∠（40°~53°）。矿体矿化强度由地表向深部呈现出中间强两端稍弱的矿化特点，在深部矿体厚度 1~10 m，铜品位（0.3~7.95）×10^{-2}，产状（300°~350°）∠（43°~50°），形态为不连续、不稳定的透镜体。Ⅰ-1 号矿体，顶板岩石由墨绿色杏仁状玄武岩、土黄色钾化玄武岩和灰绿色玄武安山岩构成，呈层状、透镜状。底盘岩石为层位相对稳定的火山角砾岩层。玄武岩中部由于受构造作用的影响裂隙发育，并有热液矿化脉出现。Ⅰ-2 号矿体位于 Ⅰ 矿带东侧，长 30 m，宽 2 m，铜品位 0.73×

10^{-2}，为透镜状矿体。

Ⅱ矿带长 260 m，宽 15 m，由Ⅱ-1、Ⅱ-2、Ⅱ-3 号矿体组成，分布在矿区南部。矿体产状与构造破碎带一致，严格受东西向构造破碎带控制，矿带内硫化物细脉宽 3~15 mm，其细脉间距 80~400 mm，80% 以上的细脉沿倾向发育，倾向 $10°$，倾角 $35°~53°$。Ⅱ-1 号矿体分布于矿带西部西侧，长 90 m，宽 1~3 m，平均宽 1.1 m，铜品位 $(0.31~1.98)×10^{-2}$，平均铜品位 $0.65×10^{-2}$，上下盘围岩皆为玄武岩。Ⅱ-2 号矿体分布于矿带西部东侧，长 14 m，宽 2.5 m，铜品位 $(0.57~1.55)×10^{-2}$，上盘为玄武安山岩，下盘为安山玄武岩。Ⅱ-3 号矿体分布在矿带的东部，长约 10 m，宽 2 m，铜品位 $0.65×10^{-2}$，上盘为粗面玄武岩、下盘为玄武安山岩。

2）矿物成分

黄铁矿、黄铜矿占 35%~40%，其次为辉铜矿、斑铜矿、铜兰、蓝铜矿、孔雀石、赤铜矿、赤铁矿、褐铁矿、自然金。黄铜矿和黄铁矿的产出形式有两种：一种是呈杏仁体产出，属早期火山喷溢过程中的同生产物；另一种呈细脉状产出，属后生热液叠加产物。

3）矿石结构

①他形-半自形粒状，主要指黄铜矿、黄铁矿的晶体形态，是矿区主要的矿石结构类型。②不规则粒状，是斑铜矿、辉铜矿的结构特点，也是矿区矿石较主要的结构类型。③连晶与共生集合体，有少量辉铜矿具此结构。

4）矿石构造

①致密块状构造，由黄铜矿颗粒密集均匀分布而形成的构造，是矿区矿石主要的构造类型。②浸染状构造，黄铜矿多呈浸染状分布。③细脉状构造，在浸染状矿石边缘，常见有黄铜矿、黄铁矿形成宽 0.2~1 mm 的细脉。④团块状构造，在浸染状矿石边缘，常有黄铜矿和少量黄铁矿颗粒集中形成 0.2~0.7cm 大小的团块。

5）成矿规律

①层位与岩性：矿体主要产于中、上石炭统火山岩的层间裂隙中，岩性由安山岩、杏仁状玄武岩、凝灰岩、凝灰角砾岩夹凝灰质砂岩组成。②构造因素：矿体主要受近东西向断裂构造控制，矿体产状与断裂产状一致，并随断层面变化而呈波状弯曲。③时控因素：成矿分两期，早期为与玄武岩同生的杏仁状黄铜矿、黄铁矿，后期为与"热液活动"有关的层间脉状铜矿。④富集规律：孔雀山铜矿具有分段富集的特点，由于矿体严格受断裂构造控制，故表现为脉状、透镜状或呈现出尖灭再现的追踪成矿特点，在构造应力薄弱（张性）的地段，容矿空间较大，利于矿液的运移与富集，形成厚大矿体，反之在应力较强（挤压）的地段，由于容矿空间狭小，则使矿体每每变薄或尖灭。矿化强度与矿体厚度成正比例，矿体厚

大的部位，矿石铜品位有高达 7.95×10^{-2} 者，而在矿体边部的铜品位仅为 0.52×10^{-2}，同时在走向上自东向西矿体矿化有增强之趋势，倾向上由地表向深部有铜矿化增强和品位变富的特点。

6）根据孔雀山铜矿的成矿地质背景和早期与火山岩同生层状成矿和"层间热液"脉状后期成矿特点，其矿床成因应厘定为层控热液改造铜矿床。

汉人沟钨矿：矿区位于博格达山东段北坡，矿区出露地层主要是晚石炭世祁家沟组灰黑色含碳凝灰质板岩、流纹质凝灰岩。侵入岩主要是规模不等的透镜状、脉状辉绿岩。矿化主要赋存于透镜状辉绿岩体接触带，主体受外接触带断裂控制，地表与浅部以铅锌矿化为主，其次是金银矿化，中深部以钨矿化为主，局部变为锡铜锌矿化，在辉绿岩下盘内接触带发育大量石英-方解石细、网脉。钨矿体呈拱形分枝、复合板状体，已控制的长度 970 m，最宽 520 m，平均厚度 20.61 m，钨平均品位 0.15×10^{-2}。矿石矿物主要是白钨矿，次要有磁黄铁矿、黄铁矿、黄铜矿、闪锌矿、方铅矿、毒砂，少量锡石、黑钨矿和辉钼矿等。钨矿石为半自形粒状结构、交代结构，脉状及细网脉状构造，具有中等规模远景。

（24）哈尔里克古生代岛弧弧形铜锌钼成矿区带

该区带有哈密东马蹄形斑岩矽卡岩型铜钼矿带，大致可划分为南北两个成矿亚带：

1）北亚带为哈密西山—沁城成矿亚带，北西西走向，包括琼洛克石英脉型黑钨矿，柳树沟、英赛果勒、欧巴特、聂任沟、五道沟、六道沟、小白杨沟、八大石、小堡、上马崖、铜山等铜钼矿点，成矿与海西中晚期的花岗岩和花岗闪长岩有关，构成斑岩型、矽卡岩型及其复合类型铜钼矿带。地层有中上泥盆统凝灰砂岩、凝灰粉砂岩夹中酸性火山岩及灰岩。中上石炭统由中基性熔岩、凝灰砂岩和凝灰砾岩组成，夹少量砂岩、粉砂岩及中酸性熔岩，与其下泥盆统呈断层接触。二叠系下统为海相沉积、上统为湖相-沼泽相沉积，由砂岩、粉砂岩夹灰岩、泥岩、页岩等构成，并不整合超覆于中、上石炭统之上。侏罗系在山前分布。构造属哈尔里克复背斜南翼，由山脊到山前地层由老到新，总体为单斜构造，断裂以山前断裂最为重要，它走向近东西，是哈尔里克与哈密盆地的构造界限，属由北而南具有推覆性质的界限断裂。与此同时，在断裂上盘发育着压扭性的北西向、北东向和压性的东西向次级断裂。同时北北西向的卡拉先格尔—纸房断裂和库姆塔格南北向断裂系，对该带构造也有一定的影响。

2）南亚带为三岔口—土屋成矿亚带，包括三岔口东、三岔口、玉海、赤湖、土屋东、土屋、延东、延西等铜钼矿（床）点，地层为泥盆系火山岩与沉积岩建造，石炭系浅海相中酸性火山碎屑岩夹碳酸盐岩建造。海西中期侵入岩发育，有闪长岩、闪长玢岩、花岗闪长岩、黑云花岗岩、斜长花岗岩、钾长花岗岩等，岩体呈岩基状、岩脉状，分异明显，蚀变强烈。主构造线北东东向。

赤湖钼铜矿：位于土屋铜矿以东的北东东向康古尔塔格断裂与沙垄为代表的南北向断裂之构造交会区。矿区地层为中石炭统梧桐窝子组中基性火山岩及其碎屑岩，矿区有海西期中酸性侵入岩，即花岗岩、花岗闪长岩、闪长岩。含矿岩体地表呈心状，面积不足 1 km²，由早期的闪长玢岩与后期的斜长花岗岩构成复合岩体，岩石化学特征表现为高硅富碱。岩体具环状蚀变特征，次生石英岩化主要见于复式岩体的中部，向外依次为石英绢云母化带、不连续泥化带、青磐岩化带，后两个蚀变环带在岩体东侧被第四系覆盖，此外斜长花岗斑岩还表现有高岭土化、强硅化，主要表现为石英细脉、网脉的穿插，绢云母化常发生在石英细脉两侧，伴有钼铜矿化，有钼铜矿化的地段一般均有黄铁矿化，但黄铁矿发育地段，钼铜矿化反而减弱。矿体主要围岩为次生石英岩化闪长玢岩、绢云母次生石英岩化闪长玢岩、绢云母次生石英岩、绢云母高岭石次生石英岩和高岭石次生石英岩化闪长玢岩。矿化与围岩呈渐变关系。

矿体主要赋存在蚀变闪长玢岩内的石英绢云母化带，带内矿化与矿体交替出现构成含矿带，矿体由浸染状、网脉状辉钼矿、黄铜矿、斑铜矿组成，含矿石英脉的密集程度与矿化强度呈正相关关系，依据枝状、舌状闪长玢岩侵入斜长花岗斑岩的接触带位置而分为上接触带（内接触带矿带）和下接触带（外接触带矿带）。北部以钼为主，南部以铜为主，多位于垂直深度 100 m 以下，最多见矿五层，最厚在岩体南侧可达 135 m。下接触带矿带以钼为主，厚 27～38 m，见矿六层中两层达工业品位，矿体向北翘起尖灭、向南下伏增厚，外接触带矿带见于岩体西北侧，带宽 120～150 m，为向西北突出的弧形，向外矿化减弱。钼矿石一般钼品位（0.02～0.04）×10⁻²，个别钼品位可达 0.188×10⁻²，铜矿石一般铜品位（0.2～0.3）×10⁻²，少数为（0.4～0.5）×10⁻²。钼有中型规模，铜属小型矿床。钼、铜含量反相关，闪长玢岩含铜较高，斜长花岗斑岩钼铜含量均高，两者皆为含矿母岩。

矿床金属矿物以辉钼矿、黄铜矿为主，其次有斑铜矿、辉铜矿、黄铁矿、方铅矿、磁铁矿。脉石矿物以石英、高岭石、绢云母为主，其次有斜长石、绿泥石、金红石、白钛石、方解石等。

通过资料对比，除岩石化学成分碱质含量较低外，其余特征多与斑岩型矿床相似，故而定为斑岩型钼铜矿。

3）卡拉塔格—梧桐窝子泉—下马崖泥盆纪海相火山热水沉积铜锌金矿成矿带：该成矿带由卡拉塔格的黄土坡海相火山热水沉积铜锌矿。红石热液型铜矿、玉带斑岩型铜钼矿、梧桐窝子泉的火山热水沉积硅质岩和下马崖南山海相火山热水沉积硅质岩与锰铁矿，统一产出于泥盆纪下统大南湖组和中统北塔山组中，从而理出位于哈密地块南缘的泥盆纪坳陷成矿单元作为海相火山热水沉积铜锌金矿成矿亚带。

黄土坡铜锌矿：属东天山晚古生代沟-弧-盆体系吐哈盆地南缘泥盆纪坳陷

带,其大地构造位置为大南湖—头苏泉晚古生代岛弧带东段,这一岛弧带的西段:局部地段为中深-浅海沉积环境,火山岩偏基性,岛弧发展早期其坳陷带内局部产生次级火山热水盆地,呈现火山喷流沉积铜锌矿床(如小热泉)。岛弧带的中东段:泥盆纪-石炭纪进入成熟岛弧发展期,喷发-喷溢-侵入活动强烈,形成浅成低温热液金铜矿、斑岩铜矿和在卡拉塔格群火山熔岩及火山碎屑岩(爆发相、溢流相、喷流相)中铜锌矿(黄土坡)。

1)矿区地质

①地层及围岩:矿区出露地层为下泥盆统卡拉塔格组海相火山岩,可分两个岩性段,第一岩性段岩性以凝灰岩、角砾凝灰岩、和火山角砾岩为主,厚度大于500 m。该段岩性大致分为两部分,下部以凝灰岩为主,层理清楚,夹角砾凝灰岩、火山角砾岩。上部由下而上依次出现凝灰岩、致密块状硫化物层、角砾凝灰岩。第二岩性段岩性以安山岩-英安岩为主,厚0~200 m,安山岩结晶良好,矿物晶体颗粒尺寸为1~2 mm,偶见晶屑及角砾,远矿部位可见斑点状绿帘石化,强硅化见于矿体上部20~30 m处,可作为近矿围岩蚀变的指示标志。这类岩石致密无裂隙,含矿性极差,但是很好的矿液屏蔽层。

2)矿区构造

卡拉塔格地区为一近东西向的火山穹窿构造,黄土坡矿区(Ⅰ矿段)位于火山穹窿西南侧,地层走向北西,向北东倾斜,褶皱变形弯曲不明显,矿区为单斜构造。区域成矿带受东西向构造控制。

3)矿层(体)地质

赋矿地层为下泥盆统卡拉塔格组海相火山岩,矿体上盘围岩主要为火山角砾岩、安山岩,下盘围岩主要为凝灰岩。块状硫化物矿体为隐伏矿体,向东与梅岭南矿体(长300余 m)相连。构成一个完整的火山热水沉积盆地,造就火山热水喷流沉积矿床。矿体总产状66°∠22°,呈层状、似层状、脉状产出,矿体水平投影最宽845 m,平均宽500余 m,总体呈北西向不规则、椭球状、多边形。依矿体形态和分布特点,划分出东(Ⅰ)、西(Ⅱ)两个矿群,共圈出铜锌矿体1条、铜矿体82条、锌矿体6条。Ⅰ-01号铜锌矿体为主矿体,赋矿岩石为火山角砾岩、凝灰岩。围岩蚀变有黄铁矿化、硅化和叶蜡石化。矿层厚度1.21~8.42 m,平均厚度2~3 m,品位(0.22~4.76)×10⁻²,平均品位0.72×10⁻²,Ⅰ-01号矿体矿石量占矿区总矿石量的65.94%,金属量铜占71.77%,锌占99.76%。Ⅰ矿群中其他铜矿体均位于Ⅰ-01矿体之下,剖面上呈似层状、脉状,水平投影图上呈不规则多边形、脉状或以单工程见矿的菱形,大致与Ⅰ-01矿体平行分布,规模小、厚度薄、品位低,其中规模较大的矿体有Ⅰ-02等5条,除Ⅰ-01号铜锌矿体外其他矿体均不含锌。Ⅱ矿群位于Ⅰ矿群西部,共圈出铜矿体50条,剖面上呈似层状、脉状或单工程见矿的菱形,大致与Ⅰ-01号矿体平行分布,其规模小、厚度薄、品位低，其中规模较大的矿体有Ⅱ-02 等 9 条，多为近等轴状不规则多边形，矿体中均不含锌。

4）矿石矿物成分结构与构造

铜锌矿石以黄铁矿-黄铜矿-闪锌矿为主，矿石结构以中细粒结构为主，伴有海绵陨铁结构、交代残余结构、填隙结构。黄铜矿多为中粒他形，粒径 0.25～1.2 mm，粒间接触边界较规整，易于单体解离，少量与闪锌矿相互包裹。闪锌矿多为中粗粒他形，粒径 0.3～1 mm，少数自形，与脉石矿物的边界呈犬牙状，不易单体分离，局部见独自呈网脉状分布的闪锌矿与黄铜矿相互穿插。与黄铁矿接触边界不太规整，闪锌矿内见乳滴状黄铜矿出溶物。黄铁矿多为小于或等于0.2 mm 的微粒，少量粒径达 0.3～0.5 mm，呈脉状包裹于闪锌矿中。铜锌矿石构造主要呈致密块状，稠密浸染状、角砾状、条带状等。铜矿石以黄铜矿及黄铁矿为主，次有少量斑铜矿，偶见闪锌矿，质量分数小于 0.5%，其他金属矿物主要有少量磁铁矿，网脉构造，他形中细粒结构、交代残余结构、填隙结构。黄铜矿主要呈粗粒团块状集合体存在，粒度大于 2 mm，黄铁矿以自形-半自形为主，少部分为他形晶，黄铁矿粒度比黄铜矿稍粗，粒度范围 0.1～4 mm，其集合体为 5～35 mm 网脉状团块，大部分黄铁矿和黄铜矿密切共生，黄铜矿与黄铁矿及脉石矿物接触边界规整，易充分解离。矿石中脉石矿物主要有长石、石英、绢云母、绿泥石，次为绿帘石、透闪石、阳起石、榍石、滑石、磷灰石和黏土矿物等。

5）矿石质量与有用组分

矿石中主要有用组分为铜和锌。铜单样最高品位 22.02%，最低品位 0.03%。锌单样最高品位 43.26%，最低品位 0.08%。伴生有益组分为金、银、硫、镉、镓等。有害组分为砷和铅。铜主要赋存于黄铜矿中，锌主要赋存于闪锌矿中，闪锌矿分布于铜锌矿体上部，主要赋存于黄铁矿等硫化物中，金、银、镉、镓主要赋存于铜锌矿石中，银、镉在单一铜矿石中含量明显较低，金以微细粒碲化物形式，嵌布在闪锌矿与黄铜矿之晶隙中。有害组分砷质量分数（0.002～0.05）×10^{-2}，平均质量分数 0.012×10^{-2}，铅质量分数一般（0～1）×10^{-2}，平均品位 0.12×10^{-2}，在矿石中含量甚微。

6）矿区地球物理特征

矿区地表精磁测反映主构造线呈北西向，区内铜锌矿床均产于北东盘。区内几个低磁异常区主要由低磁性黄铁绢英岩引起，异常区主要位于两组或多组构造交会部位，表现为热液沿断裂交代的产物，黄铁绢英岩中的石英表现出明显变质重结晶特点，有丰富的流体包裹体，因此低磁异常区可预测为进一步勘查靶区。矿区 TEM 测深不同深度显示，TEM 异常呈北西向展布，与磁异常一致，由浅入深看，浅部异常主要出现在矿区西北部及中部，显示多个中心，钻孔验证最浅见矿深约 50 m，而深部异常向南东逐渐侧伏而合为一体。TEM 异常表现为其深度向东有规律地加大，在约 320 m 深处，可见一椭圆形 TEM 低阻异常，钻探验证表明，此异常为向南东侧伏的块状硫化物矿体。对矿区大量物探成果分析表明，岩（矿）石电阻率特征为：块状黄铜矿（0 $\Omega \cdot$ m）→铜锌矿体（100 $\Omega \cdot$ m）→弱蚀变凝灰岩（570 $\Omega \cdot$ m）→块状闪锌矿（800 $\Omega \cdot$ m）→黄铁矿化凝灰岩（1300 $\Omega \cdot$ m）→凝灰岩（1800 $\Omega \cdot$ m）→未蚀变安山岩（5800 $\Omega \cdot$ m）→未蚀变火山角砾岩（79000 $\Omega \cdot$ m），电阻率变化受金属铜含量直接控制，高低阻可以差 5 个数量级。极化率特征为：块状黄铜矿（40%）→块状闪锌矿（15%）→铜锌矿体（3.2%）→黄铁矿化凝灰岩（1.2%）→弱蚀变安山岩（0.8%）→凝灰岩、未蚀变安山岩、未蚀变火山角砾岩（0.5%），极化率受硫化物总量控制，极化率差异非常明显。TEM 异常布设物探剖面测量结果表明，块状硫化物矿呈明显低电阻（小于 100 $\Omega \cdot$ m）高极化率（大于 14%）特征，脉状、浸染状硫化物矿则具中低阻（150～250 $\Omega \cdot$ m）、中等极化率（7%～10%）的特征（图 5-3-14）。

7) 围岩蚀变

黄铁绢英岩化是本区与成矿有关的最重要的围岩蚀变，其原岩是火山角砾岩和凝灰岩，岩石学特征表现为灰色、黄褐色，具交代假象结构、鳞片状变晶结构、块状-斑杂状构造。矿物组合质量分数：次生石英（47%～68%）、绢云母（30%～40%）、黄铁矿（5%～10%），偶含磁铁矿、赤铁矿，粒度多小于 0.15mm。其他围岩蚀变主要是硅化、黄铁矿化、绿泥石化、叶腊石化及绿帘石化，区内黄铁绢英岩为海底火山热水沉积蚀变岩。钻孔中见有凝灰岩中硅质与黄铁矿微细层理互层（海底火山活动有关的喷流作用造成大量二氧化硅及金属硫化物的胶体沉积），区内黄铁绢英岩化的分布表现为面状和带状两种，块状硫化物矿体中，硫化物总量（质量分数）超过 60% 为富硫化物胶体，由于重力作用在海底低洼处积聚呈面状分布，上盘围岩蚀变不明显。火山期后热液沿北西向、北东东向断裂破碎带运移，交代而成的黄铁绢英岩呈带状分布，向断裂两侧由于硫化物减少而变为强硅化，该类黄铁绢英岩常伴随强绢云母化、叶腊石化及绿泥石化。面状分布的黄铁绢英岩与块状硫化物矿化有关，带状分布的黄铁绢英岩与脉状矿体有空间联系。

(25) 小热泉石炭纪（海相火山热水沉积改造型）铜锌成矿区带

其大地构造部位属哈尔里克—大南湖晚古生代陆缘岛弧带，康古尔塔格深断裂为其南部边界，即为拉张过渡壳阶段的火山被动陆缘环境，近源粗碎屑-钙碱性火山碎屑岩夹火山岩建造（小热泉子组）。区域成矿的构造部位受古火山机体或火山穹窿及其侧旁的火山洼地控制，该带主要由下石炭统-下二叠统中基性-酸性钙碱性系列火山岩-火山碎屑岩构成，属滨-浅海沉积环境。侵入岩以海西中、晚期钙碱性系列（Ⅰ型）中酸性花岗岩类为主。区域构造表现为轴向近东西形态各异的褶皱。断裂构造由近东西向及近北东东向的压性断裂和北东向、北西向平移（走滑）断裂构成。从而形成区域上复合性褶断构造。岩石变质相属埋深变质

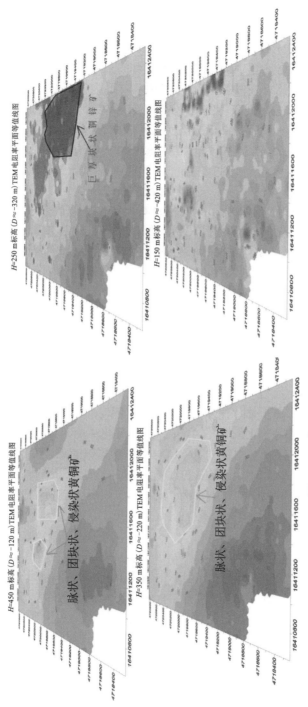

图5-3-14 黄土坡铜锌矿不同高度电阻率平面等值线图

的低绿片岩相和葡萄石-绿泥石相。

小热泉子铜(锌)矿:

1)地质特征:矿床产于早石炭世古火山机构南侧,表现为多级复杂褶皱构造,轴向北西的背斜构造轴部及附近是矿体赋存的主要部位。属康古尔塔格韧性剪切带北侧脆-韧性变形转换构造带,主要容矿岩石为下石炭统小热泉子组第一岩性段,有火山灰凝灰岩、凝灰质细-粉砂岩、岩屑凝灰岩、角砾凝灰岩、安山岩等,均属中基性钙碱系列[SiO_2质量分数为$(54.30\sim55.50)\times10^{-2}$,里特曼指数为$0.83\sim3.35$,$K_2O$和$Na_2O$平均质量分数为$4.87\times10^{-2}$],火山喷发-沉积韵律明显。矿区次级构造叠加于主构造上,较集中的是北西向小型褶皱、断裂和片理化带,中浅成中酸性侵入岩也在该带发育,使矿区构造显得更加复杂。

2)矿体特征:主要矿化体基本平行于岩石层理,呈似层状、脉状顺层产出,在翼部层面转折处、次级褶皱的核部(背斜轴部、向斜槽部)转折端虚脱部位,产生不规则透镜状、鞍状及楔状富矿体,并总体构成一个叠加有北西向及近南北向次级褶曲及断裂的北东向宽缓背形的矿体形态——"横折的百褶裙"。小热泉子1号矿床4号勘探线剖面图如图5-3-15所示。矿区Ⅰ号矿床共圈出44个铜(共生锌金)矿体,以3号铜矿体最大,矿体多呈脉状、似层状产出,其中富矿多为不规则透镜状、鞍状及楔状,出现在次级褶皱构造的转折端虚脱部位。矿体走向为北东东向,部分为南北走向,矿体一般长$80\sim160$ m、宽$60\sim120$ m。3号铜矿体东西长达700 m,南北宽300 m,铜平均品位1.13×10^{-2},单样最高铜品位21.70×10^{-2}。

3)矿石特征:矿石矿物为黄铜矿、黄铁矿、闪锌矿、方铅矿、磁黄铁矿、毒砂、辉铜矿、斑铜矿、氯铜矿、孔雀石、黑铜矿、铜兰、胆矾等。脉石矿物主要是石英、绿泥石、方解石、绢云母等。矿区矿石分氧化矿石和原生矿石两大类,原生矿石主要有石英(网)脉型铜锌矿石、细脉浸染状黄铜矿石、绿泥石型铜锌矿石和块状铜矿石等。矿石结构以他形晶粒结构为主,次为碎屑结构、固溶体分离结构、乳滴状结构及压碎结构等。有脉状、浸染状、块状、条带状等构造。矿石共(伴)生组分主要有Zn、Au,其次为Ag、Pb、Se、Ge、S等,具有"上锌下铜"的元素分带特点。

4)围岩蚀变:有硅化、碳酸盐化、绿泥石化、钠长石化、黄铁矿化、褐铁矿化和黄铁钾矾化等蚀变分带,原生矿体强烈的绿泥石化(形成绿泥石岩)位于矿体中央,向两侧减弱为硅化-绿泥石化带,再向外过渡为弱硅化岩石。矿化与绿泥石化、硅化呈正相关关系。蚀变体伴生程度不一的黄铁矿与黄铜矿。地表氧化矿体具有风化分带,自上而下为红化(褐铁矿)-黄化(黄铁钾矾)-绿化(氯铜矿、孔雀石)-黑化(黑铜矿、铜铁矾类)。

5)矿化:元素分带为上锌下铜金,由层状→浸染状→脉状→块状递次转换。矿石类型(由上而下)为闪锌矿矿石→浸染状黄铁矿黄铜矿矿石→浸染状闪锌矿

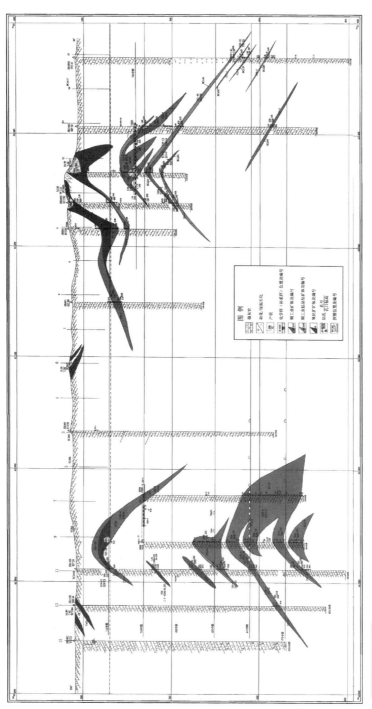

图5-3-15　小热泉子1号矿床4号勘探线剖面图

扫一扫，看彩图

矿石→脉状黄铜矿矿石→脉状闪锌矿矿石→浸染状(脉状)→块状黄铜矿矿石。矿石构造为纹层状→稀疏浸染状→脉状–网脉状→条带状→块状。矿化类型为锌矿化→锌铜矿化→铜矿化→铜金→金矿化。地表明显的矿化标志是孔雀石和氯铜矿。

6)地球物理特征：表现为高重力、高极化、低阻、弱磁，黄铁矿对极化率异常贡献较大。贫矿体(浸染状黄铁矿和黄铜矿)可引起激电极化率异常，富矿体(网脉–块状黄铁矿和黄铜矿)既可引起激电极化率异常又可引起重力异常。因此，极化率异常与重力异常套合处及其附近深处可能有矿体(甚或富矿体)存在，由ZK1106找矿成果证实这一推论。

7)地球化学特征：小热泉子组铜含量一般在$(30 \sim 60) \times 10^{-6}$，富集系数为1.29，为铜高背景区，小热泉铜(锌)矿位于该组中，表现为$Cu+Cd+Zn+Hg+Ag+Mo+Pb+As+Sb+Ni$，矿床具有$Zn$、$Pb$、$As$、$Sn$、$Sb$(前晕)→$Ag$、$Mo$、$Co$、$Cu$(中晕)→$Au$、$Ni$(尾晕)的原生晕分带特点。

8)矿床成因：矿床成矿作用复杂，具多期性和多源性。应为海相火山热水喷流沉积、热液富集叠加–改造铜(锌)矿床。矿床经历了火山喷流沉积、热液富集与叠加、构造改造、地表与浅部风化改造4个阶段，硫化物中硫含较多壳源硫、石英中的O、H、S同位素具有壳幔混合特征、成矿温度在200℃左右的中温范围内，成矿时代在早石炭世末期至晚石炭世。

(26)康古尔塔格—黄山韧性剪切带铜镍钼金成矿区带

成矿区带主要体现在库姆塔格沙垄以东的土墩、黄山、香山、黄山东、黄山南、葫芦、图拉尔根等矿床及其航磁异常带，该带西去库姆塔格以西，基性岩体带和磁异常带显现微弱。该含铜镍的基性–超基性岩带沿着吐哈盆地南缘越过南北向的库姆塔格应该向西延伸，已发现白鑫滩铜镍矿。

该带处于哈密地块南缘，大地构造归属于哈尔里克古生代岩浆弧，位于哈密地块东马蹄形斑岩型铜钼矿带之南(三岔口—土屋)的土墩—黄山—镜儿泉—图拉尔根铜镍矿带(并东延入甘肃、内蒙古)。它受控于晚古生代"海沟"，呈北东东向窄长带状展布，严格依赋于康古尔塔格断裂，带内地层主要是中石炭统火山岩–碎屑岩建造。岩浆岩为海西中期黑云花岗岩，钾长花岗岩及与镍铜有成因关系的基性–超基性杂岩，后者大多在深断裂带或断裂交会区侵位。与之伴生的岩体外带金矿和岩带内与中酸性–碱性花岗岩有成因关系的斑岩钼矿(白山钼矿)同时存在。

矿带成矿特点是以镁铁质–超镁铁质岩浆分异熔离作用为主，贯入作用次之，盛产以Cu、Ni、Co为主体的多种金属矿床。基性–超基性杂岩呈岩体、岩盆、岩舌、岩脉和岩支产出，地表面积$0.5 \sim 10 \ km^2$，含矿岩体具有分异良好、分带清晰之特点，大多有3~6个岩相带，主要岩石有橄榄岩、辉橄岩、橄辉岩、辉长岩、辉长-苏长岩、辉石闪长岩、闪长岩。岩体分 2~4 个侵入次，m/f 为 1~5.3，为同源同期多次侵入活动的复式岩体。该带现已发现大型镍铜矿 3 处(黄山、黄山东、图拉尔根)、中型镍铜矿 4 处(土墩、黄山南、香山、葫芦)和二红洼、马蹄、串珠、葫芦东等小型镍铜矿床及矿点近 20 处。

该带成矿岩体系基性-超基性杂岩，显示出镍的成矿专属性，具有规模大、多期次分异和品位低、贫矿多的特点。含矿岩带对应于黄山重、磁异常梯度带和黄山 Cu、Ni、Zn、Au、V、Ti、Cr、Fe 地球化学障带，处于铜镍"岛状"跳跃式高背景场内。重、磁异常和铜镍化探异常有数十处，故该带具有较大的蕴矿潜力，该带找矿应以重、磁、电异常和铜镍元素化学组合为标志，应遵循所总结的"四高一低"的物探"找矿"模式去扩大与发展矿带。

镜儿泉地区铜镍金钼矿：其大地构造部位是哈密地块东端边缘，镜儿泉隆起(元古宇)北侧。康古尔塔格深断裂通过区。

地质背景：地层有下、中泥盆统中酸性火山岩-火山碎屑岩夹灰岩，下石炭统干墩组板岩、千枚岩、变余砂岩，中石炭统梧桐窝子泉组基性凝灰岩和变砂岩等三套地层。严格而论，康古尔塔格深断裂为高角度逆冲断裂，位于哈尔里克古生代岛弧与觉洛塔格晚古生代裂陷槽接合部和断裂构造格状交替区。岩浆岩为海西中期闪长岩-辉长岩-橄榄岩岩石组合，多呈岩株状和岩脉状，岩体平面上和垂向上具清晰的岩性过渡与演化，西起红石山，东过碱水泉，南起葫芦，北达图拉尔根，据统计该区镁铁-超镁铁堆积岩体群达 20 余个，分布在康古尔塔格断裂具有韧性剪切性质的地段及其邻侧。

矿产：就其岩体的空间位置与分布和矿产的勘查现状，可将其细分为三条岩带：

①北岩带：图拉尔根铜镍矿及金矿。

②中岩带：红石山-黑山梁-串珠等镍铜矿及金矿。

③南岩带：2 号-葫芦西-葫芦-葫芦东-马蹄-14 号-9 号-碱水泉-15 号等镍铜矿、金矿及白山钼矿。

图拉尔根铜镍矿：该矿位于黄山—镜儿泉岩浆型铜镍成矿带东段，受康古尔塔格—黄山韧性剪切带的次级挤压破碎带控制，出露地层主要为中上石炭统的一套动力变质火山碎屑岩和中泥盆统大南湖组的火山碎屑沉积建造。断裂以北东东向、北北东向为主，片理、劈理极为发育，含矿岩体受弱韧性变形，产状在平面和剖面上与韧性片理带协调一致，可见中酸性侵入岩为华力西中晚期花岗闪长岩、二长花岗岩。

区内已发现 3 个镁铁质-超镁铁质杂岩体，长 200~1400 m，宽 20~150 m，平面呈岩墙状、透镜状，其中二、三号岩体，地表为辉长岩相，矿化显示较弱，未进行普查评价。图拉尔根一号岩体侵位于中上石炭统，围岩为含角砾晶屑凝灰岩、含角砾岩屑晶屑凝灰岩，岩石动力变质特征明显，挤压片理发育，糜棱岩化强烈，变质相可达角闪岩相，并有一定的混合岩化岩体与围岩界限清晰，岩体侵入特征明显，产状 124°∠68°，呈北东—南西方向延伸，北东宽南西窄中间略有膨大，地表岩体长 740 m，宽 20~60 m，出露面积 0.005 km²，岩体两侧发育宽 3~5 m 土黄色泥化带，见有辉长岩残块。据大地电磁法和地震勘探显示，岩体向南西侧伏，深部规模增大和有较大延伸。钻探结果查明，岩体向深部具波状起伏胀缩现象，局部膨大部位产状趋缓呈岩盆状，东段岩体厚 50~100 m，埋深在 250 m 以下，西段厚 150~400 m，顶板埋深 100~400 m，底板 400~600 m（未完全控制），控制延伸 420 m，岩体深部为一半隐伏的巨大透镜体。地表矿体镍质量分数（0.24~0.42）×10^{-2}，最高镍质量分数 1.53×10^{-2}，最高 Cu 品位为 5×10^{-2}。沿走向品位变化系数为 27%，厚度变化系数为 39%，矿体较稳定。地表矿体平均品位 Ni 为 0.42×10^{-2}、Cu 为 0.26×10^{-2}、Co 为 0.03×10^{-2}。

从地表及钻孔见矿情况看，一号矿体沿倾向向下，表现为品位变富、厚度变大，沿走向矿体埋深东浅西深，厚度上东薄（甚至尖灭）西厚，产状上东缓西陡。化探原生晕测量也显示出，在地表及其下 200 m 深度范围内，存在一个 Cu、Ni、Co 异常体。矿体呈透镜状、似层状、脉状，其中特富块状矿体呈板状产于岩体中上盘，部分矿体产于杂岩体向深部产状变缓部位。钻孔揭露深部矿体视厚度 30~260 m，平均品位：Ni 0.6×10^{-2}、Cu 0.4×10^{-2}、Co 0.05×10^{-2}，显示出品位由地表向深部明显增高，同时岩体矿化也有向侧伏方向富集趋势。例如 ZK1503 累计见矿厚度 83.12 m，在 287.90~325.88 m 可见视厚度 37.98 m 的块状特富矿石，Ni 平均品位 4.56×10^{-2}，Cu 平均品位 2.52×10^{-2}。

矿区地表成矿标志：该矿床地处干旱地带，化学风化作用微弱，以物理风化作用为主，氧化深度不大（6~8 m），地表矿石极为破碎，呈碎裂块状、碎粒状、"羊粪蛋"状，次生氧化矿物有孔雀石、褐铁矿、蓝铜矿、黄铁钾矾等，地表常见鲜艳绿色醒目的褐黄色杂色带，与黄山含矿岩体的地表特征相类似，岩石疏松、多孔、块度差，形成绿色褐黄色铁帽，这种地表特征可与深部海绵陨铁结构矿石的存在相对应。

关于黄山铜镍矿带，从 1:200000 航测磁重异常图显示，在哈密地块南缘呈线形分布，以黄山为中心向北东（镜儿泉）、南西（南湖）延伸，现实是北东方向铜镍钼金多有发现，而南西方向却无建树，故应对土墩以西大南湖一带众多的磁重异常（特别是沿重力梯度带分布的磁重异常）进行优选和地磁检查，对有意义的磁、重异常要进行深部工程验证，发展与开拓土墩西至库姆塔格沙垄段铜镍矿（找矿）前景。另沁城以东牛毛泉—图拉尔根基性—超基性杂岩带，应视为黄山—镜儿泉铜镍矿带的北带，要加强该带铜镍钒铁的地质找矿。

葫芦铜镍矿：葫芦岩体平面呈葫芦状，东西长 1.58 km，南北宽 0.67~

0.71 km，中间仅宽 0.21 km。西岩盘大，东岩盘小，总体向南倾。围岩为梧桐窝子泉组，岩性以石英斜长变粒岩为主。

岩体分带清晰，由上而下、由中心向两侧依次为橄榄岩、橄辉岩、辉石岩、铜镍矿(层)、辉长岩、闪长岩。

矿体属岩浆分异型，呈似层状产出于岩体的边缘与底部，矿化层与围岩界线不清，矿体规模为 1200 m×700 m×200 m。

以 96 号勘探线为例：地表有两层矿(分别厚 20 m、5.9 m)，铜平均品位 $0.3×10^{-2}$，最高 $0.56×10^{-2}$，镍平均品位 $0.56×10^{-2}$，最高 $1.12×10^{-2}$，钴平均品位 $0.031×10^{-2}$，最高 $0.57×10^{-2}$。深部钻探验证：第一个钻孔见矿 4 层，视厚度累计 26.76 m，第二个钻孔见矿 5 层，视厚度累计 63.24 m。两个钻孔见矿品位：Cu $0.13×10^{-2}$，最高 $0.93×10^{-2}$；Ni $0.3 \sim 0.6×10^{-2}$，最高 $1.95×10^{-2}$；Co $0.018 \sim 0.033×10^{-2}$，最高 $0.093×10^{-2}$。

矿石矿物有磁黄铁矿、镍黄铁矿、黄铜矿、黄铁矿、紫硫镍矿、镍华、黄钾铁矾。中细粒结构和海绵陨铁结构，浸染状与星散状构造。脉石矿物有橄榄石、辉石、斜长石。

矿区铜镍平均品位：Ni $0.8×10^{-2}$、Cu $0.5×10^{-2}$。

(27)康古尔—苦水(雅满苏)韧性剪切带金、斑岩型钼成矿区带

在东天山它是一个重要的金矿带，西起鄯善石英滩，东接甘肃省境的霍洛加德盖460 等金矿，横亘于吐哈盆地南侧，长达 250 km。其大地构造部位属康古尔海沟南界深断裂，为觉洛塔格晚古生代裂陷槽北界断裂，界定了干墩组(北)和雅满苏组(南)之空间分布。

苦水断裂走向北东东，以库姆塔格沙垄为界而一分东西，西段称雅满苏断裂，东段称苦水(雅满苏)断裂。西段康古尔塔格金矿带依赋于海沟南界康古尔韧性剪切带，自西向东出现石英滩浅成火山低温热液金矿、麻黄沟、康古尔、马头滩、大东沟、西风山、红石岗、长城山等韧性剪切带型金矿(该带成矿论著较多可予参考)。东段苦水金矿带截至目前仅有野马泉西韧性剪切带金矿(中大型规模)和众多民营开采的含金石英脉，诸如翠岭、白干湖、旱草湖、野马山，然东去甘肃省距边界数千米至数十千米，就有产于侵入岩体(闪长岩、花岗闪长岩)上的大型 460、中型霍洛加德盖和小型扫子山韧性剪切带型(构造蚀变岩、石英脉)金矿。已知矿床(点)在走向上以 40 km 等间距定位。雅满苏—沙泉子裂陷槽早石炭世原始火山构造复原与铁铜金矿分布示意图如图 5-3-16 所示。

哈密境内苦水断裂具有走滑韧性剪切性质，它西起库姆塔格沙垄，东过甘(肃)新(疆)边界，总体走向北东东，倾向北，陡倾，连续长约 250 km，宽 0.1 ~ 1 km，剪切带内可见构造变形片理化、千糜岩化、糜棱岩化和硅化及石英脉、褐铁矿(黄铁矿)化、绢英岩化、绿泥石化、碳酸盐化。一般而言，剪切带上盘地层

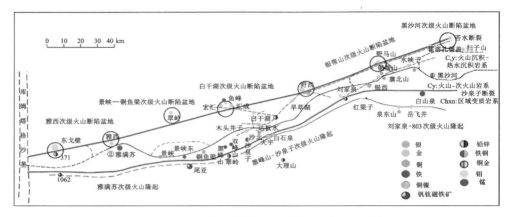

图 5-3-16　雅满苏—沙泉子裂陷槽早石炭世原始火山
构造复原与铁铜金矿分布示意图

为下石炭统干墩组富碳质的板岩、千枚岩，属火山沉积建造。下盘为下石炭统雅满苏组沉积-火山沉积碎屑岩建造。到目前为止，金矿化所依存的地质背景是下石炭统雅满苏组沉积碎屑岩与干墩组碳质板岩和其间剪切带内次级平行与分支、交会断裂，特别是海西中晚期酸、碱性侵入岩发育区、构造变形区、围岩蚀变强烈区、中酸性岩脉-石英脉-构造蚀变分布的复合区域，更易于发现金矿。

野马泉变质地体(韧性剪切)构造带-(中酸性)岩浆岩带-热液成矿组合略图，如图 5-3-17 所示。

野马泉西金矿：位于苦水深断裂带南侧之次级平行韧性剪切带中，围岩为下石炭统雅满苏组砂岩、页岩、灰岩、凝灰岩，韧性剪切带在矿区内长度大于 5 km，宽度大于 800 m，走向近北东东，倾向北，陡倾。南、北两侧被浅灰色黑云花岗岩所挟持，其外接触带中酸性岩脉、石英脉发育。

韧性剪切带内构造变形清晰，形成一明显的褪色带(褐铁矿、硅化、绢英岩化带)与片理化、千糜岩化、糜棱岩化构成的动力变质构造带套合，而且糜棱岩带(透镜状)居中，两侧对称出现千糜岩带-片理化带和与之相关的构造变形带。该带有硅化、石英脉、绢英岩化-绿泥石化-褐铁矿(黄铁矿)化-绢云母化-碳酸盐化等蚀变带。该矿床中石英脉、构造蚀变岩、中酸性岩脉、蚀变碎屑岩为含矿岩石载体，金矿成矿总体受制于糜棱岩化-硅化-石英脉和蚀变围岩(碎屑岩和脉岩)。

矿体主体产在韧性剪切带中，地表矿化表现为石英脉及石英细脉，沿断裂构造方向展布，长度为 160~700 m，厚度为 1~20 m。金品位为 $(1~109) \times 10^{-6}$，平均为 4×10^{-6}，在石英脉中可见自然金颗粒，成色较好。深部矿化主要表现为石英黄铁矿细脉或网脉，并有多个盲矿体。新疆哈密市野马泉西铜金矿区 4 号勘探线剖面如图 5-3-18 所示。

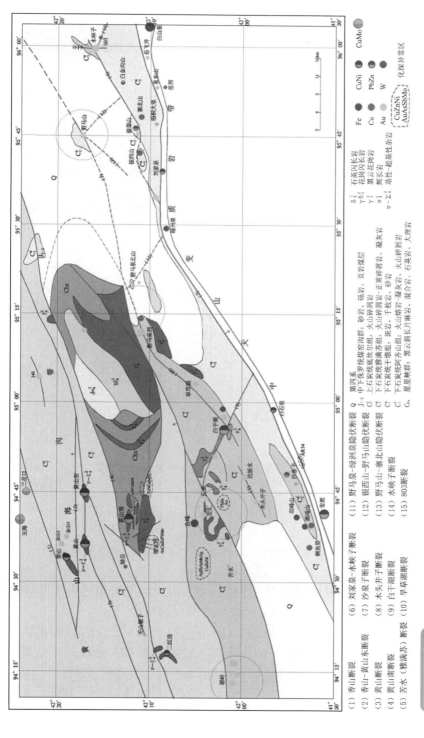

图 5-3-17　野马泉变质地体（韧性剪切）构造带-（中酸性）岩浆岩带-热液成矿组合略图

（1）香山断裂　　　　　　　（6）刘家泉-水峡子断裂　　　　（11）野马泉-绿洲泉隐伏断裂
（2）香山-黄山东断裂　　　　（7）沙泉子断裂　　　　　　　　（12）镜西山-野马山隐伏断裂
（3）黄山断裂　　　　　　　（8）木头井子断裂　　　　　　　（13）野马山-赛北山隐伏断裂
（4）黄山南断裂　　　　　　（9）白干湖断裂　　　　　　　　（14）水峡子断裂
（5）苦水（雅满苏）断裂　　（10）苦草湖断裂　　　　　　　　（15）803断裂

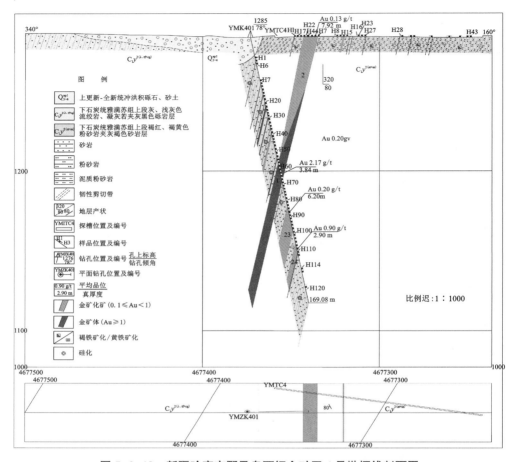

图 5-3-18 新疆哈密市野马泉西铜金矿区 4 号勘探线剖面图

由化探原生晕指示钻孔深部出现叠合异常，从而显示有"第二含矿的高段"存在的可能。石英脉倾向延深大于走向延长高达 4 倍。金矿体已探深达 400 m，品位向深部也有变富之迹象。另发现蚀变围岩型金矿（碎裂脉岩和蚀变碎屑岩），其矿化规模大，现圈定长度大于 300 m，厚度超过 20 m 且延伸稳定，金品位虽相对较低[（0.3~1.8）×10⁻⁶]，但矿体稳定、品位均匀。构造蚀变岩型已有工业样品出现，碳质岩中的 As、Au、Ag、Pb、Cu 化探异常不可忽视。

矿区已知金矿体 13 个，矿体一般长 80~160 m，厚 0.76~22.21 m，最大延深 400 m，金品位（1.25~6.29）×10⁻⁶；金矿化体 23 个，一般长 40~400 m，厚 0.89~15.83 m，金品位（0.17~0.89）×10⁻⁶，金属矿物有黄铁矿、黄铜矿、方铅矿、闪锌矿、自然金、褐铁矿、孔雀石。非金属矿物有石英、绢云母、绿泥石、方解石。矿石结构为自形-半自形粒状结构、他形粒状结构、嵌晶结构、包含结构。矿石构造为细脉状、片状、斑点状等。矿石类型为石英-黄铁矿型、糜棱岩-黄铁矿型、石英-多金属硫化物型。地球化学特征：自上而下元素呈现出 As、Sb-Ag、Au-Cu、Mo 的过渡分带，工作实践证明 As、Sb、Au 成正相关关系。地球物理特征：电法测量含金石英脉为中高阻、低极化，借鉴野马泉北山金矿石英脉乃具高极化、中低阻、负磁场特征。研究认为在矿床内部有多类型金矿并存的规律，外围沿着苦水断裂走向发展，有可能出现等距性(北东东向与北北西向断裂交会)的含金地质体。在性韧切剪带的下盘碳酸盐岩内的强硅化或含金石英脉地段，金矿发育特点是形体小而多变，含金品位低，个别尚可圈出(工业)金矿体，这一含矿类型还应深究。除上述认识与总结的规律外，在白干湖—野马泉以北地段要附加考虑：元古宙变质核-晚古生代(含印支期)岩浆岩-韧性剪切带(线形和弧形断裂)-成矿热液的叠加四位一体成矿组合，这会增加金矿的成矿预测依据和提高成矿预测级别及准确程度。

旱草湖金矿：位于野马泉西金矿之西南方向，属野马泉金矿带的重要组成部分，深部具有找矿前景。

地层：下石炭统阿齐山组分布于矿区东南部，仅出露第 4 岩性段的灰、褐黄色英安岩、英安质火山角砾岩。下石炭统雅满苏组分布于矿区中部，分上下两个岩段，下岩段为灰绿色中酸性凝灰岩、凝灰砂岩，上岩段为灰绿色凝灰砂岩粉砂岩夹含砾砂岩、安山岩。下二叠统阿其克布拉克组为紫红色砾岩、砂岩，底部有紫色花岗质巨砾岩在矿区外围出现。

构造：为北东走向宽缓的向斜构造，中心北东、北西、北东东、南北向多组断裂交会，形成由格状断裂复杂化了的破裂、宽缓的向斜构造。

岩浆岩：仅见石炭纪二长花岗岩，出露在矿区东部。脉岩发育，受断裂同向分布，以北东、北东东向为主，主要有石英斑岩脉，次要为辉绿岩脉、花岗细晶岩脉及石英脉，与金矿化有关的岩脉：石英大脉，细脉、透镜状，少数呈网脉状，沿断裂不连续分布，规模小，受构造影响石英脉较破碎，含金石英脉见有黄铁矿、黄铜矿、方铅矿、闪锌矿及孔雀石、褐铁矿；花岗细晶岩脉，肉红色，细粒花岗结构、块状构造，含少量黄铁矿，晚期方解石脉、石英脉沿裂隙充填，局部地段有金矿化；辉绿岩脉含黄铁矿等金属矿物。

围岩蚀变：主要是硅化、褐铁矿化、绢云母化、高龄土化、碳酸盐化、绿泥石化，集中分布于断裂破碎带中，沿断裂蚀变、矿化清晰，硅化呈小细脉、以密集硅质条带产出，硅化岩和角砾岩化常伴生金矿化。褐铁矿化系黄铁矿风化的产物，呈粉末状、细脉状(裂隙)。绢云母化为细鳞片状，部分细脉状穿插于蚀变岩中。高龄土化强烈，灰白色土状，局部质量分数 40%~50%，角砾岩胶结物。碳酸盐化为方解石团块、细脉及石英方解石脉，质量分数为 5%~30%。绿泥石化属热液交代产物，质量分数为 5%~10%。

地球物理特征：金矿存在于负磁场区（−200~0）nT。

地球化学特征：以 W、As、Sb、Au、Cu、Mo、Ag 组合为主，元素水平分带为 W-As-Au-As-Cu-Ag，其中变异系数>0.8 的分异元素有 W、Au、Sb、Mo，分布在异常中心，它们大多依赋北东向断裂，故主要金矿多作北东向延伸。

金矿化特征：矿化集中分布在由火山碎屑岩向正常沉积碎屑岩过渡的岩石中，多受北东向断裂及其旁侧同向次级断裂控制，在背斜与向斜的构造转换接合带是金矿成矿有利的构造部位。该点已知金矿化带五条：

Ⅰ号矿化带走向 40°~45°，长度 350 m，宽度 20~25 m，受断裂控制（F4、F5），由糜棱岩、脉石英［Au 品位（0.09~0.12）×10⁻⁶］、蚀变岩含金载体（金品位 4.75×10⁻⁶）构成。

Ⅱ号矿化带走向 310°~330°，长度 250 m，宽度 60~70 m，分布于凝灰岩及凝灰角砾岩中，岩石具青磐岩化，受 F6 断裂及其侧旁次级断裂控制，矿化体为透镜状雁行式排列，含金石英脉长 10~80 m，宽 0.2~0.7 m，金品位（0.12~19.44）×10⁻⁶。

Ⅲ号矿化带走向 310°~330°，长度 120 m，宽度 3~4 m，分布于碎裂状二长花岗岩中，矿化类型为石英脉型，脉宽 3~5 cm，局部 10 cm，捡块样金品位（1.89~22.94）×10⁻⁶。

Ⅳ号矿化带走向 70°~75°，长度 450 m，宽度 60~70 m，矿化类型为构造蚀变岩型，由糜棱岩石英细脉构成，金矿体具分支复合特征，厚度小但连续性好，金品位（0.52~5.32）×10⁻⁶。

Ⅴ号矿化带走向 43°~45°，沿断裂带分布长度在 1000 m 以上，由于第三系大面积覆盖，目前控制长度仅 120 m，矿化类型有构造蚀变岩型、石英脉型，矿化岩石为硅化、褐铁矿化角砾岩、碎裂岩及石英脉。构造蚀变岩型金矿品位（0.12~2.06）×10⁻⁶，石英脉型金矿品位（3.28~31.20）×10⁻⁶。

金矿体：就矿体类型划分，构造蚀变岩型 3 个，石英脉型 3 个。

构造蚀变岩型金矿体走向 40°~75°，乃沿着北东向主构造方向断裂储矿，长度 40~400 m，宽度 0.1~1 m，三条矿体金品位分别是 4.95×10⁻⁶、（0.52~5.31）×10⁻⁶、2.60×10⁻⁶，两侧围岩金品位（0.05~1.80）×10⁻⁶。该类型金矿体多出现在破碎的凝灰质砂岩、凝灰质板岩、凝灰岩、凝灰角砾岩中，受控于构造挤压裂隙面，赋存于糜棱岩、片理化带、角砾岩带，强硅化、黄铁矿化、绢英岩化、高龄土化及碳酸盐化等构造蚀变体。

石英脉型金矿体是以北西 310°~317°和北东 45°~47°"X"形剪切断裂系统构造为金矿储矿空间，长度 65~120 m，宽度 0.05~0.7 m，三条金矿体的金品位 P-2 为（1.4~2.5）×10⁻⁶，局部高达 19.44×10⁻⁶，脉壁的围岩尚有金品位 1.86×10⁻⁶，P-3 为 22.94×10⁻⁶，顶、底板围岩 Au（0.28~0.78）×10⁻⁶。P-6 为（3.28~

31.2)×10^{-6},围岩取样 Au 品位(0.38~0.88)×10^{-6}。该型金矿的含金载体为石英大脉、细脉、网脉。形体上涨缩多变、分枝复合、陡缓交替、尖灭再现、斜列侧现,破碎角砾岩化浅灰-烟灰色石英脉含金最佳。

矿石类型:石英黄铁矿型含金石英脉,金品位一般为(3.28~6.02)×10^{-6},最高 31.2×10^{-6};石英多金属矿型含金石英脉,伴生黄铁矿、方铅矿、闪锌矿,矿石金品位(12.06~19.44)×10^{-6},部分矿脉 Au 品位 22.94×10^{-6};糜棱岩黄铁矿型(构造蚀变岩)含金石英脉,一般不见明金,有少量黄铁矿,部分矿石有石英网脉,矿石金品位(1.80~2.60)×10^{-6},个别样品 Au 品位 5.32×10^{-6}。

矿石矿物:石英黄铁矿型,有石英、黄铁矿、自然金(明金较多);石英多金属矿型,有石英、黄铁矿、黄铜矿、闪锌矿、方铅矿、自然金(有明金);糜棱岩黄铁矿型,有石英、方解石、绢云母、黄铁矿、自然金(微粒金)。

矿石结构:自形、半自形粒状结构,嵌晶结构,填隙结构。矿石构造:脉状构造、浸染状构造、斑状构造、片状构造。

东戈壁斑岩型钼矿(图 5-3-19):位于觉罗塔格晚古生代裂陷槽北界,苦水韧性剪切构造带的上盘,区域地层为石炭系下统干墩组变质砂岩、石英细砂岩夹变安山岩与薄层灰岩;雅满苏组凝灰质细砂岩、粉砂岩夹砂砾岩;阿齐山组石英角斑质熔结凝灰岩、蚀变安山岩及凝灰岩和石炭系上统底坎尔组火山角砾质凝灰岩等。其中干墩组为矿床的赋矿围岩,分上下两个岩性段,下岩性段下部为黄褐色变质砂岩、石英细砂岩及深灰色薄层灰岩,中部为灰绿色粗砂岩、紫红色千枚岩及细碧岩夹含铁碧玉岩,上部以灰绿色、黄褐色中粗粒砂岩为主夹含铁碧玉岩及细碧岩。上岩性段主要为灰绿色变质粉砂岩夹薄层生物碎屑灰岩,两者总厚度大于 480 m。

矿区属觉罗塔格成矿带,带内岩浆岩较发育且以花岗岩为主,觉罗塔格花岗岩具有多期演化的特点,周涛发等(2010)将这一地区花岗岩分为四期,分别为晚泥盆世、早石炭世、晚石炭—早二叠世、中三叠世。

矿床地质:

1)含矿地层及控矿构造:矿区赋矿地层为石炭系下统干墩组,系一套陆源碎屑岩-变火山岩夹变质碎屑岩,以陆源碎屑岩为主。主要岩性为褐黄色-灰黑色变质含砾砂岩、砂岩、泥质砂岩、砂质泥岩、泥岩、凝灰岩和变安山岩。侵入岩主要为浅肉红色斑状花岗岩、花岗斑岩脉、细晶花岗岩脉,其次为次火山岩及石英脉,分布于矿区中部。构造以断裂为主,按走向可分为北东向、北西向和近东西向三组,以近东西向断裂最发育,且错断北东向断裂,断裂带内可见碎裂岩和构造角砾岩,硅化强烈,地表有孔雀石和褐铁矿。矿区内裂隙发育,并被大量石英脉充填,石英脉大者长达 100~300 m,宽 5~50 cm,小者长 1~10 m,宽 0.1~10 cm。

2)矿体特征:辉钼矿化的主要地质载体为各类脉体,包括石英脉、钾长石脉

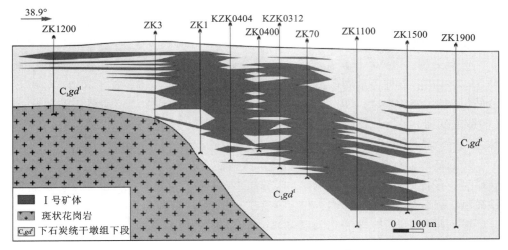

图 5-3-19　新疆东戈壁斑岩型钼矿 1 号矿体剖面图

体等，此外尚有一部分复成分脉体，如方解石-石英脉、萤石石英脉，围岩中肉眼几乎看不到辉钼矿化。矿石矿物主要为辉钼矿、黄铁矿，其次为黄铜矿、磁黄铁矿、方铅矿、闪锌矿、白钨矿、黑钨矿、金红石和钛铁矿。脉石矿物为石英、绢云母、黑云母、钾长石、斜长石、白云母、方解石等。矿石中金属矿物以硫化物为主，地表氧化带有褐铁矿、假象褐铁矿、钼化、孔雀石等。矿石结构主要有鳞片-叶片状结构，他形粒状结构、半自形粒状结构、自形粒状结构、共边结构、交代结构、乳浊结构、碎裂结构等，矿石具有细脉浸染状、脉状和条带状等构造。成矿期热液蚀变作用在矿区内广泛发育，主要蚀变类型有硅化、黄铁矿化、电气石化、碳酸盐化、萤石化等。

　　3）斑状花岗岩与矿体的空间关系：矿区地表仅见少数细粒花岗岩透镜体，而花岗质岩体多隐伏于矿体之下，10 多个钻孔中均见浅肉红色斑状花岗岩，为隐伏岩基，岩石呈浅肉红色，斑状结构或似斑状结构、巨斑状结构，边部具冷凝边结构。块状构造。矿体赋存于隐伏斑状花岗岩体东西两侧外接触带距岩体 0~100 m 范围之外。矿体与隐伏花岗岩体空间上存在着紧密的联系，主要表现在以下几个方面：

　　①矿体全部产于斑状花岗岩的外接触带；②矿体形态与斑状花岗岩的顶面起伏形态变化一致，矿体就像包在斑状花岗岩顶面的一层巨厚皮壳；③从地下浅部到深部含钾长石-石英脉或石英-钾长石脉，愈靠近斑状花岗岩体的顶部则脉体愈多愈稠密；④斑状花岗岩本身上部有星散状、斑块状辉钼矿化，其矿化与围岩的细脉浸染状矿化截然不同，体现出斑状花岗岩的矿源体作用。

4）地球化学特征：斑状花岗岩的 SiO_2 质量分数平均为 74.42×10^{-2}[（$72.61\sim$ 76.40）$\times10^{-2}$]，属于强酸性花岗岩类。Na_2O 质量分数为（$2.36\sim3.06$）$\times10^{-2}$，K_2O 质量分数为（$4.59\sim4.9$）$\times10^{-2}$，Al_2O_3 质量分数为（$11.38\sim12.82$）$\times10^{-2}$，K_2O 与 Na_2O 质量分数之比的平均值为 1.71%，里特曼指数（δ）在 $1.72\sim1.89$，A/NCK 值在 $0.95\sim1.16$，说明斑状花岗岩铝过饱和，在 SO-KO 等图解中，样品都落在高钾钙碱性系列区域中，因此东戈壁钼矿床的斑状花岗岩为高硅高钾钙碱性花岗岩。

化探取样以岩屑测量找矿效果最佳，共圈出两个综合异常（1-甲、2-丙）：元素组合为 Bi、Pb、W、Mo、Sn、Cu、Au、Zn、Ag，其中 Bi、Sn、W、Mo、Pb 为主导元素。

1-甲 1 综合元素异常所含 9 种元素均有不同程度的显示，各元素套合相对较好，特别是高温元素 Mo、W、Sn、Bi 综合性显示完整，各异常均具有各自的浓集中心，其中 Mo、W 两种元素浓集中心面积大，背景值高，Mo 元素具内带长轴，呈南北向展布，面积 $1.12\ km^2$，极大值 29.7×10^{-6}，衬值最大为 3.29；W 元素具外带，由两个单异常组成，面积共 $1.73\ km^2$，极大值 30.6×10^{-6}，衬值最大为 1.42；Sn 元素异常具外、中、内三带，东西向展布，面积 $1.20\ km^2$，极大值 30×10^{-6}，衬值最大为 2.86；Bi 元素具有三级梯度带，略具东西向分布，异常面积均较小，其极大值为 209.25×10^{-6}，衬值最大为 13.64；另尚有 Cu、Pb、Zn、Au、Ag 等元素不同程度地套合与叠加。9 种元素在 1-甲异常区内基本显示齐全，尤其是具有清晰的套合中心，具很好的找矿意义。

2-丙 2 异常区内 Bi、W、Mo、Sn、Cu、Au 6 种元素具有明显的异常显示。Mo 元素居中带长轴，略呈北东向展布，面积 $0.56\ km^2$，极大值 23.8×10^{-6}；W 元素具外带，由两个单异常组成，面积共 $0.8\ km^2$，极大值 29.8×10^{-6}；Bi 元素具内带，由两个单元素异常组成，面积 $0.44\ km^2$，极大值 117.71×10^{-6}；总体上看 2-丙 2 综合异常中 Mo、W、Cu 三元素异常套合略好，9 元素显示不齐全，异常强度相对亦偏低。

5）地球化学异常与矿体的关系：矿区岩屑化探异常区的地层为石炭系下统干墩组变质泥质砂岩、变质砂岩及变安山岩，地表出露大量石英脉，地下深部为全隐伏成矿母岩-微型斑状花岗岩株。异常与矿体分布特征相比表现为：

①整个综合异常基本上控制了钼矿化圈范围。②东西两异常区范围与地表数以千计的石英脉分布区基本一致，表明两个异常区均位于主成矿区。③1-甲 1 异常区综合异常元素组合及异常强度均比无矿丙 2 异常区综合异常好。勘查证明 I 号矿体与 II 号矿体之间存在着弱异常段，该段弱异常的峰值强度为矿区矿化段元素峰值强度的 4 倍，品位亦偏高，充分说明异常好者含矿性亦好。④两异常区这一推断得到工程证实，也充分显示了多元素综合异常作为矿致异常在找矿工作中的决定性作用。

稀土元素地球化学特征：斑状花岗岩稀土元素总量为（$117\sim115$）$\times10^{-6}$，平均

为 132×10^{-6}（付治国等，2012），$w(LREE)$ 为 $(77 \sim 112) \times 10^{-6}$，平均 91×10^{-6}，$w(HREE)$ 为 $(39 \sim 44) \times 10^{-6}$，平均 41×10^{-6}，$w(LREE)/w(HREE)$ 比值为 2.2，轻稀土略显得富集，δEu 为 0.289，为强负铕异常（铕强亏损），稀土配分曲线为右倾具 "V" 形谷，显示了壳源型花岗岩的特点，属 S 型花岗岩。辉钼矿化石英脉稀土元素总量为 $(6.75 \sim 24.15) \times 10^{-6}$，平均 14.21×10^{-6}，$w(LREE)$ 为 $(4.84 \sim 22.26) \times 10^{-6}$，平均 12.29×10^{-6}，$w(HREE)$ 为 $(1.89 \sim 1.96) \times 10^{-6}$，平均 1.92×10^{-6}，$w(LREE)/w(HREE)$ 比值为 6.4，轻稀土富集，δEu 为 0.36，为强富铕异常（铕强亏损）。以上两者稀土配分比较，辉钼矿化石英脉的轻稀土、重稀土及稀土元素总量均显著降低，轻稀土含量从 91×10^{-6} 降至 12.29×10^{-6}，重稀土含量从 41×10^{-6} 降至 1.91×10^{-6}，稀土总量从 132×10^{-6} 降至 6.4×10^{-6}，轻重稀土分馏更彻底。辉钼矿化石英脉与斑状花岗岩具有基本相同的稀土配分形式，即均表现为右倾 V 谷形（铕强亏损），表明辉钼矿化石英脉是斑状花岗岩岩浆演化分异的产物，二者具有同源性，即两者属于同源岩浆演化序列。

6）斑状花岗岩 $\delta^{18}O$ 稳定同位素值为 10.5‰~12.5‰平均值 11.63‰，显示 S 型花岗岩的特点（S 型花岗岩 $\delta^{18}O$ 为 10‰~13‰，I 型花岗岩 $\delta^{18}O$ 为 7.5‰~10‰）。锆石的 U-Pb 年龄测定，得到的结果是（227.6±1.3）Ma，斑状花岗岩的侵位时间为晚三叠世早期，成矿时代应该与斑状花岗岩侵位时代相近并稍晚，因此东戈壁斑岩型钼矿床形成时代对应的是印支期。

根据矿床地质特征，矿石主要为细脉浸染状、细脉状、角砾状等，矿石矿物的组合特征，以及蚀变类型等都显示斑岩型矿床特征、矿体及周围各类脉体非常发育，而且石英脉是辉钼矿的主要载体，石英脉中流体包裹体测试压力平均值为 $(531.04 \sim 752.10) \times 10^{5}Pa$，成矿深度为 1.68~3 km，这都与斑岩型矿床的岩浆热液活动特征相吻合，因此可以得出结论：东戈壁大型钼矿是斑岩型钼矿。

（28）阿齐山晚古生代裂陷槽海相火山岩型铁铜金银成矿区带

该带包括黄石山火山穹隆区、赤龙峰火山洼地、阿齐山北侧（骆驼峰）火山围斜和阿其克库都克断裂带四个次级构造单元，在西起铁岭东到菱铁滩，北起黄石山南到阿其克库都克深断裂范围内，详分为北、中、南三个区带，包括四个构造矿产亚带：

北带：阿齐山北侧火山围斜区。主要含黄石山粗粒黑云母花岗岩，平面为一向北微凸的弧形山体——黄石山。在岩体两侧有火山热液型铁、铜金矿出现，如小尖山铜金矿和骆驼峰铁矿，以及维权银（铜）矿。

中带：黄石山火山穹窿—赤龙峰火山洼地。广为分布着中、上石炭统，下部火山岩相（火山碎屑岩、霏细岩、石英斑岩、凝灰岩、火山角砾岩、凝灰质碎屑岩及灰岩），上部沉积岩相（凝灰砂岩、粉砂岩、硅质岩夹灰岩透镜体）。上述各类岩石在不同构造部位制约不同的矿种与类型。该亚带自西向东有铁岭热液型磁铁矿（铁 1643 万 t、铜 2.76 万 t、钴 1.43 t、镓 100 t、金品位 8.51×10^{-6}），彩虹山、多头山、百灵山等小型热液铁矿和火山沉积赤龙峰中型赤铁矿及菱铁滩小型菱铁矿床。铁矿的成矿类型有火山沉积型赤铁矿及菱铁矿和热液型、矿浆型磁铁矿。其成矿具有阶段性和相应的矿种转化与类型配套的特点，矿石自西向东由磁铁矿→赤铁矿→菱铁矿转化过渡，垂向上元素组合表现出上铁下铜金的分带特点。赤龙峰—菱铁滩火山热水沉积铁锰矿产于火山洼地东段，火山喷发晚期在盆地边缘有赤铁矿、镜铁矿、硬锰矿和少量黄铁矿沉积并叠加铜金矿化。围岩蚀变强烈，有矽卡岩化、绿泥石化、绿帘石化和硅化。中带东段铁矿以赤龙峰火山盆地为中心，孕育着铁（赤铁矿-菱铁矿）、锰、钴、铜、金矿产，而且具有矿种转化类型配套火山热水沉积的矿床特征。

南带：矿产沿阿其克库都克深断裂分布，以热液型铁、铜、金矿为主。总的来说，以四个次级构造单元为基础，呈现出四类不同的矿产集群和相应的矿床类型：黄石山火山穹窿区，以岩浆热液型铁铜金矿为主；赤龙峰火山洼地产火山热水沉积铁锰铜金矿（图 5-3-20）；阿齐山北侧火山围斜带产火山热液型、矽卡岩型铁铜金矿；阿其克库都克断裂北侧出现热液型铁铜金矿。

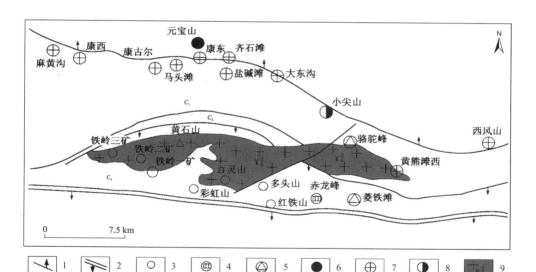

C_2-中石炭统火山岩；C_1-下石炭统火山岩；1-断裂；2-深断裂；3-热液型铁矿；4-火山沉积赤铁矿；
5-火山沉积菱铁矿；6-火山沉积铜矿；7-金矿；8-铅锌矿；9-华力西中期花岗斑岩

图 5-3-20　赤龙峰中石炭世火山热水盆地矿产分布图

维权银（铜）矿：位于觉罗塔格古生代岛弧带西段南侧百灵山岩体北接触带，中石炭统土古土布拉克组地层内。

地层：中石炭统土古土布拉克组为砂岩、凝灰岩和灰岩互层，属浅海相中酸-基性火山岩、碎屑岩和碳酸盐岩建造。地层近东西走向，倾向南，倾角 44°~64°。地层由于受不同程度矽卡岩化(角岩化)，局部形成矽卡岩及含铜银矿化矽卡岩，容矿主体矽卡岩岩性为钙铁榴石矽卡岩。

构造：土古土布拉克组地层在矿区形成北西向向斜、背斜构造，矿体集中产于中部宽缓背斜之北翼，受康古尔—黄山韧性剪切带之影响，矿区岩石遭受强烈的变质与变形。

侵入岩：在矿区南侧 2~3 km 为百灵山岩体，呈岩基-岩株状，灰-灰白色，中细粒结构，岩性为以黑云母花岗岩、角山黑云母花岗岩为主的花岗岩-花岗闪长岩岩体。

矿床：维权银(铜)矿由一个主矿体和多个矿化体构成，主矿体地表长 250 m，厚 0.35~22.5 m。银平均品位 210.18×10^{-6}，最高银品位可达 2780×10^{-6}；地表铜品位 $(0.24~10.16)\times10^{-2}$，最高可达 32.8×10^{-2}，深部铜品位 $(0.21~4.14)\times10^{-2}$。铅锌矿体一般与银铜矿体不重叠，然而局部也见有重叠。铅品位 $(0.2~0.8)\times10^{-2}$，最高 2.06×10^{-2}；锌品位一般 $(0.4~1)\times10^{-2}$，最高 2.07×10^{-2}。矿体在倾向上变化大，上陡下缓，多与地层产状相反，明显受构造控制。

矿石矿物：主要有辉银矿、黄铜矿、辉铜矿、铜兰、自然银，其次有闪锌矿、方铅矿、斑铜矿、磁铁矿、黄铁矿和毒砂，属于复杂的多金属矽卡岩矿石类型。

脉石矿物：以钙铁榴石为主，其次有石榴石、透辉石、绿帘石、方解石、斜长石、绢云母、黑云母、绿泥石及阳起石。

矿石结构：自形半自形变晶结构、变余砂状结构。

矿石构造：浸染状、星点状、细脉状、网脉状、致密块状、碎裂状。

矿床规模：中型。

矿床类型：矽卡岩型银(铜)多金属硫化物矿床。

在觉罗塔格古生代岛弧带上，类似于维权银(铜)矿的成矿地质背景广为存在，石炭系(阿齐山组、雅满苏组、小热泉组、土古土布拉克组、沙泉子组、底格尔组)含铜矽卡岩化地段不下数十处，不少地段银化探异常缺乏检查，铜矿化点银元素未予化学分析，故该构造单元至今银矿寻找与发现明显滞后。

(29)雅满苏—沙泉子晚古生代裂陷槽海相火山岩型铁锰铜锌金铅成矿区带

该区带范围为西起库姆塔格沙垄东止甘新边界，北起苦水断裂南到沙泉子断裂。由石炭系火山岩-火山碎屑岩-沉积碎屑岩与海西中、晚期侵入岩共同构成区带地质背景。

地层：早石炭世阿齐山组火山岩、火山沉积-热水沉积岩、雅满苏组沉积-火山沉积岩。上石炭统迪坎尔组火山沉积岩，以及分布于北侧的上二叠统阿其克布拉克组沉积岩-火山沉积岩等。阿齐山组，由基-酸性熔岩和火山碎屑岩构成，具有多旋回喷溢-喷发特点，显示出似双模式火山岩性状，以景峡矿区为例可划分为四个岩性段，第一岩性段由玄武岩与石英斑岩及其火山碎屑岩构成，呈现多序次沉积特点；第二岩性段为火山砾岩、砂岩、凝灰岩玄武岩，见火山沉积铜矿；第三岩性段为火山热水沉积岩(重晶石岩、硅质岩、碳酸岩、钠长岩)，产铜锌铅矿(银邦山矿区的相应层位产块状硫化物铜锌矿)。雅满苏组，主体岩石为沉积岩，即砂岩、页岩、千枚岩、灰岩夹火山岩，在该组内产铁铜矿。迪坎尔组，以火山沉积岩为主，尚有沉积砂岩、砾岩。沙泉子铁铜矿、黑峰山南含铜砾岩产于该组。

构造：总体看来在苦水断裂与沙泉子断裂之间，其大地构造属性应划为裂陷槽，即雅满苏晚古生代裂陷槽，其本身的构造又可细分两个亚一级的构造，横向上的南隆北洼，在近东西纵向上也是隆洼更替，后期现存构造总体具有继承性。自西向东有 371 断陷、雅满苏隆起、景峡—铜鱼梁断陷、双峰山—沙泉子隆起、银邦山断陷、白金沟山—803 隆起、黑沙河断陷，似属下石炭世中期同生断陷(夭折裂谷)，有热水沉积岩伴火山热水沉积铜锌矿。

矿产：该带矿产依赋矿带构造，就成矿类型分为北部苦水韧性剪切带金矿(雅矿北、翠岭、苦水、野马泉西、野马泉北山、野马山)；南部火山穹窿区斑岩-次火山岩型铜钼矿(景峡东、铜鱼梁、银西山、寨北山、803)，矿浆型、次火山岩型、热液型铁矿(雅满苏、黑峰山、沙泉子)及上叠于该构造之上底坎尔组(C_2)内的沙泉子铁铜锌矿，火山断陷区火山沉积-火山热水沉积铜锌铅矿(371、景峡、白干湖、银帮山、黑沙河等)。

白干湖铅锌矿：位于沙泉子北东方向约 20 km 处，属晚古生代雅满苏—沙泉子裂陷槽的中间部位，矿区为一北西向背斜，其轴部被海西中期花岗岩占据，北东翼为第四系覆盖，本书论述仅限于南西翼的范围。

地层，下石炭统雅满苏组分上、中、下三个岩性段：上段为粉砂岩、含砾粗砂岩；中段为酸性凝灰砾岩、凝灰砂岩；下段为中酸性凝灰角砾岩、含晶屑凝灰岩。

构造：背斜南翼单斜层。

矿床：产于背斜南翼近岩体的接触部位，在雅满苏组地层中段下部出现三层矿体(自下而上分别以 1、2、3 号命名)，它们之间垂向间距为 15~20 m，矿体与地层产状一致，1 号矿体出露于地表，2 号、3 号为盲矿体。

1 号矿体：底板为凝灰质砂岩，顶板为凝灰质砾岩。长 830 m，厚 3.57 m，品位 Pb $4.20×10^{-2}$、Zn $6.15×10^{-2}$，斜深 250 m。

2 号矿体：盲矿体底、顶板皆为凝灰质砾岩，长 820 m，厚 2.60 m，品位 Pb $3.92×10^{-2}$，Zn $6.28×10^{-2}$，斜深 200 m。

3 号矿体：盲矿体底顶板均为凝灰质砾岩，长 800 m，厚 1.24 m，品位 Pb $4.23×10^{-2}$、Zn $6.35×10^{-2}$，斜深 180 m。

矿石矿物：主要有闪锌矿、方铅矿。次要有黄铁矿、黄铜矿、毒砂、辉铜矿、斑铜矿、磁铁矿、褐铁矿、黄钾铁矾。

脉石矿物：石英、长石、白云石、方解石、绿泥石、绿帘石、阳起石等。

矿石结构：主要为半自形晶、他形粒状、交代残余结构。

矿石构造：块状、条带状、稠密浸染状、细脉状、斑点状构造。

围岩蚀变：白云岩化、碳酸盐化、黄铁矿化、硅化、绿帘石化、绿泥石化、阳起石化。

矿石自然类型：原生硫化物型。

矿区矿石化学成分：铅平均品位为 4.12×10^{-2}，锌平均品位为 6.26×10^{-2}，银品位为 $(10.5 \sim 21) \times 10^{-6}$。

矿区资源量：铅金属 16.27 万 t、锌金属 24.96 万 t、银金属 22 kg，矿石量 384.63 万 t。

矿床成因：矿体赋存于下石炭统雅满苏组中段下部火山碎屑岩中，矿体产状与围岩地层产状一致，层位稳定，矿石的半自形晶、交代残余结构和细脉状、块状、斑点状稠密浸染状构造，以及围岩蚀变特征等，显示出火山喷发沉积与热液改造的双重成矿特征，故白干湖铅锌矿应属火山沉积-岩浆热液叠加改造矿床。

矿床远景：①矿床规模大，向北西—南东侧伏。矿体具多层状，有固定层位，厚度基本稳定，品位富而均匀，目前控制铅锌储量达中型规模。②已探明矿层（共 14 条线）深部均未尖灭（封闭）。③矿体厚度在倾向上表现出胀缩交替转换，形成哑铃状、喇叭状延伸状态。白干湖铅锌矿矿体厚度特征如表 5-3-2 所示。

表 5-3-2　白干湖铅锌矿矿体厚度特征表

勘探线	矿体编号	钻孔见矿厚度/m		
		501 孔	502 孔	503 孔
5 线	1 号矿体	4 m	2.1 m	5.7 m
	2 号矿体	3.5 m	2.4 m	4.5 m
	3 号矿体	1.0 m	1.3 m	3.0 m
		801 孔	802 孔	803 孔
8 线	1 号矿体	5.5 m	4.7 m	6.0 m
	2 号矿体	3.0 m	2.2 m	5.8 m
	3 号矿体	1.5 m	2.0 m	3.0 m
		111 孔	112 孔	113 孔
11 线	1 号矿体	5.9 m	3.9 m	5.7 m
	2 号矿体	2.9 m	3.9 m	4.0 m
	3 号矿体	0.0 m	2.9 m	5.1 m

鉴于该矿床成矿属火山沉积-热液叠加-改造矿床，显示出多层次、多期次、多阶段成矿特征，矿体在走向上两端倾伏，倾向上以层为主，厚度上胀缩交替，所有发现的矿体深部均未封闭，结合对应成矿的背斜 NE 翼尚未投入任何深部地质勘查工作等因素考虑，该矿床很有进一步扩大远景的可能。

5.4　那拉提—阿其克库都克板块构造缝合带

其具体位置相当于中天山北断裂，即西接境外尼古拉耶夫线—那拉提北断裂—阿其克库都克断裂—沙泉子断裂，东连甘肃的小黄山断裂。依据地史发展和其他构造划分方案对比，把中天山作为塔里木古陆北侧原始古陆外缘处理，从以往地质构造研究看，这种构造划分符合该缝合带地质构造演化实际。

5.5　塔里木成矿省

5.5.1　塔里木地质

通过对已往资料整理归纳发现，潘其亚 I 泛大陆于 28 亿年前形成陆核，25～18 亿年前发展成为原始古陆，18 亿年前增生发展并完善成为原始地台。太古宙时，在阿尔金北缘出现的米兰群(片麻岩、混合岩、麻粒岩、角闪岩)，其原岩系中酸性火山岩、富镁拉斑玄武岩和拉斑玄武岩均具有双峰式火山岩特征，推测是原始地壳拉张裂解的产物。该地区元古宇地层分布如图 5-5-1 所示。

新元古代时，火山喷发作用围绕着古太古代原始地壳分布，在西昆仑山、阿尔金山和天山山区，所形成的中深变质岩系，其原岩恢复后大多数为火山岩，其中基性火山岩属拉斑玄武岩系列，中酸性火山岩属钙碱性岩石系列。

中元古代时，陆台裂解分离出多级陆块，产生活动的裂谷带，迎合中元古全球裂谷事件(Hitzman, etc., 1990)，随着塔里木原始地壳发展、分化与改造，产生反映与构造演化过程相适应的沉积建造，以其活动特征，总体归为两类：①过渡型-稳定型沉积类，较有代表性的是赛里木地块蓟县系库松木切克群，以叠层石灰岩、白云质灰岩和单陆碎屑岩沉积建造为主。②过渡型-活动型沉积类，出现在古陆边缘地带，带状分布，为巨厚的火山喷发-溢流相及喷发-沉积相，具有裂陷槽沉积特征，这一沉积特点在元古宇的古昆仑—阿尔金洋和古南天山洋内广泛显示。

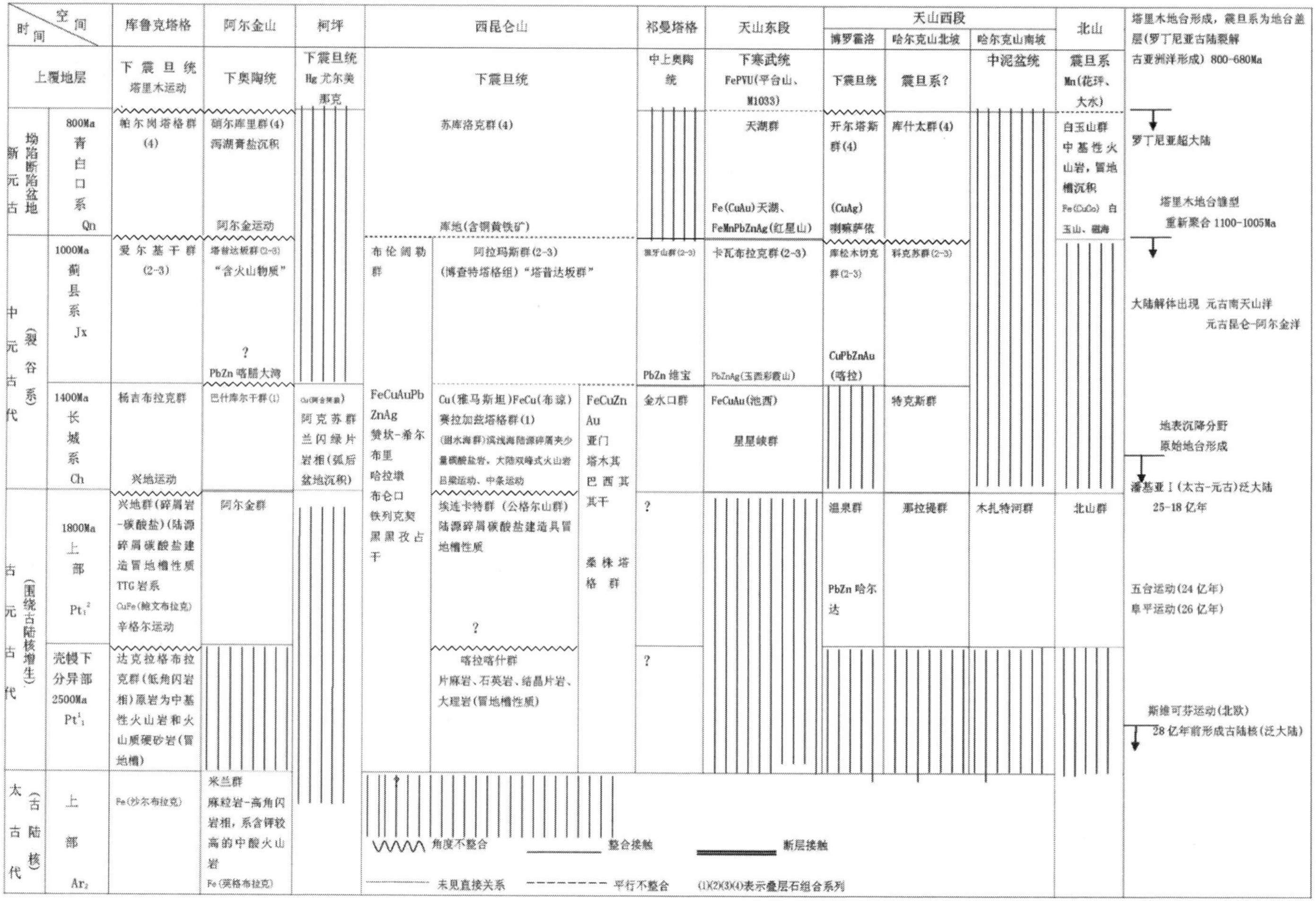

图5-5-1 塔里木成矿省元古宇地层

　　长城纪过渡型–稳定型沉积，表现为塔里木古陆北缘库鲁克塔格的杨吉布拉克群、伊犁盆地的特克斯群，昆仑—喀喇昆仑的甜水海群，是一套滨、浅海陆源碎屑夹碳酸盐岩沉积，在较大范围内表现出岩性变化不大和岩相稳定特征，并含少量微古化石和叠层石。地层变质程度浅，属绿片岩相。长城纪过渡型–活动型沉积，包括塔里木古陆北缘的星星峡群和阿克苏群星星峡群是一套经过区域动力热变质作用的火山沉积岩系，可能属古陆活动边缘的产物。阿克苏群是兰闪绿片岩相变质岩，或许能代表弧后盆地相沉积，在西昆仑山所形成的火山喷发及火山喷溢的细碧角斑岩系（塔木其铜锌矿）。东去阿尔金山，过渡转变为双峰式火山岩（喀拉大湾铜–多金属矿）。而塔里木南缘的赛拉加兹塔格群、桑株塔格群、巴什库尔干群等系同期相应的沉积，是一套浅变质的火山沉积岩，它们共同具有大陆裂谷双峰式火山岩沉积特征。长城纪末的褶皱运动，对西昆仑山、阿尔金山和天山产生广泛的影响。在塔里木南缘表现在，西昆仑山赛拉加兹塔格群与博查特塔格群之间、阿尔金山巴什库尔干群与塔昔达坂群之间、伊犁盆地特克斯群与科克苏群之间，均为地层不整合。而在阿克苏地块和柯坪断隆内的阿克苏群，以及喀喇昆仑山的甜水海群之上，均缺失蓟县系或青白口系。在东疆沙泉子、西疆艾肯达坂等地花岗岩，测得 1400~1200 Ma 同位素年龄值，这可能反映长城纪末发生的褶皱运动、热事件和花岗岩侵入活动的时限。此时期在西昆仑山和阿尔金山，也有较大规模的火成活动（花岗闪长岩、钾长花岗岩）。

　　蓟县纪初，由于地壳开裂深度加大，幔源物质沿深大断裂上涌，故有基性–超基性岩分布，如晋宁期的兴地、红柳沟、科古尔琴北坡等岩带，蓟县纪在北塔里木及天山大部分地区，多处于长期稳定的沉积环境，这里地势平坦、气候温润，原生藻类大量繁殖，普遍沉积着以镁质为主的巨厚碳酸盐岩、碎屑岩和泥岩，有彩霞山铅锌矿、玉西银矿等生成。而塔里木南缘及南塔里木却是火山活动频发区，尤其是西昆仑东段和阿尔金山，在蓟县纪早期出现大面积基性火山岩，晚期则变为酸性火山岩，呈现出双峰式火山岩特征。基于以上陈述，说明西昆仑—阿尔金中元古裂谷带，横向上自西向东、垂向上由下而上火山活动渐趋增强，裂谷发展主动期则由长城纪（西昆仑山）向蓟县纪（阿尔金山）演化迁移，火山活动的强度也由西昆仑山向阿尔金山递次增强。中元古代时的古昆仑洋和古南天山洋经过漫长的地质演化，通过地史晚期的构造演变、消减与汇聚，在 1100~1005 Ma 形成罗丁尼亚超大陆，从而奠定了塔里木地台雏形。

　　青白口纪，古塔里木地台大部固结，以天山—西昆仑山—阿尔金山为代表的中元古裂谷基本封闭，仅在塔里木北缘相当于玉山—红星山的小范围内，仍保持地壳局部活动性（此地天湖群有天湖铁矿及红星山铅锌矿沉积），这里火山喷发以中基性火山岩为主，厚度 1800~2000 m，此时火山岩总体表现出基性性质。说明它们具有稳定区大陆玄武岩和岛弧安山玄武岩的高铝玄武岩特征。

构造演变到塔里木的最后一次构造幕(800 Ma)，塔里木雏形地台及其周边活动带一并转入稳定地台范畴。后期罗丁尼亚大陆裂解，形成浩瀚的古亚洲洋，接受着震旦纪等古生代地层沉积。

震旦纪初，古陆北部相当于库鲁克塔格、柯坪以及天山西部，开始下沉接受沉积。震旦纪为世界性大冰期，冰期活动涉及全部塔里木地区，在塔里木北缘发生贝义西、特瑞爱肯、汉格尔乔克三次冰期，冰积物表现出由海相浮冰沉积向大陆冰川沉积过渡的特点，震旦纪时大规模造山运动虽已停止，但在古大陆北缘仍多次发生震荡性升降运动，构成一个由海侵到海退的完整沉积旋回(位于柯坪断隆上的汞矿应由此而产生矿源层)，其间表现出五次抬升和三次火山活动，震旦纪末有普遍的沉积间断，称为"柯坪上升"。

寒武纪，塔里木古陆进入更加稳定的地台发展阶段，柯坪地区有早寒武世早期沉积，到早寒武世中晚期海水迅速扩大，漫及整个古塔里木北部，沉积了一套碳酸盐岩及黑色硅质含磷建造(苏盖特布拉克磷矾矿)，具有滞流还原非补偿盆地的沉积特点。中晚寒武世，海侵范围继续扩大，并波及塔里木古陆南部的长期隆起区，包括昆仑山—喀喇昆仑山，沉积了一套碳酸盐岩，具角砾状、竹叶状构造，反映陆表浅海–滨海的沉积环境。晚寒武世在柯坪断隆上出现了泻湖沉积的杂色石膏与镁质碳酸盐岩。坎岭铅锌矿、琼恰特北铅锌矿的生成期为晚寒武–早奥陶世。

奥陶纪是新疆地壳变动较为强烈的阶段，塔里木大陆由稳定地台状态开始分裂解体，中奥陶世，广大塔里木地台处于大面积稳定沉降状态，岩相厚度稳定，为一片广阔的浅海台地，沉积了稳定型浅–滨海相碳酸盐岩，普遍夹有燧石结核灰岩、蠕虫灰岩、白云质灰岩。中奥陶世的艾比湖运动，使塔里木南部及阿尔金山、昆仑山、喀喇昆仑山大面积整体隆升，海水于中奥陶世末退出，普遍缺失晚奥陶世沉积。与此相反，在祁曼塔格和阿尔金山南缘，晚奥陶世开始裂陷，在元古宇变质基底的基础上，堆积了巨厚的碎屑岩及中基性–酸性火山岩。

志留纪时，塔里木大陆继承了晚奥陶世古地理环境，开始大规模海退，阿尔金山和昆仑山大部分地区，在早志留世期间处于隆起状态，柯坪地区志留世早期的残余盆地，到中晚期则转变成为陆地，塔里木地台出露的面积进一步扩大。

早古生代时期，新疆南部古塔里木大陆，经历了震旦纪—寒武纪地壳发展稳定期、奥陶纪地台解体，志留纪陆间海–裂谷(有上其汗火山热水沉积铜铅锌矿)的形成，最终在志留纪末海盆封闭。早古生代的地壳发展，经历了一个完整的稳定–活动–再稳定的板块构造开合演化程序。

泥盆纪，地壳比较稳定，整个塔里木、阿尔金山、昆仑山、喀喇昆仑山地区，海水于志留纪末都已退出，早泥盆世为广阔大陆，地壳进入大陆聚合增生期，这时的天山南脉为冒地槽带，分隔开塔里木和伊犁两地块。中泥盆世海侵范围迅速扩大，淹没了塔里木地台边缘及昆仑山和喀喇昆仑山地区，使之成为广阔陆表海，沉积了正常的碎屑岩和碳酸盐岩(有铁克里克铅铜矿)，但在天山南脉的局部地区仍有较强烈的火山活动。

石炭纪，是地壳发展进入古生代以来最为动荡不定的时期，西昆仑海槽于早石炭世开始出现拉张，产海相热水沉积铅锌矿(塔木、阿尔巴列克、卡兰古等)。

在盖孜—阿克萨依巴什山一带，早、中石炭世出现两种沉积建造类型：靠近塔里木地台边缘的为冒地槽型建造，有特克里曼苏砂砾岩型铜银矿产出；而靠近布伦口断裂的为一套优地槽早期基性火山岩建造，其上部为中酸性火山岩，局部存在厚度较大的枕状玄武岩，昆盖山北坡块状硫化物型铜锌矿(萨洛依、阿克塔什)与之有关。中晚石炭世，西昆仑海槽进入晚期阶段，地壳由拉张转为聚合，形成很厚的复理石建造。石炭纪末地壳回返褶皱隆起，并伴有海西中期钙碱性系列造山花岗岩侵入。

二叠纪，新疆二叠纪处于大规模造山运动的末期，是地壳处于由强烈活动逐渐转为稳定的过渡阶段，早二叠世新疆大陆上各主要山系雏形开始形成，大型内陆盆地开始萌芽，早二叠世时新疆海域分北部与南部两大海域：北部海域由于星星峡隆起的出现而分为两支，北支是觉洛塔格至乌鲁木齐一带，南支为北山海槽，它与昆仑和喀喇昆仑地槽一起，是继承晚石炭世海盆并继续扩展，也是新疆最晚封闭的优地槽型海槽。早二叠世出现大量枕状玄武岩、细碧角斑岩和火山质硬砂岩，并有基性超基性岩相伴。新疆的南部海域，实质是古特提斯海之东延部分，也分为南、北两支：北支为塔里木西缘的陆表海，沉积一套海相火山岩、碳酸盐岩和碎屑岩(有哈达铜矿)，南支为昆仑、喀喇昆仑海，它们是具有冒地槽特征的大陆边缘海盆，由西部的乔戈里峰，经阿克赛钦湖，过木兹塔格到阿拉喀尔山，在这广阔范围内沉积了巨厚的碳酸盐岩和碎屑岩，唯火山活动相对微弱。

三叠纪是新疆地壳在挤压造山运动之后的地质应力松弛时期，形成隆洼起伏的差异地形，随着地壳稳定性增强，地形不断被夷平，盆地范围向外扩展，沉积物由粗变细，以杂色泥砂质沉积为主。新疆南部在喀喇昆仑山一带，海侵从中三叠世开始，随着松潘—甘孜地槽裂陷与沉降，在喀喇昆仑山东部、东昆仑南部沉积了一套冒地槽型碳酸盐岩-碎屑岩建造。晚三叠世海侵范围进一步扩大，越过阿克赛钦隆起，直达康西瓦断裂南侧，直接超覆于元古宇和古生界之上，沉积一套深海-次深海相细复理石建造，局部夹中基性、中酸性火山岩，地层厚度为4800多 m。三叠纪末，强烈的印支运动使海槽褶皱隆起揉皱变形，区域变质作用及广泛的岩浆侵入，形成如属高钾弱碱性岩石系列的石英闪长岩-黑云二长岩-二云花岗岩，以及极为发育的花岗伟晶岩。

侏罗纪是新疆重要成煤期。早侏罗世早期，由于印支运动的影响，地势起伏加大，沉积了河流相、湖相为主体的粗碎屑岩。早侏罗世晚期—中侏罗世早期，新疆大陆地形除主脊外多被夷平，形成一系列小型盆地，地壳区域性稳定下沉，气候潮湿，植物空前繁茂，长期保存着河湖沼泽环境，具备极好的成煤条件，普遍沉积含煤建造。中侏罗世晚期—晚侏罗世，盆地边缘开始抬升，气候逐渐干热，煤系地层逐渐被紫色、红色地层替代。晚侏罗世末期，喀喇昆仑地槽在燕山运动早期再次褶皱上升，伴有轻微的变质作用和中酸性岩浆侵入，海水大规模后撤。

白垩纪时新疆的广大陆地气候进入炎热干旱期，地势平坦，湖泊面积比侏罗纪有所扩大，普遍沉积了以红色为主的杂色泥岩、粉砂岩、砂岩夹砂砾岩，有大型的萨热克(萨里拜)等河流相砂砾岩型铜矿沉积。晚白垩世时，随着世界大海侵，海水分两支进入南部新疆：北支由塔里木西部的阿赖河谷，沿着卡巴恰特隆起两侧，由塔里木西北进入塔里木西南，在乌拉根岛海区形成超大型乌拉根铅锌矿。在喀什—和田，阿克苏—库车一带，沉积膏泥岩及碳酸盐岩，含大量海相底栖动物化石，这里沉积物和生物群与费尔干纳盆地一致，说明海水通过中亚和特提斯海相通。南支由南部喜马拉雅海槽进入喀喇昆仑山，沉积一套浅海相-滨海相碳酸盐岩与粗碎屑岩，底部夹红色砾岩、泥岩与石膏，上部碳酸盐岩内，产大量海相底栖动物化石。晚白垩世末褶皱隆起，最终结束喀喇昆仑印支—燕山地槽生命。白垩纪为恐龙世界，湖水上空飞翔着大型准噶尔翼龙和小型湖翼龙，丘陵和草原上生活着各类食肉龙，湖边区有鹦鹉咀龙，深水区有庞大的蜥脚类恐龙，晚白垩世出现食肉类霸王龙和鸭咀龙，另外鱼类动物群繁盛，小型哺乳动物也有发现。

喀喇昆仑地槽发展，经历了中晚二叠世—中晚侏罗世—晚白垩世，三次海侵代表三次拉张运动。而早三叠世—早侏罗世—早白垩世代表三次挤压运动。沉降中心由北向南迁移，代表大陆由北向南增生。拉张与挤压的地质动力强度和规模，一次比一次小，这标志着地壳由活动逐步走向稳定。

古近纪继承与发展了白垩纪末的地形轮廓，由于地势进一步夷平，使中生代时分散的内陆小盆地联合统一为大盆地，沉积物主体是褐红色砂岩、泥岩和砂砾岩互层，并见有膏岩与盐岩层，其为炎热而干燥气候条件下的产物。再经长期剥蚀，地势更趋夷平，盆地和周边隆起地带高差不大，包括昆仑山及其以南的青藏高原在内，古近纪时地形高度接近或略高于海平面，现屹立于盆地周围的高山是从新近纪开始大幅度隆升的，塔里木西南缘的喀什海湾，在继承晚白垩世海盆基础上海侵范围向东扩张，北面绕巴楚隆起到阿克苏。南面沿昆仑北缘经莎车、叶城(皮山县，牙布库曲砂岩-碳酸岩型锰矿)，过和田到达民丰地区。沉积物以含大量牡蛎化石的生物灰岩和含膏盐的砂泥质岩石交互沉积为特征。岩相稳定厚度达一千米。此时海域南侧由于昆仑山阻隔，与喜马拉雅海不能直接相通，故海水只有向西通过阿赖海峡返回费尔干纳海域。托云盆地在古新世—始新世，有碱性的大陆玄武岩喷发与碱性辉长岩侵入。古近纪喀喇昆仑山区为一残留海湾，气候潮湿，沉积有竹叶状灰岩、结核状灰岩含群体海藻，而渐新世以后由于构造隆起海水退出，最终结束新疆的海环境。

新近纪是喜马拉雅地槽最终封闭和青藏高原大幅度隆升的时期。这时印度板块由南向北对西伯利亚板块的强烈挤压，使新疆各大盆地与周边山地之间，差异性升降运动显著加强，中新世沿塔里木盆地周边，在灰白色、灰绿色、紫色砂岩、粉砂岩、泥岩中产铜矿，特别是从上新世开始，昆仑山、阿尔金山、天山都在迅速隆升，山前地带强烈下降，堆积了巨厚的下细上粗的碎屑沉积物，总厚度达2000~6000 m。上新世随着青藏高原隆升，沿新疆交界区鲸鱼湖、云雾岭、泉水沟一带有强烈火山活动，属中心式喷发陆相碱性玄武岩系列。慕士塔格北的二云电气石石英斑岩，全岩 $Ar^{39}-Ar^{40}$ 同位素年龄 10.4 Ma。这一时期的哺乳类动物，得到迅速发展而且种属繁多，在湖滨广阔草原上生活着三趾马、库斑猪、准噶尔巨犀及各种鼠类、鹿类、貘类和象类等。

新近纪末的构造变动，只在昆仑山北麓和天山南麓有较明显的反映，造成局部地层之间的不整合和沉积间断。印度板块与欧亚板块的全面碰撞，发生在新近纪末—早更新世，是在中国西部表现范围最广、强度最烈的构造变动，即古近纪中新世西域组的灰色砾岩和新近纪地层一起褶皱，并被中更新统平缓超覆。由于印度板块向北、西伯利亚板块向南的相向挤压，塔里木和准噶尔两地区成为地质动力缓冲区，致使山区较老地层，由盆地四周向盆地中心逆掩推覆于中新生界之上，褶皱与断裂的强度向盆地中心逐渐减弱，显示出大山体向盆地施加的水平挤压动力。除山前的褶皱、断裂构造变动之外，山区内部和边缘的老断层重新复活，特别是右行扭动的北东东向和左行扭动的北西西向平移断层的强烈活动，这类 X 形交叉走滑断裂在新疆乃至中亚，构成大规模的构造"滑移线场"，反映了新疆承受着强大的、区域性的南北向挤压地质动力作用。

5.5.2　成矿区带地质

中天山

（1）中天山西段北缘（汗腾格里峰—巴音布鲁克盆地）铁金铜镍成矿区带

该成矿区带在中天山南、北断裂之间（西出国境北侧接尼古拉也夫线，南侧接伊内利切克断裂），分别与南、北天山造山活动带为邻。东西长 350 km、南北宽 5~20 km，面积约 4500 km²。

出露地层：有前震旦纪结晶基底，云母片岩、片麻岩、钾长花岗片麻岩和斜长花岗岩岩基。上覆志留系片岩及石英岩，石炭纪时其构造性质为活动大陆边缘。

箐布拉克一带有石炭纪镁铁-超镁铁岩体、花岗岩类，东端巴音布鲁克北部，还保留有少量南部大陆边缘拉张阶段的志留纪玄武岩类建造(变质为绿片岩类),带内含矽线石、铁铝榴石高温矿物混合岩、花岗岩构成的高温低压变质带,沿着中天山北断裂南侧次级断裂发现以下矿产:

1)冰峰铁矿,系吉尔吉斯斯坦杰特姆元古宇沉积变质型铁矿(储量 260 亿 t)成矿层位的东延。在木扎特达坂以西冰层下发现磁铁矿层,东去北阿克苏上游有大面积磁铁矿转石分布。

2)木扎尔特达坂北金矿带(克拉克斯赛金矿、东图果尔上游金矿群),该带西出国境有查尔库拉金矿(哈萨克斯坦)和库姆多尔超大型金矿(吉尔吉斯斯坦),它们同处一个矿带。

3)箐布拉克岩浆熔离-贯入型镍、钴、铜矿,由该点向西至托木尔峰断续分布着 11 个基性-超基性杂岩体,其中巴什卡恰岩体含铂。

4)卡特巴阿苏斑岩型金、铜矿。

5)确鹿特矽卡岩型铁矿、铜矿。

6)乔霍特(巴音)热液脉状铜矿。

在元古宙变质岩内的黑色碳质板岩及含碳质碎屑岩中石英脉极为发育,并见金矿化,哈尔克山北坡各沟系中砂金广布,至今尚无成型岩金矿发现,西起国境卡茵卡拉苏东到科克苏这一区段找岩金矿理应有望。

箐布拉克镍矿:位于哈尔克山北坡,中天山北断裂南侧,矿区出露元古宙花岗片麻岩、片麻岩、片岩夹透辉石大理岩和石英岩。海西中期含矿岩体,走向近东西、长 2.5 km,最宽处 1.5 km,面积 2.7 km²,岩体平面为纺锤状,剖面呈岩盆状(边缘到中心角呈 50°~60°),岩体分异良好,由外而内可分 5 个岩相带,岩相带之间渐变过渡,并分别构成完整的环带状构造:

①闪长岩和辉石闪长岩相带;

②次闪石化辉石岩及辉石闪长岩岩相带;

③次闪石化辉石岩及橄榄辉长岩岩相带;

④辉石橄榄岩岩相带;

⑤橄榄辉长岩及次闪石化辉石岩岩相带。

岩体岩石化学特征:①普遍含钛(0.3%~0.45%);②氧化镁与氧化铁质量分数之比值为 4~6;③普遍含碱金属(氧化钾与氧化钠质量分数之和为 0.1%~1%);④Al_2O_3 质量分数较同类岩石高(3%~11%);(e)烧失量较低,为 1.07%~2.34%。

岩体蚀变:有角闪石化、黑云母化、蛇纹石化、次闪石化、绿泥石化、水镁石化。

矿体:矿体与矿化严格受岩相、岩性控制,现知 8 个硫化镍、铜矿体分布在第(c)岩相带和第(d)岩相带及第(b)岩相带下部。长 27~550 m、宽 5~40 m、埋深

140~175 m，镍品位 $(0.3~17)×10^{-2}$、铜品位 $(0.1~5)×10^{-2}$、钴品位 $(0.01~1)×$ 10^{-2}、金品位 $1×10^{-6}$、铂品位 $(0.5~0.53)×10^{-6}$。以岩浆熔离型浸染状矿石为主，贯入型致密块状矿石为辅，组成似层状、透镜状、圆锥状、条带状、脉状矿体。

矿石矿物：由硫化物及硅酸盐矿物组成，主要为磁黄铁矿、镍黄铁矿、黄铜矿、黄铁矿、紫硫镍铁矿、辉镍矿、局部见微量辉钼矿、磁铁矿、铬铁矿、赤铁矿。

矿石结构与构造：有粒状结构、海绵陨铁结构、浸染状构造、条带状构造、块状构造。

主要元素为镍、铜、钴。

伴生元素：金、铂、银、硒、碲、钛、钒、铬、钼、镓、铌、铈、钇等。

矿区远景：箐布拉克岩体侵入结晶岩块中，为规模较大的岩盆状岩体，分异良好，地表矿化体有一定规模而且稳定地向下延深，过去地质勘查集中在岩体北部，钻探深度过浅（小于 200 m），未能穿透含矿岩相，更无法探求矿体存在部位。岩体南部由于地势高、相对高差大无法在地表施工，深部也没有探矿工程，基于此，岩体南侧（占岩体 2/3 的体积）不但有（b）（c）（d）岩相带存在，而且更会有盲矿体发现。箐布拉克基性-超基性岩带向西延伸逾百千米有大小不等 11 个岩体，其中包括有含金属硫化物和铂矿化的巴什哈恰、莫因台、阿克苏 3 个岩体。

卡特巴阿苏金（铜）矿：

①区域地质背景：处于中天山变质带北侧那拉提北断裂（中天山北断裂）那拉提—乌阿门蛇绿混杂岩带内，主要有古元古代那拉提岩群中深变质岩、晚志留世巴音布鲁克组火山岩、灰岩及碎屑岩。构造主体是那拉提北超壳断裂及其平行的次级南侧断裂，那拉提超壳断裂总体呈北东东向展布，长数百千米，断裂破碎带宽数十米，倾向南。侵入岩发育，以石炭纪二长花岗岩、花岗闪长岩、花岗岩、正长花岗岩为主，少量基性-超基性杂岩。其次尚有泥盆纪闪长岩、石英闪长岩，花岗岩和二叠纪花岗斑岩、花岗岩。该带西延在境外有吉尔吉斯斯坦元古宙黑色岩系超大型科姆多尔金矿（石英脉-蚀变岩型）、塔迪尔布拉克大型斑岩型铜金矿（侵入元古宙中深变质岩中，与闪长斑岩、二长斑岩、正长斑岩有关），以及在尼古拉耶夫线北侧的哈萨克斯坦查尔库拉大型金矿。

②矿床地质特征：矿体主要产于石炭纪褐铁矿化、黄钾铁矾化、黄铁矿化及硅化二长花岗岩和花岗闪长岩中，岩体位于那拉提北断裂南侧次级断裂 F_3 与 F_7 之间。矿化蚀变带长 2500 m，宽 60~300 m，按 Au 品位大于 $2.5×10^{-6}$ 在地表圈出金工业矿体 9 个，隐伏矿体 6 个，按金品位大于 $1×10^{-6}$ 且小于 $2.5×10^{-6}$ 在地表圈出低品位金矿体 12 个，隐伏矿体 14 个，隐伏铜矿（化）体 5 个，共46 个子矿体。

③矿体特征：总体走向北东东、南东东，倾向南，倾角 20°~72°，矿体呈似层状、透镜状，具尖灭再现特点和局部膨大现象，矿体地表长 40~600 m，平均厚度

$0.67 \sim 14.00$ m，平均品位$(2.56 \sim 9.98) \times 10^{-6}$，低品位金矿体平均品位$(1.01 \sim 2.45) \times 10^{-6}$，隐伏铜矿（化）体平均品位$(0.19 \sim 0.42) \times 10^{-2}$。

④矿石特征：具浸染状、黄铁矿连晶细脉浸染状，以块状构造为主，部分具有碎裂构造，主要有黄铁矿、褐铁矿、黄铜矿、蓝铜矿、孔雀石。金赋存于黄铁矿中，黄铁矿为不规则粒状、浸染状、连晶细脉浸染状，部分已氧化为褐铁矿。脉石矿物主要是石英、斜长石和钾长石，少量绢云母、黑云母和方解石。

⑤矿化蚀变特征：围岩蚀变主要为钾化、硅化、绢云母化、绿泥石化、绿帘石化、高岭土化，矿化主要有褐铁矿化、黄铁矿化、黄钾铁矾化、孔雀石化、黄铜矿化、蓝铜矿化。

⑥赋矿岩体岩石化学特征：花岗闪长岩（TC16/2-6）$w(SiO_2)$为62.58×10^{-2}、斑岩型铜金矿$w(SiO_2)$为$(54 \sim 66) \times 10^{-2}$，为Ⅰ型，富钾、高碱，$w(Na_2O+K_2O) > 8 \times 10^{-2}$，属碱钙性岩，$w(FeO)/w(Fe_2O_3) < 1.5$，属磁铁矿系列，二长花岗岩（TC51/2-7、TCOO-D504）属Ⅰ型，为富钾、高碱、碱钙性岩磁铁矿系列。

⑦矿床成因：卡特巴阿苏金矿床产于石炭纪二长花岗岩及花岗闪长岩内，二长花岗岩及花岗闪长岩属Ⅰ型、碱钙性岩、富钾、高碱，归磁铁矿系列，花岗闪长岩SiO_2含量小于斑岩型铜金矿成矿含量。围岩蚀变具斑岩型蚀变特征，矿化主要是褐铁矿、黄铁矿、黄钾铁矾、孔雀石、黄铜矿、蓝铜矿，已圈出铜矿（化）体，含矿岩石石英细脉很少，矿石结构为浸染状、细脉状。矿体矿化蚀变不规则，与围岩无明显界限，总体分布于断裂带内，并不严格受断裂控制，后期含矿热液沿断裂带运移，在分支断裂和断裂交会部位的节理、裂隙中沉淀，叠加在前期岩体矿化地段而形成富矿。

综上所述，初步认为矿床类型为斑岩型铜金矿，并受后期热液叠加（破碎蚀变）改造。

（2）莫托沙拉石炭纪上叠盆地海相火山沉积型铁锰成矿区带

其大地构造位置为巴仑台弧间隆起带，以长城系星星峡群变质岩为主体，泥盆系、石炭系零星分布，在区域上构成一个构造三角区：有夏日采克、哈尔尕提和乌斯腾达坂等星星峡群中铁矿，卡瓦布拉克组内乌斯腾达坂和松树达坂锰矿以及哈拉哈特和胡尔哈特菱镁矿等。值得介绍的是产于上叠断陷火山盆地，具有中型规模的海相热水沉积的莫托沙拉碧玉铁锰矿：

莫托沙拉盆地基底为中元古代星星峡群，海西早中期的断陷盆地孕育着莫托沙拉式火山热水沉积铁锰矿，该盆地分布于天山中段，西起哈布其罕东到巴伦台，东西长、南北宽，面积约100 km²。

地层：盆地在基底陆壳上叠一套晚古生代碎屑岩-火山岩-碳酸盐岩建造内，含矿地层为不整合于中元古代星星峡群片麻岩之上的下石炭统阿克萨克组，自下而上依次为细粒花岗质砾岩、薄层灰岩、花岗质砾岩、含矿层、厚层灰岩，其上不整合中石炭统砾岩和薄层灰岩，再上为下二叠统砾岩、砂岩。

构造：属单边构造盆地，北侧由近东西向断裂界定，南侧以交角不整合叠于中元古代星星峡群之上，盆地内构造简单，总体为一复式向斜，下石炭统分布在盆底与盆边，下二叠统位于盆地中部。后期褶皱与断裂使盆地构造复杂化。

岩浆岩：上叠盆地火成活动微弱，仅见脉岩出现。

矿产：以铁锰（铅锌铜）矿为主，铁锰矿具工业价值。

莫托沙拉铁锰矿：产于下石炭统阿克萨克组，与上下岩层不整合接触，该组自下而上可划分为 5 层：泥质粉砂岩、铁矿层、铁锰条带层、锰矿层、泥质粉砂岩，属海进层序。铁矿走向东西，长 1.6 km，宽 0.3~0.6 km，矿层中间厚边部薄，厚度为 0.6~46 m，一般 5~20 m，平均厚度 18.14 m，矿层内夹层较多，一般 2~3 层，为单层厚 0.3~1.5 m 的硅质岩和泥质粉砂岩，矿体受褶皱形成一向东倾伏的向斜。锰矿形成于铁矿之上相距 15~30 m（最大达 62 m）的地层中，其间为含铁锰条带砂岩和硅质岩，锰矿层呈东西走向，长 0.8~1 km，宽 0.3~0.5 m，产状和形态与铁矿相同。共有三层矿：下层矿相对稳定，长 1 km，宽 0.4 km，平均厚度 4.7 m，最厚 11 m，品位较低；中层矿距下层矿 1~12 m，矿层不稳定，厚度变化大，平均厚度 4.9 m，最大厚度 18 m，品位中等，其偏中、下部矿层以菱锰矿为主；上层矿呈透镜状，厚 0.2~2 m，与中矿层相距 20 m，以氧化富锰矿石为主。

矿石类型及矿物组合：铁矿有块状赤铁矿、碧玉赤铁矿、含砂岩条带赤铁矿 3 种矿石类型，矿物主要为赤铁矿和碧玉，其次是磁铁矿、镜铁矿、水赤铁矿、针铁矿、方解石、重晶石、石英，以及少量黄铜矿、黄铁矿、方铅矿和闪锌矿等。锰矿有块状菱锰矿、块状褐锰矿、条带状菱锰矿、含铁锰砂岩等类型。主要矿物为菱锰矿、赤铁矿、石英、褐锰矿，其次有水赤铁矿、重晶石、方解石、黑锰矿、磁铁矿、黄铁矿等。矿区矿石平均品位：铁（TFe）$47.21×10^{-2}$，锰 $18.77×10^{-2}$，伴生元素为少量 Cu、Pb、Zn，硅质岩夹层含银。

矿石结构与构造：铁矿具有显微鳞片状、鲕状、细晶片散状、微叶片状结构和层状、块状、条带状角砾状等构造。锰矿有显微球粒状、微粒状、假细粒他形、半自形等结构和块状、层状、条带状、似结核状、细脉状、网脉状、树枝状等构造。

矿物形成阶段：原生沉积阶段（同生成岩成矿），形成赤铁矿、碧玉、重晶石、水针铁矿、菱锰矿、石英、方解石。后生热液阶段，形成磁铁矿、镜铁矿、褐锰矿、石英、黑锰矿、绿泥石、绿帘石、黄铁矿、方解石、黄铜矿、方铅矿、辉铜矿、闪锌矿、斑铜矿、萤石、绢云母。次生氧化阶段，形成水针铁矿、假象赤铁矿、硬锰矿、软锰矿及少量孔雀石、蓝铜矿、菱锌矿、水锰矿、黄钾铁矾等。

蚀变特征：主要是后期热液蚀变，如硅化、碳酸盐化、绿泥石化等。

矿床成因属海相火山热水沉积铁锰矿。

（3）东疆中天山蓟县系卡瓦布拉克群海相热水沉积型铅锌银成矿区带

东疆中天山变质岩带呈一狭长条带，横亘于吐哈盆地南部，在长城系星星峡群与蓟县系卡瓦布拉克群之地层转换界面，其中蓟县系卡瓦布拉克群下部的碳酸盐岩与碎屑岩层为成矿围岩，属海相热水沉积铅锌矿的区域性赋矿层位，在该层位上已发现彩霞山铅锌矿、玉西银（铅锌）矿、宏源铅锌矿、刘家泉铅锌矿等。

彩霞山铅锌矿：出露于卡瓦布拉克中间地块，产于中元古代蓟县系卡瓦布拉克群第一岩性段，该段可分两层：空间上以断层为界（F_2）南北二分，北侧为第一层，主要岩性为含碳变质粉砂岩、黝帘绢云板岩、粉砂质板岩夹硅质岩、石墨化、透闪石化、矿化白云质大理岩透镜体，铅锌矿化就赋存在该层，具多期矿化特征，含微量石墨白云质大理岩。南侧为第二层，岩性以普遍遭受糜棱岩化变质石英砂岩、变质粉砂岩为主，局部亦见微晶白云质大理岩透镜体。矿区北部分布着海西中期石英闪长岩、闪长岩、闪长玢岩、石英二长岩、辉长岩等组成的复式岩体。铅锌矿层主体沿岩体南缘展布，矿区断裂发育，属阿其克库都克大断裂派生的次级平行断裂和羽状断裂，断裂按走向可归为北东东向、北东向、北西向三组，北东东向断裂基本属层间断裂，两侧糜棱面理发育，力学演化具左行走滑脆性特征，断裂带内较刚性的岩石（如白云质大理岩）成为破碎角砾状，从而构成导矿和容矿构造。

彩霞山铅锌矿共圈出 4 个矿层、11 个矿体、13 个矿化体。矿体主要赋存在卡瓦布拉克群第一岩性段碎屑岩-碳酸盐岩组合中，受碳酸盐岩和构造破碎带控制，矿体形态为层状、透镜状和脉状。矿石矿物主要是闪锌矿、方铅矿、黄铁矿、磁黄铁矿、铅矾、褐铁矿、黄钾铁矾、白铁矿、菱锌矿等。矿石以细粒结构、微细粒结构和他形结构为主，毒砂和少量黄铁矿为自形晶粒结构。矿石有脉状、网脉状、角砾状、块状和交代残留构造。脉石矿物由白云石、透闪石、滑石、石英、方解石等构成，由于岩石破碎故围岩蚀变多样，有碳酸盐化，黝帘石化、绿泥石化、透闪石化、绢云母化、黄铁矿化和磁黄铁矿化。

（4）卡瓦布拉克—库姆塔格沙垄铁金铜铬成矿区带

该带沿北西西向断裂，西起阿拉塔格，东至库姆塔格沙垄，构成铬、铁、铜、金等矿床（点）的成矿区域。

1）地层

长城系星星峡群：为一套变质较深的变质岩（片麻岩、贯入片麻岩、片岩、大理岩）。

蓟县系卡瓦布拉克群：灰、黑、黄绿色中厚层状变质碳酸盐岩夹各种片岩、片麻岩、石英岩与砂砾岩。

石炭系雅满苏组：深灰-黄绿色陆源碎屑岩、樵灰岩、灰岩、粉砂岩、泥岩夹中酸性火山岩。

2）构造

由中元古代地层构成一个近东西向宽缓的复背斜，纵断裂沿走向将其切成构造条块，在沙泉子断裂的南侧，隆起带北部发育石炭纪坳陷，出现雅满苏组地层。

3）侵入岩

侵入岩极其发育，主要有晋宁期、加里东晚期花岗岩，海西早期花岗岩，闪长岩和超基性岩。最为强烈的侵入活动发生在海西中期，有花岗岩、花岗闪长岩、钾长花岗岩和辉长岩，海西晚期的岩浆岩多是小岩体，有二云花岗岩和辉长岩。

4）矿产

该带现知矿产有库姆塔格一矿、二矿（矽卡岩型小型铁矿）、池西（块状硫化物）铁铜矿点、阿拉塔格热液脉状铜矿、矽卡岩型阿拉塔格铁矿以及双庆铜矿等。

代表性矿床为阿拉塔格铁矿床，矿体规模特征见表 5-5-1。矿床属矽卡岩型，产于海西中期花岗岩与星星峡群之接触带，地表出露 47 个矿体，主要集中在矿区西部，东部仅有零星矿体出露。

西部矿体断续延长 230 m，共计 42 个矿体，主要矿体 7 个，矿区中部被南北向断层错开，使东部矿体变成盲矿体，磁法证明矿区矿体总体向南东侧伏，倾角 15°~20°。深部矿体呈透镜状，分布于矽卡岩中，断续延长 300 m 以上，矿体走向和倾向延续性差且变化大。深部矿体 V 号线见矿体 6 个，最大矿体延深 263 m，厚度 45 m（真厚度 34 m），最小矿体延深 50 m，厚度 2 m（真厚度 1.5 m），矿体倾向 180°，倾角 68°~80°。V 号线东 IX 号线见矿三层，厚度分别为 0.26 m、0.70 m 和 25.08 m，见矿厚度共计 26.04 m。

表 5-5-1　阿拉塔格铁矿矿体规模特征表

矿体编号	矿体长度/m	矿体宽度/m	矿体倾向	矿体倾角
Fe$_1$	74	11	20°	75°
Fe$_2$	100	12	30°	70°
Fe$_3$	60	12	360°	80°
Fe$_4$	38	8	360°	80°
Fe$_5$	32	6	360°	81°
Fe$_6$	120	24	360°	64°
Fe$_7$	60	8	360°	58°

矿体产于矽卡岩与角岩中，可见绿泥石化、绿帘石化、矽卡岩化、黄铁矿化、硅化及碳酸岩化。

金属矿物有磁铁矿、磁赤铁矿、针铁矿、磁黄铁矿、黄铜矿、闪锌矿、斑铜矿和白铁矿等。

矽卡岩分内、外矽卡岩带：内带不发育，边缘矽卡岩深部有矿体出现。外带由内向外依次为：①钙铁榴石-钙铁辉石矽卡岩带，含磁铁矿。②绿帘石-钙铁辉石-钙铝榴石矽卡岩带，系复杂矽卡岩主矿体部位，含绿帘石、绿泥石磁铁矿。③钙铝榴石-透辉石矽卡岩带。

矿体品位：全铁 $43×10^{-2}$（贫矿 $31.9×10^{-2}$，富矿 $50.27×10^{-2}$），硫 $0.94×10^{-2}$，磷 $0.07×10^{-2}$，砷、锌在个别样品中出现，其中砷高达 $0.60×10^{-2}$，锌高达 $0.74×10^{-2}$，富铁矿品位最高为 $60×10^{-2}$，光谱分析镓品位（矿区 90% 以上样品含镓）$(0.001~0.003)×10^{-2}$。

铁矿储量 636 万 t，其中富铁矿储量 382 万 t。

（5）天湖—红星山新元古代（天湖群）铁铅锌成矿区带

该带范围：西起玉山，东至甘新边界，北起尖山子断裂，南到红柳河—明水断裂。其范围内分布着青白口纪天湖群，系一套深-浅变质海相火山熔岩、碎屑岩和碳酸盐岩建造。主体岩性为片麻岩、片岩、白云质大理岩和白云岩，与下部蓟县系卡瓦布拉克群断层接触。这里产出具有层控特点的铁锰铅锌矿，并显示出上铁锰下铅锌的垂向矿种分带。

天湖铁矿：产于古陆缘活动带新元古代坳陷沉积盆地，矿区地层分三个岩性段，由老至新构成走向东西、倾向北的矿区单斜构造。①第一岩性段（下亚组）：深变质混合花岗岩夹斜长角闪片岩，无一定层序，出现在矿区南部。②第二岩性段（中亚组）：深变质片岩、片麻岩、白云质大理岩，出露在矿区中部，为铁矿含矿层位。③第三岩性段（上亚组）：混合岩、片麻岩、混合花岗岩夹云母石英片岩、绿泥片岩，出露于矿区中部偏北。矿带在长约 10 km、宽 3 km 的范围内，共发现长度大于 60 m 的铁矿体 10 个，最大的 I 号矿体为盲矿体，隐伏于 300~1100 m 深处，细分两层，上层长 3700 m、厚 60 m，下层长 1600 m、厚 10 m，上下铁矿层之间夹一层二云石英片岩。II 号矿体系 I 号盲矿体同层地表浅部，长 500 m、厚 0.8~6.3 m、最大厚度 12 m，倾向延深 300 m，上陡而下缓。TFe 品位 35.75%，富矿品位 51.55%。矿石矿物以磁铁矿为主，含少量赤铁矿、黄铁矿、磁黄铁矿、黄铜矿，半自形-他形粒状结构，致密块状、条带状、浸染状构造。脉石矿物有白云石、蛇纹石、透闪石、绿泥石和阳起石。伴生元素有 Cu、Mn、V、Ti、Ni、Co、Mo，尾矿中铜含量高，可综合利用。矿石类型有白云石型磁铁矿（高品位）、蛇纹石型磁铁矿（高、中品位）、镁矽卡岩型磁铁矿和绿泥石型磁铁矿（中、低品位），属高硫、低磷富镁易选的工业矿石。

红星山铅锌（铁锰）矿：出露地层为青白口系天湖群红星山组，走向北东东，总体南倾，该组地层以 F_3 断裂为界分两个岩组，北侧为第二亚组，有灰绿色黑云片麻岩、斜长片麻岩夹石英岩、云母片岩及大理岩透镜体。南侧为第三亚组，又细分两个岩性段，北侧为灰绿色石英片岩、斜长片麻岩夹石英片岩、云母石英片岩及大理岩透镜体，南侧自下而上依次为碳质糜棱岩、绿泥石英片岩、绢云石英片岩、石英片岩、斜长角闪岩及大理岩透镜体和黑云斜长片麻岩、角闪斜长片麻岩夹变粒岩和大理岩透镜体。

矿区划分两个矿带：北矿带产于红星山组第二亚组，含矿岩石为碳质糜棱岩（原岩为含碳细碎屑岩），其间夹有石英片岩及碳酸盐岩薄层，因受构造影响，岩石片理、裂隙发育，褶皱变形显著，局部形成小褶皱，岩石含高碳质，深部见鳞片状石墨及黄铁矿细脉。含碳构造带向东延伸长度大于 3 km，宽 10~60 m，延深大于 300 m。现圈出两个矿体：L_1 号矿体，地表走向长度大于 400 m，呈透镜状，南倾，倾角 72°~78°，厚度 4.12~53.40 m，延深大于 80 m，Pb+Zn 平均品位 1.78×10^{-2}，最高品位 11.80×10^{-2}，伴生 Ag 品位 $(18.5~105.80) \times 10^{-6}$。$L_2$ 矿体与 L_1 矿体平行，为含碳构造带深部隐伏富矿体，长度大于 100 m，钻孔见矿视厚度为 10.73~27.13 m，Pb+Zn 平均品位 9.40×10^{-2}，最高品位 34.17×10^{-2}，伴生 Ag 品位 $(55.77~212.79) \times 10^{-6}$。南矿带矿体赋存于红星山组第三亚组第一岩性段上部的不纯大理岩内，总体呈东西走向，南倾，因受构造作用影响，形成向北突出的弧形矿化带，大理岩带的上下界面皆为断裂，其中部宽度为 20 m、东部宽度达 110 m，大理岩普遍破碎并受硅化与碳化。详细剖析中矿带大理岩中的矿体，其产出于三个构造部位：①大理岩上盘与围岩接触的断裂带，为矿区主要的含矿层位。②大理岩内层间破碎带，矿体规模一般较小。③大理岩下盘与围岩的构造接触带。中矿带地表圈出 9 个矿体，主要赋存在大理岩上盘的含矿层位中，矿体沿层间断裂产出，其长度一般为 20~130 m，宽度为 2~5 m，呈脉状、透镜状、豆荚状、似层状，矿体沿走向有分支、复合、尖灭、再现的特点，其厚度为 4.83~12.14 m，铅品位 $(0.78~14.69) \times 10^{-2}$，锌品位 $(1.14~4.58) \times 10^{-2}$，银品位 $(10~30) \times 10^{-6}$。矿石原生矿物为方铅矿、闪锌矿、黄铁矿、磁黄铁矿、辉银矿及黄铜矿。氧化矿物有孔雀石、兰铜矿、铜兰、褐铁矿、赤铁矿、黄钾铁矾、铅矾等。矿石结构有半自形-他形细粒结构、自形结构、交代溶蚀结构、固溶体分离结构、交代残留结构。矿石构造以星点状、浸染状、细脉状构造为主，其次是块状构造。氧化带矿石构造：见淋漓胶状构造、土状构造、角砾状构造和条带状构造。围岩蚀变主要有硅化、白云石化、黄铁矿化、碳酸盐化和石墨化等，该带为东天山天湖群集中分布区，总体表现：①天湖铁矿产于青白口系天湖群中、下部的深变质片麻岩、片岩、白云质大理岩中，而红星山铁锰铅锌矿位于天湖群中、上部红星山组碳质糜棱岩、石英片岩、薄层碳酸盐岩及富镁大理岩内。②红星山铅锌矿的成矿形式有两种，其一是沿含碳糜棱岩断裂构造控矿（北矿带）；其二为富镁大理岩、层控加层间断裂改造控矿（南矿带）；③红星山组中矿产，具有上铁锰（属原始沉积或硫化物之氧化带)下铅锌的垂向元素分带;④西起天湖东过红星山,天湖群广为分布,并有不少铅锌矿点存在,进一步加强该段地质勘查实属必要。

(6)玉山-M40-H417、中元古代沉积变质型铁成矿区带

玉山——星星峡地段在中元古代上段卡瓦布拉克群中,以磁铁角闪岩、磁铁石英岩为主构成该期铁矿带。

地层:岩性为黑云斜长片麻岩、角闪片岩、角闪斜长片岩、绢云石英片岩、白云-二云石英片岩夹石英岩及条带状混合岩、大理岩等。

矿产:以沉积变质型铁矿为主,细分有含铁角闪岩、含铁石英岩、含铁片岩-片麻岩。已知除玉山铁矿外,还有 M40、H417 等铁矿。

玉山铁矿:位于塔里木北缘古陆缘活动带内库鲁克塔格活动陆缘东部,出露地层主要为中元古界蓟县系卡瓦布拉克群的一套斜长角闪片麻岩夹绿泥石英片岩、黑云母石英片岩。由于黑云母花岗岩的侵入,还出露有条带状混合岩、片麻状混合花岗岩、花岗混合片麻岩。

矿区为一向北倒转的单斜构造,断裂发育,并有一定的控矿作用。海西中晚期火山活动强烈,有钾长花岗岩体、辉绿岩脉和花岗岩脉。

矿体呈不连续透镜状或似层状,产于角闪石片岩、黑云母石英片岩中,层位稳定,围岩因受热液作用而形成透辉石岩、石榴石岩、石榴石-透辉石岩、绿帘石-透辉石岩、角闪石-透辉石岩等蚀变岩石。铁矿富集与蚀变强弱呈正相关关系,蚀变带越宽,矿层越厚矿石品位越高,反之则矿层薄而品位低。矿体具有一定的层位,走向东西,倾向南,倾角大于80°。矿床由两个矿层(Fe_1、Fe_2)、四个矿段、八个矿体构成。以两个矿层的中段和西段为主(两层间距 22.7 m),Fe_1 长305 m、厚2~4 m,顶板为角闪片岩,底板为黑云片岩;Fe_2 在 Fe_1 之南,断续延长1850 m,分成西、中、东三段,一般厚4 m,最厚达6 m,顶板岩石为黑云片岩,底板多为角闪片岩,部分为黑云片岩。

矿石属角闪石型磁铁矿,矿石矿物有赤铁矿、褐铁矿、黄铁矿、孔雀石等。脉石矿物有角闪石、石英、黑云母、绿泥石等。矿石具等粒变晶结构和致密块状构造、条带状构造及揉皱构造。

矿石多为贫矿,全铁品位 $34.93×10^{-2}$,富矿仅占1/4。含硫偏高、含磷低,属中品位高硫低磷酸性磁铁矿石,属小型规模铁矿。

(7)库姆塔格沙垄—明水钨锡金成矿区带

该段钨矿自西向东有沙东白钨矿、砖井山白钨矿、绿洲泉黑钨矿、癫瓜井白钨矿,以及尾亚西、刘家泉南大片的钨化探异常等指示,足见中天山东段钨矿成矿的普遍性。

该区带隶属于中天山隆起带,界于(北)阿其克库都克—沙泉子深断裂与(南)卡瓦布拉克—红柳河深断裂之间地区。区内主要为中元古界蓟县系卡瓦布

拉克群,属滨-浅海相富硅碳酸盐岩夹碎屑岩建造,变质作用以中深变质程度为主,动力变质与接触变质作用次之,地层分布、岩浆活动、变质作用在区域上受东西向深、大断裂控制,为中天山成矿区带之东段。

沙东钨矿(图5-5-2):位于中天山隆起带阿拉塔格—尖山子断裂带侧旁,出露地层主要属蓟县系卡瓦布拉克群滨—浅海相硅质碳酸盐岩夹碎屑岩建造。区内以中深变质作用为主,动力变质作用较强,接触变质作用次之。海西中期岩浆活动频繁而强烈,以酸、中性侵入岩为主体,多呈岩株状产出。近东西向断裂控制着地层、岩浆岩、变质岩的展布,属中天山铁、铜、镍、铅、锌、金、银、锰、钨成矿带的一部分。图兹雷克复背斜南翼与阿拉塔格—尖山子断裂次级韧性剪切带的构造复合部位制约沙东白钨矿的存在。

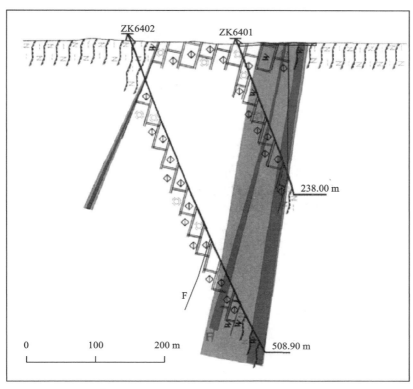

1—白云石大理岩;2—黑云斜长片麻岩;3—硅化;4—白钨矿体;

5—钨矿化体;6—钻孔编号及位置;7—断层构造

图 5-5-2　哈密沙东钨矿地质剖面图

(据哈密沙东钨铅锌矿普查,姜晓等修改,2011)

地层：出露地层主要为蓟县系卡瓦布拉克群、青白口系天湖群中深变质岩，前者为矿区主要蕴矿层位，分布于矿区中北部，主体岩性有黑云斜长片麻岩、角闪斜长片麻岩、白云质大理岩、大理岩夹片岩。地层总体走向北东，北侧向北倾，倾角 60°~78°，向南地层倾角变缓，局部褶皱南倾。

构造：阿拉塔格—尖山子大断裂北侧，次级北东向、北东东向背、向斜主褶皱带和南北两侧断裂为矿区控矿构造，断裂发育为矿区构造特征，断裂可分为三组，以北东向、北东东向逆冲断层为主，北西向属矿后断裂，具平移性质。

岩浆岩：海西中期肉红色钾长花岗岩、灰白色黑云花岗岩、灰绿色闪长岩在矿区东南部分布，混合岩化作用明显，具多期次活动(含热液活动)特点。脉岩以中、酸性为主，主要是闪长岩脉和石英脉。部分脉体含金属矿物，脉体长 5~50 m，宽 1~5 m，以北东走向为主，次有北西向、近南北向和近东西向的脉体。

地球物理特征：矿区处于平稳低缓磁场中，未形成明显的磁异常，局部重力高异常与钨矿化带对应性较好，矿区北部的重力突变异常带由矿区北部断裂破碎带所引起。

地球化学特征：矿区化探异常由几个相对连续、规模较大、不规则椭圆状的钨元素异常组成。钨元素异常峰值高，几处异常分别达 649×10^{-6}、632×10^{-6}、463×10^{-6}、392×10^{-6}，元素组合 W、Sn、Mo、Bi 套合很好，以钨元素值 20×10^{-6} 圈定的浓集中心呈带状分布，并对应于 II、III 号钨矿化带。

矿床：矿区圈出 4 条矿化带，编号分别为 I、II、III、IV。I 号钨矿化带位于矿区北部，长度大于 5 km，宽 50~500 m，地表圈出钨铁矿体 6 个，以 I WFe4 矿体最大，矿体除受白云质大理岩、大理岩控制外，还与背斜轴部或近背斜轴部近东西向张性裂隙有关，呈不规则似层状，长 1650 m、视厚度 1~10 m、平均厚度 5 m。含铁矿物主要为褐铁矿，次为磁铁矿，TFe 品位 $(21.8 \sim 46.85) \times 10^{-2}$，平均品位 30.77×10^{-2}。含钨矿物主要是黑钨矿，次为白钨矿。WO_3 品位为 $(0.064 \sim 0.8) \times 10^{-2}$，平均 0.15×10^{-2}。矿体倾向 325°~345°，倾角 55°~65°。II 号钨矿化带位于矿区中部，长 2800 m，最宽 350 m。该带可圈出 3 个白钨矿体，其中 II W3 矿体最富，为大透镜状，长 500 m，平均宽 6.8 m，控制斜深 150 m，最大视厚度 34.70 m，WO_3 最高品位 5.12×10^{-2}，平均品位 0.85×10^{-2}。倾向 315°~335°，倾角 60°~70°，矿体产于大理岩与片麻岩接触的混合岩带中。III 号钨矿化带位于矿区中部，产于大理岩与片麻岩接触的韧性剪切带中，矿化带长 3200 m，宽 50~100 m，地表圈定白钨矿体 3 个，其中最厚的白钨矿体为 III W3 矿体，呈层状，长大于 2000 m，视厚度 6.42 m，最大控制斜深 500 m，WO_3 品位 $(0.064 \sim 0.2) \times 10^{-2}$，倾向变化较大，如 32 线矿体有的西倾向北，亦有的东倾向南，倾角较陡，为 80°~90°。IV 号钨矿化带位于矿区最南部，矿化带断续长 3400 m，宽 2~5 m，矿化体产于褐铁矿化大理岩中。

矿石特征：矿石矿物主要是白钨矿、黑钨矿和少量辉铋矿、辉钼矿。脉石矿物主要是方解石、石英、白云石、金云母、萤石、透闪石等。白钨矿粒度 0.2～3.0 mm，呈小团块状、散点状、浸染状分布，部分沿构造面理、裂痕聚集，形成条带状、细脉状富矿石。产于长石石英脉中的白钨矿，呈小团块状、囊状等产出。矿石主体为半自形–他形粒状结构。矿石构造主要为条带状、稀疏浸染状、细脉浸染状等。

围岩蚀变：Ⅰ号钨铁矿化带围岩为白云质大理岩，围岩蚀变主要为矽卡岩化、褐铁矿化、白钨矿化、黑钨矿化，其次有黄铜矿化。在钨铁矿体南部 40 m 处的白云质大理岩中，普遍发育萤石化、矽卡岩（透辉石、石榴子石）化，该蚀变多在矿体顶底板中发育。Ⅱ、Ⅲ、Ⅳ号钨矿化带的围岩主要是糜棱岩化大理岩和黑云斜长片麻岩，围岩蚀变主要为萤石化、金云母化、白云母化、锂云母化、透闪石化、硅化，次为褐铁矿化、混合岩化。

矿床成因：沙东钨矿具有多期次、多成因的特点，蓟县系卡瓦布拉克群是重要的矿源层，海西期花岗岩类携带成矿物质，由于热动力（区域变质、岩浆活动）作用，卡瓦布拉克群中低而分散的钨，经活化、萃取、迁移、富集，在有利的构造部位，即在图兹雷克复背斜南翼与阿拉塔格—尖山子断裂次级韧性剪切带的复合构造部位，形成层控与岩浆热液复合成因的白钨矿床。

（8）中天山北缘次级断裂钒钛、铜镍、金成矿区带

西起库姆塔格沙垄，东去明水井，有雅满苏西 1602—尾亚钒钛磁铁矿、白石头—天宇镍矿、红梁子、红东基性—超基性杂岩带铜镍矿化带，以及其北部近侧出现泉东山—岳飞井韧性剪切带金矿带、沙泉子南黑山金矿以及尾亚以西金铜矿化带，清晰地显示出一个完整的三位一体克拉通（岩浆型铜镍矿、斑岩型铜金矿、韧性剪切带型金矿）的巨型跨国（西出境外接哈萨克斯坦的"查尔库拉金矿"和吉尔吉斯斯坦的"科姆多尔金矿"）成矿带。

白石泉铜镍矿：位于中天山变质岩带北缘，沙泉子幔源高角度逆冲断裂南侧 1～3 km 的次级平行断裂中。

矿区出露地层为中元古界长城系星星峡群和卡瓦布拉克组，主要分布于矿区中部与南部，是矿区侵入岩的直接围岩，系一套浅海相细碎屑岩，局部为海退式泻湖相沉积。岩性有绿泥石英片岩、绢云石英片岩、石英岩和大理岩。两组地层呈断裂接触，分布于中、基性–超基性杂岩带北部。

矿区构造为单斜层，产状为 200°∠（58°～85°），断裂发育多为沙泉子幔源断裂之次级平行断裂。

岩浆岩以海西中期中性偏基性岩为主，其边部和中间部位有基性—超基性岩出现，构成白石泉基性—超基性杂岩体（闪长岩、辉长岩、苏长岩、辉石岩、橄榄

岩及过渡性岩石构成)。其中中性岩分布面积占主岩体分布面积的95%,杂岩体中部主要是闪长岩,其平面形态近似椭圆状,长1.9 km,最宽处0.7 km,面积约0.8 km²,岩体长轴方向65°~70°,在其东南部的石英闪长岩和辉石闪长岩与中部主体闪长岩相连。矿区北部有近东西走向岩脉状闪长岩、辉长闪长岩。超基性岩分布于杂岩体的中部、边部和南部,其中最大的超基性岩体出现在矿区南部,呈似圆状,东西长150 m,南北宽130~140 m,面积约0.018 km²,岩体球状风化强烈并有地层残留体,说明剥蚀程度较低。

白石泉基性-超基性杂岩体岩浆活动可分三大期:①早期岩浆系列。岩石由橄榄辉石岩、辉长岩、灰色细粒闪长岩组成,岩体沿片理化带分布,系无矿化岩体。②中期岩浆系列。早先为矿化橄榄岩、橄辉岩、角闪橄辉岩(矿体)侵位,后继为贯入式块状硫化物矿体,最后出现矿化辉石岩和辉长岩,该期岩体普遍含矿,属含矿岩体。③晚期岩浆系列。先有似斑状橄榄辉石岩-辉长岩,最后为闪长岩,该期基本无矿化。岩体侵位时间为285 Ma,与黄山、香山和尾亚岩体年龄基本一致。

矿床:含矿岩体主要是单斜橄榄岩、角闪辉长岩、橄榄岩、斜长橄辉岩,目前发现铜镍矿化体14个,其中5个地表氧化矿体和9个盲矿化体,分布于矿区中部闪长岩体边部。其次是伴随超基性岩,呈脉状侵入主体闪长岩中形成的铜镍矿化带中。盲矿体主要分布在矿区较大规模的超基性岩体南部,超基性岩体中的辉石岩相普遍具有纤闪石化、绢云母化、褐铁矿化、磁铁矿化、镍黄铁矿化,并形成镍矿体,矿体形态多为条带状、脉状,主要矿石矿物为黄铜矿、自然铜、镍黄铁矿、黄铁矿、辉铜矿。脉石矿物有橄榄石、辉石、斜长石。自形-半自形-他形粒状结构,海绵陨铁结构及稀疏浸染状构造。矿体平均品位:Cu为$(0.22~0.43)\times10^{-2}$,Ni为$(0.2~0.57)\times10^{-2}$,Co为$(0.01~0.033)\times10^{-2}$。

黑山金矿隶属新疆哈密市,位于沙泉子西南方向约30 km中天山山谷,大地构造为星星峡——明水隆起北侧。地层为天湖群上亚组绿泥透辉石角岩、角闪石英片岩及晚期的角岩化英安岩和安山岩。

矿区构造:为一北东——南西向断裂破碎带,地表在一辉长岩岩体(海西早中期)中通过,清晰地构成糜棱岩化、硅化、角岩化、矽卡岩化、绢云母化、蛋白石化、黄钾铁矾化、褐铁矿化构造断裂破碎蚀变带。研究认为在早泥盆世辉长岩分布范围内存在着晚古生代火山岩建造,自下而上为英安岩、碎屑岩、安山岩夹英安岩,由于受后期岩浆活动的影响,岩石普遍遭受角岩化、糜棱岩化,岩层上部安山岩夹英安岩组合为金赋存的主要岩石建造。该破碎蚀变带深部岩石强烈地变质变形,具有韧性剪切带构造变形特征,在其片理化和岩石裂隙中见细脉状黄铁矿黄铜矿、条带状黄铁矿磁黄铁矿。

1∶5万岩屑(土壤)地球化学测量圈定北东走向SHS15(v_1)综合异常与含金矿化带展布方向一致,异常以Au、Ag、As、Sb为主,由Au28、Ag29、As28、Sb22组成,异常南西端未封闭,Au、As异常具有三级分带特征,浓度中心明显,其中Au28最大值215×10^{-9},平均值23.4×10^{-9},异常面积27.8 km²。

矿床:成矿受制于北东—南西向断裂构造破碎蚀变带,地表以黄钾铁矾化、褐铁矿化对应于深部黄铁矿化、黄铜矿化、磁铁矿化、糜棱岩化、角岩化、硅化、绢英岩化含硫物蚀变体,初步圈定金矿化带4条,长270~950 m,宽5~45 m,平面上呈舒缓波状,北东收敛,南西撒开。矿化蚀变带中圈定金矿体3条,长100~570 m,宽1~10.2 m,金品位(0.26~30.6)×10^{-6},主矿体平均金品位3.62×10^{-6},伴生银品位6.3×10^{-6}。其中10~18勘探线单工程金品位(3.34~4.48)×10^{-6},平均金品位4.22×10^{-6},最大见矿厚度10.2 m。金矿体上贫下富,已控制延深220 m,深部金属硫化物发育,黄铁矿、黄铜矿、磁黄铁矿与硅化、绢英岩化呈似层状、透镜状产出。

矿石结构为他形粒状、角砾状,矿石构造以条带状、浸染状、块状为主。

黑山金矿层属于变质岩区韧性剪切带型金矿,为开拓新疆古老变质岩中的金矿提供了先例,填补了新疆地区该类型找矿的空白。

(9)库米什海西期白钨矿成矿区带

该区段指中天山南断裂库米什段(西去境外称阿特巴希—伊内里契克断裂)两侧及相邻地带,产忠宝矽卡岩型和库北"变质岩"型白钨矿。

1)地层

中元古界星星峡群:主要岩性有斜长角闪岩、片麻岩、混合岩和各种副变质片岩,分布于中天山南侧,包尔图断裂北侧。

志留系:主要为绿片岩相(部分葡萄石相-绿纤山石相)斜长片岩、石英片岩、钙质片岩及大理岩(原岩为活动陆缘沉积中酸性火山岩及碎屑岩),分布于中天山北断裂南侧。

泥盆系:主要分布在中天山南断裂南侧(西起包尔图东延忠宝以东)。

下统(阿尔彼什麦布拉克组)主要是碎屑岩、碳酸岩沉积,分布于艾木太乌拉地区,以其岩性组合细分三个亚组:下亚组为灰绿-灰黑色眼球状花岗片麻岩、眼球状黑云片麻岩、绿泥石英斜长片岩、变斑花岗片麻岩,本亚组岩性沿走向、倾向变化较大相变明显;中亚组为浅紫色、浅灰色黄绿色钙质片岩夹绿泥石-石英片岩,向西相变为薄层绢云-绿泥-石英片岩夹灰白色大理岩透镜体;上亚组为浅灰色、灰色、白色层状大理岩,碎屑灰岩,黑云石英片岩,石英砂岩,钙质砂砾岩互层。

中统(阿拉塔格组),在石灰窑—榆树沟一带未见下伏地层,与上覆下石炭统甘草湖组呈角度不整合。中统由碳酸盐岩和碎屑岩组成,古生物化石丰富。以其化石、接触关系及岩性组合特征，划分三个亚组：下亚组分布在榆树沟一带，岩石为灰绿色硅质粉砂岩和灰色、灰黑色泥质灰岩夹浅黄色大理岩透镜体；中亚组分布于石灰窑一带，岩性主要为黑云石英片岩、钙质砂岩、大理岩及结晶灰岩；上亚组分布在石灰窑一带，岩性主要为灰绿色、紫红色变质砂岩，钙质砂岩，粉砂岩和灰色、灰绿色千枚岩夹灰黑色灰岩透镜体。

石炭系下统（马鞍桥组）：为残留海盆环境下沉积的富含浅水相生物碳酸盐岩建造。

2）构造

该区中天山为推覆性质构造，以中天山南（包尔图）断裂为界，由北而南逆冲于南天山之上，而南天山以紧闭式不对称的褶断构造为主，尤以北西西向断裂占主流，且为岩浆岩的侵入空间形成的晚古生代侵入岩带，含与岩浆岩有关的金属矿产，如矽卡岩型的忠宝白钨矿。

3）岩浆岩

库米什地区形成以早古生代（中天山）和晚古生代（南天山）花岗岩为主的多期次岩浆侵入，区内花岗岩呈岩基、岩株、岩支状，沿包尔图断裂两侧作北西西向分布，岩性主要为淡白色斜长花岗岩、红色斑状花岗岩、灰白色二云母二长花岗岩、钾长花岗岩等，早古生代花岗岩受后期构造应力作用影响，普遍发生构造变形。包尔图—库米什一线海西早期蛇纹石化橄榄岩也广为发育。

4）矿产

中天山白钨矿沿着包尔图断裂上盘海西期花岗岩（灰白色二云二长花岗岩）带分布，产于碎裂化花岗片麻岩中，以浸染状、细脉状、块状石英白钨矿出现。包尔图断裂下盘近侧产铬、铁、石棉（与橄榄岩有关）矽卡岩型白钨矿（产于海西期二云二长花岗岩与下泥盆统钙质岩接触带）、库米什白钨矿及热液型铜矿（次级断裂成矿）。

忠宝矽卡岩型白钨矿：产于南天山造山带的乌阿门—拱拜子断裂南侧，库米什—彩华沟背斜东段倾没端的侵入体与围岩接触带附近，该侵入体主要受背斜构造及其轴向断裂控制。

矿区出露地层主要是下泥盆统阿尔皮什布拉克组下亚组变质碎屑岩、钙质片岩夹大理岩，区内断裂以北东向走滑断裂为主，北西向和近南北向断裂次之，具多期活动和继承性特点，控制着岩浆岩的侵入和热液活动，海西期的忠宝岩体主要由二云二长花岗岩、正长花岗岩组成，显示了复成岩体的特点。另外矿区还普遍发育基性-中性-酸性-碱性岩脉。岩浆岩的侵入使围岩发生强烈的接触热变质作用和接触交代作用，如灰岩中大理岩化、矽卡岩化，碎屑岩中的角岩化、硅化、云英岩化和碳酸盐化。

矿区钨矿有 12 处矿体集中分布区，共 43 个矿体，形态为似层状、扁透镜状、脉状和不规则状，长一般 80~300 m，最长 550 m，厚 1~30 m，控制斜深 20~120 m，WO_3 品位 $(0.2~0.5)×10^{-2}$，主要有 5 个矿体，走向北东、倾向北西，亦有少数北西向矿体，它们均赋存于接触带的矽卡岩中。矿石类型有矽卡岩型白钨矿、石英脉型白钨矿和云英岩型白钨矿三类。矿石矿物主要是白钨矿含少量锡石。脉石矿物主要有透辉石、符山石、石榴子石、石英、方解石，其次有斜长石、萤石、透闪石、黑云母、白云母、阳起石、硅灰石等，属矽卡岩型白钨矿具中–大型发展规模。

（10）阿克苏地块元古宙铜铅锌铁成矿区带

1）地层：古元古代木扎尔特群下亚群，出露于地块中部和南部，系一套条痕状–条带状–眼球状混合岩，以及黑云斜长片麻岩和石英黑云片岩。上亚群出露于西部，其下部为变质的中基性火山岩，上部由火山碎屑岩及陆源碎屑岩变质而成的云母片岩组成。木扎尔特群总厚度 3551 m。

2）矿产：位于阿克苏地块（南木扎特隆起）东部边缘的基底成矿为阿合哭狼（Ar）铜矿、阿恰勒（Pt^2–P）铜–多金属矿，位于西部边缘的盖层成矿为苏美尔苏干河右岸铜锌矿（ᴈ）、克立克（S）铜矿。

阿特斯铁矿带位于地块西南缘，区域矿化带北西西—南东东向断续延长 30 km，宽 2~4 km，阿特斯铁矿长约 5 km，宽 0.3~0.5 km，细分三个矿层，长度一般 300~1000 m，厚度 1~5 m，矿石品位：$TFe(30~54)×10^{-2}$、$S(5~36)×10^{-2}$，一般 $26×10^{-2}$、$SiO_2(30~40)×10^{-2}$。地质储量 17.1 万 t，黄铁矿 25 万 t。

阿合哭狼热液型铜矿：地层为太古宙阿坦布拉克组黑云片麻岩、绢云石英片岩、绿泥绢云石英片岩。构造上在阔克莎岭地背斜、阿坦布拉克背斜南翼近轴部部位，矿区南侧有大量云英岩、伟晶岩和闪长岩脉。矿化围岩为黑云斜长花岗片麻岩。铜矿体为不规则状，西宽东窄，长 101 m，厚 0.72~3.3 m，产状为 $48°∠(56°~57°)$。金属矿物有黄铜矿、黄铁矿、褐铁矿。铜品位 $(0.72~5.41)×10^{-2}$，平均铜品位 $2.05×10^{-2}$，并伴生 $Ag(0.001~0.003)×10^{-6}$、Zn 品位小于 $0.1×10^{-2}$、Ni 品位大于 $0.01×10^{-2}$、Co 品位大于 $0.005×10^{-2}$，计算铜金属量 442.58 t。绿岩带内含金石英脉也具发展前景。

阿恰勒脉状铜–多金属矿：矿区地层为元古宙结晶片岩（绿色云母石英片岩、白云母石英片岩），矿区西南部分布二叠系灰岩、角砾岩、白色石英砂岩和含百合茎灰岩。海西期黑云花岗岩以岩墙状沿断裂侵入。

矿体沿断裂分布，铜以元古宙结晶片岩为围岩，铅锌以二叠系灰岩为围岩，矿体为透镜状，该点经初步评价：①铜矿体长 50 m，厚 2~12 m，平均厚度 8 m，产状为 $30°∠(78°~82°)$，近矿围岩为大理岩化灰岩、碳质硅化灰岩。②铅锌矿分布于块状灰岩中，可见长度 10 m，厚度 13.62 m，产状 20°∠43°。金属矿物有黄铜矿、斑铜矿、黄铁矿、方铅矿、闪锌矿、褐铁矿等。铜矿块平均品位：Cu 2.54×10⁻²、Pb 3.69×10⁻²、Zn 4.09×10⁻²。铅锌矿块平均品位：Pb 3.37×10⁻²、Zn 4×10⁻²、Cu 0.83×10⁻²。获金属量铜 365 t、铅 150 t、锌 167 t。

苏美尔苏干热液型铜矿：地层为下寒武统绿泥石化粉砂岩，灰紫色、绿灰色砂岩和硅质粉砂岩。矿体由南而北由三个串珠状透镜体构成（表5-5-2）。

表 5-5-2　苏美尔苏干铜矿矿体规模特征表

矿体编号	矿体长度/m	矿体宽度/m	矿体推测深度/m	矿体产状
1	35	2.6	20	130°∠（65°~70°）
2	36	5	20	280°∠（45°~50°）
3	15	2.2	20	315°∠（75°~80°）

矿石矿物主要是黄铁矿、黄铜矿，其次是辉铜矿、闪锌矿。围岩蚀变为绿泥石化、绢云母化、硅化。铜平均品位 2.86×10⁻²，最高品位 5.73×10⁻²，锌平均品位 1.81×10⁻²，最高品位 2.9×10⁻²。伴生 As、Pb、Co、Ag、Cd 等元素。求得铜储量 730.3 t，锌储量 462.2 t。

克立克热液型铜矿：位于阔克莎岭背斜南翼，地层为志留系透辉石黑云片岩、黑云母片岩、石英片岩、泥质石英片岩、石英绿泥片岩，变余砂岩、黏板岩、硅质岩、碳质页岩。矿体由三个连续扁豆体构成（表5-5-3）。

表 5-5-3　克立克矿体规模表

矿带	矿体长度/m	矿带宽度/m	铜品位/10⁻²	锌品位/10⁻²	硫品位/10⁻²	产状
南带	25	0.4~2.5	2.3	1.3	26.77	31°∠70°
中带	35	3.8	3	3.15	27.88	34°∠80°
北带	24	0.6	4.4	—	30.91	37°∠90°

矿石矿物有黄铁矿、黄铜矿、闪锌矿、自然铜、褐铁矿，矿石中钴质量分数 0.005×10⁻²，其中两件样品中钴质量分数为 0.2%。储量：铜 263.7 t，锌 125.2 t，黄铁矿 6481 t。

总览阿克苏元古宙地块的两种（基底与盖层成矿）成矿形式和硫、铜、锌、钴、金、铅的元素集群的特点，对已知各类矿点的成因探索，应从层控和层控改造的思路进行。

（11）哈尔克山晚古生代金锑锡成矿区带

指温宿—拜城—库车以北哈尔克山主脊部分，地学构造称其为哈尔克复背斜。北界为中天山南断裂，南界为托木尔峰—库尔干断裂，分别隔开中天山变质带和迈丹他乌—黑英山晚古生代边缘盆地。西出国境到吉尔吉斯斯坦伊内利切克地区，东端被巴音布鲁克高山盆地覆盖。

复背斜核部地层为上奥陶统、下–中志留统，两翼为上志留统。上奥陶统为一套变质碎屑岩、碳酸盐岩建造（伊南里克组 O_3–S_1），志留系及下泥盆统为巨厚的复理石建造、中基性火山岩建造和蛇绿岩建造（伊切克巴什组 S_2、报孜克里克组、阿克牙孜组 S_3–D_1），本构造单元以发育厚度巨大（累计 2443 m）的类复理石地槽型沉积和多层中酸性、中基性海相火山岩（厚度 2700 m）为特征。

变质作用强烈，在中天山南断裂以南 20 km 宽的地带，紧闭褶皱（倒转、掩卧、同斜）和大型平移韧性剪切带十分发育，并形成长百余千米、宽十几千米的蓝闪石片岩带。主脊部位普遍发生大理岩化，大部分地段达到低绿片岩–绿片岩相变质程度，东西向断裂广泛存在。

侵入岩相对不甚发育，仅见海西期花岗–流纹斑岩。

该构造单元尚未发现成型矿床，通过 1 : 50 万化探圈出如下有望区：①阿尤吾特金异常，出露地层为志留系碎屑岩建造夹中酸性火山岩，具低绿片岩相变质作用，侵入岩不发育，构造以断裂为主，断裂破碎带宽数十米，普遍硅化、黄铁矿化，具金锑化探异常，金异常呈北东向延伸，长 25 km、宽 8 km，金质量分数为 2×10^{-9}。②查汗沙拉（浩腾达坂北部）金锑–多金属异常区，出露地层为志留系中酸性火山岩–碎屑岩建造，沿片理有大量石英脉产出，侵入岩不发育，构造以北东向断裂为主，沿断裂有金化探异常，金异常呈北东向延伸，长 37 km、宽 8 km，质量分数为 3×10^{-9}，最高达 520×10^{-9}，出露在异常带东南部。③科克苏上游（查汗沙拉乌力克干布力增）金铅异常区，北部出露地层为震旦系变质岩、花岗岩，南部为志留系浅变质碎屑岩。金异常带沿断裂分布。在特克斯县的哈能盖、阿拉嘎勒、依克亚玛特沟和静县的阿尔得落君、依克赛河上游等六处发现砂金矿。④木扎特达坂锡成矿区，位于托木尔峰—库尔干断裂北部，出露地层为中上志留统大理岩、片岩夹中性斑岩，海西晚期花岗斑岩岩墙侵入其中。阿克托尔苏河有锡石重砂异常，其中锡石质量分数达 $(15\sim40)\times10^{-2}$。木扎特河上游阿克雀克发现锡矿化点，产于花岗岩脉的内外接触带，个别样品质量分数：锡大于 1×10^{-2}，银 64×10^{-6}，铜 $(0.1\sim0.5)\times10^{-2}$，锑 $(320\sim915)\times10^{-6}$，沟谷中重砂样品普遍含锡石。⑤夏特拉克锡–多金属成矿区，位于托木尔峰—库尔干断裂带中，出露地层为中上志留统大理岩、片岩、变粒岩夹流纹岩，侵入岩为加里东晚期碱性花岗岩，已知矿点有夏特拉克锡-多金属矿化点，断续长 100 m，矿石品位：Sn（0.056～1.17）×10^{-2}，Sb（0.014～2.98）×10^{-2}，Zn（0.23～4.85）×10^{-2}，Pb（0.88～2.04）×10^{-2}。该带西出国境与吉尔吉斯斯坦南天山的萨雷贾兹锡矿带相衔接。

西南天山—南天山

（12）阔克莎岭晚古生代岛弧汞锑金铁锰成矿区带

西、北两面延出国境之外，南界托什干断裂与迈丹塔格弧后盆地分开，东南方向接柯坪断隆。

1）地层：志留系-下泥盆统乌帕塔尔坎群，边缘为石炭系、下二叠统，主要为一套巨厚类复理石碎屑岩建造夹中基性火山岩和硅质岩。

2）构造：为走向北东的阔克萨岭复背斜，断裂为向南东仰冲的叠瓦式逆冲断裂组。

3）岩浆岩：有两类不同侵入体：①超基性岩体，侵入齐齐加纳断裂中。②海西期碱性花岗岩类，出露在鲁德涅瓦、乌鲁芝加尔、萨勒布拉克河、沙勒布拉克河等四个碱性花岗岩体。

4）矿产：矿产有位于托什干河上游南岸的川乌鲁金矿和大乌鲁锰铜矿及开孜维克铁锰矿（怀疑可否属于海相火山热水沉积型矿床上部的块状氧化物相）。托什干河以北通古孜鲁克沟的塔尔见斑岩-矽卡岩复合型铜矿（鲍鱼沟）。另在区域上尚有几处化探异常（1∶50 万区调成果），沿其其尔哈那克、麦尔开其断裂分布，主要有萨尔布拉克（岩体）锡异常（Hs10）、廓噶尔特金锑汞锡钨综合异常（Hs8）、其其尔哈那克金锑汞锡钨综合异常（Hs9）、其其尔哈那克河中游锡锑异常（Hs12），另沿麦尔开其断裂发现多金属矿点（铁盖列克沙墩）、金矿点（恰勒马提）。该带西北出境接阿特巴什—赞格吉尔成矿带，距边境不远的吉尔吉斯斯坦境内阿克赛钦发现中、小型锡矿、查蒂尔库里北汞矿、阿特巴什铅锌矿（阿塔苏型），其成矿作用均与晚古生代与晚海西碱性花岗岩有关，矿化建造有萤石-雄黄-辉锑矿、辰砂-石英-碳酸盐岩、辰砂-黄铁矿-辉锑矿、闪锌矿-辉锑矿、含汞硅质岩等。成因类型以热液为主，储量主要集中在层状矿床中，矿层受灰岩与片岩层间构造带控制。

开孜维克铁锰矿：产于泥盆系（属滨-浅海相沉积，下部为碎屑-碳酸盐岩建造，上部为中基性火山岩建造），含矿岩系由新至老次序为：①灰岩层，下部夹薄层硅质岩，厚 500 m。②块集岩及枕状安山岩，厚 100 m。③灰岩、硅质岩层，厚 300 m。④枕状玄武岩层夹硅质和灰岩条带，铁锰层（上层锰、下层铁）产于玄武岩中，厚 100 m。⑤灰岩层夹少量硅质岩，厚 50 m。⑥硅质岩层，含不稳定的层状、细脉状硅质锰矿，厚 200 m。⑦页岩层，厚 50 m。

川乌鲁铜-多金属矿：位于阿合奇县喀拉布拉克乡西川乌鲁苏河中上游一带。

在花岗岩株南西侧外接触带角岩中,初步圈出金铜矿化体三条,长500~1000 m,宽6.5~26 m,品位:Cu 0.08%~1.44%,Au一般在0.1×10^{-6}以下。其中圈出金铜矿化体四条,长30~100 m,宽1.1~9.2 m,品位Cu 0.08%~1.44%,Au$(0.1~3.7)\times10^{-6}$。在该矿化带西北残坡积层中发现含孔雀石矽卡岩转石(Cu 1.26%,Au 0.21×10^{-6}),显示该区段具接触变质热液叠加作用的特征。

川乌鲁赤铁矿:位于阿合奇县喀拉布拉克乡,西距县城181 km。

矿床产于泥盆-志留系阿帕达尔康群石英斑岩中,矿体长120 m,中间厚(5.5 m)两端薄(0.5~0.9 m),矿石矿物主要为赤铁矿,TFe品位$(14.48~53.9)\times10^{-2}$,平均品位$30\times10^{-2}$,铁矿石资源量40.8万t。

13)别迭里山口—库玛里克锑金铅锌铝铜锡成矿区带

范围泛指乌什县北山,西南与阔克莎岭连接,北东与小台兰隆起为界,出露地层主要为石炭-二叠系浅海-滨海相碎屑岩和碳酸盐岩及下石炭统海相火山岩,分布于喀恰、康木切、卡什列依一带。区带构造线为北东向,实乃由向北西倾的逆断层构成叠瓦式"褶断"构造带,侵入岩不太发育,仅见海西晚期富碱花岗岩。

矿产:矿种多(锑金、铅锌、铝、铜锡),类型多(层控热液型、海相沉积型、矽卡岩型),矿点多,诸如恰勒马提苏、其吕特克、阿希特勒、卡拉脚古牙、喀恰、康木切、卡什列依等金锑铅锌矿同,别代尔—库玛里克铝土矿,英阿瓦提铜锡-多金属矿等。

别代尔—库玛里克铝土矿:含矿岩系为中石炭统,厚48.70~365.60 m,多层状产于多个侵蚀面上(有8个之多),其中5个侵蚀面K0~K4较稳定,K2~K3中铝土矿有工业价值。矿层顶底板均为较纯石灰岩,由于矿区褶皱和断裂发育,使矿层重复出现达4~12次,另有在矿层底板喀斯特溶洞中形成充填矿体。

矿体单体长度30~255 m,厚度0.1~10 m,一般厚0.5~1.5 m,其形态分为似层状和溶洞状两大类,包括透镜状、囊状和不规则锯齿状等矿体。矿石矿物主要为硬铝石(一水型),鲕状、豆状、胶状、角砾状等矿石构造,暗色块状构造矿石属高铁、高硅型,各成分质量分数:$Al_2O_3(50~57)\times10^{-2}$,$SiO_2(8~12)\times10^{-2}$,$Fe_2O_3(13~18)\times10^{-2}$,$TiO_2(1.6~2.2)\times10^{-2}$,铝硅比(A/S)为6.2~4.7,$Al_2O_3$溶出率为74.44%~80.97%。

卡拉脚古亚锑矿:

①区域地质

位于托什干(秋木克克别勒)断裂北侧库玛力克向斜南翼,出露地层主要为志留系-二叠系,上志留统-下泥盆统为浅变质复理石碎屑岩,中上泥盆统为灰色中厚层灰岩、砾状灰岩、介壳灰岩夹钙质粉砂岩;石炭系下统为灰黑-浅黄色含炭细碎屑岩,上统为灰-灰黑色粒状块状灰岩、生物碎屑灰岩;二叠系仅出露下统,岩性为灰–灰绿色片岩、粉砂质页岩、钙质砂岩等，分布于矿区北部。矿区南部为新近系山前坳陷。

②区域构造

区域构造以断裂为主，主干断裂为北东向托什干（秋木克克别勒）深大断裂，具长期继承性活动的特点，沿断裂两侧侵入岩发育，诸如出现的海西晚期基性（辉绿岩、辉绿玢岩）酸性（石英二长岩）岩脉，与断裂构造配套形成的若干背斜和向斜构造亦为轴向北东的褶皱束（库尔哈克褶皱束），由于构造动力作用，岩石变质变形产生碎裂化、片理化、糜棱岩化，在地表形成黄褐色–青灰色板岩、千枚岩，蚀变岩明显受制于山前断裂和与之派生的次级断裂带、逆冲带、推覆带。

③矿床地质

（a）矿区地层：为中下石炭统滨浅海相细碎屑岩、碳酸盐岩建造，受区域构造活动影响具低变质作用，根据岩性及其组合自下而上划分为两个岩性段。

第一岩性段：下部为黑灰–灰色中厚层灰岩、泥灰岩夹石英砂岩、黄铁矿化白云岩；上部为杂色黄铁矿化绢云千枚岩夹灰色厚层灰岩，层厚 898 m，锑矿体主要产于该层中。

第二岩性段：灰色薄–中厚层细粒白云岩夹灰色薄–中厚层状细砂岩夹少量灰岩透镜体。

（b）矿区构造：矿区为一倾向北西的单斜构造，属拉布拉依向斜南翼，断裂有北东向、北北东向和北北西向三组，形成一个以北东向深大断裂为主干，南西端收敛、北东段撒开的帚状构造，北东向的秋木克克别勒深大断裂上盘和与之平行发育的次级断裂破碎带（脆–韧性剪切带）成为矿区锑金矿的主要控矿构造。

（c）矿体地质：根据矿体产出的空间位置，在地表宽 500~600 m 范围内划分出 5 条锑矿（化）带、7 个锑矿化层，均呈北东—北东东向展布。在第一、第二矿化层中圈出 7 个锑矿体，其分别为石英辉锑矿脉型和蚀变千枚岩型，石英辉锑矿脉型产于灰岩与千枚岩、板岩的层间转换断裂–裂隙带中，为雁行式斜列复脉带，单脉规模很小，长 0.5~21 m，宽 0.1~1.1 m，锑品位（0.68~30.5）×10^{-2}，其中，Ⅱ号、Ⅳ号、Ⅵ号三个矿体为小而富的锑矿体。Ⅳ号矿体规模相对较大，地表断续长 80 m，宽 1 m，呈脉状、不规则状产于北东向断裂破碎带中，倾向北西，倾角 54°~60°，锑品位（0.07~30.5）×10^{-2}，平均锑品位 8.57×10^{-2}。蚀变千枚岩型锑矿呈似层状产于富含泥质千枚岩板岩中，产出层位和厚度相对稳定，以Ⅶ号锑矿体为代表，矿体控制长度 200 m，厚度 1.5~2.4 m，锑品位（3.13~4.49）×10^{-2}。

（d）围岩蚀变：围岩蚀变强烈，主要有绢云母化、硅化、黄铁矿化、黄钾铁矾化、碳酸盐化、泥化，且在矿区内多种蚀变相互叠加，绢云母化、黄铁矿化、铁白云岩化与金矿成矿关系密切，绢云母化、硅化与辉锑矿产出有关。

（14）迈丹塔格晚古生代弧后盆地铅锌金锰成矿区带

该带北界以托什干断裂和阔克莎岭岛弧分开，南界为喀拉铁热克（乌恰）断裂与柯坪断隆毗邻，西段被北北西向切列克辛断裂所截，东段接柯坪断隆。自身为一复式向斜构造，北东为翘起端，其间与之平行的次级断裂发育，与近南北向断裂构成褶断型区域性格状构造。

地层：泥盆系，为滨海–浅海沉积，下部碎屑–碳酸盐岩建造，上部为中基性火山岩建造。

中石炭统艾克提组，由深灰–灰绿色绢云千枚岩、绢云硅质板岩、变质岩屑石英砂岩、硅质岩组成，厚约 1000 m。上石炭统喀拉冶尔加组，为灰绿色石英砂岩、白云质粉砂岩、泥质粉砂岩，偶见粉晶灰岩，下部具绢云母化，发现金矿（化）体和铜矿体，赋存地层厚度 540~700 m。下二叠统比尤列提群，灰绿–灰色砂岩、粉砂岩，厚度大于 1000 m。

岩浆岩：岩浆活动微弱，仅有少量脉岩，以中基性岩脉、石英脉为主。

化探异常（1∶50 万）：沿着艾克提克大断裂分布，有川乌鲁山口锡异常（Hs21）、川乌鲁南侧异常（Hs23）、中吉边境特玛纳克山口金异常（Hs21）、萨雷别里达坂金汞异常（Hs28、Hs29）、马场金砷锑异常（Hs31），为阿沙哇义金矿—玉奇开金矿（含喀拉贡金矿）矿带。Hs23、Hs25、Hs28、Hs29 这些异常皆沿艾克拉克大断裂分布，和 Hs31 同处一带，理应为金矿引起，具有现实的找矿意义。

矿产：属迈丹塔格矿带，如海相热水沉积霍什布拉克铅锌矿、喀尔勇铜铅锌矿、层控改造热液型萨里塔什铅锌矿和受控于北北西向断裂的乔诺铅锌矿等，另有产于迈丹塔格复向斜北东翘起端，受喀拉铁热克断裂上盘次级平行断裂控制的玉奇开金矿、阿沙洼依金矿床和喀拉贡金矿等。

霍什布拉克铅锌矿：位于迈丹塔格向斜南翼。两侧被近东西向断裂所挟持，形成东西长 11 km、南北宽（霍什布拉克段）0.6~1 km 的藕节状地垒（飞来峰）构造。其中上泥盆统石灰岩被一缓倾逆掩断层（霍什布拉克Ⅰ号断层）推覆于上石炭统灰质砂页岩之上，从而形成一向南缓倾斜的背斜构造。含矿岩系产于上泥盆统坦盖塔尔组暗色石灰岩，底盘为上石炭统灰质砂页岩。该矿床系海相热水沉积成因，矿体呈似层状，主要分两层：第一（富）矿层，长 350 m，平均厚度 24.48 m，地表最厚处 28.38 m，倾向延深 300 m；第二矿层，长 300 m，厚 3~4 m，膨胀处 21~28 m，产状为 330°∠（16°~46°），矿层平均品位：Pb $3.79×10^{-2}$，Zn $7.21×10^{-2}$。

矿石类型：硫化矿石，含 Pb $3.44×10^{-2}$，Zn $7.35×10^{-2}$；混合矿石，含 Pb $3.74×10^{-2}$，Zn $12.14×10^{-2}$；氧化矿石，含 Pb $7.48×10^{-2}$，Zn $18.44×10^{-2}$。矿区矿石以混合矿石和氧化矿石为主。

矿石矿物：主要铅矿物为白铅矿（占 42.3%）、铅矾（占 56.1%）、方铅矿（占

1.6%）；主要锌矿物为菱锌矿、闪锌矿。

伴生元素：镉（品位 $0.05×10^{-2}$）、银（品位 $12.15×10^{-6}$）、钴（品位 $0.005×10^{-2}$）。

喀尔勇库勒铜铅锌矿：

①地层：矿区出露中泥盆统托合买提组碳酸盐岩、下二叠统卡伦塔尔组火山碎屑岩、下白垩统克孜勒苏群沉积碎屑岩、上更新统新疆群冲-洪积层。

②构造：位于西南天山晚古生代陆缘活动带中泥盆统托合买提组，在矿区南部和北部分别以低角度逆冲推覆于下二叠统卡伦塔尔组和下白垩统克孜勒苏群之上，在推覆体的前锋形成规模不大的韧性剪切带，带内糜棱岩化发育显初始糜棱岩特征（灰岩常见香肠构造、旋转残斑、S-C组构、矿物定向拉长、重结晶现象），褶皱构造形迹主要表现为南倒北倾的构造形式，局部发生歪斜，形成相似型掩卧褶皱（同斜-平卧褶皱）、平卧褶皱、斜歪褶皱、同斜褶皱及一系列紧闭褶皱，并在推覆体前缘逆掩断裂带，呈叠瓦式低角度排列，沿着逆冲推覆面形成不同的推覆岩片，还可能出现飞来峰构造。

③矿床：矿体产于中泥盆统托合买提组一套浅海相碳酸盐岩内，成矿显示层控特点，地表氧化带颜色为黄-黄褐-红色，则含铅相对较高，褐-棕褐-棕色则锌含量较高，氧化物有铅矾、白铅矿和菱锌矿，地表矿体为方铅矿和闪锌矿，赋存于热水沉积角砾岩中，在铅锌矿化体、矿体的侧旁断裂发育，并形成含矿角砾岩带，清晰地分出早期热水沉积铅锌矿和晚期热液叠加与改造两个阶段的成矿过程。

阿莎洼侬金矿：位于阿合奇县城西 90 km 喀拉布拉克乡政府南 5 km 处。

矿区发现两条含金破碎蚀变带及 7 个金矿化体，矿体长 100～700 m，厚 0.68～4.3 m，金品位 $(1～2.94)×10^{-6}$，矿体由地表向深部呈现金品位由 $(0.55～2.52)×10^{-6}$ 过渡为 $(2.52～2.65)×10^{-6}$，矿体厚度 1.2～3.95 m 过渡为 2.28～4.32 m，勘查证实金矿体向深部厚度增大，品位变富，具中型金矿规模。

布隆金矿：位于阿合奇县城西 45 km 哈拉奇镇南部布隆村。

矿区发现各种脉体及蚀变带共计 19 条，其中含金重晶石脉工业重晶石脉：Ⅰ号脉以重晶石为主，长 120 m，平均厚度 0.45 m，金平均品位 $0.45×10^{-6}$；Ⅱ号脉为重晶石矿脉，长 230～660 m，厚度 0.5 m，其中金矿脉长 85～450 m，厚度 0.45 m，金平均品位 $3.72×10^{-6}$；Ⅲ号脉为石英重晶石脉，长 400～630 m，金矿脉长 280～400 m，平均厚度 0.50 m，金平均品位 $2.74×10^{-6}$；Ⅳ号脉为石英重晶石脉，长 310 m，金矿脉长 81 m，厚度 0.41 m，金平均品位 $1.64×10^{-6}$；Ⅴ号脉为石英脉，长 15 m，厚度 0.50 m，金平均品位 $5.4×10^{-6}$。

金矿类型：重晶石型、石英重晶石型、石英脉型。

金矿物：自然金，成色 94%（含 Ag）。

矿床规模：金（小型）、重晶石（小型），矿床及外围有进一步扩大的前景。

（15）木兹都克晚古生代断陷盆地与碱性岩有关的铜锌金、锡铋钼稀有-稀土金属成矿区带

木兹都克赞比勒区为晚古生代断陷盆地，产与富碱侵入岩有关的锡钼锌金、稀有、稀土金属矿。

木兹都克构造过渡带的大地构造位置处于西南天山构造活动带与柯坪断隆之间偏稳定隆起一侧，属于一晚古生代具继承性构造盆地，二叠纪时火山活动强烈，故有海相火山热水沉积铜铅锌矿床（哈达、库铁热克）出现。

赞比勒区富碱花岗岩是塔里木北缘富碱侵入岩带的西段，岩体受控于北东东向和近南北向两组断裂特别是两组断裂的交会区，大多有岩体侵位。区域研究认为，沿塔里木北缘有一个连续性较好的非造山弧形富碱侵入岩带，自西向东由巴什索贡、阿克塔拉、塔木西、塔木、霍什布拉克、布隆（克州境内）、英阿瓦提、托木尔峰、波孜果尔、宝奥孜克里克、伊兰里克（阿克苏地区）、霍拉山、库尔楚、阔克塔格西（巴州境内）等岩体群构成（图 5-5-3），再向东接辛格尔断裂，其北侧产具锡钨成矿专属性的一系列富碱花岗岩体。该带长度绵延达 1600 km，属海西晚期非造山拉张构造环境下的富碱侵入岩带。受控于西南天山构造活动带与柯坪断隆北缘活化构造带的木兹都克构造过渡带，发育在二叠纪断陷盆地内，岩带围岩主要是二叠系下统别良金群，为杂色泥岩、粉砂岩、砂质页岩、泥灰岩、介壳灰岩、生物碎屑灰岩、砂质臭灰岩、硅质岩、玄武岩及其凝灰岩。底部有石膏层和复矿砂岩。上统库铁热克群为杂色不等粒复矿砂岩、硅质岩、凝灰砂砾岩，顶部有基性凝灰岩夹层。

1）富碱侵入岩特征

①侵入岩状况：侵入岩系二叠纪晚期产物，表现为碱性辉长岩和碱性花岗岩类的大面积侵入活动。富碱侵入岩侵位于断陷盆地内，多呈岩株状，如塔木、霍什布拉克、克孜尔托等岩体，而克孜勒克孜塔格岩体和古尔拉勒达坂岩体为碱长正长岩，它们均属幔源重熔分异（A 型）花岗岩类。这里岩浆活动具有由喷发（碱性玄武岩）到侵入（碱性辉长岩、碱性花岗岩），成分具从基性向酸-碱性系列演化的特征。

②岩体特征：富碱侵入岩除古尔拉勒达坂岩体侵入上石炭统迈丹他乌群之外，区内其余岩体皆就位于二叠纪断陷盆地之内的别良金群和库铁热克群内，岩体面积为 $0.5 \sim 10$ km^2，多沿着北东东向和南北向断裂作长轴发展，岩体大多为岩株，形状规则，个别为岩支，大多数岩体节理发育具有蚀变晕，表现为角岩化和矽卡岩化，围绕岩体呈圈层，蚀变带宽度不超过 500 m，在矽卡岩与角岩带中，经

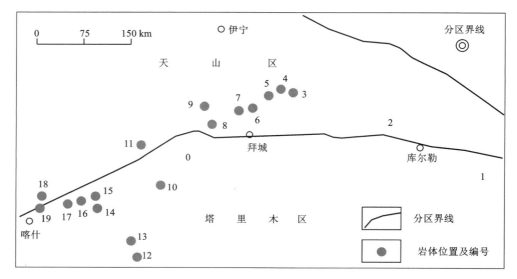

1—阔克塔格西；2—库尔楚；3—伊兰里克；4—宝奥孜克里克；5—克其克果勒；6—波孜果尔；
7—阿斯格勒克；8—土盖别里奇南；9—托木尔峰；10—尤尔美纳克；11—英阿特；12—瓦吉尔塔格；
13—麻扎尔塔格；14—克孜尔卡特山；15—普昌；16—塔木；17—塔木西；18—阿克塔拉；19—巴什索贡。

图 5-5-3　塔里木地台北缘碱性岩分布图

(据《新疆地质志》编绘，1993)

常发现石英锡石电气石脉和含稀有-稀土元素（Nb、Ta、Y、Yb、Zr）的花岗伟晶岩脉。矽卡岩中普遍分布石英、萤石、电气石团块，这些含矿地质体，一般长 5～19 cm，宽度更小，岩体具多期次侵入活动特点，更晚期有花岗斑岩体出现。区域内岩带总体走向为北北东向，倾向北北西，杨富全（2001）在霍什布拉克碱长花岗岩内进行单颗粒锆石同位素测定 Pb206/U238，得到年龄为 261.5±2.7 Ma。

③岩相学特征：杨富全对霍什布拉克、克孜尔托两岩体岩相学进行研究得出，碱长花岗岩，外观为姜黄色，新鲜岩石为红褐色，中细粒花岗结构、块状构造。风化特征：岩石表面呈球状，球粒长轴方向为北东向。造岩矿物质量分数：钾长石 70%～75%，斜长石 1%～2%，石英 22%～23%，少量黑云母、白云母，钾长石为粒状、半自形板柱状，钠长石在钾长石中，呈细脉状和薄片状。斜长石类为半自形板状，见 0.1～1.0 mm 聚片双晶，且有轻微高岭土化。副矿物有磁铁矿、钒钛磁铁矿、锆石、金红石、榍石、褐帘石、铌钽铁矿、独居石、萤石、钍石、毒砂、烧绿石、褐铁矿、孔雀石、电气石、黄铁矿，其中锆石、钍石含量一般大于 1 g/m³，个别高达 12 g/m³，铌钽铁矿分布普遍。花岗斑岩，为褐黄色斑状结构，基质细微粒结构，少量微隐晶结构，球粒结构，斑状构造，流纹构造。斑晶为钾

长石和石英，约占 50%，基质为钾长石、石英、斜长石。明显看出由花岗斑岩向流纹岩过渡的结构构造特征，具超浅成侵入体表象。

④岩体岩石化学：根据赞比勒岩石化学特征表得知，该区富碱侵入体 SiO_2 质量分数在 $(72.84 \sim 77.70) \times 10^{-2}$，克孜尔托岩体(表 5-5-4)较之塔木、霍什布拉克两岩体更低，SiO_2 质量分数平均在 73.12×10^{-2} 左右。侵入体的总碱量在 $(7.77 \sim 9.11) \times 10^{-2}$，而克孜尔托岩体的总碱量平均大于 9×10^{-2}，远远高于中国花岗岩的平均含量，K_2O 质量分数为 Na_2O 的 1.8~2 倍，属于高硅、高碱、低铝钙-碱性岩石系列。根据邹天人(1995)、蔡宏渊(2000)对霍什布拉克岩体的稀土元素和微量元素研究得知：稀土元素总量 $\Sigma w(REE)$ 为 515.9×10^{-2}，$w(LREE)/w(HREE)$ 为 2.4，表明稀土元素分流较高；$w(La)/w(Yb)$ 为 6.34，$w(La)/w(Sm)$ 为 5.12，则轻稀土富集，负铕异常，属铕强烈亏损型。配分模式为向右倾斜大的负铕异常，是近于平滑的稀土元素曲线。微量元素的 K、Li、Rb、Nb、Zr、Ni、Sc 元素含量偏高，比世界花岗岩偏高(维诺格拉多夫，1962)1.14~5.75 倍。

表 5-5-4　克孜尔托岩体与矽卡岩成矿元素特征表

	$w(Sn)/10^{-6}$	$w(Cu)/10^{-6}$	$w(Pb)/10^{-6}$	$w(Zn)/10^{-6}$
岩体	9.6	45	40	12
矽卡岩	16.5	98	147	151

另外，其元素的特点表现为不论岩体或矽卡岩，F、B 含量高，萤石、电气石分布普遍，在岩体内它们以星散状分布于钾长石、斜长石、石英等矿物之间，或以石英电气石脉、石英萤石脉产出，而矽卡岩中的电气石与萤石多以浸染状、团块状与矽卡岩矿物伴生。全区发现稀有、稀土元素矿化点 8 处：有三处接近工业品位，已知 Nb_2O_5 品位为 $(0.024 \sim 0.031) \times 10^{-2}$，$Ta_2O_5$ 品位为 $(0.004 \sim 0.005) \times 10^{-2}$，$(Nb+Ta)_2O_5$ 品位为 $(0.029 \sim 0.0363) \times 10^{-2}$。I 号矿化点产于中细粒斑状碱性花岗岩岩脉中，长 380 m，宽 4~6 m，Nb_2O_5 品位为 $(0.018 \sim 0.038) \times 10^{-2}$，平均品位 0.0313×10^{-2}。Ta_2O_5 品位为 $(0.002 \sim 0.005) \times 10^{-2}$，平均品位 0.0042×10^{-2}。Ta_2O_5 品位为 $(0.065 \sim 0.162) \times 10^{-2}$，平均品位 0.12×10^{-2}。

⑤勘查地球化学特征：富碱侵入体化学成分中 SiO_2、Fe_2O_3、K_2O、As、B、Be、Bi、Co、Cr、Ca、Mo、Nb、Ta、Sb、Th、Ti、U、V、W、Y、Zr、Fe 等的含量高于酸性岩中的平均含量。AL_2O_3、MgO、CaO、Na_2O 的含量低于酸性岩中的平均含量，其中 F、B 等矿化剂高于丰度值 2~9 倍。这表明系岩浆期后成因，有利于元素的迁移与富集，属岩浆前锋，同时也反映岩体剥蚀程度不大，是寻找有色、稀

有、稀土、放射性等元素矿产的较好的地球化学环境。元素在水系沉积物中的分布特点是：Ag、As、Sb 等元素在各地层中贫化与富集规律清楚，Ag 普遍富集，As 在沉积岩中相对富集，石炭系、二叠系地层次生富集幅度最大，在富碱侵入岩中相对贫化，Sb 元素在二叠系与石炭系分布区出现富集，但在泥盆系与富碱侵入体分布区相对贫化，说明 Sb 在碱性环境下活动性较弱。Ag、As、Sb 是热液型矿床典型的前缘元素，在富碱侵入岩区除 Ag、As、Sb 元素外，水系沉积物中 Au、Ba、Cd、Co、Cr、Cu、Hg、Mn、Ni、P、Sr、Ti、V、Sn、Fe_2O_3、CaO、MgO 次生富集现象明显，推测为复式岩体，预测对形成有色贵金属矿产有利。水系沉积物中贫化元素有 B、Be、Bi、F、Ca、Pb、Sb、Th、W、Y、Zr、SiO_2、Al_2O_3、K_2O、Na_2O。

⑥主要矿化类型及元素组合：（a）岩体带（物源区：花岗岩型、花岗伟晶岩型）稀有、稀土元素 Nb、Ta、Y、Be、Th、U、F、Zr、Mo、La、Li。（b）近源成矿叠加带、矽卡岩带：Sn、Mo、F、B、Bi、Au、Cu、Zn、W、Cd、Pb、As、Co、Ni。（c）远源成矿影响带、断裂带（热液脉型、层控改造型）：Cu、Zn、Pb、Ag、Cd、As、Sb。流纹岩及碳酸岩中 Hg、Sb、Ag 化探异常。

2）富碱侵入岩成矿特征

①岩体成矿专属性，全疆富碱侵入岩含矿具有多样性，有稀有、稀土元素、钨、锡、钼、宝石、铅、碳、钾等矿产。赞比勒区则表现为稀有、稀土元素、锡、铋、钼、锌、铜、金、电气石与萤石矿，岩带岩石有碱性花岗岩、碱长花岗岩和正长岩，以 Nb、Ta、Y、Yb、Zr、Au、Sn、Bi、Mo、Zn 矿产占主体，充分显示出稀有、稀土金属和锡、铋、金、锌、铜、钼等矿产的成矿专属性。

②矿种转化及元素分带性：富碱侵入体的就位条件是断裂构造交会区，沿着北东东向和南北向两组断裂分布，统计元素的分配有如下规律：自南西向北东（即从岩体带向外）综合异常表现的元素分带为在岩体与接触带（花岗岩型、花岗伟晶岩型、矽卡岩型）上的 Nb、Ta、Y、Sn、Mo，体现为克孜尔托 Nb、Ta 矿，塔木锡矿，卡拉丘别钼矿，彻依布拉克锌锡矿。中部为 Au、Cu、Zn、As、Sb、Pb，体现为艾西买金矿、哈达铜锌矿、克孜尔布拉克铅锌矿。远程有库铁热克 Hg、Ag、As、Ba 化探异常，位于库铁热克村西白垩系火山岩中。从而显示出由岩体向外，高温–低温的矿种转化与元素分带，说明以富碱侵入体为矿源，元素向外发散，按温度梯度形成矿种过渡分带。

③类型配套与成矿系列：就目前发现的矿床与矿点，再结合区域勘查地球化学成果，归类出如下规律：

岩体内部：花岗岩型、花岗伟晶岩型，Nb、Ta、Y、Zr 元素异常，分布于巴什索贡岩体、克孜尔托岩体。

岩体接触带：矽卡岩型（磁铁矿、电气石、萤石、石榴石、阳起石），Sn、Mo、

Bi、Zn、Au 元素异常,分布在塔木、赛色布拉克、卡拉丘别、彻依布拉克。

断裂带:热液型,Au、Cu、Zn、Pb 元素异常、分布在哈达、塔木西、彻依布拉克、艾西买。

Hg、Ag、As、Ba 化探异常出现在岩体外侧距离 10 km 之外白垩系火山岩及碳酸岩中,清晰地显示出矿种转换、类型配套的富碱岩浆成矿分带系列。

新疆内生稀土矿床类型划分如表 5-5-5 所示。

表 5-5-5　新疆内生稀土矿床类型划分表

类型	亚类型	代表性矿床(点)	矿化及经济评述	主要宏观地质矿床特征
碳酸盐型	热液碳酸盐脉亚型	瓦吉尔塔格且干布拉克	矿化分三类: ①REE 碳酸盐型,REO 平均品位 0.59×10^{-2},Nb_2O_5 品位 $(0.004 \sim 0.005) \times 10^{-2}$;②REE-P 碳酸盐型,REO 平均品位 1.1×10^{-2},P_2O_5 品位 2×10^{-2};③REE-Nb-P 碳酸盐型,REO 品位 $(1.14 \sim 3.43) \times 10^{-2}$,储量 5678 t,$Nb_2O_5$ 品位 $(0.005 \sim 0.29) \times 10^{-2}$,平均品位 0.105×10^{-2},P_2O_5 品位 $(0.99 \sim 16) \times 10^{-2}$,平均品位 2.97×10^{-2}。 岩石名称　　　　　　　$w(REE)/10^{-6}$　$w(LREE)/w(HREE)$ 白云石碳酸岩　　　　52548.9　　　105.75 方解石白云石碳酸岩　23717.31　　　20.83 方解石碳酸岩　　　　22114.85　　　11.50 方钠石-霓石-霞石正长岩　980.35　　9.78 角闪正长岩　　　　　421.32　　　6.39 碱性辉长岩　　　　　299.41　　　4.93 辉石岩　　　　　　　243.35　　　5.30	在方钠霓辉正长岩、角闪正长岩、碱性辉长岩、辉石岩杂岩体的晚期,有三种碳酸盐岩脉。有用矿物主要是含稀土元素的载体矿物——独居石,伴生矿物天青石(含 Sr 53.72×10^{-2})、铁白云石(含 MgO 7.45×10^{-2}、CaO 25.12×10^{-2})、方解石(含 REO 40.08×10^{-2}、P_2O_5 7.7×10^{-2}、ThO 7.7×10^{-2})
	熔岩碳酸盐层亚型	克其克果勒塔斯都威	REO 品位 $(0.037 \sim 0.111) \times 10^{-2}$	碳酸盐熔岩厚 200 m,走向延伸大于 5 km,产于志留系
	火成碳酸盐体亚型	巴什索贡	—	与碱长花岗岩同期侵入的一种岩相

续表5-5-5

类型	亚类型	代表性矿床(点)	矿化及经济评述	主要宏观地质矿床特征
碱性正长岩型		阔克塔格西	含 REO(0.045~0.099)×10^{-2}，Nb_2O_5 0.0544×10^{-2}，Ta_2O_5 0.0068×10^{-2}，(ZrHf)O_2 0.1085×10^{-2} 岩石名称　　　　w(REE)/10^{-6}　　w(LREE)/w(HREE) 萤石霓石正长岩　1256.6　　　　13.37 霓石钠长岩　　　848.11 钠长石化霓石 角闪正长岩　　　399.31 角闪正长岩　　　333.85　　　　6.49	侵入元古宙变质角岩中的碱性正长岩顶部霓石钠长岩为矿体(264 Ma)，有用矿物为烧绿石、锆石 铁硅钛铈铜矿
花岗岩型	碱性花岗岩亚型	波孜果勒红柳井	含 REO(0.045~0.099)×10^{-2}，Y_2O_3(0.04~0.06)×10^{-2}，Nb_2O_5 0.1985×10^{-2}，Ti_2O_5 0.0211×10^{-2}，(ZrHf)O_2 0.1058×10^{-2} REE 含量高达(0.058~0.1453)×10^{-2} 含 Gd、La、Y(0.018~0.033)×10^{-2} 含 Y_2O_3 0.026%，储量 2000 t， 含 Nb_2O_5 0.039%，储量 3055 t	为含独居石、烧绿石、锆石、霓石花岗岩，特别是富含 NbTiZr 的霓石钠长花岗岩，Y_2O_3 含量达(0.456~0.478)×10^{-2}，可以综合利用。 含褐钇铌矿、铌铁矿、海西晚期黑云碱长花岗岩型铌钇矿
	碱长花岗岩亚型	哈达塔木	哈达塔木，含 Nb_2O_5(0.01~0.049)×10^{-2}	哈达塔木为碱长花岗岩铌-稀土矿点
		巴什索贡	巴什索贡已知稀有、稀土元素矿化点 8 处，3 处接近工业品位 含 Nb_2O_5(0.024~0.0313)×10^{-2}，Ta_2O_5(0.004~0.005)×10^{-2}，(Nb+Ta)_2O_5(0.029~0.0363)×10^{-2} Ⅰ号矿化点位于中细粒斑状碱性花岗岩脉中，长 380 m，宽 4~6 m 含 Nb_2O_5(0.018~0.038)×10^{-2}，平均品位 0.0313×10^{-2}，Ta_2O_5(0.002~0.005)×10^{-2}，平均品位 0.0042×10^{-2}，TR_2O_5(0.065~0.162)×10^{-2}，平均品位 0.12×10^{-2}	产于碱长花岗岩中的各类脉体
	气成热液脉亚型	霍什布拉克	为钇矿化点 含 Y(0.01~0.3)×10^{-2}、Yb(0.01~0.19)×10^{-2} Ceo(0~0.3)×10^{-2} La、(0~0.03)×10^{-2} Be 0.001×10^{-2}	在电气石黑云碱长花岗岩北侧内接触带，计有 10 余条萤石-电气石-石英脉，Y_2O_3 品位为 0.101×10^{-2}，规模 100 m×(5~10 m)

续表5-5-5

类型	亚类型	代表性矿床(点)	矿化及经济评述	主要宏观地质矿床特征
伟晶岩型	碱性伟晶岩亚型	依兰里克玛依达	黑云-霞石型伟晶岩(玛依达黑云母-方钠石-霞石-钠长石伟晶岩)有一些方解石脉,含 REO(0.01~0.03)×10^{-2},最高 1.55×10^{-2},其中含 Y_2O_3 0.158×10^{-2}、Nb_2O_5(0.01~0.03)×10^{-2}、ZrO_2(0.06~0.3)×10^{-2},最高 1.2×10^{-2} 稀土矿物为独居石 稀有矿物为贝塔石,含 Nb_2O_5(26.65~35.82)×10^{-2}、Ti_2O_5(1.9~20.02)×10^{-2}、UO_3(22.58~28.50)×10^{-2},放射性矿物为晶质铀矿、钍石,含 REO(0.013~0.29)×10^{-2} 中部边缘带含 Y_2O_3(0.005~0.59)×10^{-2}	金云母-透辉石型(与碳酸盐有联系),代表性矿床为依兰里克,详分六个矿物共生结构带: ①细粒金云母-钠长石带 ②细粒钠长石带 ③金云母-透辉石-钠长石带,含少量方钠石较多锆石贝塔石,含 Nb_2O_5(26.65~35.82)×10^{-2}、Ti_2O_5(1.19~20.02)×10^{-2},UO_3(8.5~22.05)×10^{-2} ④锆石-钠长石-金云母带,含镁橄榄石棕红色锆石(粒度一般 1~5 mm,大者 10~20 mm,最大在 30 mm 以上) ⑤方钠石-透辉石-方解石-金云母带,含 5%~10%色泽艳丽的方钠石 ⑥贝塔石-金云母-钠长石带
	花岗伟晶岩亚型	石英滩	含 Ta_2O_5(0.002~0.026)×10^{-2}、ZrO_2(0.008~0.353)×10^{-2},稀土元素有时高达 0.292×10^{-2},其中 Y_2O_3 品位 0.053×10^{-2},达到矿化点。 褐帘石储量 4000 t,并含独居石、钛铁矿	脉体三分: 顶部:细粒黑云母-霞石-钠长石带 中部:黑云母-方钠石-霞石-钠长石结构构造带,含玉石级蓝色半透明、不透明方钠石,少量宝石级蓝色透明方钠石(直径 5~120 cm)。 底部:细粒黑云母-霞石-钠长石带,在元古宇地层中发现 400 多条,含褐帘石花岗伟晶岩脉
		汤宝其	为含褐钇铌矿、独居石矿化点	在元古宇片麻岩中发现数十条含褐钇矿独居石花岗伟晶岩脉
		库尔图	为褐钇铌矿、磷钇矿矿化点	为产于元古宇片麻岩中的数十条含独居石、磷钇矿花岗伟晶岩脉

续表5-5-5

类型	亚类型	代表性矿床（点）	矿化及经济评述	主要宏观地质矿床特征
接触带型	角岩亚型	—	—	—
	矽卡岩亚型	—	—	—
砂矿型	锡、钨砂矿	库斯台	锡石、黑钨矿	卡斯别克云英岩型锡矿、祖尔昏石英脉型钨矿，南侧河谷及阶地近代冲、洪积层
	独居石、锆石砂矿	博乐北	独居石	系科依塔什碱性花岗岩之风化产物，现代河谷沉积物
	铌-钽（绿柱石）砂矿	库波尔特阿尔恰特	铌-钽铁矿、绿柱石	产于富蕴县阿尔恰特坡残积层、库波尔特沟口现代冲、洪积沉积层
	钒钛磁铁矿砂矿	普昌	钒钛磁铁矿	剥蚀物源来自普昌碱性辉长岩体，储矿于沙雷脱克沟出口开阔地段的现代冲、洪积沉积层。

（16）阿赖构造弧金-多金属成矿区带

该区带所处的大地构造位置，属于中国西南天山造山带西段，伊犁—伊塞克湖微板块与塔里木北缘活动带的交替部位，以萨瓦亚尔顿—吉根超壳型断裂为界，西部为阿赖构造弧（伊犁-伊塞克微板块），东部为塔里木北缘活动带的晚古生代陆缘盆地。阿赖弧—木兹都克构造带—乌恰构造拉分盆地矿产略图如图5-5-4所示。东阿赖和哈尔克山地区发育着一套巨厚的复理石和碳酸盐岩建造，志留纪末—早泥盆世初，"早古南天山洋"地壳向北侧伊犁板块俯冲，在哈尔克山北部一带产生双变质带以及岛弧火山岩，洋盆封闭及哈尔克地区褶皱隆起，形成一条加里东期沟弧带（叶庆同等，1999），早泥盆世—早石炭世为晚古生代南天山

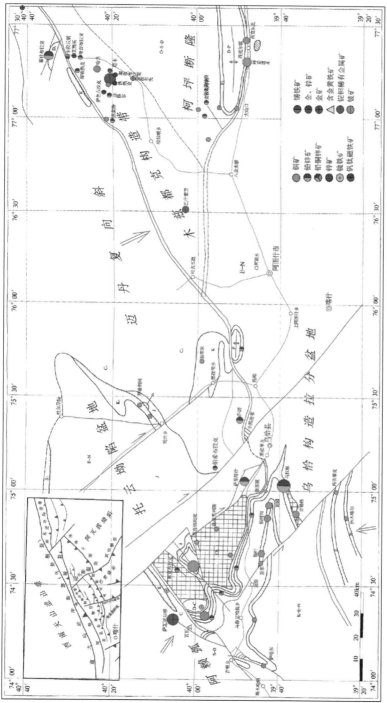

图5-5-4　阿赖弧—木兹都克构造带—乌恰构造拉分盆地矿产略图

扫一扫，看彩图

初始洋盆阶段，由于塔里木板块被动陆缘发生拉张作用，形成一定规模的南天山初始洋盆，沉积了浅海相-滨海相碎屑岩和碳酸盐岩，局部有火山活动。早石炭世洋盆闭合，由于地块与地块的碰撞作用形成碰撞花岗岩，晚石炭世沉积类型复杂，表明残留洋的消失和陆壳块的接近（刘本培等，1996），塔里木板块和伊犁—伊塞克湖板块陆陆碰撞发生于早二叠世，古生代沉积地层发生褶皱，并被中二叠世碱性花岗岩类侵入，在碰撞期间产生一系列韧性剪切带、逆断层、逆冲推覆体并伴有火山活动，早二叠世以后，进入陆内构造变形阶段，岩浆活动造就 A 型花岗岩的形成，中生代发育在西部天山山前的山间盆地，为一套河湖相碎屑岩夹煤层和陆相火山岩，中生代岩浆活动微弱，仅见闪长岩脉和辉绿岩脉。古近纪陆相碎屑岩与石膏层，始新世有玄武岩喷发和碱性辉长岩侵入，新近纪由于印度板块（冈瓦纳古陆）与欧亚板块之碰撞，天山地壳增厚并再次隆升，古生代地层被推覆于中新生代地层之上。

阿赖构造带主体在境外（吉尔吉斯斯坦、塔吉克斯坦），中国仅占极少一部分，约 2000 km^2，称为阿赖构造弧，它总体构造为北东走向，地层有中志留统（合同沙拉组）灰绿色绢云千枚岩、砂质板岩和大理岩化灰岩，上志留统（塔尔特库里组）岩性可分三段，第一段为灰-深灰色含碳绢云千枚岩与变质粉岩不等量互层，第二段为灰-灰黑变质细砂岩、变质粉砂岩、含碳千枚岩互层，第三段以灰-深灰色含碳绢云千枚岩为主，有千枚状板岩、条带状硅质岩、钙质角砾岩，归属浅海-半深海变质碎屑岩建造和碳酸盐岩建造，为萨瓦亚尔顿金矿的重要含矿层位；下泥盆统（萨瓦亚尔顿组）第一岩性段为灰黑色含碳绢云千枚岩夹灰色变质砂岩，第二岩性段为灰色变质钙质细砂岩夹碳质绢云千枚岩，属浅海-半深海相变质碎屑岩建造，为萨瓦亚尔顿金矿的主要含矿层位；中泥盆统（托格买提组）岩性可分两段，下段为深灰色灰岩与黑色燧石层互层夹基性火山碎屑岩互层，上段下部为黑-深灰色泥质绢云片岩夹灰岩，上段上部是深灰-浅灰色中厚层灰岩，为滨-浅海相碳酸盐岩夹碎屑岩建造。

岩浆岩：沿着 NE 向的推覆性构造带有基性-超基性岩体线形分布，中酸性岩脉发育，总体而论该构造单元岩浆侵入活动相对微弱。

矿产：已知矿产有金铁铜铅锌矿等，诸如萨瓦亚尔顿、五瓦、吉根等矿点（床）。

萨瓦亚尔顿金矿：

1）矿区地质特征

①地层：矿区出露地层有上志留统、下泥盆统和上石炭统，它们之间皆为断层接触。上志留统和下泥盆统为赋矿地层。

上志留统塔尔特库里组由一套浅变质含碳碎屑岩组成，按岩性划分为 4 段：第一段为含碳千枚岩和与薄层状不等厚度的变质粉砂岩互层，两者构成 1~3 cm 厚的沉积韵律层。第二段为薄层状变质细砂岩、变质粉砂岩和含炭千枚岩三者互层。第三段为含碳千枚岩夹千枚状板岩、硅质岩和砾岩，底部出现灰岩透镜体，产蜓、珊瑚、海百合茎、腕足类、介壳类、藻类化石。第四段为变质砂岩、硅质岩夹含碳千枚岩，硅质岩中含放射虫。

下泥盆统萨瓦亚尔顿组划分为两段：第一段由薄层状含碳千枚岩夹中厚层状变质细砂岩组成，第二段为中厚层状变质钙质细砂岩夹碳质千枚岩，局部夹变质粉砂岩。

中泥盆统托格买提组为大理岩化灰岩。上石炭统为含炭千枚岩夹薄层状变质钙质粉砂岩，底部为泥灰岩、生物碎屑灰岩。容矿岩系为含碳浊积岩，广泛发育韵律层理、粒序层理、水平层理、包卷层理、沙纹层理和鲍马层序，与区域其他地层对比，容矿岩系中金含量相对较高，表明浊积岩中的碳质和黏土矿物在沉积时对金有较强的吸附作用，使金得到初始富集。

②构造：区域断裂和褶皱构造发育，构造线总体方向北北东向，延伸数十至数百千米，萨瓦亚尔顿—吉根大型剪切带为南天山造山带与塔里木板块西北缘分界断裂，也是区域内重要的控矿断裂，该脆-韧性剪切带北东东向展布倾向北西西—北西，倾角 50°~85°，与地层斜交，带内有强烈片理化带、初糜棱岩、糜棱岩、构造透镜体、拉伸线理和 A 型褶皱，细节特征是强弱变形带相间排列，A 型褶皱虽广泛发育但规模较小，多为复杂的尖棱褶皱与宽缓的对称褶皱，平行于 A 型褶皱枢纽的一组拉伸构造发育，由密集的片理与矿物定向排列构成。韧性剪切带是在矿区地层褶皱之后形成的深层次断裂构造，经历了早期（韧性挤压带）、中期（脆-韧性剪切带）、晚期（叠加脆性断裂破碎带）的变形过程（代表剪切带从深部逐渐抬升到地壳浅部的变形过程）。韧脆性斜冲剪切带控制矿化带，矿体严格受雁列式破碎带控制（马天林，1999）。

③岩浆岩：其活动微弱，未见大的侵入岩体，仅在矿区及外围沿断裂带有海西晚期的少量基性熔岩、辉绿岩脉、超基性岩脉透镜体和二长斑岩脉。

2）矿体地质特征

①矿化带及矿体特征：矿化蚀变带集中分布于南北长 5 km、东西宽 4 km 范围内，共发现 24 条（编号Ⅰ~ⅩⅩⅣ），主要分布在上志留统塔尔特库里组和下泥盆统萨瓦亚尔顿组，容矿岩系为含碳千枚岩、变质砂岩和变质粉砂岩。矿化带受北东—北北东向韧-脆性剪切带中的破碎带控制，呈线状、带状延伸，近平行展布，具有等距分布的特征。所有金矿化带具有相似的地质特征，其中Ⅰ、Ⅱ、Ⅳ、Ⅺ等矿化带规模较大（表 5-5-6）。

Ⅳ号矿化带规模最大，位于塔尔特库里组与萨瓦亚尔顿组交界处（断裂接触面），总体走向 25°，倾向北西，倾角 53°~80°，与围岩产状斜交。长度超过4000 m，宽度 15~200 m，控制矿体 9 个，其中 3 个矿体最大，在Ⅳ-2 矿体中具有明显的矿化分带，金富集在上部，锑富集在下部（锑矿体厚 2.51~12.21 m，平均

品位 1.28×10^{-2}），金矿体呈左行雁形排列和尖灭侧现展布。

表 5-5-6　萨瓦亚尔顿金矿床主要金矿化带及矿体特征表

带编号	长/m	宽/m	产状	矿体数	矿体号	长/m	厚/m	产状	形态
I	>2700	80~130	NW/70°	4	—	200~1600	0.8~10.3	（300°~330°）∠70°	脉状、透镜状
II	2500	50~80	NW/70°	4	—	62~206	1.2~11	NW∠70°	脉状、透镜状
IV	>4000	15~20	NW∠（58°~76°）	9	—	60~1390	0.9~48.6	306°∠（58°~70°）	似板状
	—	—	—	—	IV-1	860	0.9~6.6	（298°~313°）∠70°	板状
	—	—	—	—	IV-2	1390	5.8~48.6	298°∠70°	板状
	—	—	—	—	IV-3	1020	3.0~27.4	NW∠70°	板状
XI	1800	20~50	304°	3	—	200~380	0.7~6.0	NW∠70°	脉状

②矿石特征：矿石分为原生矿石和氧化矿石。根据矿物组合和产状将原生矿石划分为含金细脉型、网脉型、含金蚀变碳质千枚岩型和含金硅化粉砂岩型，进一步划分5个自然类型：(a)金-毒砂-黄铁矿-石英矿石；(b)金-黄铁矿-脆硫锑铅矿-辉锑矿-石英矿石；(c)金-脆硫锑铅矿-辉锑矿矿石；(d)金-石英-菱铁矿石；(e)金-黄铁矿-磁黄铁矿-石英矿石。矿石结构有自形~半自形粒状、他形粒状结构、固溶体分解结构、交代结构、包含结构、碎裂结构等。矿石构造主要有浸染状、细脉-网脉条带状、块状、角砾状和揉皱构造。在浸染状矿石中黄铁矿毒砂呈星点状分布于石英细脉、蚀变碳质千枚岩内，黄铁矿、毒砂、辉锑矿、石英呈细脉浸染状出现在蚀变岩的裂隙中，条带状构造矿石主要由毒砂、黄铁矿、磁黄铁矿、黄铜矿和石英相间成带分布。矿石中矿物40余种，金属矿物以黄铁矿、毒砂、脆硫锑铅矿、黄铜矿、辉锑矿为主，磁黄铁矿、银金矿、方铅矿、闪锌矿等次之，非金属矿物主要为石英、方解石菱铁矿、绢云母及碳质。金矿石中主要金属含量（郑明华等，2001）：Au$(1.1~27.0) \times 10^{-6}$，As$(0.05~14.6) \times 10^{-2}$，Sb$(0.005~19.7) \times 10^{-2}$，Ag$(3.7~186.2) \times 10^{-6}$，Mo$(0.7~36.7) \times 10^{-2}$，W$(0.5~149) \times 10^{-2}$，Th$(0.01~25.5) \times 10^{-6}$，U$(0.1~13.3) \times 10^{-2}$，Zr$(24~333) \times 10^{-6}$，金矿石中平均 $w(Au)/w(Ag)$ 为0.14。

③成矿期及成矿阶段：根据矿脉特征、穿插关系、矿物共生组合、生成次序及金含量特征将矿床的成矿过程划分为热液期和表生期。热液期与区域变质作用、剪切作用及热液活动密切相关，进一步划分出 6 个成矿阶段，即早期无矿石英脉阶段、毒砂-黄铁矿-石英阶段、硫化物-硫锑盐-石英阶段、辉锑矿-石英阶段、石英-碳酸盐阶段和表生作用阶段。第二、第三阶段是金析出的高峰期，金伴随着硫化物、硫砷盐、硫锑盐矿物的形成而沉淀富集，因此毒砂化、细粒黄铁矿化、黄铜矿化、辉锑矿化对金矿体形成具有决定意义。辉锑矿-石英阶段是锑析出的高峰期，以形成团块脉状辉锑矿和脆硫锑铅矿为特征，属低温、低压条件下快速沉淀的产物，石英-碳酸盐阶段是成矿尾声，金银含量一般不高。

（17）恶罗达—铁列库坦斑岩型铜钼成矿区带

其大地构造位置处于南天山早古生代弧间盆地与晚古生代弧后盆地两构造单元交界上的阿尔腾柯斯断裂之次级平行断裂带内。岩体东西长 50 km、宽 10 km，系晚古生代中、酸性复式岩株与岩支，并伴有先期喷发同源、同类火山熔岩和凝灰岩。

铁列库坦斑岩铜矿的地理位置在阿艾煤矿北 14 km 的沙克桑克其克河西岸，黑英山边缘海盆边缘，琼果勒—迪那尔褶皱带西段，地层为中泥盆统浅变质碎屑岩、石炭系阿尔腾柯斯组上亚组千枚岩和结晶片岩，两者不整合接触，中石炭统卡拉苏组为火山碎屑岩。在两组地层之间受东西向断裂控制的晚石炭世—早二叠世中酸性岩体侵入，构成称为窝特拉克侵入岩-蚀变岩带。

铁列库坦斑岩铜矿区侵入岩主要有石英闪长岩、黑云母花岗闪长岩和花岗岩，构造为北东东向、北西向和东西向三组断裂，控制三个海西中期花岗闪长岩和花岗闪长斑岩岩体，南部Ⅰ号克孜勒库坦岩体出露于窝特拉克侵入岩-蚀变带南部，呈纺锤状东西长 6 km、南北宽数百米到 1.5 km；中部Ⅱ号铁列库坦岩体（已发现铜矿化）沿侵入岩-蚀变带分布，西段呈舌状北西向延伸，长 1200 m、宽 800 m；北部Ⅲ号托克塔克岩体长 3 km，宽数百米。三个岩体属正常钙碱性系列岩石，SiO_2 含量$(55 \sim 62) \times 10^{-2}$，$Na_2O$ 含量$(2.05 \sim 5.5) \times 10^{-2}$，$K_2O$ 含量$(1.89 \sim 2.53) \times 10^{-2}$。Ⅱ号铁列库坦岩体普遍有云英片岩和基性暗色岩捕房体并派生岩脉，Ⅰ、Ⅲ号岩体北缘均遭受蚀变。

Ⅱ号铁列库坦岩体（克孜尔库坦岩体西北边缘的岩舌）可分两个岩相：中部为花岗闪长岩相，东、西、北三面边缘为石英闪长岩相和细粒闪长岩，南部边缘因断裂破坏未见边缘相，岩体内部和边缘均不同程度地发育热液蚀变。可划分出：①黑云母钾长石化带；②水云母高龄土化带；③石英绢云母化带（强烈的石英绢云母化蚀变为本岩体的特点），带内黄铁矿、黄铜矿构成低品位矿化，铜矿化呈浸染状、网脉状、脉状分布于岩体边部，浸染状矿化铜品位$(0.05 \sim 0.44) \times 10^{-2}$，脉状铜矿化为含铜石英脉，脉长一般数米，个别达 70 m，脉宽 0.1 ~ 0.6 m，个别达

1.6 m，铜品位较富，为$(0.37\sim0.86)\times10^{-2}$，个别样品铜品位达$2.79\times10^{-2}$，硅化带中铜品位低，一般仅万分之几，个别达$0.23\times10^{-2}$，主要矿石矿物为黄铜矿、黄铁矿和孔雀石，黄铁长英岩(相当于石英网脉带)上有$10\sim15$ m深的铁帽，含金$(0.035\sim0.1)\times10^{-6}$。

总览该点地质特征，就斑岩成矿而论，其蚀变类型接近花岗闪长岩型蚀变模式，但依据岩石化学成分SiO_2含量$(48\sim60)\times10^{-2}$，应属闪长岩类范围的成矿岩体。因此可能整个铁列库坦岩体都是大花岗闪长岩的顶部边缘相，应属对成矿有利的岩相。从岩石化学指标来看，铁列库坦岩体铝碱比值为$1.42(>1.4)$，碱度为$5.19(<7)$，酸碱比值为$10.9(>9.5)$，氧化指标为$0.31(<0.45)$，属成矿岩体。但与国内外大中型矿床成矿岩体指标比较，则不利于形成大型矿床。克孜尔库坦岩体岩石化学指标与铁列库坦岩体接近，托克塔克岩体的岩石化学指标与形成大、中型矿床的成矿岩体指标差距更大。但岩体绢英岩化蚀变强烈，对成矿有利。

(18)南天山晚古生代弧后盆地西段萨阿尔明锑汞金铜铅锌成矿区带

该带北以额尔宾山北缘乌瓦门—包尔图断裂为界，南以开都河断裂将黑英山—霍拉山成矿带隔开。出露地层主要是上志留统-下泥盆统大山口组，属浊流沉积的复理石建造夹安山质凝灰岩。中泥盆统萨阿尔明组、额尔宾山组，属浅海相陆源碎屑岩火山岩、火山碎屑岩及碳酸岩建造，岩性有板岩、千枚岩、粉砂质泥岩、砂岩、凝灰岩、硅质岩等。在萨恨托海一带其下部为安山玢岩、安山岩。该带构造总体为轴向东西、北西西复式背斜，主断裂走向服从于主构造线，褶皱平缓开阔，断裂发育，多为逆断层。岩浆活动明显，侵入岩主要分布在老巴仑台一带，有海西中期花岗岩，可见黄铁矿化、铁白云石化、绿帘石化、绿泥石化和石英脉方解石脉。北东侧乌瓦门—包尔图一线有超基性岩分布，在其侵入接触带产生矽卡岩化、角岩化、硅化、大理岩化、绿泥石化及绢云母化。

矿产：发现不多，仅知少量岩金矿点，而砂金广布于开都河两岸(阶地型和河谷型)，1:50万金化探异常图显现出乌兰赛尔、察汗乌苏和大山口三个金异常区。其中乌兰赛尔金异常面积300 km²，异常最高值27×10^{-9}，并发现含金矿化层和金矿体。在大山口、老巴仑台砂金广布，岩金矿多有出现，金矿化受地层不整合面、断裂破碎带及花岗岩接触带控制，构成层状、脉状和矽卡岩中金矿。含金石英脉金品位$(0.92\sim1.06)\times10^{-6}$，另尚有百余平方千米的白钨矿重砂异常，多分布在中泥盆统强烈绢云母化、云英岩化地段：

乌拉赛尔金矿田：化探异常区面积800 km²，出露地层为中泥盆统(志留-泥盆系)，其间化探异常长65 km，宽$5\sim15$ km，有三个浓集中心，异常强度$(20\sim25)\times10^{-9}$，极大值158×10^{-9}，初步查明有金矿化体——乌兰赛尔金矿床。西去查汗萨拉(东经$83°31'\sim83°32'30''$)与乌兰赛尔构造单元一致，主要地层有中泥盆统和下石炭统(霍拉山组)，有加里东晚期花岗岩和海西晚期花岗斑岩存在，这里 300 km² 的 As、Sb、Pb、Au 化探异常，分南北两个浓集中心，北部异常强度为 3×10⁻⁹，南部异常强度为 5×10⁻⁹，矿化显示在中泥盆统萨阿尔明组细砂岩夹砾岩层中，且发现辉锑矿含金石英脉三条，Ⅰ号脉长 19 m，宽 2.5 m，金品位 18×10⁻⁶；Ⅱ号脉长 14.5 m，宽 0.7 m，金品位 16×10⁻⁶；Ⅲ号脉长 5 m，宽 1.2 m，金品位 1.7×10⁻⁶。预测有 500 kg 金远景储量。

大山口—柳树沟铜金成矿区：位于开都河下游出山口，即夏尔莫墩乡西 45 km 处，出露地层为中泥盆统、志留–泥盆系中酸性火山岩夹碎屑岩，其次是下石炭统碳酸盐岩建造，构造为北西向褶皱断裂复合构造，侵入岩以海西早期花岗岩为主，分布于成矿区北侧。矿产以铜金矿为主，矿点密集分布，多受构造裂隙控制，与石英、方解石、绿帘石等关系密切。已发现大山口金矿床。

哈尔萨拉上游钨金异常区在乌拉斯台恰汗之南哈尔萨拉钾长花岗岩体附近，发现一长 20 km、宽 10 km 的钨金化探异常。

(19)卡朗古—库车河海相火山沉积型锰成矿区带

该带位于库车盆地以北，西起拜城卡朗古，东到库车河，其大地构造属萨阿尔明晚古生代弧后盆地。锰矿分布于弧后盆地北缘和北部岛弧带之接界部位，主要含矿地层为石炭系(依有色 705 队资料)，锰矿产于下石炭统火山喷发–沉积建造中，详细层序由上而下划分为：①灰绿色板状硅质岩；②灰绿色硅质板岩、碧玉岩、安山岩夹锰矿层；③硅质角砾岩及硅质岩；④暗绿色层状凝灰角砾岩；⑤暗色角砾岩层。

锰矿以层状、透镜状整合产出于硅质岩中，区域矿带长大于 30 km，锰矿点有 4 处之多。

卡朗古锰矿：产于喀拉铁克—萨阿尔明泥盆纪—石炭纪弧后盆地南侧，出露地层为下石炭统一套暗色–灰绿色的火山喷发沉积岩系，矿体赋存在灰绿色硅质板岩、碧玉岩、辉绿岩、大理岩、灰岩和泥板岩内，地层厚度 328 m。矿区为一向南倾斜的单斜层(倾角 75°)，成矿后有一斜交横断层，致使矿层被破坏。侵入岩为海西期超基性岩(蛇纹石化)和花岗闪长岩，沿断裂呈东西向带状展布。

矿体呈层状、透镜状、不规则状，主要产于硅质板岩中，产状与围岩一致，在东西长 13 km、宽 3 km 的范围内有大小矿体 13 个。卡朗果尔河以西为第一矿带，河东岸为第二、第三矿带。

第一矿带见三层锰矿，自南向北：Ⅰ锰矿层，由红色氧化锰矿石及硅质锰矿石组成，长 150 m，平均厚 2.1 m，其中氧化锰矿体长 110 m，厚 0.55 m。Ⅱ锰矿层，由红色、黑色氧化锰及硅质锰矿石组成，沿走向不稳定，断续长 500 m，厚 1.02~2.0 m，其中有三个富矿体，分别长 30~60 m，厚 1.0~1.5 m。Ⅲ锰矿层，由硅质锰矿石组成，长 40~100 m，厚 0.5~1.5 m。

第二矿带见两个透镜状矿体，大者长 160 m，厚 0.5~4 m，小者长 15~25 m，厚 0.2 m，由夹于硅质岩中的暗灰色、紫红色致密块状氧化锰矿石组成。

第三矿带仅见一个透镜状矿体，长 250 m，一般厚 1~4 m，最厚处 8 m，主要由暗灰色氧化锰矿石组成，夹少量硅质锰矿石。

矿石矿物：硬锰矿、软锰矿、菱锰矿、褐锰矿、褐铁矿、赤铁矿。

矿石结构构造：氧化锰矿石为他形粒状结构、胶状结构和陨铁结构，薄层状及块状构造。

脉石矿物：石英、黑云母、白云母、绿泥石、碳酸盐、透辉石、重晶石、蔷薇辉石等。

硅质锰矿石(含锰硅质岩)为胶状结构、陨铁结构和花岗镶嵌结构，薄层状构造，主要矿物为石英、石髓，其次为硬锰矿、软锰矿、褐铁矿、赤铁矿、黑云母、白云母、重晶石、绿泥石、阳起石、碳酸盐等。

锰品位(MnO_2)高者 $57.33×10^{-2}$，低者 $9.75×10^{-2}$，一般 $(30~45)×10^{-2}$，矿石中 S、P 含量低，为低磷、低硫高品位锰矿石，属小型规模锰矿。

(20)南天山晚古生代弧后盆地东段彩华沟—乔尕山金铜锌铁成矿区带

其大地构造位置为中天山南断裂南侧附近，南天山弧盆带北部边缘，囊括彩华沟铜矿、亦格尔铁铜矿、梧桐沟菱铁矿、乔尕山金矿群等。

地层：①元古宇杨吉布拉克群，星星峡群(Pt^2)，黑云母斜长片麻岩、黑云石英片岩夹混合岩大理岩，厚度不详，与其上地层断层接触，分布于矿带北部。②阿尔皮什麦布拉克组(D_1)，主要岩性为黑云母石英片岩夹大理岩、石英片岩、角闪片岩、片麻岩，可细分为上、中、下三个亚群，总厚度 2600 m，分布于矿带西部。③彩华沟组(D_1)，主要岩性为绿泥片岩夹钙质片岩，结晶灰岩夹变质粉砂岩和千枚岩，厚度 1500 m，下部赋存铜-多金属矿层，与下伏地层不整合，分布于矿区中部。④塔尔雷克布拉克组(D_2)，主要岩性为结晶灰岩夹片岩、砾状灰岩、生物灰岩及千枚岩，分上、中、下三个亚组，厚度 2500 m，与下伏地层整合，分布于矿带南、东和东北部。

构造：矿带北部有中天山南断裂东西向通过，平行其南侧的西段库米什—亦格尔复背斜长 150 km，两翼对称，它东段倾伏，西段被花岗岩占据，中段下泥盆统，东段中泥盆统火山岩-火山沉积岩广为分布。断裂发育具韧性剪切带性质，以北东向为主，众多岩脉沿该组断裂侵入，北西向断裂亦甚强烈。

岩浆岩：西部二云花岗岩(3 km^2)，仅在南侧外接触带有少量含钨矽卡岩，还有走向北东东—北东，倾向南陡倾的辉绿岩、石英斑岩岩脉(株)群出现。东部海西中期闪长岩与花岗岩以金铜为成矿特色，韧性剪切构造作用使岩体普遍受到黄铁矿化、硅化、绿泥石化、绿帘石化等蚀变。

矿产：区域矿产集中于三段。

1）彩华沟火山热水沉积铜-多金属矿

地层：上志留统上亚组第三岩性段，黑云石英片岩（原岩恢复为中酸性火山碎屑岩、火山角砾岩和火山集块岩）、绿泥石英片岩（原岩恢复为中酸性熔岩），与上覆地层平行不整合。

下泥盆统彩华沟组下岩性段：为绿泥石英片岩夹绿泥片岩（原岩为英安质熔岩及英安质凝灰岩夹安山岩）、绢云石英片岩（原岩为流纹岩夹流纹质凝灰岩），该岩段底部的褐铁矿化大理岩和褐铁矿化钙质片岩含铜-多金属矿体，顶部生物碎屑灰岩为区域地层标志层。上岩性段主要岩性为变质砂页岩、大理岩夹绿泥石英片岩，与下岩性段渐变过渡。

构造：属库米什北—亦格尔达坂复背斜中段南翼的单斜构造，产状（160°~195°）∠（45°~65°），向东偏转倾角变缓。断裂以北东向为主，被岩脉充填，在背斜轴部破劈理构造十分发育。

矿床：矿层赋存于彩华沟组下部，呈层状、透镜状，矿化层断续延长 7.5 km，厚 5~15 m，铜品位（0.7~3）×10^{-2}，产状（170°~190°）∠（45°~65°）。属浸染状、块状铜-多金属矿层，它具有固定的含矿层位，与地层的产状一致，与围岩同步褶皱。产于中、酸性火山岩内有绿泥石英片岩（原岩为流纹岩）、绿泥绢云石英片岩（原岩为英安岩-英安质凝灰岩）、绿泥片岩（原岩为安山岩）及火山碎屑岩（绿片岩），中、基性火山岩-碳酸岩-复理石建造，直接围岩为流纹质-英安质凝灰岩，底盘有石膏层，属低绿片岩变质相。

围岩蚀变：绢英岩化、绿泥石化、硅化、碳酸盐化。

地表向下可清晰划分出：氧化矿物带、混合矿物带、原生块状硫化物带。

矿化元素与原生矿物分带：元素组合有 Cu、Pb、Zn、Au、Ag、S。矿物自上而下具有分带性：黄矿石，包括黄铁矿、黄铜矿；黑矿石，包括闪锌矿、方铅矿；黄铁矿石；磁铁矿石。

2）亦格尔达坂层控多金属矿

本段有铁、铁锰、铜、铅锌、金等矿点（矿化点）近30处，位于库米什北—亦格尔达坂背斜东段倾没端。岩性为中泥盆统碳酸盐岩建造，主体岩石有薄层碳质灰岩、片岩、生物灰岩及白云质灰岩，已知具有层控特点的黄门沟铜矿、554 号铁矿等，这里断裂发育，侵入活动强烈，故热液型矿产诸如铁、锰、铜、铅锌、金等广为分布，不少铁锰矿实乃铁锰帽。如 350 铅锌矿产于构造破碎带、556 铁矿产于花岗岩接触带，以及三岔沟、光明、孔雀沟、金源等金矿皆受断裂控制。

3）乔尕山—熊风岭韧性剪切带金矿

该段分南北两个含矿亚带，南带为梧桐沟—尖山铁矿亚带；北带为金矿带。其大地构造部位是南天山弧后盆地东段北侧，毗邻中天山南断裂，金矿主要赋存于下泥盆统，受控于北西西向、东西向两组断裂，主体断裂为乔尕山—依热达坂含金韧性剪切带，它呈北西西—东西向展布，长 100 km，宽 10 km，该带岩石普遍糜棱岩化，强变形带内发育 Sc 组构、Sc 面理、转旋压碎及压力影、拉伸线理。弱变形带岩石普遍片理化、劈理化、碎裂岩化及角砾岩化，海西中期闪长岩和花岗岩受剪切作用，普遍黄铁矿化、硅化、绿泥石化、绿帘石化，多有金铜矿化。

本区发现硅质岩型、石英脉型、破碎蚀变岩型金矿 6 处（乔尕山、军营岗、西地、熊风湾、如意、52-3），铁矿 8 处。

①乔尕山金矿，金矿脉 34 条（南矿段 5 条、北矿段 29 条）。赋矿地层为志留-泥盆系，矿石矿物为黄铁矿、黄铜矿、方铅矿、闪锌矿、毒砂及自然金。脉石矿物为石英、绢云母、白云母、绿泥石、绿帘石、斜长石、电气石及碳酸盐岩矿物。南矿段金矿受东西向剪切带控制，产状 180° ∠（70° ~ 90°），矿脉长一般 600 m 左右，宽 0.79 ~ 1.24 m，金品位（2.03 ~ 4.4）×10⁻⁶，北矿段分布于糜棱岩化带中，产状 330° ∠60° 左右，金矿体长 350 ~ 1000 m，宽 0.4 ~ 4.7 m，金品位（1.14 ~ 7.20）×10⁻⁶。

②军营岗金矿，位于乔尕山金矿北东 5 km 处，赋矿岩石为泥盆系沉积变质岩和海西中期糜棱岩化闪长玢岩，金矿产于闪长玢岩与粉砂岩之接触带附近，为沿片理化带的石英脉，脉长数百米，宽 1 ~ 2 m，金品位（0.11 ~ 0.17）×10⁻⁶。

③西地金矿，位于乔尕山东 7 km、军营岗东 2 km 处，赋存岩石为泥盆系带状硅质岩，矿石矿物为磁铁矿、黄铁矿、黄铜矿、自然金、黄钾铁矾、褐铁矿及孔雀石。脉石矿物为石英、绢云母、绿泥石、绿帘石、斜长石、电气石和碳酸盐岩矿物。总计矿化层长 1.8 km，由三段构成：北矿化层为黄铁矿化硅质岩，走向 110°，长 660 m，厚 4 ~ 6 m，金品位（0.2 ~ 0.4）×10⁻⁶；中矿化层围岩为硅质岩，粉砂质硅质岩，含磁铁矿、黄铁矿、黄铜矿，长 260 m，厚 2 ~ 2.25 m，金品位（1.96 ~ 3.48）×10⁻⁶；南矿化层（熊风湾金矿）产于下泥盆统阿尔皮什麦布拉克组上亚组破碎带中，金矿体长 400 m，矿体厚 0.4 ~ 2 m，金品位地表 16×10⁻⁶、井下 7×10⁻⁶，矿石矿物为自然金、黄铜矿、黄铁矿、方铅矿和磁铁矿。

该区 Au、Cu、Pb、Zn、Ag、As、Sb、Bi、Hg 等元素含量较高，但 Au、Zn、Ag、Sb、Bi 元素含量极不均匀，且在局部地段富集。化探异常十分发育，为 Au、Cu、Pb、Zn、Ag、As、Sb、Bi、Hg 单元素异常，Au 异常中伴有 Ag、Cu、As、Sb 的综合异常成群成带分布，异常区砂岩及凝灰岩中 Au 品位达（10 ~ 27）×10⁻⁹，Cu 品位达（36 ~ 61）×10⁻⁶，闪长玢岩中 Au 品位 37×10⁻⁹，Cu 品位 42×10⁻⁶。这里 Au、Cu 化探异常成群成带分布，西部异常呈 NW 向，Au 异常值 4×10⁻⁹，异常为圆形，最高峰值 75×10⁻⁹，东部异常呈东西向，金最高异常值 362×10⁻⁹，面积 130 km²，浓度分带明显，伴 As、Sb、Cu、Mo、Bi，Cu 异常面积较大，异常峰值 124×10⁻⁶，地处航磁串珠状异常正负值转换带、重力梯度带、遥感显示韧性剪切带，从构造控矿观念出发，这里利于金铜矿成矿。

（21）南天山晚古生代弧后盆地东段阿拉塔格铜锌钴铁锰铅银金成矿区带

该成矿区带北界为库米什中新生代盆地，南界为克孜勒塔格，西起榆树沟东到野牛沟。其间包括铜花山铁铜锌钴矿、长坡铁矿及硫磺山铅银金矿。

该矿带在库米什河谷盆地与克孜勒塔格之间，总体为复向斜构造。

地层：中上奥陶统硫磺山组，岩性为片岩、火山岩、碎屑岩-碳酸盐岩。

下泥盆统阿尔皮斯麦布拉克组，岩性为黑云石英片岩、绿泥绢云石英片岩、钙质片岩、结晶片岩、薄层灰岩。

中泥盆统阿拉塔格组，下亚组是一个完整的海进层序，下部砾岩，中部钙质片岩与细粒大理岩互层，上部生物碎屑灰岩、白云质硅质大理岩及泥晶细晶大理岩。岩层多具水平层理，生物碎屑为珊瑚遗体属窄盐度生物，当时沉积环境可能是海岸-浅海陆棚-海岸的发育过程。中亚组主要发育中细粒白云质大理岩、生物碎屑大理岩夹钙泥质片岩，上部钙泥质片岩增多，并与白云质硅质大理岩互层，具水平层理，产群体珊瑚属浅海陆棚带。上亚组为灰-深灰色薄层泥晶-微晶灰岩、生物灰岩、中厚层灰岩，常具水平层理，局部夹有黄铁矿层纹和黄绿色钙质黏土岩，上部钙质黏土层有时与灰岩相变过渡，生物碎屑有介形虫、有孔虫、海百合茎等窄盐度生物，与黄铁矿纹层沉淀在一起，该层沉积有铅锌矿透镜体及铅锌矿化，系局限台地（泻湖或海湾），属陆棚泻湖相沉积。在铜花山和黄尖石两个地带都有铅锌含矿层，是中泥盆统主要含矿层位。

上泥盆统碳质粉砂岩、灰岩、石英岩，小范围断块式分布。

下石炭统以中薄层结晶灰岩为主，夹页岩与粉砂岩。

侏罗系以断块形式分布于泥盆系与石炭系两侧。

构造：在区域性复式向斜构造的基础上，晚期产生一系列紧闭式褶断构造使其复杂化，总构造走向100°～120°，纵向断裂以逆断层为主，兼有北北西向和北北东向两组平移断层。超基性岩多沿着纵向断裂，尤其是在三组断裂交会处侵位。

岩浆岩：海西早期超基性岩、闪长岩和海西晚期花岗岩，最主要是榆树沟超基性岩带，在铜花山附近有东西长5 km、南北宽0.5～1.5 km的超基性岩体，被断层截成东西两段，东段长1400 m，宽50～200 m，由含钴蛇纹石化辉石橄榄岩、灰绿色和草绿色辉橄岩、含铁辉橄岩组成，岩体蛇纹石化、绿泥石化、滑石碳酸盐化等蚀变明显。

矿产：有榆树沟石棉、皂石（截至目前是新疆发现的唯一矿点）、铜花山铜锌钴铁金矿（新疆仅有上储量平衡表的钴矿）、阿拉塔格铅锌矿（1～10号矿点）、硫磺山铅银金矿、甘草湖北铁锰-多金属矿。

阿拉塔格层控铅锌矿：产于下石炭统白云质大理岩层系内，铅锌矿层围岩为钙质砂岩和粉砂岩，实质是在碳酸盐岩与碎屑岩之转换界面处就位成矿。呈薄层状、透镜状产出，其中 9 号矿点有三个矿层，单层长 50 m，厚 0.3~1 m，近水平块状构造，局部有浸染状矿石，10 个层控型铅锌矿点稀疏分散在约 100 km² 面积内。

硫磺山斑岩铅银金矿：矿区被东西向、北东向、北西向三组断裂所挟持而形成三角形构造块，地层为中上奥陶统，形成向南东倾伏的短轴背斜，沿短轴背斜轴部有海西期花岗斑岩侵入，成矿与花岗斑岩有密切关系。花岗斑岩为不等边三角形，在地表的形状为东南大而西北小，和硫磺山断块外形相像，岩体出露面积 0.6 km²，空间状态呈岩盘状，系灰绿色-浅红色绢英岩化花岗斑岩，矿后的闪斜煌斑岩脉和方斜煌斑岩脉沿断裂分布。

矿化受蚀变花岗斑岩控制，构成南北长 700 m，东西长 50 m 的矿带，矿体呈似层状、扁豆状、透镜状、脉状。矿带北段有 8 个矿体，一般长 6~80 m，厚 1~10 m，延深 3~30 m，矿体产状多变，一般(20°~80°) ∠ (40°~80°)。矿带南段有 10 个矿体，长 1.5~4.3 m，厚 0.2~14.5 m，最大延深 24 m，产状 70° ∠ (30°~80°)。金属矿物为黄铁矿、方铅矿、磁黄铁矿、黄铜矿、辉铜矿、角银矿、自然金。硫酸盐矿物为铅矾、铁矾、紫铁矾、含铅黄钾铁矾、胆矾、叶绿矾、镁绿矾、铜绿矾、水绿矾。非金属矿物为石英、重晶石、石膏、高岭土。矿石结构为自形-半自形细砾结构、鳞片结构和变余结构。矿石构造为块状、星点浸染状、细脉状、条带状。有用元素为铅银金锌，伴生元素为铋砷锑镓铜钼锡。硫磺山铅银金矿品位特征见表 5-5-7。

围岩蚀变，由中心向外蚀变组合对称分带：高岭土-绢英岩化带→叶蜡石-黄铁矿-绢云母-绿泥石化带(含混合带)→绢云母化带。

表 5-5-7　硫磺山铅银金矿品位特征表

品 位	$w(Pb)/10^{-2}$		$w(Ag)/10^{-6}$		$w(Au)/10^{-6}$	
	平均	最高	平均	最高	平均	最高
铅矾	28.5	58	811.8	5743	14	411.4
高岭土	3.6	11	164.7	900	2.3	11.7
黄钾铁矾	6.2	14.9	82.5	462	0.95	10.2
花岗斑岩	0.5	1.1	35.2	83.2	0.2	14.9

(22)南天山晚古生代弧后盆地东段克孜勒塔格钨锡钼成矿区带

该带位于乌什塔拉、甘草湖与辛格尔之间的低山地带，地质所指北界为阿拉塔格复向斜(褶断带)，南界为辛格尔断裂，以克孜勒塔格为主体，包括清水河、曲惠沟、渗沙水、阿根布拉克、独山、卡桑布拉克等钨、锡、钼矿及铜矿山—阿克沙拉铜矿。该带为南天山弧后盆地东段的一部分,以产与海西中晚期花岗岩-富碱花岗岩有关的钨锡钼矿为特点。

地层:上泥盆统火山岩,包括各类次火山岩、凝灰岩、含砾凝灰岩、凝灰砾岩;下石炭统碳酸盐岩、砂岩、页岩。

构造:总体为复式背斜构造,其轴部被岩体占据,走向北西—南东,断裂由北西—北北西向和北东—北东东向两组断裂构成。

岩浆岩:海西中期钾长花岗岩、花岗岩呈长条状沿复背斜轴部侵入,两翼呈岩株状。石英斑岩以岩条、岩支、岩株状在岩带外侧分布。主要矿产:

清水河矽卡岩型白钨矿:位于南天山萨阿尔明复背斜轴部,中泥盆统萨阿尔明第一亚组地层内,产于与克尔古提似斑状黑云花岗岩之接触带上,属矽卡岩型白钨矿床。

矿区南侧为 144 km^2 的克尔古提似斑状黑云花岗岩,北侧为萨阿尔明第二亚组大理岩、角岩和喀尔喀特复背斜,以察汗同—喀尔喀特大断裂相衔接。

矿区有矽卡岩体 24 个,分布于约 3 km^2 范围,依其产出部位共分四个带,编号分别为 1、2、3、4。1、2、3 带分布于矿区西部,东距克尔古提石灰窑 3 km,4 带分布于矿区东部,西距克尔古提石灰窑 1 km。

矽卡岩类型为透辉石-石榴子石矽卡岩。

角岩类型为角闪石英角岩、黑云石英角岩、透辉石-硅线石角岩。

矿石矿物主要是白钨矿,呈似圆粒状,粒径 0.2~2 mm,浸染分布于岩石中,Ⅰ号矿带见有呈半自形近八面体的四方双椎体的白钨矿,产于石英脉两侧,呈巢状分布,单矿物粒径 0.3~1 cm,为浅绿色,其他部位白钨矿颗粒小,肉眼不易发现。

矿体也分四个矿带,编号分别为 Ⅰ、Ⅱ、Ⅲ、Ⅳ。

Ⅰ号矿带分上层与下层,上层面积 20 m×(4~5) m,厚度 2 m。下层面积 50 m×30 m,厚度 2~3 m。平均 WO_3 品位 $1.05×10^{-2}$。

Ⅱ号矿带:为三条含白钨矿的细晶钠长岩脉,其规模分别是 60 m×(1~2) m,120 m×2 m,300 m×(0.3~0.8) m,深度不详,平均 WO_3 品位 $0.47×10^{-2}$。

Ⅲ号矿带矿体面积 26 m×10 m,厚度不详,中部出现长 15 m、宽 0.2~1 m 的分支,平均 WO_3 品位 $0.94×10^{-2}$。

Ⅳ号矿带面积 28 m×5 m,厚度很薄,平均 WO_3 品位 $0.13×10^{-2}$。

一般而言矿区 WO_3 最高品位 $3.81×10^{-2}$,最低品位 $0.12×10^{-2}$,平均品位 $0.68×10^{-2}$,属小型矽卡岩白钨矿。

渗沙水山东段通过 1:20 万化探扫面,发现这里是以锡为主的化探异常,异常最高值 Sn 为 $216×10^{-6}$、Pb 为 $462.4×10^{-6}$,Ag 为 $276×10^{-9}$,浓度分配:Sn-Pb-Au-Mo(中央带)、Ag-As-Sb(中外带),经检查在花岗岩与灰岩的接触带发现锡矿体,地表矿化体长 400~500 m,宽 10.6 m,锡平均品位 $34.95×10^{-6}$,它在东西两端向深部有扩大之趋势。

卜沙布拉克云英岩–石英脉型锡矿:矿化见于海西中期粗粒黑云母花岗岩岩株的岩支接触带,岩体富硅、富碱、富钾,在黑云母花岗岩与灰岩(C_1)的接触处,由内向外依次出现绿泥石斜长石菱铁矿赤铁矿带、含灰岩残块硅化灰岩带、透闪石矽卡岩带。矿化集中在绿泥石斜长石菱铁矿赤铁矿带内,有密集的石英脉,其中有三个锡矿体,规模分别为长 85 m、宽 3.4 m,长 130 m、宽 2.4 m,长 140 m、宽 1.3 m,产状 $0°∠(7°~12°)$,一条含锡石英脉(长 1~7 m,宽 0.1~0.2 m)上、下盘形成 120 m 的云英岩化带。矿石矿物为锡石、镜铁矿、赤铁矿、黄铁矿、闪锌矿、磁铁矿。脉石矿物为石榴子石、透闪石、石英。矿脉的锡平均品位为 $0.42×10^{-2}$[一般品位为 $(0.1~0.98)×10^{-2}$],这里原为铁矿,后发现锡和锌[Sn 品位为 $(0.1~0.5)×10^{-2}$]。

阿根布拉克矽卡岩型锡矿:产于海西晚期花岗岩与中泥盆统灰岩接触带上的透辉石–阳起石矽卡岩内,内带为流纹状绢云母碳酸盐化花岗岩,外带为宽 20~30 m,仍具残留原始构造的绢云母化、碳酸岩化矽卡岩带,断续长 1200 m,宽 1~20 m,平均宽度 6 m,由 19 个矽卡岩体构成,未见独立锡矿物。光谱分析含锡多在 $0.3×10^{-2}$ 左右。

独山热液型锡矿:地层:下石炭统甘草湖组,黄绿–绿色变质砂岩及灰黑色大理岩,分布于独山岩体南缘,灰黑色大理岩以残留体(长 30 m、宽 10 m)形式在岩体南缘中部出现;侏罗系下统帕尔恰布拉克组,灰白–灰黄色泥质岩、细砂岩,不整合于其上;下统索克苏克布拉克组,灰黄色–灰白色泥岩粉砂质泥岩、砂岩夹 10~20 cm 煤线,与岩体构造接触,在其北东侧分布。

岩浆岩:海西晚期独山含锡钾长花岗斑岩,东西长 210 m,南北一般宽 70~80 m,最宽可达 100 m,呈扁平体。

构造:矿区断裂构造发育,主断裂为北北西向(与具控岩、控矿和多期次活动的区域大断裂一致),系区域断裂的次级平行断裂,矿区含矿断裂位于岩体南侧,产状 $(0°~5°)∠(60°~90°)$,断裂带内断续充填着厚度不等的硅铁质透镜体,它西侧分南北两支,南支是含矿断裂的继续延长,北支则呈弧形向南西突出。

矿体:通过槽探、物探在独山含锡钾长花岗斑岩南侧控制两个锡矿体,矿体空间展布完全受断裂控制,其产状与构造基本一致,其中主矿体受近东西向断裂控制,为脉状、透镜状,长 300 m、平均厚度 9.14 m、产状 $(0°~25°)∠(60°~90°)$。次要矿体受次级断裂控制,为北西向弧形脉体,延长 75 m、平均厚度 3 m,产状 $300°∠53°$ 和 $353°∠87°$。矿石矿物为锡石、菱铁矿、磁铁矿、黄铁矿。脉石矿物为石英。围岩蚀变为钾长石化、伊利石水云母化、萤石化。伴生组分为 Fe、W,WO_3 最高含量 $1.008×10^{-2}$,伴生 Ti、Cr。

卡桑布拉克矽卡岩型钼矿：区内出露地层为下石炭统含砂质结晶灰岩、大理岩、砂岩及海西期酸性侵入岩。矿点近侧卡桑布拉克岩株位于 3 km² 海西晚期红色黑云钾长花岗岩边部。岩石 SiO_2 含量$(72 \sim 73) \times 10^{-2}$，$K_2O$ 和 Na_2O 含量为 $(5.56 \sim 6.59) \times 10^{-2}$，东去 $30 \sim 40$ km 见同类岩体呈岩基状出露，矿点之南 $6 \sim 10$ km 有海西中期闪长岩及黑云母花岗岩。后者呈斑状结构，岩石化学成分表现为富硅$[SiO_2$ 含量为$(72 \sim 73) \times 10^{-2}]$，富碱$[K_2O$ 和 Na_2O 含量为 $(5.96 \sim 8.86) \times 10^{-2}]$且 K_2O 含量大于 Na_2O。

卡桑布拉克岩株与下石炭统灰岩、大理岩接触带附近，出现 9 个较大矽卡岩体(透辉石、石榴子石、方柱石、黄铁矿)，呈不规则状，长 $30 \sim 58$ m、宽 $4 \sim 5$ m，矿化主要见于透辉石-石榴子石矽卡岩内，原生钼矿物少见，其他有少量黄铁矿、黄铜矿和磁黄铁矿，化学分析含矿矽卡岩内钼含量$(0.01 \sim 0.09) \times 10^{-2}$，个别高达 0.64×10^{-2}，WO_3 含量为 0.079×10^{-2}。区域上发现 3 处约 291 km² 白钨矿重砂异常，一般含量每立方米 20 粒左右，最高可达 9.92 g/m³。两处钼金属量异常面积共 17.7 km²，含量多在$(0.03 \sim 0.05) \times 10^{-2}$，最高可达$(0.3 \sim 0.5) \times 10^{-2}$，上述化探异常无例外地分布于花岗岩出露区。卜沙布拉克花岗岩体周围，有 308 km² 白钨矿和 106 km² 基性泡铋矿重砂异常且含量很高，显然海西中晚期钾长花岗岩应是 W、Sn、Mo、Bi 的矿质来源。

(23)南天山晚古生代弧后盆地东部翘起端铁金铜成矿区带

该成矿区带由梧南金矿、喜迎金矿、鸽形山金矿、尖山铁矿群、帕尔岗赤-磁铁矿、凌云滩金矿群组成。属南天山东部构造的尖灭翘起端，该构造单元呈楔形插入中天山和库鲁克塔格两地块之间，向东在阿拉塔格以南消失。它北界为中天山南深断裂(卡瓦布拉克深断裂)，南界为辛格尔深断裂，出露最老的地层为长城系和蓟县系，呈断块零星分布，长城系为片麻岩、各种片岩夹大理岩，蓟县系为含硅质、碳质条带的白云质大理岩。泥盆系广泛分布，下统为浅海相碎屑岩夹火山碎屑岩及火山岩。中-上统为碎屑岩和灰岩。下石炭统以浅海相碳酸盐岩建造为主，其次为复理石建造。褶皱和断裂构造发育：主体褶皱为克孜勒塔格复向斜，次级褶皱以不对称的线状和部分紧闭倒转褶皱为主，并与区域主干断裂及派生的低序次断裂一道(北东向赛马山—黄石山断裂、北北西向断裂)，四个构造系统的割切，构成该成矿区带的菱格状构造格架。侵入岩以海西中期花岗岩为主，其次为闪长岩，并有少量基性-超基性岩和次火山岩以及大量的脉岩。该带矿产主要是铁，多达 50 余处铁矿点(床)和 10 多处金矿点(床)，铁矿以海相火山沉积与热水沉积为主，金矿类型是石英脉型和构造蚀变岩型，具有浅成低温热液的成因特点。现知金矿有黑白山(构造蚀变岩型)金矿、白尖山(伴生铜)金矿、卧龙岗铁帽型金矿、凌云滩石英脉型金矿、眼形山石英脉型金矿、尖咀山石英脉型金矿、岔口石英脉型金矿等。

金化探异常范围长 20 km，宽 2~4 km，品位（10~40）×10⁻⁹，高者达（140~274）×10⁻⁹，对部分化探异常检查已有金矿出现。该区集中分布着火山岩型铁铜矿、韧性剪切带金矿和与侵入岩有关成因的铜金矿，构成一个有望的铁、铜、金矿产集中区带。

北山

(24)新疆北山依格孜塔格古生代裂陷槽铜镍金铁锰成矿区带

北山基性-超基性岩带沿依格孜塔格深断裂分布，据不完全统计岩体有 49 个，其中坡北岩带 36 个，笔架山岩带 12 个和红土洼岩体 1 个。西起罗布泊东过淤泥河，该带可继续东去到红柳河北。

坡北岩带（依格孜塔格断裂南部）：围岩为下石炭统红柳园组，岩性为变砂泥质复理石建造，且与海西中期侵入岩接触，发育着石榴子石、硅灰石、铁尖晶石等矽卡岩矿物和矽卡岩化大理岩。北东向的白地洼对冲式断裂为区内控岩断裂。岩体有三期侵入次，岩性由辉长岩向辉石岩、纯橄榄岩过渡。岩体属层状镁铁质-超镁铁质堆晶岩，具有良好的磁黄铁矿-镍黄铁矿-黄铜矿组合。

笔架山岩带：包括笔架山、蚕头山、红石山、旋窝岭等岩体。围岩为下石炭统红柳园组和下二叠统红柳河组，属火山陆源岩石建造。岩体受次级断裂和次级褶皱控制。成岩时代为海西晚期，初始有铬铁矿、钛铁矿形成，其后有磁黄铁矿-镍黄铁矿-黄铜矿出现。

红土洼岩体：由花岗岩-辉长岩-橄榄辉长岩构成，具有高浓度的铜镍化探异常。

坡北 I 号基性-超基性岩体：区内地层以石炭系为主，下石炭统红柳园组分布于白土洼断裂以北，系一套片岩夹火山碎屑岩。中石炭统矛头山组分布于白土洼断裂与雀儿山断裂之间，为条带状混合岩、火山质凝灰岩夹大理岩。上石炭统胜利泉组分布于雀儿山断裂与红十井断裂之间，由浅变质岩夹正常碎屑岩、火山碎屑岩、熔岩组成。在元古宇基底上，由于多次的构造变动，形成以超壳型断裂为标志的断裂系统，引发了大量的岩浆活动，在海西中-晚期形成数十个基性-超基性岩体，构成新疆北山醒目的依格孜塔格基性-超基性岩带。其中坡 1、坡 10 等岩体规模大、分异好、基性程度高、矿化好、值得优选勘查与科学研究。

岩体规模与形态：岩体长 2.8 km，宽 2.4 km，面积 6.72 km²，平面形态为东大西小的水滴状，剖面上表现为岩盆状。

岩相特征：属海西晚期第一侵入次，分三个阶段侵入（三个岩相）定位：辉长苏长岩-橄榄辉长岩相；斜长单辉橄榄岩-橄榄岩相；（斜长）单辉橄榄岩-单辉辉石岩相。空间分布：第一阶段岩相分布在岩体边缘，随着基性程度的增高，向岩体中部依次出现第二阶段、第三阶段的岩相。

岩体矿化及含矿情况：在岩体西段和南北两侧的橄榄辉长岩与超基性岩接触带可见较多硫化矿物，主要有磁黄铁矿、黄铁矿、镍黄铁矿、孔雀石等，呈星点状分布。北侧辉长岩中，目估硫化矿物含量最高可达 8%～10%，地表风化形成黄土、孔雀石和褐铁矿矿染现象，地表工程揭露，单辉橄榄岩中镍品位 0.22×10^{-2}，铜品位 0.08×10^{-2}，钴品位 0.015×10^{-2}。其他在强蛇纹石化斜长单辉辉橄岩、斜长橄榄单辉辉石岩中，镍品位一般为（$0.1\sim0.15$）$\times10^{-2}$、铜品位 0.08×10^{-2}、钴品位 0.01×10^{-2} 左右。

岩石蚀变：岩体均遭受不同程度的蚀变，主要有纤闪石化、蛇纹石化、绿泥石化、硅化及金云母化。

岩石化学特征：随着岩体各岩相基性度的增加，氧化物（SiO_2、TiO_2、Al_2O_3、CaO、Na_2O、K_2O）变化规律是含量减少，而 Fe_2O_3、FeO、MnO、MgO、Cr_2O_3 含量增加，镁铁比值（m/f）为 $1.73\sim3.86$。

超基性岩中 CaO 含量相对偏高，m/f 在 $0.5\sim6.5$，属铁质基性岩或铁质超基性岩，根据吴利仁观点，坡北 I 号岩体中超基性岩石的镁铁比值，标志为含硫化铜镍等及铂族元素岩石的特征，超基性岩 MgO 含量小于 30×10^{-2}，属玄武岩浆分异产物，具有形成大型镍铜矿的前提。

（25）新疆北山因尼卡拉塔格晚古生代裂谷金铜成矿区带

新疆北山因尼卡拉塔格裂谷在古生代时沟通昆仑洋和天山洋，东去甘肃北山与之相对应的构造部位，由蛇绿岩洋壳残片发现，其古老基底为前震旦系。早古生代属深海–半深海环境，出现冰积物、含磷硅质岩等特征的岩石建造，石炭纪起转为海陆交互相沉积，并有中酸性侵入岩、火山岩分布（红柳园组、茅头山组、胜利泉组），早二叠世为双峰式火山岩，晚二叠世裂谷封闭。区内构造演化可分两个阶段：早期（早古生代）裂陷槽阶段，晚期（晚古生代）裂谷阶段。晚古生代因尼卡拉塔格裂谷的空间范围：北界为依格孜塔格—花牛山断裂，南界为隐伏的疏勒河断裂，而因尼卡拉塔格断裂位于裂谷的中间，它分割了下石炭统（北侧）和上石炭统（南侧）的分布范围。因尼卡拉塔格断裂走向北东东向，断层面总体向北陡倾，长约 250 km（新疆段），宽 20～1000 m，为一组分支复合、强度不一、疏密有别、羽裂发育的破碎带、片理化带、糜棱岩化带等复合产出的构造断裂带。裂谷主体地层为石炭系和二叠系：石炭系下统红柳园组为灰岩、砂岩、页岩、火山碎屑岩。中统茅头山组为细碧角斑岩和陆源碎屑岩夹灰岩，中、下统之间为微角度不整合。上统胜利泉组为基性火山岩、碳酸盐岩及碎屑岩。二叠纪早期是裂谷发展激烈期，表现为二叠系下部属大洋拉斑玄武岩系列的枕状玄武岩、细碧岩、角斑岩和凝灰岩。晚二叠世早期裂谷封闭，表现为下部陆源碎屑岩夹灰岩，上部为陆相中酸性火山岩夹碎屑岩，二叠系上下统之间具明显的不整合面。

新疆北山构造：北界为罗布泊—尾亚—明水断裂，南界为疏勒河断裂，东部进入甘肃省，西部没入罗布泊洼地，从而勾画出新疆北山裂谷的边界。中间依格孜塔格-花牛山断裂，将其分为北部依格孜塔格早古生代裂陷槽和南部因尼卡拉塔格晚古生代裂谷。裂谷构造属断裂与褶皱的复合,总走向 60°~70°,侵入岩主体是海西晚期花岗岩、属低钾型钙碱性辉绿–辉长岩–花岗岩系列。火山岩集中在早石炭世和早二叠世以熔岩为主属裂谷过渡型玄武岩,成熟度高,兼有岛弧玄武岩的特征,其中石炭世还有洋壳上大洋底部玄武岩成分。

因尼卡拉塔格晚古生代裂谷中部的因尼卡拉塔格断裂,具有区域性的控矿属性,尤其是对金(铜)矿表现清晰,它们多赋存于断裂分支与复合的部位、羽裂发育密集地段、断裂交会区、火山构造区、富碱花岗岩区以及火山机构上(图 5-5-5)。金矿多呈浅成低温热液型、韧性剪切带型、构造蚀变岩型、石英脉型,受控于断裂及构造复合部位。有意义的是这里已发现的金矿,在区域上呈线形分布,约以 15 km 间距近等距分布。自西向东有骆驼峰、大青山、红十井、222 泉、碱水泉、盐滩、白山等金矿,对具体金矿床(点)而言,金矿体相对具有依赋岩石(高碳质)构造(压扭性断裂)以石英脉为含矿载体的特点,矿体表现出倾向延深大于走向延长,深部矿体较浅部矿体完整、稳定和深部金品位高于地表金品位的若干成矿特征。

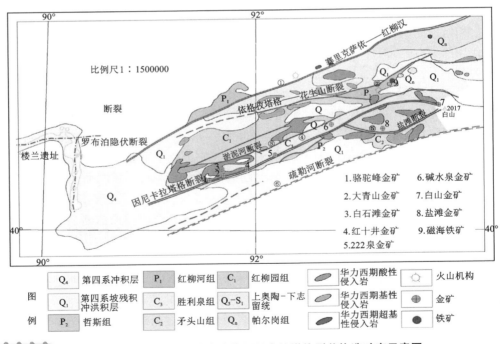

图 5-5-5　新疆北山晚古生代因尼卡拉塔格裂谷构造矿产示意图

扫一扫,看彩图

（26）新疆北山磁海晚古生代次火山岩型铁矿成矿区带

该矿带位于北山裂谷依格孜塔格早古生代裂陷槽与印尼卡拉塔格晚古生代裂谷之界限断裂（依格孜塔格—红柳河断裂）中部南侧青白口系与二叠系分布区，构造实属印尼卡拉塔格晚古生代裂谷的北侧边缘。

依其成矿地质背景将其划分为三段：西段中坡山—黄土洼主要产与基性-超基性杂岩有关的铜镍矿以及与之成矿配套的外围地段构造蚀变岩型与石英脉型金矿。中段淤泥河—磁海，产与次辉绿岩和酸性岩有成因联系的含钴磁铁矿和含硼磁铁矿，以及与其成矿有关的石英脉型金矿，在黑山岭二叠系的底砾岩内有金矿发现。东段红柳河区，主体矿产是震旦纪与寒武纪地层沉积转换界面上的沉积型、风化淋漓型、沉积变质型 Mo、Co、Fe、P、U、V 矿和与二叠纪火山岩及火山沉积岩有关的金矿。

磁海铁矿：矿床处于塔里木板块内的北山裂谷，矿区出露地层为青白口系至二叠系，为厚达数千米的火山岩。海西中晚期的岩浆活动强烈，大量酸性侵入体呈岩基或岩株出露和中基性岩岩支、岩墙分布。矿区构造为轴向北东东复向斜，断裂与褶皱发育。

含矿辉绿岩既是成矿母岩又是矿体的直接围岩，沿火山管道侵位在下二叠统火山岩层内，为一略向北倾的岩筒，垂深达千米。岩性比较均一，依据矿物组分的差异可分出三种辉绿岩，即黑云辉绿岩、角闪辉绿岩和中长辉绿岩。辉绿岩分别由拉长石、中长石、黑云母、普通辉石和角闪石组成，副矿物为榍石、磷灰石、磁铁矿和钛铁矿等，普遍具有辉绿结构，属高铝、高碱、低铁、贫镁的基性岩组合。

矿体与围岩界限比较清晰，断裂交叉部位和火山机构起到良好的控岩作用，岩体内的裂隙和岩体弯曲接触界面等是控矿的重要构造。矿体呈似层状及复杂的透镜状、薄板状、脉状及多种不规则形状态，沿辉绿岩内的裂隙或接触面等虚脱构造空间贯入，呈斜列式平行排列，形成筒状矿体带，赋存在阳起石-辉石化深色蚀变带中，蚀变岩石主要分两类：石榴石-辉石矽卡岩和角闪-辉石矽卡岩。前者分布广，含矿性最好，在长1500 m、宽500 m、延深大于800 m范围内，共发现大小矿体201个，已圈定百万吨级矿体15个，最大工业矿体铁储量在500万t以上。从勘探剖面统计，矿体与辉绿岩和蚀变带互层出现50余层（条），单个矿体一般沿倾向延深较大而且稳定。

矿石矿物成分复杂，已知40余种，主要是磁铁矿，其次为少量磁黄铁矿、黄铁矿、黄铜矿和微量辉砷钴矿。脉石矿物有石榴石、辉石、角闪石、黑云母和方解石。矿石具自形-半自形粒状结构、海绵陨铁结构、交代熔蚀结构和细晶结构。矿石构造主要有浸染状构造和致密块状构造，局部有网纹状构造、条带状构造和角砾状构造。矿石矿物组合有石榴石-辉石-磁铁矿组合、辉石-磁铁矿组合、角闪石-磁铁矿组合等。有益元素钴、镓、铜、镍均可综合利用。

矿石含硫高[$(0.4\sim1.5)\times10^{-2}$]，最高硫品位达 14.65×10^{-2}，低磷[一般磷品位$(0.03\sim0.08)\times10^{-2}$]，全铁品位 45.62×10^{-2}，属高硫低磷半自熔性高炉富铁矿。富矿比例占整个矿区表内总储量的 50.1%。其储量接近大型矿床规模。

(27)新疆北山北部寒武纪沉积铁、磷钒、铀成矿区带

该带隶属北山北部依格孜塔格古生代裂陷槽东段，磁海—大水 Fe、Mn、P、U、V、Cu、Co、Ni、Au、W、Sn、硝酸盐成矿带，区内出露地层主要有蓟县系，有灰岩、泥质白云岩、片岩、硅质页岩；下寒武统为一套浅海相黑色碳质硅质岩、硅质岩、泥岩、板岩、碳酸盐岩建造，与下伏蓟县系之间存在一个侵蚀面，属该带磷铀钒矿的重要赋矿层位；志留系黑尖山组为浅-滨海相碎屑岩建造，主体分布于红柳河断裂以南；二叠系主要沿红柳河断裂以北分布，以碎屑沉积岩为主，夹有中基性火山岩，属海陆交互沉积相。这里总体属于盖层构造，自元古宙以来，经历了多次构造运动，受南北向构造挤压主动力源的作用，形成以东西向为主的构造体系，褶皱表现为宽缓复式背斜与复式向斜构造。断裂发育，红柳河超壳断裂呈北东东向伸延，与之派生的平行和分支的次级断裂有北东东向、南北向、北东向，多属不同级别构造单元界限断裂。侵入岩不太发育，在红柳河断裂以北存在基性-超基性岩，红柳河断裂以南主要是酸性侵入岩。在震旦系、寒武系等地层分布区，一般仅见中基性岩脉出露。矿产有震旦系铁（磁海、M1033 等）、锰（大水、花坪等），寒武系铁、磷、钒、铀（红柳河磷钒矿带、红柳河铀矿等），海西期基性-超基性岩中镍和钴，以及金、铜和化工、非金属矿产。

大水西(磷)钒矿：该矿是红柳河磷矾矿带（北亚带有大水西钒矿、塔水钒矿、大水钒矿、双塔钒矿等一系列矿点，南亚带有平台山磷钒矿、方山口磷钒矿等）的一个矿床，其含矿岩系近东西向展布，产于寒武系双鹰山组上段，上部为含碳泥质砂岩、粉砂质板岩、变粉砂岩等组成的浅变质碎屑岩。构造受 NEE 向复式背斜控制，北翼缓（倾角 $50°\sim65°$），为主要赋矿部位，南翼陡（$70°\sim75°$），矿区构造简单，除了发育一些近 NE 向次级褶皱外，尚有近东西向的压性、扭性、压扭性断层，延伸多为数百米，倾角大于 $50°$，断距数米，常切断矿层。

矿体：①赋存特征：矿区共圈出 38 个钒矿体，其中 Ⅰ-4、Ⅰ-5、Ⅰ-6、Ⅰ-7、Ⅰ-8、Ⅰ-13、Ⅰ-40、Ⅰ-41、Ⅰ-42 九个矿体规模较大，Ⅰ-5、Ⅰ-7、Ⅰ-8 矿体为主矿体，容矿岩石为石墨硅质板岩、碳质板岩、含碳硅质岩等构成的黑色岩系组合，以硅质条带互层状产出，围岩为灰白色泥质板岩、变质砂岩、灰岩等。矿体长度 $130\sim770$ m，真厚度 $1.38\sim15.07$ m，品位一般$(0.68\sim0.90)\times10^{-2}$，最高达 1.74×10^{-2}，工业矿石占主体，低品位矿石次之，品位一般为$(0.41\sim0.58)\times10^{-2}$，矿床平均品位 0.756×10^{-2}。②蚀变特征：蚀变种类有石墨化、褐铁矿化、碳酸盐化、黄铁矿化、硅化、绢云母化、黄钾铁矾化等。钒矿体均产于寒武

系双鹰山组地层中，岩石中的石墨硅质板岩、碳质板岩中 V_2O_5 含量较高，而泥质板岩、硅质板岩中 V_2O_5 的含量较低甚至没有。由此可见 V_2O_5 含量主要与石墨、碳质有密切关系，石墨、碳质低的地段，钒品位下降，而褐铁矿、黄钾铁矾、黄铁矿、红柱石的有无与含量多少与钒含量关系不大。③矿体形态与规模：7号勘探线为矿区钒矿体的膨大部位，向东渐趋收拢、厚度变窄出现众多分支，而 V_2O_5 的含量变化与矿体厚度成正相关，矿体厚度越大其含量越高，反之矿体厚度越小则含量越低。7号勘探线工业矿体真厚度 177.3 m，低品位矿体厚度 120.1 m，矿石品位 $(0.65 \sim 1.42) \times 10^{-2}$，以工业矿石为主。$3 \sim 8$ 号勘探线工业矿体真厚度 $11.65 \sim 32.44$ m，低品位矿体厚度 $8.12 \sim 22.60$ m，矿石品位 $(0.46 \sim 0.79) \times 10^{-2}$，个别达 1.74×10^{-2}。远离7号勘探线，矿层厚度、品位骤然减小，而矿体产状也由宽缓逐渐变陡。

地球物理、化学特征：区域重力场为一个较宽缓的重力低值区，指明为蓟县系和寒武系地层分布区，相对重力高分布区为中基性岩的反映。该地区钒元素背景值 546.20×10^{-6}，钒含量高于全区平均值 200×10^{-6}，变化系数为 1.76，钒在寒武系下统双鹰山组、蓟县系中趋于富集或强富集状态，在二叠系、志留系及基性岩体中为区域背景状态，其他地层单元趋于贫化。

矿石特征：①矿物：矿石矿物有钒绢云母、钒电气石、钒石榴石、金红石，金属矿物有黄铁矿、黄铜矿、闪锌矿、钛铁矿等，脉石矿物主要是石英、石墨、黑云母、堇青石、地开石等。②矿石类型：主要为碳质板岩夹硅质碳质板岩互层型钒矿石，局部地段夹硅质板岩、石英岩、石英片岩型钒矿石。根据矿石中有用组分的不同划分为 V_2O_5 矿石和 $Zn-V_2O_5$ 矿石。③矿石结构：以显微鳞片状变晶结构、显微鳞片状粒状变晶结构为主，少量见粒状变晶、花岗变晶、斑状变晶等结构。④矿石构造：多呈条带状、网络脉状、斑杂状、角砾状构造及揉皱构造。

矿石中钒赋存状态：在详细研究矿石结构构造及物质组分基础上，采用物相分析、钒价态分析、扩散浸出、溶解浸出、电子探针（EPMA）、粉晶 X 衍射分析（XRD）等手段，对矿石中钒元素赋存状态进行详细研究，研究结果表明，矿石中钒均为分散状分布，主要以 V^{3+} 类质同象杂质替代铝硅酸盐中部分 Al^{3+} 的形式，以及以独立矿物形式分散存在，还有少量 V^{4+} 以 VO^{2+} 类质同象替代地开石（高岭石）中的 Al^{3+} 存在。大水西钒矿矿石化学物相特征见表 5-5-8。

表 5-5-8　大水西钒矿矿石化学物相特征表

钒分布相	氧化铁、高龄土	云母类	电气石、石榴石	合计
V_2O_5 含量/%	0.0765	0.659	0.025	0.7605
分布率	10.06	86.65	3.29	100.00

表中的物相分析结果表明，矿石中85%以上的钒分布于云母类矿物中，即为钒云母，10%左右分布于氧化铁、高岭土相内，余下不到5%的钒，分布于电气石、石榴石类矿物相中。

矿床成因：矿区内钒矿体赋存于下寒武统双鹰山组，海进时期特别是在下寒武统与蓟县系之间沉积(侵蚀)界面上，形成一套厚度稳定的浅海相硅质岩、碳酸盐岩及沉积碎屑岩建造，在有利的构造部位，含钒岩系经过较长时间的沉积形成了浅-滨海相黑色岩系钒(磷铀铁)矿床。

(28)新疆北山红柳河地区震旦纪—寒武纪沉积-风化-淋漓型锰成矿区带

其大地构造部位，属于公婆泉早古生代裂陷槽西段，且在元古宙地块之上。该锰矿带西起新疆红柳河沿甘肃省玉石山南，经照东锰矿、金窝子南锰矿、红山铁矿到通畅口锰矿，长逾250 km。新疆段长近百千米，由磷铀钒锰铁构成，锰矿自西向东有盐滩、黄山、大水、花坪、塔水、白川和水沟子等矿点(床)。

区域地层，由老至新出露有震旦系、寒武系、奥陶系、志留系及二叠系。

震旦系下统主要为灰岩、泥质白云岩、片岩、硅质页岩；中统为灰-浅灰绿色夹紫色、灰紫色绢云泥质片岩夹灰岩透镜体，白云质灰岩在近矿处有大量星散状锰矿及次生锰矿脉；上统为厚层块状结晶灰岩、薄层灰褐色-紫红色条带状白云质大理岩。

寒武系下统双鹰山群自下而上分为三个岩组：下岩组，杂色泥质板岩夹磷铀钒矿层，85 m；中岩组，黑色碳质粉砂质板岩夹磷铀钒矿层，3~63 m；上岩组，含碳质粉砂质硅质板岩，3~14 m。

中上寒武统西双鹰山群分上、下两个岩组：下岩组，黑色中厚层含碳质硅质板岩，3~63 m；上岩组，薄层含碳质泥质板岩夹薄层大理岩，49 m。

奥陶系中上统为薄层红褐色石英岩和薄层硅质板岩，235 m。

志留系阿尔特梅什布拉克群，以石英砂岩粉砂岩砂砾岩为主，局部见中基性火山岩及变质砂岩、角岩等接触变质岩石。该层不整合于下寒武统西大山组之上，为一套正常海相碎屑岩沉积。

区域锰矿带西起盐滩东到水沟子，在新疆境内含矿层延长近百千米。红柳河锰矿带在红柳河断裂与玉石山断裂之间。它平面分布乃西部收敛、东部撒开呈西合东张的扇状。现知自西向东有盐滩、黄山、大水、花坪、塔水、白川、水沟子等锰矿点，赋存于下震旦统与下寒武统之间侵蚀面及下寒武统西大山组下部硅质岩内，构成甘(肃)新(疆)边界锰矿的区域性含矿层位。具有代表性的矿床有海相沉积型大水钴锰矿和风化残留淋漓型花坪锰矿。

海相沉积型大水钴锰矿(图5-5-6)：

矿层特征：由5个矿体群组成，每个矿体群又包括三个含矿层，其中第二含矿层锰品位高、规模大、厚度稳定，具典型沉积型矿床特征。现以三号矿体群为

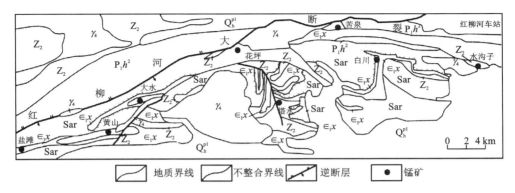

Q_h^{p1}—第四系干沟砂土、洪积砾石等；P_1h^2—下二叠统红柳河组下亚组；

Sar—志留系阿尔特什布拉克群；∈_1x—下寒武统西大山组；Z_2—上震旦统；

γ_4—华力西期黑云母花岗岩、斜长花岗岩，眼球状、片麻状花岗岩；

图 5-5-6 东疆大水钴锰矿带地质略图

例予以描述：①第一锰矿层，下伏岩石为白云质灰岩或绢云石英片岩，上覆岩石为白云质灰岩。②第二锰矿层，下伏岩石为白云质灰岩，上覆岩石为白云质灰岩或绢云石英片岩。③第三锰矿层，下伏岩石为白云质灰岩或绢云石英片岩，上覆岩石为碳质、硅质岩。矿体长 29~153 m，宽 5~23 m，地表呈脉状，空间形态呈似层状，延续稳定，矿体倾向156°，倾角70°~85°，与围岩产状基本一致，矿体西端由于花岗岩的侵位，地层走向由北东向转为北东东向。矿体与围岩同步褶曲。由矿体中成矿物质变化特征看，横向上自矿体中心部位向两侧厚度变小，品位变低。纵向上中间品位高，向上下两侧及两端品位变低，矿层向深部变薄与增厚的现象均有存在。通过矿区成矿层位与围岩岩性的分析，锰矿层产在碳酸盐岩、硅质岩、泥岩三者或其中两者的互层带中，它系在气候温暖、水体较浅、盐度正常或偏淡化的水环境中沉积。有频率的动荡海环境使锰矿层多层沉积，而矿层的厚薄则反映锰质集中临界状态所能持续时间的长短。

矿石特征：矿区矿石分氧化锰和碳酸锰两种，氧化锰矿石以硬锰矿、软锰矿为主，碳酸锰矿石在矿体中出现较少，且在地表及近地表处被氧化成次生氧化矿石，另还见有磁铁矿和硫化物矿物。脉石矿物有石英、方解石、石膏及微量重晶石等，矿石结构简单，一般多为胶状结构、冰毛状细晶结构（在晚生硬锰矿中）、细针状硬锰矿集合体（在环带状构造部位）以及细粒状、粉末状、自形粒状和变胶状结构等，矿石构造有角砾状（贫锰矿石）、环带状（软锰矿包裹在硬锰矿之外）、块状（富锰矿石），在块状构造矿石的裂隙内有葡萄状锰矿集合体。矿石品位，一般锰含量$(15~30)\times10^{-2}$，最高锰含量46.7×10^{-2}。伴生有益组分较多，常见有

Cu、Mo 等元素［Co 品位（0.04~0.10）×10^{-2}，最高 0.25×10^{-2}、Zn 品位（0.10~1.50）×10^{-2}，最高 3.15×10^{-2}、Ni 品位（0.05~0.25）×10^{-2}，最高 0.36×10^{-2}］，矿体中磷含量（0.12~0.16）×10^{-2}，P 与 Mn 含量之比为 0.0047~0.0070，$w(CaO+MgO)/w(SiO_2+Al_2O_3)$ 为 0.0509~0.2069，Mn、Fe、SiO_2 的总量接近一个恒量值 55.70%，矿石中锰铁比值一般为 4.8126~9.3418，符合冶炼高标号锰铁比值的标准要求。

风化残留淋漓型花坪锰矿：产于震旦系大理岩与下寒武统砂页岩和硅质岩（内）之间风化侵蚀面上，矿带长 4.5 km，宽 0.5~0.7 km，分南北两个矿带，共22 条矿体，单体长 11~115 m、宽 0.70~3.00 m，最宽 5 m。矿体走向近东西，倾向时南时北，一般倾角较缓，锰矿体形状多变，有巢状、束状、凸镜状、脉状。矿石矿物见硬锰矿、软锰矿、复水锰矿、钡镁锰矿，前两者自形晶结构、块状构造、晶簇构造，后两者放射状构造、纤维状构造。矿石结构为微粒状、细粒状、自形粒状结构，矿石构造为钟乳状、葡萄状、肾状、皮壳状、鲕状、同心圆状、结核状、角砾状和粉末状。锰矿石品位均大于 35×10^{-2}，矿层与围岩界限清晰。伴生组分为钴、钒、磷、铀、铁。钴、钒、铁在个别地段可达到工业品位，大部分地段可达到综合利用标准，钴、锰含量呈正相关关系，钴一般品位（0.01~0.02）×10^{-2}，最高品位 0.39×10^{-2}，钒一般品位 0.04×10^{-2}，最高品位 0.55×10^{-2}。

矿带成矿类型划分：①震旦系（侵蚀面）大理岩溶洞中囊状高品位粉末状锰矿，长数米至数十米，宽数厘米至 1 m。②下寒武统砂页岩中层状锰矿，长数米至 130 m，宽 1~2 m，倾向南，倾角陡、品位高。③黑色硅质岩与砂页岩界面锰矿，受层间断裂控制，属致密状，具晶洞构造，钢灰色高品位（50×10^{-2}）硬锰矿。④与花岗岩接触带断裂有关的脉状锰矿，一般长 6~10 m，宽 1 m，锰品位 50×10^{-2} 左右。

（29）新疆北山照壁山—金窝子金成矿带

红柳河二叠纪火山沉积盆地，位于红柳河深大断裂南部旁侧，就大地构造性质而论，它具有裂陷槽构造性质坳陷-断陷盆地。

地层为二叠纪（有泥盆纪之说），岩性主要由砾岩、砂岩夹灰岩、页岩薄层组成，长石、石英、花岗岩成分构成碎屑，虽然有一定的沉积韵律，但沉积物分选性较差。属滨-浅海沉积环境下的过渡型沉积相。在 210 金矿床区段，地层为一套酸性火山碎屑岩夹正常碎屑岩，物源来自火山喷发物和部分陆源碎屑物质，其成分主要是斜长石、微斜长石、石英、黑云母和白云母。

构造以断裂为主，属红柳河断裂的南侧次级羽裂断裂，其中照壁山—金窝子断裂为最重要的代表，它总体走向为北北东向，平面上西部合拢东部散开，东段在金窝子金矿区变为两条断裂，中部断裂体现为金窝子侵入岩带，南部断裂基本与 210 矿段的构造相吻合，这一组羽状断裂组，总体产状北西西、缓倾。岩浆岩

发育，岩石主体为黑云母花岗闪长岩–二长花岗岩，分布于矿区北部、中部，南部
210 矿段深部有隐伏岩体发现，除岩体之外，尚有石英闪长岩脉、细粒花岗岩脉、
花岗伟晶岩脉和石英脉产出且多在岩体区发现。

区域矿产主要是金矿，它们沿着照壁山北麓—金窝子断裂带分布，除受主构
造断裂组压性–压扭性断裂控矿之外，还有与之相垂直的近南北向的张扭性更次
一级的横断裂控矿。

金矿可分两大类型，即石英脉型金矿和构造蚀变岩型金矿。

1) 石英(大)脉型金矿，具有代表性的是金窝子 49 号脉和 3 号脉。矿体呈脉
状，脉长 10~1100 m，一般长 50~500 m，脉宽 0.05~8.1 m，一般宽 0.2~4.2 m，
脉体延深一般 120~250 m，最大可达 315 m 以上。脉体倾向 230°~280°，倾角
60°~85°，少数东倾。矿脉呈大脉状、复脉状、透镜状，在走向和倾向上具分枝复
合、膨大缩小、尖灭再现等特征，矿脉膨大处主矿脉上下盘羽状细脉发育，与主
脉呈 30°~50°的交角。矿脉以充填方式受与主构造方向垂直的近南北向张扭性断
裂控制，形成近 100 m 等间距的石英脉(包括含金石英脉)群。矿石半自形–他形
粒状结构，块状、星点状构造。金属矿物主要为黄铁矿、自然金、银金矿，其次为
闪锌矿、方铅矿、辉锑矿、黝铜矿、辉铋矿、黄锡矿、白铁矿、辉铜矿等，次生矿
物为铜蓝、孔雀石、褐铁矿、蓝铜矿。脉石矿物主要是石英，另有少量方解石、绿
泥石、绢云母等。围岩蚀变，内带为黄铁绢英岩化带，从石英脉向外为硅化–绢云
母化–黄铁矿化–绿泥石化–碳酸盐化。

2) 构造蚀变岩型金矿，以 210 金矿为代表(图 5-5-7、图 5-5-8)。矿体呈似
层状、透镜状产于糜棱岩和糜棱岩化沉凝灰岩中，矿体长 50~740 m，厚 0.8~
3.2 m，延深 40~200 m，倾向 270°~350°，倾角 20°~33°，矿石半自形–他形结构，
网脉状、细脉状、浸染状构造。金属矿物有自然金、黄铁矿、闪锌矿、黄铜矿、方
铅矿、白钨矿、孔雀石、褐铁矿。脉石矿物有石英和方解石。围岩蚀变从内向外
分三个蚀变带：

第一带，黄铁矿化带，组成矿物有黄铁矿、石英、绢云母、碳酸盐类。

第二带，绢云母化带，组成矿物有绢云母、石英、碳酸盐类。

第三带，碳酸盐化带，由碳酸盐类矿物组成。

(30) 兴地塔格元古宙岩浆岩型铜镍成矿区带

区带沿兴地塔格断裂(中途站—兴地村—团结村)展布，该带为库鲁克塔格元
古宙裂谷，有基性–超基性岩出露，侵位于太古宇达格拉克布拉克群与古元古代
兴地塔格群变质岩系内，以其岩类与产出特征分为中途站类金伯利岩小岩群、且
干布拉克—团结村偏碱性超基性岩群(600~900 Ma)和兴地基性–超基性岩群
(Sm、Nd 等时线 1209 Ma，为晋宁期侵入)。

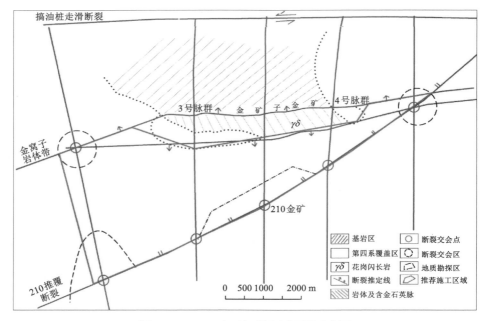

图 5-5-7　210 金矿远景预测平面示意图

（据赵殿甲、曹振中资料补充）

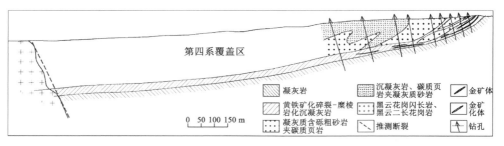

图 5-5-8　210 金矿地质勘探剖面图

（据赵殿甲资料补充）

1）区域地质背景

兴地基性–超基性岩群位于库鲁克塔格隆起区中西部南侧，围岩系新太古代片麻岩、混合岩、斜长角闪岩和古元古代兴地塔格群二云石英片岩及白色大理岩。区内主干断裂为兴地断裂，走向北西西—东西，延伸 270 km，属区域性控岩控矿断裂构造。兴地基性–超基性岩体群包括四个岩体，分别以 I、II、III、IV 号命名，属克拉通边缘型含铜镍矿岩体。其中 II 号岩体含矿性最好，出露面积 10 km²，由辉长岩、辉石岩和橄榄岩构成。

2）区域地球物理、地球化学特征

在库鲁克塔格南缘隐伏的孔雀河断裂与兴地断裂之间布伽重力值为 $-125\times 10^{-5}\mathrm{m/s^2}$，天山布伽重力为 $-175\times 10^{-5}\mathrm{m/s^2}$，二者之间为兴地重力梯度带。库鲁克塔格地区为平缓低负异常区，北缓南陡，异常幅度在 $100\sim200\mathrm{nT}$。根据 1∶10 万航磁资料，兴地Ⅱ号岩体南侧对应新 C-79-49 航磁异常，它属于负磁异常中 $\triangle T$ 极值 140 nT 的异常。1∶20 万水系沉积物化探扫面成果得到主要元素 Cr 品位为 90×10^{-6}、Ni 品位为 40×10^{-6}、Co 品位为 14×10^{-6}、V 品位为 68×10^{-6}、Cu 品位为 54×10^{-6}。在Ⅱ号岩体与兴地塔格群中亚群接触带附近圈出 10 号 Cr、Ni、Co 组合异常。元素套合好、浓集中心明显，具有一定价值。

3）岩体特征（以Ⅱ号岩体为例）

兴地Ⅱ号岩体平面呈椭圆形，与周边围岩侵入接触，局部断裂接触。岩体划分三个侵入次、三个岩相带、12 个亚岩相带。

第一侵入次，辉石岩相带，含斜辉辉橄岩、单辉橄榄岩、二辉橄榄岩、斜辉橄榄岩、单辉橄榄岩、单斜辉石岩、辉石岩、斜辉辉石岩。

第二侵入次，橄榄岩相带，含二辉橄榄岩、单辉橄榄岩。

第三侵入次，辉长岩相带，含苏长辉长岩、辉长岩。

稀土元素分布模式，总体平缓右倾，属轻稀土富集型，$w(\mathrm{La})/w(\mathrm{Yb})$ 为 $4.53\sim13.02$，为三次统一同源岩浆源深部分异上侵产物。主要造岩矿物及晶出顺序：橄榄石-斜方辉石-基性斜长石-角闪石-黑云母。说明岩体有利于垂向分异，岩体显现多次分异、多次侵入和深部分异强烈的特征，更利于铜镍矿的形成。

4）岩石类型

富含铜镍的岩石类型，一般以苏长岩、辉长岩、辉石岩、橄榄岩为主。最常见的含矿岩石是斜方辉石岩、橄榄辉石岩、橄榄岩或二辉橄榄岩。Ⅱ号岩体的岩石类型为斜方辉石岩、橄榄岩、苏长辉长岩和辉长岩，与具工业意义铜镍岩体的岩石类型相似。

5）岩石化学特征

各成分质量分数为 $\mathrm{SiO_2}(39.27\sim55.84)\times10^{-2}$，$\mathrm{Fe_2O_3}(0.75\sim5.18)\times10^{-2}$，$\mathrm{FeO}(0.90\sim10.06)\times10^{-2}$，$\mathrm{Al_2O_3}(1.23\sim24.71)\times10^{-2}$，$\mathrm{MgO}(2.24\sim39.3)\times10^{-2}$，$\mathrm{CaO}(0.72\sim18.06)\times10^{-2}$，$\mathrm{Na_2O}(0.20\sim2.93)\times10^{-2}$，$\mathrm{K_2O}(0.01\sim1.9)\times10^{-2}$，$\mathrm{S}(0.04\sim0.49)\times10^{-2}$。

里特曼指数为 $0.01\sim0.89$，属钙性系列，镁铁比值为 $1.89\sim5.74$，为铁质系列杂岩体。

结合扎氏图解和久野的碱硅关系图分析应属同源岩浆，原始岩浆成分属大洋拉斑玄武岩系列，是上地幔局部熔融的产物。

6）岩石化学含矿性参数特征

吴利仁提出 $m/f=2\sim6.5$ 的基性-超基性杂岩有利于形成铜镍矿。而兴地Ⅱ号岩体：辉长岩相 $m/f=3$，$m/s=0.7$；辉石岩相 $m/f=4.58$，$m/s=0.92$；橄榄岩相 $m/f=5.8$，$m/s=1.49$。属吴氏铁质超基性岩，利于铜镍矿的形成。

富李明提出成矿岩体扎氏数值特征：$b>25$，$s=(40\sim60)\pm5$，$m=(60\sim80)\pm5$。兴地Ⅱ号岩体：辉长岩相 $b=31.64$，$s=56.22$，$m=54.56$；辉石岩相 $b=46.32$，$s=51.5$，$m=73.8$；橄榄岩相 $b=58.18$，$s=39.6$，$m=82.7$。表示该岩体的超基性岩有利于形成铜镍矿。

7）岩石成矿组分

S、Cu、Ni 的丰度与铜镍成矿关系密切，将几个含矿岩体的丰度对比如下：

喀拉通克Ⅰ号岩体：$w(\mathrm{S})=1.68\times10^{-2}$，$w(\mathrm{Cu})=0.30\times10^{-2}$，$w(\mathrm{Ni})=0.21\times10^{-2}$。

黄山东岩体：$w(\mathrm{S})=0.05\times10^{-2}$，$w(\mathrm{Cu})=0.01\times10^{-2}$，$w(\mathrm{Ni})=0.02\times10^{-2}$，$w(\mathrm{TiO_2})$ 低于 1.6×10^{-2}

兴地Ⅱ号岩体：$w(\mathrm{S})=0.16\times10^{-2}$，$w(\mathrm{Cu})=0.01\times10^{-2}$，$w(\mathrm{Ni})=0.21\times10^{-2}$，比喀拉通克岩体和黄山东岩体含量高，$w(\mathrm{TiO_2})$ 为 0.41×10^{-2}，含量低，利于铜镍矿的生成。

8）岩石酸度（aSi）、碱钙富集度（Cal）

由Ⅱ号岩体的两指数投点得知，超基性岩落点于偏镁系列岩石和镁系岩石。基性岩主要落点于钙碱系岩石，表明超基性岩对形成铜镍矿有利。

9）岩体矿化特征

在Ⅱ号岩体的东北部，第一侵入次辉石岩相与第二侵入次橄榄岩相分布区，圈出一个 Cu-Ni-Zn-Ag 综合异常，且与重、磁异常范围相吻合。地表发现稀疏浸染硫化物，特别是在物探、化探异常区，地表矿化更明显，已发现 10 处矿化，其中 1 号、3 号为矿体。沿南北向物、化探剖面施工 5 个钻孔，有 4 个钻孔见矿：深度在 $41.32\sim111.30$ m，见矿 9 处。矿体长 $206\sim1080$ m、厚 $0.1\sim3.9$ m。铜品位 $(0.1\sim0.38)\times10^{-2}$，镍品位 $(0.16\sim1.55)\times10^{-2}$，铜镍矿含铂 $(0.08\sim0.15)\times10^{-2}$，钯 $(0.2\sim0.15)\times10^{-2}$。从单孔和单剖面所揭露地质条件看，铜镍矿体向杂岩体的中心（第一、第二侵入次岩相）倾斜，呈似层状、透镜状及脉状赋存于岩体辉石岩相中的橄榄岩底部及两岩相之交界面。

（31）库鲁克塔格东大山元古宙（火山沉积型）铜铅锌成矿区带

位于辛格尔断裂以南，西起照壁山，东到鲍纹布拉克，走向北西。其大地构造位置属塔里木板块北部陆缘活动带，辛格尔断裂在区带北侧通过：

地层：古元古界兴地塔格群辛格尔组为变质碎屑岩夹碳酸盐岩、中基性火山岩及硅镁质碳酸盐建造。震旦-寒武系为由白云质灰岩、灰岩、大理岩所构成的碳酸盐建造及复理石建造，呈条带状不整合于古元古代变质岩系之上。在局部地区形成断陷沉积盆地，堆积了海相冰川碎屑岩建造、海相硅质岩-磷块岩-黑色页岩建造。

构造：总构造线走向东西。区带褶皱与基底褶皱具有明显的继承性，显示出宽缓型短轴状褶皱特征，断裂发育是该区构造的另一大特点。

侵入岩发育，以晋宁期和海西期为主，酸、中性侵入岩占主体，并有少量基性-超基性杂岩出露。

地球化学特征：铜、铅、锌、银、金异常普遍。Ag、Au、Cu、Pb、Zn、As、Hg 元素异常成群成带出现，金元素异常值一般为 $(3.7 \sim 9.2) \times 10^{-9}$，最高为 75×10^{-9}。银元素异常值最高达 578.6×10^{-9}。铜元素异常主要分布在辛格尔、鲍纹布拉克一带。Au、Ag、Cu 等元素异常大多与相关的金银铜矿化体和矿体相对应。该区带已发现银矿点三处、铜矿点一处，其中以照壁山银铅锌矿、鲍纹布拉克铜矿为代表，该区带具有较好的蕴矿前景与找矿潜力。

照壁山热液型银铅锌矿：位于破城子南 16 km 的公路西侧。

地层为震旦系扎摩提布拉克组碎屑岩、奥吞布拉克组冰积砾岩。矿区仅见层间辉绿岩，构造以断裂为主，有东西走向逆断层和北东走向平移断层。后者为矿区控矿断裂。

矿床为含银铅锌石英方解石脉的脉状矿体。矿脉两组，一组北东 $20° \sim 30°$，另一组北西向，倾角 $70°$。矿体在走向上断续分布，倾向上尖灭再现。矿脉长几米至几十米，最长 250 m，脉宽 $0.2 \sim 0.5$ m。若以含钙质细碎屑岩为围岩时，矿脉大多脉幅变宽、品位变富。矿石矿物有方铅矿、闪锌矿、黄铜矿、黄铁矿、白铅矿、彩钼铅矿、孔雀石、蓝铜矿和褐铁矿。脉石矿物有石英、方解石和少量重晶石。矿石中已知元素有 Pb、Ag、Mo、Sb、Bi、Zn、Cu、Hg、As、Au，其中，铅平均品位 2.5×10^{-2}，锌平均品位 0.3×10^{-2}，银平均品位 33.3×10^{-6}，最高 104×10^{-6}，认为银有较好前景。

鲍纹布拉克铜矿：位于鲍纹布拉克西 5 km 处，为古元古界兴地塔格群大理岩中的层控铜矿床。

地层为古元古界兴地塔格群辛格尔组变质岩系，包括云母片岩、石英岩、大理岩等，产状 $210° \angle (30° \sim 60°)$。侵入岩为岩盘状、岩株状花岗岩和辉长岩，岩墙状闪长岩、辉绿岩。矿体具层控特点，出现在一马蹄形小向斜内，矿区断裂发育，大致有三组断裂，产状分别为 $210° \angle 56°$、$120° \angle 32°$ 和 $30° \angle 50°$。

矿床分东、西两个矿区，以西矿区为主。每个矿区各有八个矿体。西矿区矿体一般长 50 m 以上，两个较大矿体分别长 186 m、106 m。厚 $2 \sim 10$ m。东矿区矿体一般长 $10 \sim 44$ m，最长 144 m，厚 $0.2 \sim 2.0$ m。矿石品位 Cu$(0.3 \sim 2) \times 10^{-2}$，平均铜品位 0.8×10^{-2}。矿石矿物有磁铁矿、黄铜矿、黄铁矿、白铁矿、斑铜矿、辉铜矿、黑铜矿、孔雀石、褐铁矿。脉石矿物有方解石、石英、菱铁矿、白云母。围岩蚀变主要是硅化，局部绢云母化、透闪石化和碳酸岩化。伴生元素 Au、Pb、Zn、As、Sb、Bi、Mo、La、Y 等明显富集，个别金品位达 $1.976×10^{-6}$。

区域 1:20 万化探 Ag、Au、Cu、Pb、Zn、Hg 元素异常成带分布，其中银元素异常中心值 $5786×10^{-9}$，表明银找矿前景极好。已知金矿有产于海西期火山穹窿构造内者，火山构造中心是以钠长斑岩为代表的次火山岩，围绕岩体围岩蚀变与元素均具有环状分带性(东大沟 9 号异常)，火山构造内有北西和北东两组方向煌斑岩与辉绿岩岩脉，该区金异常有三个，长 5000 m，宽 3000 m，一般强度$(3~6)×10^{-9}$，最高强度 $8.2×10^{-9}$，以上资料说明，本区在火山构造周围蚀变好、金背景值高，对生成火山岩型铜矿、金矿、斑岩型金铜矿有利。亦有资料反映，该铜矿具有相对固定的含矿层位和依附的火山-沉积岩建造，具有层控矿床的特征。同时，更进一步认为其成矿特点与云南省元古宇昆阳群中铜矿成因特征相近。

(32)库鲁克塔格大、小金沟绿岩带(石英脉型、构造蚀变型)金成矿区带

该区带矿床属绿岩带型含金石英脉型金矿，位于辛格尔断裂南侧，应涵盖辛格尔断裂以北的和硕南山山潭—双峰岭金矿带。赋矿地层为古元古代红柳沟群，容矿岩石为黑云变粒岩、石榴浅粒岩、石墨浅粒岩等变质岩。岩浆岩主要为古元古代二长花岗岩(细分为片麻状中细粒二长花岗岩与中粗粒蓝石英花岗岩)，岩脉有蓝石英花岗伟晶岩脉、钾长花岗岩脉及条带状蓝石英脉等，矿床褶皱断裂异常复杂，褶皱多以紧密线形和同斜褶皱为主，岩石的片理、片麻理和层理基本一致，走向东西，倾角陡立，断裂构造除脆性断裂外，还发育有东西向的韧性剪切带。

1)矿床地质:含金石英脉是本区金矿的主要类型，在大小金沟已发现的 64 条石英脉中含金石英脉占 80% 以上，但含金品位超过 $1×10^{-6}$ 的石英脉仅有 12 条，依据含金石英脉的特点，分三个类型，即含金石英细脉型、含金石英大脉型和硅化蚀变岩型。

①含金石英细脉型:裂隙发育、矿化岩石破碎，含金石英细脉沿裂隙分布构成脉带，脉带宽十几米，长超百米，其中含金石英细脉产状$(185°~215°)∠(65°~74°)$，单脉长几米，宽 1~2 cm，最宽 8 cm。脉带内细脉密度变化大，平均每平方米有 3~4 条，沿裂隙及石英细脉两侧有强烈的硅化、石墨化及黄铁矿化(多风化为褐铁矿)，石英细脉中可见明金，多产于晶洞中。自然金有粒径 2 mm 者。黄铁矿细脉沿石英脉与围岩的接触处分布，或分布于围岩裂隙中。金品位$(0.5~5)×10^{-6}$，最高可达 $69.75×10^{-6}$，是该区带矿脉含矿性最好的一种类型。

②含金石英大脉型:是区内常见分布较广的工业类型，但矿脉的规模和品位变化大。含金石英脉受东西、北西、北东、北北东向等韧性剪切带、断裂带以及断裂交会部位控制。脉长十几米到几十米、厚几十厘米到几米，产状变化大。石英脉在一个矿化构造带内可断续延长千米以上，矿脉两侧围岩蚀变强烈，下盘靠近脉壁有绿泥石化、绢云母化、石墨化及黄铁矿化，与围岩接触处分布着"脉状"

褐铁矿，其中金品位 $5×10^{-6}$。石英脉内纵节理发育，沿节理裂隙有蜂窝状、粉末状褐铁矿，其中金含量变化大，最高可达 $3×10^{-6}$。上盘围岩为强硅化岩石，而在石英脉附近的硅化带及石英脉顶、底盘糜棱岩、片状石墨和断层泥中，含金量最高大于 $10×10^{-6}$。

③硅化蚀变岩型：主要产于东西向片理化带中，围岩硅化强烈，构成强硅化带，带宽几米到几十米，断续延长达几千米。硅化的片理化带有数条平行出现，但硅化带内石英脉规模皆小，由稀疏几条到成群出现，呈平行、斜列和串珠状分布，受东西、北东、北西向断裂控制，脉宽十几厘米到两米，长几米到十几米，最长达 30 m。石英脉顶、底板均有绢云母–绿泥石带和硅化带产出，而且普遍有褐铁矿化，石英脉中金赋存于褐铁矿化裂隙或晶洞中，金最高含量 $9.35×10^{-6}$。

上述三种含金类型在空间分布上都有密切联系，细脉产于大脉两侧，呈支脉或平行脉。硅化带中石英细、微脉常产在石英大脉的延长或尖灭部位。三种含金类型沿构造带断续相连组成脉群，构成统一的构造成矿带。

2) 矿石成分：石英占90%以上，其次有黄铁矿、方铅矿、自然金、磁铁矿、褐铁矿、石墨和方解石。

石英分含金与不含金两种，含金石英脉呈灰色、透明度好，颗粒内裂纹发育，具波状消光，集合体呈细脉状者多有黄铁矿沿脉壁或脉内裂隙充填，多处见有明金直接赋存在石英裂纹中或被石英包裹。不含金的石英脉呈乳白色，透明度低，集合体呈致密块状，不含黄铁矿和自然金，这类石英多发育在石英大脉或硅化细脉带中，石英脉个体虽大，但地表矿化度低。

黄铁矿：主要产于石英细脉中，呈小脉沿石英细脉脉壁和石英脉与围岩接触处及错断石英细脉的剪切裂隙内分布，脉状黄铁矿呈粒状集合体彼此镶嵌，具压碎结构，沿裂纹有磁铁矿（褐铁矿）穿插交织成网脉状，局部可见叶片状、针状石墨沿裂隙分布。另以星点状、浸染状分布于石英脉及围岩中，颗粒较粗，棱角突出的立方体黄铁矿和无压碎结构的黄铁矿中未发现自然金。

自然金：主要产出于石英脉中、蓝石英硅化带中和褐铁矿晶洞中，呈粒状、叶片状、树枝状，其中叶片状者最大可见 1 mm² 以上，粒状者细小，直径 $0.01 \sim 0.1$ mm，具金黄色、成色低[$w(Au)：w(Ag) \approx 4：1$，并含微量铜]。

褐铁矿：在地表石英脉中多见，呈粉末状、薄膜状、晶洞状和蜂窝状，分布在石英脉破碎裂隙带和蓝石英硅化带裂隙中，肉眼可见褐铁矿与黄铁矿的过渡或褐铁矿呈立方体黄铁矿假象，镜下可见呈胶体脉状、带状穿插包围黄铁矿的褐铁矿，褐铁矿来自黄铁矿、方铅矿、黄铜矿等风化物，褐铁矿晶洞中有时见粒状、叶片状自然金。

石墨：产于片理化石英细脉的破碎裂隙或石英大脉的纵节理裂隙中，呈鳞片状、粉末状或细脉状构造，石墨含量与石英脉中的金含量成正相关关系，而石墨本身不含金。

3)遗留问题：硅化蚀变岩型金矿以多条片理化带、硅化带形式表现，把石英脉作为勘查重点有失主次，应以绿岩带的片理化带-硅化带为工作对象，从研究韧性剪切带的演化历史，尝试性地对绿岩带金矿进行地质勘查，乃不失为另一条勘查出路。

柯坪地块：该构造单元的古老基底为长城系阿克苏群，为一套蓝闪绿片岩相变质岩。主要岩性为绿泥白云母钠长石英片岩、钠长绿帘绿泥片岩、钠长白云母石英片岩、钠长绿帘绿泥蓝闪片岩、绿帘阳起片岩、黑硬绿泥钠长白云母石英岩、钠长绿帘阳起片岩。蓝闪绿泥石英片岩原岩恢复为基性火山岩，长石砂岩和岩屑长石砂岩不均匀互层夹硅质岩薄层。柯坪断隆的大地构造实质为一近东西向具推覆性的"薄皮"构造，其上又被近南北向(含北北东向、北北西向)张扭性断裂割切，形成块断式的褶断构造格架。区域成矿特点是，盖层(古生代)沉积与构造活化层层控改造成矿，表现为多期地层、多次断裂活化的热液活动，如震旦纪的尤尔美那克脉状汞矿、奥陶纪层控(热液)改造铅锌矿、泥盆纪层状砂岩铜矿和古近纪海相砂岩铜矿等。

(33)黑尔塔格震旦纪汞成矿区带

区内出露地层从震旦系到石炭系，而与矿化关系密切的是震旦系、寒武系和奥陶系。震旦系(下统)主要分布在苏盖特布拉克—巧恩布拉克—尤尔美那克一带，由灰绿色、暗绿色、有时为淡红色、紫色的长石砂岩、复矿砂岩、粉砂岩、页岩等组成。寒武系与奥陶系在东部细分，寒武系上寒武-下奥陶统和中奥陶统，寒武纪初期以海相陆源碎屑岩沉积为主，其后渐变为碳酸盐岩建造和含石膏泻湖相沉积。上寒武统-下奥陶统分布较广，岩性单纯，由含燧石结核及条带的白云岩和灰岩组成，中奥陶统出露较少，多呈狭长条带状分布于上寒武-下奥陶统与志留系之间，岩性系一套杂有陆源物质的碳酸盐岩沉积，底部常见一层碳质页岩及薄层泥质灰岩。岩浆活动微弱，仅见少量基性岩脉。矿产以汞为主，除已知的尤尔美那克汞矿点外，在东部见有奇格布拉克、喀拉克孜尤尔美那克、巧恩布拉克等三个辰砂重砂异常区，面积分别为 15 km²、33 km²、10 km²，而三区分别相距10 km 左右，异常均位于震旦系及寒武-奥陶系出露区。西部未见面型汞异常，但在科克布克三山中段发现两处汞重砂高异常点，大部分重砂样辰砂超过 20 粒，还有白钨矿、钼铅矿及磷氯铅矿。

尤尔美那克汞矿点：位于阿克苏市西南 89 km 柯坪陆内盆地。矿区出露地层为震旦系砂岩、粉砂岩和泥岩等，矿区构造为一南倾单斜，中部有一东西向逆断层，矿化沿着其次级断裂产出，岩浆活动微弱，仅见少量辉绿岩岩床、岩墙，多则3~6 层，最大厚度 95 m，岩带断续延长 14 km。汞矿化为含辰砂重晶石-天青石-方解石脉，大致分为三个矿带。一矿带由三条脉构成，断续长 170~250 m，宽

0.1~0.3 m，倾向南东、倾角 70°~80°，矿脉具尖灭再现和涨缩特征；二矿带有三条脉，断续长 100~300 m，厚 0.2~0.3 m，倾向 60°~85°；三矿带有两条脉，脉长一般 300 m 左右，厚 0.3~0.4 m，矿脉具分支复合特征。三个矿带含矿系数分别是 0.24、0.34、0.07，矿体顶板为粗砂岩，底板为细砂岩，矿多富集于底部细砂岩内。金属矿物有辰砂、黑辰砂、方铅矿、黄铁矿、黄铜矿等，脉石矿物有重晶石、天青石、方解石、萤石。矿石多具浸染状、斑点状、细脉状构造。依其矿物组合可分为辰砂矿石、辰砂–方铅矿矿石和辰砂–黄铜矿矿石。矿区矿石含汞最高，为 0.36×10^{-2}，一般汞品位 $(0.003~0.23) \times 10^{-2}$，含锶平均品位 10×10^{-2}。

（34）寒武—奥陶纪琼恰特—坎岭（层控改造型）铅锌成矿区带

区内地层由老而新：中寒武统沙依里克组，岩组上下两分，下部为含燧石团块白云岩化灰岩夹竹叶状灰岩（泥质条带灰岩）产三叶虫，上部为红色石膏化泥岩，泥质灰岩夹白云质灰岩和白云岩化灰岩；中–上寒武统阿瓦塔格群，为一套浅海–泻湖相的沉积建造，以红色膏泥岩为底界，主要岩性为黄色硅质灰岩与灰色、灰褐色含燧石团块白云岩化灰岩的不均匀互层；下奥陶统丘里塔格（丘达依塔格）群，为一套连续沉积的白云岩、白云质灰岩、灰岩及泥质灰岩，其中含硅质团块和条带，分上下两个亚群，下亚群为白云岩、白云质灰岩，上亚群为白云质灰岩，灰岩，下亚群与下伏地层中上寒武统阿瓦塔格群连续沉积，上亚群与上覆中奥陶统萨尔干组为整合接触；中奥陶统，自下而上分为萨尔干组、坎岭组、其浪组，三组连续沉积，下部萨尔干组以黑色笔石页岩、泥灰岩为主，中部坎岭组以紫红色疙瘩状灰岩为主，上部其浪组下部为灰绿色上部为灰黄色灰岩，各组均有丰富的笔石、三叶虫等化石，与其下伏的下奥陶统丘里塔格群整合。与上覆下志留统柯坪塔格群平行不整合；中、上奥陶统音干组，与上覆下志留统柯坪塔格组平行不整合，与下伏中奥陶统其浪组整合，岩性为碳质泥灰岩、泥质钙质粉砂岩、粉砂质灰岩夹灰岩透镜体，含丰富的笔石、三叶虫、腕足类化石；下志留统柯坪塔格组，下部为黄绿、紫褐色细砂岩、石英粉砂岩，具交错层理及波痕，局部见底砾岩，有双壳类和古藻类化石，上部为灰绿色页岩、砂质页岩、粉砂岩，富含笔石、三叶虫、双壳类化石，该组与其下上奥陶统音干组平行不整合，其上又被下中泥盆统平行不整合覆盖。

就区域铅锌矿点的分布来看，它们相对集中在以上寒武统阿瓦塔格群–下奥陶统丘里塔格（丘达依塔格）群为主线的白云岩、白云质灰岩、灰岩沉积建造内，并受苏盖特向斜构造制约（属黑尔塔格西段），应属层控改造型铅锌矿床。如中型矿床规模的琼恰特北和坎岭，还有苏巴什、苏盖特、阿康达等 10 多个铅锌矿点。

坎岭铅锌矿：属乌什县管辖，矿床产于柯坪古生代陆内盆地东部的克孜尔苏布拉克—库鲁克乌居木入字形构造中，矿区百余平方千米范围内无岩浆岩出露，矿体严格受断裂控制，对构造依附性清晰。

矿区地层由老至新为上寒武统阿瓦塔格群第四组、下奥陶统丘里塔格群、中奥陶统萨尔干组、上奥陶统音干组、下志留统柯坪塔格组、泥盆系、石炭系。

矿区构造：坎岭入字形构造，东西长 20 km，南北宽 6 km，主干断裂为北东东向压扭性库鲁克乌居木断裂，在该断裂南侧发育着一系列不同时期、不同级别、不同序次压性、压扭性、张性、张扭性结构面，以破裂构造面最发育。构造与矿化关系如下：①坎岭入字形断裂控制矿带，矿床受控于主干断裂上（南）盘的断裂构造，矿体沿北西、北北西、南北向张性、张扭性断裂及节理系分布。②矿体富集部位为张性、张扭性断裂上盘破碎带，断裂与裂隙之交叉点，追踪断裂倾角变缓部位，断裂复合处的构造破碎带，断裂呈弧形拐折部位，断裂尖灭点附近，断裂上盘羽状节理，裂隙发育地段，层间断裂与断裂近垂直的发育地段，各种节理、裂隙叠加的破碎带内。③坎岭张扭性断裂，是该矿床导矿、容矿的主要构造，主矿体与断裂的产状一致。④与矿共生的方解石脉，以及与成矿有关的砂岩中的硅化和灰岩的泥化、碳酸盐化、黄铁矿化等围岩蚀变多呈线形，均受断裂控制。⑤区内断裂曾经历顺时针及逆时针扭动，这两种方向的扭动时期为铅锌矿的成矿期或主成矿期，成矿后的断裂活动对矿体影响不大。

矿床：矿床南北长 1.5 km，东西宽 0.5 km，分为五个矿带、42 个矿体。其中Ⅰ号矿带 7 个矿体、Ⅱ号矿带 1 个矿体、Ⅲ号矿带 13 个矿体、Ⅳ号矿带 16 个矿体、Ⅴ号矿带 5 个矿体。

矿体规模大小不一，矿体长度大于百米者共有 10 个，Ⅰ号矿体最大，长713 m，厚 2.86 m。矿体的长度与深度比为 1：1~1：3，矿体形态以规则的宽脉为主（部分为板状脉），其次有透镜状、分支脉状、不规则脉状和囊状等。

矿体走向除个别与地层走向平行之外，多数矿体与地层走向直交或斜交，基本走向有北西向、南北向和北东东向三组，多数矿体倾向西、倾角 65°~84°，少数矿体倾向东，倾角 36°~61°，这两组矿体在剖面上有时构成"Y"字形。矿石结构细-粗粒自形、他形均有。矿石构造为块状、斑状、细脉状、条带状、星点状和角砾状等。矿石矿物以方铅矿为主，闪锌矿次之，其他有黄铁矿、黄铜矿、斑铜矿、辉铜矿，以及次生矿物孔雀石、蓝铜矿、铜兰、白铅矿和菱锌矿等。脉石矿物有方解石、白云石、重晶石等。矿石品位：铅全矿区平均品位 3.11×10^{-2}，最低品位0.5×10^{-2}，最高品位 49.19×10^{-2}。锌品位多为 $(1~3) \times 10^{-2}$，最低品位在 0.5×10^{-2} 以下，最高品位 16.83×10^{-2}。伴生铜品位平均 0.60×10^{-2}，最高铜品位 2.59×10^{-2}。银平均品位 30×10^{-6}，一般银品位大于 10×10^{-6}，最高品位 340×10^{-6}。镉一般品位 $(0.01~0.05) \times 10^{-2}$，最高镉品位 1.11×10^{-2}。镓、锗仅在个别样品中见到。

矿体围岩以碳酸盐岩为主，有晚寒武世白云岩、奥陶纪灰岩、泥质灰岩及泥灰岩，早志留世砂岩及粉砂岩。铅锌矿体主要分布在碳酸盐岩中，铜矿化则以砂岩与粉砂岩为矿体围岩。除了矿体对围岩有一定的选择交代外，铜、铅、锌尚有垂直分带现象，Ⅰ号、Ⅳ号矿带较明显地体现出上铜下铅的元素分带规律。矿体围岩蚀变有碳酸盐化、重晶石化、泥化、硅化和黄铁矿化。

该矿床有如下成矿特征：

①矿区内热液活动有五次之多，其中最少有两次含矿热液成矿活动，该热液应理解为"层控热液"。

②围岩蚀变微弱，表现为蚀变矿物组合简单、蚀变带狭窄（宽几米到十几米）。

③矿区及其外围较大范围内无岩浆岩分布。

④矿化对围岩岩性有一定的选择交代性，但无固定的含矿层位。

⑤主要矿物生成次序是黄铜矿→斑铜矿→闪锌矿→斑铜矿→方铅矿→方解石→重晶石。这种生成顺序和组合特点表明，铅锌矿是低温热液条件下生成的。

⑥断裂构造不仅严格地控制矿体的展布与变化，而且与矿共生的方解石脉和各类围岩蚀变均受断裂控制，矿化富集地段是具有不同特点的断裂破碎带，工业矿体多为厚度在几十厘米以上的脉体。

坎岭矿床是由于断裂的多次脉动导致矿液的多次叠加，成矿形式以充填为主，成矿类型具低温热液性质，属宽脉构造破碎带型铅锌-多金属矿床。从区域构造和成矿的时空特点分析，其成矿期似乎应在燕山期。位于其南 10 余 km 的音干黄铁矿，与坎岭铅锌矿同处于一个近南北向断裂构造带，从成矿地质背景、控矿构造、矿物成分、矿石种类、矿床成因等诸多因素考虑，应属于统一的成矿系统，在矿种转化上应加强研究。

琼恰特北铅锌矿：行政属阿合奇县管辖，位于皮羌村东北琼恰特之北的山前地带。

区域上主要出露古生代地层，为寒武-奥陶系浅海陆棚相碳酸盐岩建造，志留-泥盆系浅海-滨海相杂色碎屑岩建造，石炭系、二叠系浅海相、滨海相碳酸盐岩夹碎屑岩建造。古生界盖层中构造简单，褶皱为开阔式的长垣与地塘。断裂属由北而南逆冲-推覆，而形成一组走向东西叠瓦式的断裂，其后产生似等距性的北北西—南北向张扭性断裂组，在区域上构成不同形状与不同规模的断块构造。

琼恰特北铅锌矿位于科克布克三山推覆体东段北侧，受科克布克三山前缘断裂及下奥陶统丘里塔格（丘达衣塔格）群地层双重控制，矿层赋存在丘里塔格群上段灰岩的岩溶角砾岩中。

地层：由老到新为上寒武统-下奥陶统丘里塔格组，下段岩性主要为白云岩，上段主要为灰岩，灰岩中岩溶角砾岩极为发育，为铅锌矿赋矿层位；上奥陶统其浪组，主要为灰岩、泥岩；志留系柯坪塔格组，主要为长石石英砂岩、粉砂质泥页岩；中、下泥盆统塔塔埃尔塔格组，主要为长石石英砂岩、石英砂岩、粉砂质泥岩。地层呈北东—南西向带状展布，其产状为（320°~340°）∠（20°~50°）。

构造：矿区位于科克布克三山推覆体东段北侧，推覆体前缘科克布克三山断裂北倾，倾角 30°~50°，由于北北西向南南东逆冲推覆作用，其显示出上陡下缓的铲式断裂特征，在深部合并到沿基底的拆离面上，并与西南天山活动造山带相接，另有北西向的阿克布隆左行平移断裂，走向 300°~330°，向南西陡倾，倾角近80°，构造面平直，多具褐铁矿化。

岩浆岩：不发育，仅见两条辉绿岩脉，属海西期，顺层侵入柯坪塔格组、塔塔埃尔塔格组地层内，厚度 1~3 m，岩脉总体走向为北东向。

围岩蚀变：矿区围岩蚀变主要发育在丘里塔格组上段灰岩中，蚀变类型主要为硅化、褐铁矿化、白云石化、方解石化、黄铁矿化、白铁矿化，其中黄铁矿化与铅锌矿化关系密切，其蚀变强度与矿化呈反消长关系，即铅锌矿化越强黄铁矿化愈弱，反之亦然。

地球化学异常特征：矿区共圈出综合异常 4 个，即 Hs46 乙$_2$，Hs47 乙$_3$，Hs31 乙$_3$，Hs45 丙。

Hs46 乙$_2$，综合异常组合为 Pb、Zn、As、Sb、Hg、Cu、Au，乃矿致异常。异常呈北东向带状分布于矿区中部，面积约 15.95 km^2，如图 5-5-9 所示。

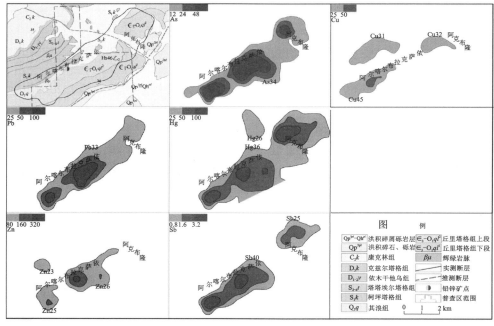

图 5-5-9　Hs46 乙$_2$ 异常剖析图

扫一扫，看彩图

从异常的元素组合特征来看,异常元素组合以 Pb、Zn 为主,次为 As、Sb、Hg、Cu、Ag、Mo 等,主体为中低温元素组合(反映了岩溶角砾岩铅锌矿的元素组合)。从异常的规模和强度来看,Pb、Zn、As、Hg、Sb 异常点多、连续性好,且规模大,三级浓度分带清晰,浓度梯度变化大,说明 Pb、Zn 为主成矿元素,而 As、Sb、Hg 反映了"后期构造热液作用",比较强烈的地球化学特征为伴生元素,从元素在地质体中的分异程度来看,Pb、Zn 呈分异型,说明此两种元素在地质体中存在高含量点或高含量地段,即找矿的最佳地段。从异常套合程度看,As、Hg、Sb、Pb、Zn、Cu 套合性好,反映了这些异常在形成过程中,经历了相同或相似的地质-地球化学过程。从异常元素的平面水平分带看,从外向内再向外,As、Sb、Hg 异常面积大、规模大,构成异常在水平方向上的对称分布外带,Pb、Zn 异常构成该异常在水平方向上的中带。从元素的垂直分带特征来看,As、Sb、Hg 低温元素构成了铅锌矿的前缘晕,Pb、Zn 异常为矿体晕,Mo、Ni 高温元素规模小、强度低,构成铅锌矿体的尾晕。综合分析表明,该异常应是一个矿致异常而且剥蚀较浅。

异常查证:阿克布隆西侧化探剖面显示,丘里塔格组上段灰岩中岩溶角砾岩发育地段见大量褐铁矿化、方解石化。岩石光谱样分析结果显示,岩溶角砾岩发育地段出现 Pb、Zn、As、Sb 等异常,出露宽度 300 余 m,与 Hs46 乙$_2$ 综合异常元素异常特征基本一致。

勘查效果:通过 1:10000 地质草测,在研究区圈出两条岩溶角砾岩带。北带长约 4000 m,宽 200~500 m;南带长约 2000 m,宽 100~200 m。经地表追索探槽揭露及深部钻探验证,在岩溶角砾岩带发现 4 个(Ⅰ~Ⅳ)铅锌矿体和 5 个铅锌矿化体。

矿体呈板状或透镜状,沿岩溶角砾岩带产出,在 0 号勘探线 TC-2 中见 4 个(Ⅰ~Ⅳ)铅锌氧化矿体,深部钻探与地表对应出现 4 个原生铅锌矿体(ZK001)。在 10 号勘探线 ZK1001 中见 3 个(Ⅰ~Ⅲ)铅锌盲矿体,矿体总产状为(320°~340°)∠(20°~50°)。

Ⅰ号矿体:铅平均含量 $1.41×10^{-2}$,锌平均含量 $6.59×10^{-2}$,厚度 4.88 m,斜深 160 m。

Ⅱ号矿体:铅平均含量 $0.98×10^{-2}$,锌平均含量 $1.70×10^{-2}$,厚度 4.23 m,斜深 210 m。

Ⅲ号矿体:铅平均含量 $0.40×10^{-2}$,锌平均含量 $2.19×10^{-2}$,厚度 2.57 m,斜深 240 m。

Ⅳ号矿体:铅平均含量 $0.33×10^{-2}$,锌平均含量 $2.65×10^{-2}$,厚度 5.00 m,斜深 280 m。

矿石矿物:以闪锌矿、方铅矿为主,次为黄铁矿。局部可见斑铜矿、辉铜矿、蓝辉铜矿。

脉石矿物：主要是方解石和白云石，少量重晶石和石英。

矿床成因：从目前资料分析，应归为先期奥陶纪海相热水沉积-后期构造改造成因叠加铅锌矿床，亦可称为"岩溶角砾岩型"铅锌矿床。

(35)柯坪塔格泥盆纪海相砂岩型铜成矿区带

地层：泥盆系下统为紫红色陆源碎屑岩，具水平层理及不对称波痕，干裂纹发育，厚度160~600 m，含腹足类化石局部可见腹足类介壳灰岩，为水体能量弱、盐度偏高的潮坪泻湖(相)沉积环境；泥盆系中统为红色碎屑岩夹介壳灰岩，斜层理发育，盐渍化强烈，为干旱条件下的潮坪泻湖(相)沉积环境；泥盆系上统为克孜尔塔格组砖红色碎屑岩，厚度300~1170 m，交错层发育，可能为洪积平原沉积。

构造：由于该区古生界系柯坪断隆之盖层，故其地质构造相对简单，褶皱平坦宽缓，多属长垣与地塘的构造型式，断裂发育，近东西向逆冲叠瓦式断裂组存在于构造推覆面之上，构成推覆性的叠瓦式薄皮构造，后期近南北向张扭性断裂(包括北北西向、北北东向)组穿切前期压性断裂，使柯坪断隆的古生代盖层构造显示断块式的区域构造特征。

矿产：以层控型砂岩型铜矿为主，分散产出于志留系柯坪塔格群和泥盆系内，矿点多而分散，含矿层长度稳定，厚度薄，品位一般偏低。共发现矿点三处(在1:50万塔里木盆地矿产图中编号为1024、1029、1030)，较好者有：

塔塔埃尔塔格铜矿化点：为早中泥盆世砂岩型铜矿，围岩系多色砂岩、粉砂岩、页岩，含矿层厚170 m，含矿砂岩夹在绿色-灰色岩层中，矿体长数百米至数千米，厚几厘米至1 m，矿物有辉铜矿、铜兰、孔雀石，铜品位$(0.2~0.5)\times10^{-2}$，富铜品位$(3~5)\times10^{-2}$。

阿拉苏布拉克铜矿化点(1030)：地层为泥盆纪灰绿色粉砂岩与酱紫色粉砂岩、泥岩互层，矿层赋存在浅灰-灰色细粒砂岩中，矿层长4.5 km，厚0.4~0.8 m，地表仅见孔雀石，铜品位$(0.3~1)\times10^{-2}$。

(36)普昌—瓦吉尔塔格岩浆型钒钛磁铁矿成矿区带

普昌与瓦吉尔塔格是两个互为平行、受北北西向走滑断裂控制的海西晚期含钒钛基性岩带，岩带位于塔里木盆地西北缘，呈北西—南东向展布，断裂带长180 km，宽40 km。其大地构造位置处于塔里木板块稳定陆壳北部边缘，出露地层为中新元古界和古生界，中、酸性岩浆岩不发育，北西向断裂控制基性小岩体和小岩株。钒钛铁矿成矿与海西晚期碱质基性杂岩体关系密切。钒钛磁铁矿产于辉石岩或辉长岩中，现知含矿岩体有普昌岩体、克孜勒卡特山岩体、瓦吉尔塔格岩体、麻扎塔格岩体等。这些岩体笼统地讲是沿着一组北北西向走滑断裂分布，可详分南、北两个岩体集中区，北区以普昌—克孜勒卡特山为中心，包括普昌辉长岩体(大型钒钛磁铁矿)、克孜勒卡特山基性–超基性岩岩筒群(含钒钛磁铁矿)五个岩筒(其中两个为角砾岩筒)。南区由瓦吉尔塔格辉长岩体、麻扎塔格辉长岩体群构成,其中瓦吉尔塔格由深成镁铁质–超镁铁质岩体(辉石岩、杆辉岩、辉长岩)、碱性岩体(正长闪长岩、角闪正长岩、霞石正长岩)和隐爆似金伯利质煌斑岩岩筒(6 个)及超基性–基性–中性–碱性种类繁多的脉岩组成,尤其是富含稀土元素的碳酸盐脉广为分布,从而表明这里具备建设大型钒钛磁铁矿、大型稀土矿的矿产基地条件。随着区域内角砾岩筒的不断发现,对"似金伯利岩煌斑岩"岩筒的构造属性和金刚石的成矿可能应继续探索。

普昌岩体:位于阿图什市皮羌村以北 14 km 沙雷脱克沟上游,在岩体西南方被北北西向断裂破坏,矿床产于基性岩中。岩体岩性以辉长岩、斜长岩为主,少量橄榄辉长岩、紫苏辉长岩、异剥辉长岩及花岗岩,其生成次序可分 10 期,矿体产于第三期含铁辉长岩中,矿体呈浸染状、条带状,具流线构造,说明原生构造对矿床的控制作用与成因联系,从矿体形态看,空间上似有受南北向挤压而产生的"X"形断裂动力构造控制的规律。普昌岩浆型铁矿区侵入岩浆构造图如图 5–5–10 所示。

整个岩体内有五个较大矿体:出露长度几百米至 1400 m,宽几十米至 300 m。圈出矿体(1957 年)总面积 84500 m²,矿体形状一般为囊状、似层状、多分布于岩体中央部分的辉长岩中,主要矿体产状倾向南西、倾角 30°～50°。钻探证实矿体埋深在 100 m 以下。

矿石类型:富矿为块状矿石,贫矿为密集条带状矿石、稀疏条带状矿石和浸染状矿石。

矿石矿物:主要矿物有磁铁矿、钛铁矿,次要矿物为磁赤铁矿、假象赤铁矿、黄铁矿、黄铜矿。

脉石矿物:方解石、绿帘石、黑云母、普通角闪石。

有益元素:TFe 品位 $25.6×10^{-2}$,个别品位达 $48×10^{-2}$,TiO_2 品位 $4.17×10^{-2}$,V_2O_5 品位 $0.17×10^{-2}$。

有害元素:P、S 含量很低,一般为 $(0.1～0.04)×10^{-2}$。

伴生元素:Co、Cr、Ni、Ga,含量均低。

矿产前景:地质储量历经中苏 13 大队(1956 年)、723 队(1957 年)、地矿第二地质大队(1977 年)的计算,钛资源量具超大型规模,铁与钒资源量各达中型规模。

阿尔金

(37)阿尔金北缘沉积变质铁矿与热液金矿成矿区带

本成矿区带属阿尔金北断裂以北的北阿尔金古陆块,区内出露地层:托格拉格布拉克群,由变质深成岩(TTG 岩系)及表壳岩系构成,变质相为高角闪岩

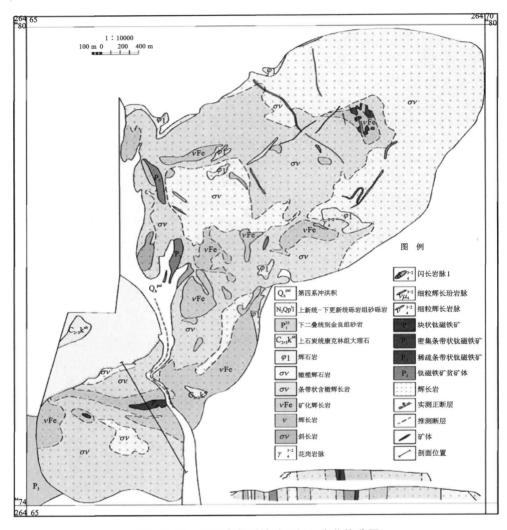

图 5-5-10　普昌岩浆型铁矿区侵入岩浆构造图

相-麻粒岩相；新太古代麻粒岩形成之后，在元古宙时发生强烈抬升；中元古界蓟
县系为一套浅变质碎屑岩系，主要为绢云母片岩、千枚岩、大理岩等，岩石构造
变形强烈，褶曲、布丁构造发育。构造：以近东西向线形构造为主，岩石发生强
烈的塑性和脆性变形，主断裂为阿尔金北断裂和库姆塔格断裂，其间次级断裂发
育，具入字形构造的分支、分叉与合并现象，两主断裂南倾，倾角30°~70°，走向
延长400 km、宽5~20 km，构成压剪性断裂带。岩浆岩：除太古宙变质深成岩外，
主要为海西期未变质的闪长岩-花岗岩类岩石，其分布严格受近东西向阿尔金北

断裂控制，岩体中发育有细晶岩脉。矿产以铁、金矿为主。

大平沟金矿：

矿区出露地层为太古宇米兰群，按岩性组合由下而上分三段，第一岩性段为灰绿色变粒岩夹片岩，分布于矿区北部；第二岩性段为褐灰-褐红色变粒岩；分布于矿区中部；第三岩性段为灰绿色片岩夹变粒岩，分布在矿区南部，三者界限以断层接触，岩石普遍绿泥石化、绿帘石化、绢云母化和钾长石化，原岩恢复可能为中酸性火山岩夹少量基性火山碎屑岩。褐红色变粒岩是金矿化体的主要围岩，其中常见星点状、团块状黄铁矿分布。

矿区构造：断裂发育，多为南倾陡立压扭性裂隙，沿断裂发育次级裂隙带及破碎蚀变带，这些破碎蚀变带普遍含金，是该类金矿的主要含矿构造。矿区有少量花岗岩体分布，脉岩有两种，即石英脉和二长-钾长花岗岩脉，它们多沿断裂破碎带呈脉状、透镜状、串珠状分布，其中石英脉普遍含金。

矿区发现 5（Ⅰ～Ⅴ）条含金破碎蚀变带，呈东西—北西向相间排列。总体构造为向东汇集、向西发散的帚状，长度 135～290 m，宽 4～30 m，倾向南、倾角70°～80°，其间可圈出 14 个金矿体。

（38）红柳沟—拉配泉元古宙裂谷铁铜铅锌金成矿区带

1）成矿区带的大地构造位置处于塔里木古陆缘南缘活动带，为红柳沟—拉配泉元古宙裂谷，它北界以阿尔金北断裂隔开北阿尔金古陆块，南界为喀拉达坂—红柳沟断裂，与中阿尔金中元古代裂陷槽相接。这里可划分出三个次级构造单元：①北阿尔金古陆块，由新太古代构造层构成，区域构造线走向东西，主要岩石由太古宇麻粒岩相-高角闪岩相的紫苏辉石麻粒岩、变粒岩、片麻岩（>2462 Ma）等构成。②红柳沟—拉配泉古生代裂谷，由中元古代长城纪、蓟县纪、洋壳残片、寒武纪火山沉积岩系和奥陶纪蛇绿混杂岩、双峰式火山岩组成，零星分布有石炭纪碳酸盐岩夹碎屑岩，侏罗纪陆源碎屑岩。侵入岩有中元古代造山花岗岩类的辉长岩-花岗闪长岩-钾长花岗岩组合，属钙碱性系列。石炭纪造山花岗岩类的石英闪长岩-花岗闪长岩组合属钙碱性系列。③中阿尔金中元古代裂陷槽，由中新元古代、早古生代、晚古生代等构造层构成，乃以中元古界长城系浅变质绿片岩相的中基性火山岩、碎屑岩夹碳酸盐岩建造构成变质基底，其上零星分布古生界、中、新生界盖层。

2）区带地层：主体有太古宇米兰群，中元古界蓟县系斯米尔布拉克组、金雁山组、卓阿尔布拉克组、木孜萨依组和第三系。含矿地层系蓟县系卓阿尔布拉克组，为一套海相喷发-喷溢中、浅变质火山碎屑岩、火山岩、碎屑岩夹碳酸盐岩建造。下部以火山喷发岩为主，少量正常沉积碎屑岩夹有含铁硅质岩和含铜-多金属矿层。上部为正常沉积碎屑岩与火山沉积碎屑岩组合夹有铁矿层。

3）区带构造：红柳沟—拉配泉元古宙裂谷西段现对应构造为喀拉达坂复向斜

(走向东西，两翼陡、核部缓)，被北界阿尔金北断裂、南界喀拉达坂—红柳沟(北倾，倾角60°~80°)逆冲断裂分开。相应的派生断裂发育，主要有东西向、北东东向、北西西向，断裂性质主要为压性、压扭性，多表现为糜棱岩化带、碎裂岩化带。这些区域性断裂多具控岩、控矿性质。

4)区带岩浆岩：岩浆活动以新元古代和晚古生代最强烈，新元古代为中基性侵入岩，沿阿尔金北缘断裂带展布，辉长–辉绿岩多以岩床状层间侵入，随地层的变动而褶皱。晚古生代以中酸性侵入岩为主，多为深成岩。受控于阿尔金北断裂和喀拉达坂—红柳沟断裂，形成近东西向两个南、北岩浆岩带。岩石类型有石英闪长岩、花岗斑岩、花岗闪长岩和花岗岩，伴随着岩浆热液叠加活动而形成铜–多金属矿床。

5)区带矿产：已知有铁矿(沟口泉、英格布拉克)、铜铅锌矿(喀拉大湾、喀拉达坂、更新沟)。铜铅锌含矿岩系赋存于中元古代蓟县系卓阿布拉克组下部海相喷溢–喷发沉积变质火山岩夹正常沉积碎屑岩内，其中的含矿绿片岩系卓阿布拉克群可划分三个(上、中、下)岩性段。

顶部：层位上部为变钙质粉砂岩，下部为变含碳质粉砂岩。属正常沉积碳酸盐岩–细碎屑岩建造，厚度>150 m，其间有石炭纪花岗岩侵位。

-------------------断层-------------------

中部：卓阿布拉克组(相当于该组下部)。上段为绿泥石英片岩，钾长石绿泥石英片岩，属中基性火山熔岩–火山碎屑岩建造，厚度250~810 m，有次火山岩及辉绿岩脉侵位；中段为二云母石英片岩、透闪石片岩、绿泥石英片岩夹含砾灰岩。铜–多金属矿层底部为含磁铁矿、二云母石英片岩，磁铁石英岩。属正常沉积碳酸盐岩–碎屑岩–火山碎屑岩建造，厚度370~1135 m，有次火山岩–石英钠长斑岩侵入；下段为黑云石英片岩、变凝灰质角砾岩夹变凝灰质砂岩。属中酸性火山熔岩–火山碎屑岩夹正常沉积碎屑岩建造，厚度>1600 m，有次生石英岩脉穿插。

-------------------断层-------------------

底部(金雁山组)：大理岩夹钙质砂岩。

代表性矿床为喀拉大湾铜–多金属矿床。矿体赋存于火山碎屑沉积–正常碎屑沉积岩段，集中出现在岩段的顶、底界面附近，空间上构成南、北两个矿带，总体走向东西，断续延伸长度大于4000 m，倾向340°~10°，倾角30°~80°，带内岩石破碎，糜棱岩化、片理化发育，普遍发生绿泥石化、绢云母化、硅化、褐铁矿化、黄钾铁矾化及高岭土化等蚀变。并有黄铁矿、铜兰、孔雀石、铅矾、胆矾等矿化显示。

①矿体在含矿地层中成群分布达22个，其中北矿带15个，南矿带7个。形态为层状、似层状、透镜状。倾向320°~325°，倾角51°~64°，长度400~1280 m，厚度1.59~24.70 m。与地层整合接触，矿体边界一般清晰，其产状与区域构造线

和围岩层理产状一致。

②矿石有用组分为铅、锌、铜。各组分质量分数：$Cu(0.06 \sim 0.57) \times 10^{-2}$，$Pb(0.06 \sim 3.05) \times 10^{-2}$，$Zn(0.09 \sim 4.13) \times 10^{-2}$，伴生组分质量分数：$Au(0.01 \sim 2.49) \times 10^{-6}$，$Ag(62.70 \sim 94.50) \times 10^{-6}$，$S(3.04 \sim 17.46) \times 10^{-2}$。

③矿石矿物：原生矿物主要有黄铁矿、磁铁矿，其次是闪锌矿、方铅矿、辉铜矿、黄铜矿、自然铜、斑铜矿。次生矿物有蓝铜矿、孔雀石、赤铁矿、针铁矿等。脉石矿物有石英、绿泥石、绢云母、黑云母、石榴子石、阳起石、方解石、长石、萤石、重晶石、高岭石、明矾石、石膏、榍石、磷灰石。矿石结构：主要有结晶结构、变晶结构、交代-充填结晶结构、填隙结构、碎裂结构，包裹结构或固溶体分离结构。矿石构造：以条带浸染状、条纹浸染状构造为主，部分矿石具块状、细脉状、团块状等构造。

条纹浸染状矿石与条带浸染状矿石，在有用元素和矿石矿物组合方面有一定的差别，条纹浸染状矿石的有用组分以 Pb、Zn 为主，矿石矿物主要为闪锌矿、方铅矿，少量黄铁矿、辉铜矿、磁铁矿等，脉石矿物主要有白云母、石英、方解石。条带浸染状矿石，有用组分主要是 Cu、Zn，金属矿物主要为黄铁矿、磁黄铁矿、其次是黄铜矿、闪锌矿。脉石矿物主要是石英，其次为白云母、绿泥石、斜长石及少量萤石和重晶石。

④矿石结构分带：下部条带浸染状矿石，上部条纹浸染状矿石。两者界限清晰。

⑤矿物组合分带：自下而上依次出现黄铁矿-磁铁矿-石英组合、黄铁矿-黄铜矿-磁铁矿-石英组合、黄铁矿-磁铁矿-方铅矿-闪锌矿-石英组合、黄铁矿-方铅矿-闪锌矿-白云母组合。

⑥有用元素分带：按矿石有用组分划分为铅矿石、铅锌矿石、锌矿石、铜锌矿石、铜矿石，横向上由南向北，矿石中铜锌元素含量降低，铅元素含量增高，垂向上由下而上铜锌含量降低，铅含量增高，出现 S、S-Cu-Zn、S-Pb-Zn 等有用元素的良好分带。

⑦蚀变分带：总体由内而外依次为硅化黄铁矿化带、白云母-黑云母-绿泥石化带、绿泥石-钾长石-碳酸盐化带。

（39）苏拉木塔格元古宙隆起铁铜-稀有金属矿成矿区带

该构造单元构成阿尔金构造的主体，北界为红柳沟—拉配泉元古宙裂谷，西界由拉竹笼断裂和近代沉积盆地隔开，南界为阿尔金南断裂和东昆仑造山带分开。

隆起内以 NE 向苏拉木塔格断裂为界，可划分两个构造亚单元，南侧地层为古元古界阿尔金群，少量蓟县系塔什达坂群和青白口系索尔库里群。北侧则为古元古界阿尔金群、中元古界长城系金水口群、巴什库尔干群和蓟县系塔什达坂群。侵入岩主要是元古宙蓟县纪钾长花岗岩，青白口纪闪长岩、辉长岩。矿产有沉积铁矿、热液脉型铜矿和含绿柱石、多色电气石花岗伟晶岩。

（40）阿尔金南缘断裂（岩浆型）铜镍钴金铂成矿区带

阿尔金南缘走滑断裂的形成和印度次大陆与欧亚大陆的碰撞与持续推挤以及与近期青藏高原的隆升有关，它沿索尔库里谷地作北东东向延伸，全长大于1600 km（新疆境内西起苦牙克东到安南坝，长度大于800 km），为阿尔金地块与祁曼塔格早古生代岛弧带的构造界限，属左行扭性走滑断裂，断裂面陡，倾角68°～80°，倾向南或北，推断延深100～140 km。断裂带主干线位于重力异常梯度带陡变位置，物探资料表明它是一深达地幔且具有长期活动特点的断裂。断裂带以北为中、新元古界，岩石为浅变质片岩、片麻岩、结晶灰岩、变质火山岩、各类构造岩。断裂以南以古生界为主。沿阿尔金南缘断裂岩浆岩发育，岩石从超基性到酸性均有分布，目前发现370多个基性-超基性杂岩体且成带成群出现，其岩体形成时代有古元古代、晋宁期、晚加里东期、海西期、燕山期。由东向西岩体活动时代由元古宙向海西期迁移，该带岩体均具含矿性，部分岩体有铜镍钴、金铂等矿化显示，如安南坝、依吞布拉克、清水泉、秦布拉克、叶桑岗、苦牙克等岩体群均有不同程度的各类矿化存在。

约马克其岩体：

①岩体特征：约马克其中-细粒辉长岩体属于清水泉岩体群，位于阿尔金南缘断裂带中段，岩体呈近东西向带状展布，北以断裂为界，与北部新元古界索尔库里群火山岩接触，南部侵入加里东期花岗岩内，东部被侏罗系覆盖，出露面积180 km²。主要岩石有粗粒橄辉岩、粗粒辉橄岩、粗粒中粒辉石岩、粗粒中粒细粒辉长岩及少量辉长辉绿岩。岩体由早到晚垂向分异清晰，出现粗-细粒橄辉岩-辉橄岩-辉石岩-辉长岩。由南向北可划分三个岩浆活动旋回。

早期为粗大颗粒自形-半自形晶的辉石岩-辉长岩（以辉石岩为主），一般不含矿；中期为中粒半自形晶辉石岩-辉长岩（辉长岩稍多于辉石岩），该期辉石岩中可见到自形程度较高呈星点状分布的黄铁矿、黄铜矿等多金属矿化现象；晚期为细粒-微细粒辉石岩-辉长岩类，在细粒辉石岩和部分辉长-辉绿岩中，含有大量细粒黄铁矿、黄铜矿和含金铂钯的硫化物。该岩相是本区主要的含矿岩石，并直接孕育铜及金铂钯等贵金属矿体。

该杂岩体 m/f 为3～5，属铁质基性-超基性杂岩。K-Ar年龄值457 Ma，形成于晚奥陶世。

②构造特征：鉴于岩体处于断裂带上，故各类断裂十分发育，次级构造受主断裂制约。总体而论可将区内断裂分为近东西向断裂、弧形断裂和北东、北西向断裂。东西向断裂为本区控岩、控矿构造，由一系列微向北凸的近东西向断裂组构成，主要表现为左行压扭性和张性正断层，具代表性的是约马克其断裂，它走

向北东东,向南陡倾(70°~85°),表现为强片理化带、碎裂岩化带、张性构造的角砾岩,在主断裂两侧的次级断裂中,常见硅化、绢云母化、碳酸盐化等蚀变和铜矿化现象。

③地球化学特征:清水泉地区化探异常近东西展布,长约 60 km,宽 6 km,面积 360 km^2,为 Au、Cu、Cr、Ni、Co、Pt、Pd、As、Sb、W 元素集群,Au、Cu、Ni、Co、Pt、Pd 浓度高的异常紧密套合,异常所对应的地质体为基性-超基性杂岩和元古界索尔库里群下部基性火山岩。

④矿化体特征:约马克其岩体附近可理出三个矿化构造带,它们成矿与基性-超基性杂岩和断裂构造密切有关。矿化构造带自北向南:

K1 含铜、金、铂、钯矿化构造带:长 14 km,宽数百米,矿化严格受岩体北部北东东向断裂控制,矿化在构造带中以似层状、透镜状赋存于辉石岩内,出现硅化、碳酸盐化和黄铁矿、黄铜矿及孔雀石,矿石品位:Cu(0.46~1.7)×10^{-2},Au(0.3~0.8)×10^{-6},Ni(0.1~0.3)×10^{-2},Cr(0.2~0.5)×10^{-2},Pt 和 Pd 为 6×10^{-6}。

K2 含金、镍、钴矿化构造带:沿近东西向中部断裂发育,长大于 2 km,宽十几米到上百米,产于辉橄岩和辉石岩中,矿化受控于劈理化、碎裂岩化,常见围岩蚀变有硅化、次闪石化、蛇纹石化及黄铁矿、黄铜矿、孔雀石、针镍矿等出现,矿石品位:Cu(0.29~2.9)×10^{-2},Au(0.2~1.5)×10^{-6},Cr(0.5~2.05)×10^{-2},Ni(0.4~2.7)×10^{-2},并伴有 Ag、W 矿化。

K3 含金矿化构造带:产于元古宇索尔库里群基性火山岩内近东西向断裂带西段,长 3 km、宽几米至几十米,断裂带具韧性剪切性质,常见蚀变有硅化、绢云母化、黄铁矿化、黄铁绢云岩化、碳酸盐化等。矿石品位:Au(0.3~0.8)×10^{-6},伴有明显的钨矿化。

⑤成矿地质特征:铜金铂钯镍铬矿化体分布在辉石岩岩相带中,直接围岩为橄辉岩、辉石岩、部分为辉绿岩和基性火山岩;矿脉分布及矿体产出形态明显受东西向断裂控制,近矿围岩糜棱岩化、片理化、碎裂岩化强烈,其中心部位为劈理化和片理化带,黄铁矿、黄铜矿、孔雀石石英脉发育;围岩蚀变有蛇纹石化、绢云母化、硅化、次闪石化、绿帘石化、碳酸岩化和黄铁矿、黄铜矿、镍黄铁矿、孔雀石等;各类蚀变呈带状分布、宽窄不一、形态不规则,并构成不太规则的蚀变分带,由内而外依次为镍黄铁矿化、孔雀石化、针镍矿化-黄铁矿化、蛇纹石化、纤闪石化、碳酸盐化、弱硅化-黝帘石化,绿泥石化、绢云母化。一般情况下铂钯富集地段,黄铜矿、黄铁矿、镍黄铁矿、针镍矿化强,岩石的蚀变也相对强烈;矿石矿物主要有黄铜矿、黄铁矿、硫镍钯铂矿、自然金、铬铁矿、镍黄铁矿、针镍矿、砷铂矿,其次为方黄铜矿、辉铜矿、磁铁矿、红砷镍矿、碲铋钯矿、锇铋铂矿等;矿石具半自形晶、海绵陨铁结构,云雾状、细粒稠密浸染状、条带状构造,金属硫化物具定向排列现象,矿体呈似层状、透镜状形态,矿化带向西倾伏,向东

仰起，在仰起地段铜金铂钯镍矿体厚度增加、品位变富，从而间接表明深部矿化优于浅部和地表。

塔里木周边

(41)托云盆地早白垩世陆相砂砾岩型铜银成矿区带

托云盆地有早白垩世砂砾岩型铜银矿产出。古生代时北北西向的切列克辛走滑断裂(即塔拉斯—费尔干纳超壳型断裂之南延)将其从中部斜切为东西两段，西段萨热克巴依盆地，基底为中元古界长城系阿克苏群，在克孜加尔与苏鲁铁列克地块之间，矿区构造系中生代对冲式的断陷盆地，发育着侏罗系和下白垩统克孜勒苏群；东段(托云盆地和翁库尔盆地)基底为古生代，盆地南北两侧出露志留系与石炭系，盆地中部出露少量侏罗系和白垩系及大量第三系与第四系近代沉积。总结目前托云盆地中新生代的找矿成果，似有以古老地层为基底，存在沉积间歇性(缺失古生界)直接上叠于其上的中新生代盆地，有更利于成矿之趋势。

托云盆地总体为中新生代山间坳陷盆地，盆地地层有中下侏罗统(扬叶组-康苏组过渡层)的灰绿-深灰色泥岩、粉砂岩，灰-灰黄色石英砂岩、细砂岩夹泥岩、碳质页岩及煤层、灰褐-灰绿色砂岩夹泥岩、粉砂岩和煤层。白垩系下统克孜勒苏群为陆相沉积，在盆地内分布最广，主体岩性为褐红色砂砾岩、灰绿色砂砾岩、含砾砂岩，为铜矿含矿沉积建造。在乌拉根岛海中的亚陆相含砾砂岩、砂岩，系乌拉根超大型铅锌矿的围岩。白垩系上统英吉沙群属海相沉积。以灰岩、泥灰岩、介壳灰岩、膏泥岩、砂质灰岩、砾状砂岩、石英砂岩为主。古近系古新统阿尔塔什组以不整合或平行不整合覆于其上，岩性为石膏夹白云岩、角砾白云岩薄层，在乌拉根地区该层中有脉状铅锌矿发现。托云盆地中有喜山期的火山-岩浆活动，以碱性火山岩为主，厚度大、分布范围广，岩石有橄榄玄武岩、粗面玄武岩、方沸碱煌岩、碱性辉长岩和霓霞岩。碱性辉长岩、辉绿岩呈小岩株、岩墙、岩脉、岩席状产出，表现为一套喷发-侵入的岩石演化系列，其活动区间为古新世-始新世的齐姆根期。岩石中的微量元素与维氏值比较，这里的火山岩比一般基性岩 Pb、Mo、Sn 含量高出 2~5 倍，Cu、Zn 含量低至一般基性岩的 1/3，Be、Zr、La、Nb 含量高出 2.75 倍，Y、Yb 含量低至 1/2，矿化剂分散元素 S、P、Be 较一般基性岩高出 2~8 倍。该带代表性的矿床如下：

萨热克河流边滩相沉积砂砾岩型铜矿：

位于乌恰县乌鲁克恰提乡北东 36 km 处，萨热克巴依村东北近侧。萨热克(萨里拜)砂砾岩型铜(铅锌)矿为早白垩世克孜勒苏群底部砂砾岩容矿，具河流边滩沉积的层状、似层状、透镜状矿体和后期成矿热液(岩浆热液)叠加，属河流沉积、热水(天水、膏盐卤水、油田卤水)改造、岩浆热液叠加、多因复成的铜-多金属矿床。

1）矿区地层：

①长城系阿克苏群由下而上依次划分为云母石英片岩段、钙质片岩、云母石英片岩段及大理岩段。

②中志留统合同沙拉组：由绢云千枚岩、硅质板岩和大理岩化灰岩等组成。

③侏罗系下统：沙里塔什组为湖相边缘沉积砾岩夹砂岩透镜体。康苏组为湖泊-沼泽煤层沉积。

中统：杨叶组为灰绿色滨浅湖相砂岩、泥岩。塔尔尕组为浅-半深湖相杂色泥岩、石英砂岩夹泥灰岩。

④白垩系：矿区白垩系与侏罗系为地层呈不整合关系（依据新疆维吾尔自治区地质图），下统克孜勒苏群由下而上分 4 个岩性段。

第一岩性段（矿区赋矿层位）：下部砾岩、砂岩、粉砂岩互层，上部砾岩夹砂岩透镜体（含矿层）。处于侏罗纪与白垩纪沉积转换期，属河流边滩相底部砾岩沉积成矿。

第二岩性段：辫状河流相褐红色泥岩夹砂岩。

第三岩性段：辫状河流相紫灰色、暗褐红色砂岩与泥岩互层，局部夹含砾砂岩，产砂岩型铅锌矿。

第四岩性段：灰白色厚层含砾砂岩，岩屑砂岩，夹少量褐红色粉砂质泥岩、砾岩。

2）矿区构造：萨热克巴依盆地具构造拉分性质，分布于托云盆地的西段，是在元古宙两隆起（南部苏鲁铁列克隆起，北部克孜加尔隆起）之间的一个走向近东西对冲式的中新生代断陷盆地。它原始属奠基于元古宙变质地层基底之上的坳陷盆地，盆地东、西端相对抬升中间坳陷，空间上详加剖析则有西部合拢抬升东部撒开下降之表现。现存构造为重叠于原盆地之上北翼缓南翼陡、局部倒转、南翼局部甚或被斩伤的不对称的向斜构造，萨热克巴依盆地西端合拢翘起，南、北被逆冲断裂界定，东端被切列克辛断裂斜切，圈闭面积达 120 km²（有效成矿面积约 50 km²）。萨热克南逆冲断裂产状 155°∠（55°～70°），萨热克北逆冲断裂产状 330°∠（50°～70°），两者上盘皆为元古宙变质岩，下盘为侏罗系和白垩系，通过矿区物探和钻探证实，萨热克巴依成矿盆地原始地形为西缓东陡南浅北深的深部地貌，南侧元古宇埋深 300～500 m。萨热克南逆冲断裂具有宽畅的破碎带，其间碎裂岩化有石英脉和黄铁矿出现，断裂破碎带上盘外侧、下盘内侧与之平行的次级断裂，对矿区外围的铁、铜、钼、金、铅、锌等矿产和矿区南带深部矿产叠加与矿种转化均有着明显的构造制约作用。

3）矿床：萨热克铜-多金属矿床，其成矿可划分五个阶段，体现五种矿石类型：①原生沉积砂砾岩（矿源层）铜矿；②原生沉积砂岩铅锌矿；③层控热水（天水、膏盐卤水、油田卤水）改造铜矿；④岩浆热液（水）叠加（层间）铜铅锌矿；

⑤次生氧化铜、铅锌矿。

砂砾岩型铜银矿成矿主体赋存于下白垩统第一岩性段，矿体严格受层位控制，且随地层产状变化而变化，铜矿化在岩段内以层状、透镜状出现在顶、底板，有时在中间部位，顶板岩石为紫色含泥质细砂岩，底板岩石为灰绿色砂岩、粉砂岩、含砾砂岩，矿区圈出4个铜矿体(编号分别是Ⅰ、Ⅱ-1、Ⅱ-2、Ⅱ-3)。

Ⅰ号铜矿体，似层状，长1900 m，厚5~65 m，倾向延深625 m，产状160°∠23°，铜平均品位1.18×10^{-2}，银平均品位11.48×10^{-6}。Ⅱ-1号铜矿体，似层状，长1350 m，厚5.74 m，倾向延深650 m，产状160°∠18°，铜平均品位0.83×10^{-2}，银平均品位12.9×10^{-6}。Ⅱ-2号矿体，似层状，长800 m，厚4.05 m，产状317°∠22°，铜平均品位0.96×10^{-2}，银品位12.9×10^{-6}。Ⅱ-3号矿体，似层状，长600 m，厚度2.45 m，倾向延深250 m，产状160°∠10°，铜平均品位0.90×10^{-2}，银平均品位12.9×10^{-6}。

4)矿石类型：①以容矿岩石分，矿区具有经济价值的铜矿可分为砾岩型、含砾砂岩型、砂岩型、泥岩型。②以矿物组合分为辉铜矿矿石、辉铜矿-斑铜矿矿石、黄铜矿矿石，黄铜矿-方铅矿-闪锌矿矿石、方铅矿-闪锌矿矿石。矿石矿物有辉铜矿、斑铜矿、黄铜矿、黄铁矿、闪锌矿、方铅矿、辉银矿，次生矿物孔雀石和蓝铜矿。脉石矿物主要是方解石。矿石具半自形-他形粒状结构和块状、浸染状、星点状、粉末状构造。围岩蚀变有硅化(褪色)、沥青化、碳酸盐化。

萨热克铜-多金属矿床中的砂砾岩型铜矿表现出标型的沉积特点，依附于当时的古地理环境，受制于古地形与古地貌景观，该型矿床有由氧化环境向还原环境过渡的矿物分配形式，呈现出辉铜矿→斑铜矿→黄铜矿→黄铁矿的矿物沉积水平分带(垂向分带)即所谓的辉(铜矿)→斑(铜矿)→黄(铜矿)→黄(铁矿)沉积分带系统。脉石矿物为碳酸盐、硫酸盐等(盐类)矿物。萨热克巴依盆地是托云构造拉分盆地的西段，为后期对冲式断陷盆地(原始为坳陷盆地)，推定原始河流流向由南南西流向北东东，在萨热克巴依构成一个小型的汇水盆地，并有与主流向垂直或近垂直的成矿"次生盆地"(或场所)产生，且呈北西—南东向，这些短隔离的"次生盆地"是砂砾岩型铜矿的主要储矿空间，加之北西—南东向的断裂与之附合和层间与切层断裂活化，添加多形式多期次沉积-层控热液复合成矿过程，从而形成目前的成矿格局。铜和银似具有共生性和分离性两种存在形式，在矿区成矿研究时注意铜银成矿的分带性。苏鲁铁列克和克孜加尔两古隆起与萨热克巴依盆地之边界逆冲断裂及其平行次级断裂，可能是后期(喜山期)岩浆热液铜铅锌矿的导矿通路和储矿场所。这样萨热克铜矿的成矿期次，应当是沿着原始沉积期→热水(含盆地卤水-油田卤水)构造改造期→岩浆热液叠加期→表生氧化-次生富集期的成矿次序进行。故萨热克(萨里拜)铜矿应属物质多来源、生成多期次、成矿多形式、演化多阶段、多因-复成的铜-多金属矿床。

（42）乌恰盆地晚白垩世海相-亚陆相砂岩型铅锌成矿区带

晚白垩世砂岩型铅锌矿，西起吉根经江额吉尔—炼铁厂—加斯—乌拉根—小黑孜苇以直于托帕分布着诸多铅锌矿点。以海相-亚陆相砂岩、含砾砂岩为成矿围岩。古生代以来具有继承性的北北西向切列克辛走滑断裂将其分为两段，西段库孜维克向斜在苏鲁铁列克与乌拉根两元古宙古老隆起之间，铅锌矿带出露于向斜两翼，含矿层位清晰、规模宏大、铅锌铜品位稳定、富矿比例低，这些矿点（床）的含矿层位、沉积建造、成矿背景具有相似性和可比性。代表性矿床为乌拉根铅锌矿。

乌拉根铅锌矿：

位于新疆乌恰县康苏镇南西约 5 km 处，矿床产于库什维克复向斜东部翘起端，属早-晚白垩世滨-浅海环境条件下的海陆交互沉积，含矿层寓于克孜勒苏群-英吉沙群的过渡层位偏克孜勒苏群上部（图 5-5-11）。

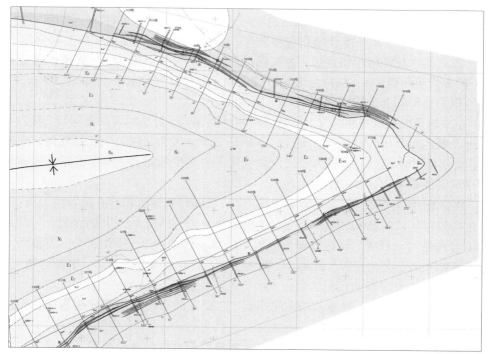

图 5-5-11　乌拉根铅锌矿区地质图

1）矿区地层

①中元古界长城系阿克苏群：分布于矿区南北两侧（乌拉根隆起、苏鲁铁列克隆起），主要岩性有浅灰色绢云石英片岩、绢云片

岩、灰色条带状云母石英片岩、浅灰色二云石英片岩夹灰色大理岩、灰黑色云母石英片岩、浅绿灰色石英片岩，作为库什维克向斜外侧地层和沉积盆地的基底。

②中生界：侏罗系分布于矿区东南部和东北部，与其沉积基底阿克苏群呈不整合或断层接触，有下侏罗统康苏组、中侏罗统杨业组、塔尔尕组和上侏罗统库孜贡苏组。白垩系与下伏中、上侏罗统呈假整合接触，而与上覆古近系阿尔塔什组乃平行不整合接触。总厚度 719.56 m。在矿区依据岩性组合将其划分为五个岩性段，由下而上为深灰褐色泥岩夹砂岩及砾岩，见轻微的褐铁矿化及稀少黄铁矿；褐红-褐灰色砂岩与泥岩互层，局部夹有含砾砂岩；灰白-浅褐色厚层砂岩夹少量泥岩，局部夹有含砾砂岩、砾岩；褐红-褐灰色砂岩与泥岩互层，局部夹含砾砂岩、泥岩，顶、底层面皆为泥岩；一套灰白色厚层状砾岩、砂砾岩、含砾砂岩、砂岩，夹少量泥岩，其上部为灰白色-褐黄色块状含铅锌砾岩和砂砾岩，为乌拉根铅锌矿的赋矿层位和含矿沉积建造，该岩性段又可细分下、中、上三个岩性亚段，下亚段为褐红-褐黄-褐灰色块状岩屑砂岩、砂砾岩，中亚段为褐红色块状泥岩，上亚段为灰白-灰黄色夹褐红-褐灰色块状砾岩、砂砾岩、含砾砂岩、岩屑砂岩。

③新生界：分布于库什维克向斜轴部，依据岩石组合特征由下而上划分为：

古近系古新统阿尔塔什组，为膏泥质海湾沉积相，下部为灰-灰黄色角砾岩（怀疑为岩溶角砾岩）→灰白色块状石膏夹白云岩，顶部为灰岩。厚 11.05 m，为乌拉根铅锌矿的上部赋矿（脉状富矿）层位。

古-始新统齐姆根组，为含石膏浅海相钙质泥岩、膏质泥岩夹泥灰岩，就岩石组合及颜色而分出"上红下绿"的上、下岩段。下岩段为灰绿色块状钙质泥岩夹灰岩，含小牡蛎化石。上岩段为褐红色块状膏泥岩夹少量石膏，局部地段夹橘黄色中厚层钙质膏泥岩，含大牡蛎化石。

始新统卡拉塔尔组，为一套膏泥质海湾-浅海介壳相沉积，主要岩性为灰-灰白色中厚层块状生物灰岩、介壳灰岩、白云质灰岩、碎屑灰岩夹钙泥岩，局部地段见有白色块状石膏透镜状分布，厚度 136.28 m。细分上、下两部分，下部为灰白色生物灰岩、泥质灰岩、钙泥岩、褐红色砂泥岩互层及介壳灰岩，上部为灰-灰白色介壳灰岩夹泥岩和钙泥岩。

始新统乌拉根组，伴卡拉塔尔组出露，为稳定展布的清水潮坪相灰绿色钙质泥岩，厚度 19.09 m。

始新统巴什布拉克组，为浅海封闭膏质海湾相紫红色膏质泥岩夹介壳灰岩沉积，底部为灰白色块状石膏层，上部为紫红色泥岩，厚度 10.32 m。

新近系渐新-中新统克孜洛依组，为湖相沉积褐红色、褐灰色砂岩、泥岩，下部为砂岩夹泥岩，上部为泥岩夹砂岩。

中新统安居安组，为浅湖相沉积褐红色、灰绿色岩屑砂岩、岩屑石英砂岩、泥岩，依据岩性组合细分为上、下两段，下段为灰绿色块状含铜砂岩与褐灰色砂岩、泥岩互层，为区域性铜矿沉积层位，底部为灰绿色块状岩屑石英砂岩，孔雀石矿化在顶层集中，中部为褐红色块状泥岩夹灰绿色岩屑砂岩，其中局部有孔雀石化。上部为灰绿色块状岩屑石英砂岩夹褐红色薄层状泥岩，局部灰绿色块状岩屑石英砂岩地段有孔雀石出现。上段为褐灰色砂岩、泥岩互层。

中新统帕卡布拉克组，由褐红-褐灰色泥岩、含砾砂岩、砾岩组成，自下而上依次出现砾岩、砂砾岩、砂岩、泥岩互层并交替沉积。局部地段有高浓度、大范围的铀钼化探异常出现。

2）矿区构造

总体为近东西走向、东部合拢抬升、西部撒开下插、两翼基本对称，北翼和近轴部受走向断裂组逆冲。库什维克向斜北翼有乌拉根、康西、加斯、炼铁厂、江额吉尔，南翼有乌拉根、江额吉尔套、吉勒格等铅锌矿。其上在向斜轴部有新近系中新统花园、杨树沟、杨叶、吾东等砂岩铜矿。就古地理环境而论，乌恰地区（切列克辛走滑断裂以西）为一奠基于元古宙古陆上的中生代湖相盆地，晚白垩世接受海侵形成乌拉根岛海，它东端受具有继承性的北北西向切列克辛走滑断裂的（中生代时期）隔离屏蔽，故库什维克向斜显示继承性构造特点（早期盆地与晚期向斜同位），构成稳定沉积的地理环境。

乌拉根铅锌矿区构造包括北侧康苏背斜、中部乌拉根向斜、南部乌拉根隆起三个次一级构造单元：

康苏背斜，轴线北东东向，背斜长约 3.5 km，宽 0.5~1 km。背斜核部为长城系阿克苏群，两翼依次出现中侏罗统塔尔尕组、上侏罗统库孜贡苏组和下白垩统克孜勒苏群，它北翼缓倾角几度到十几度，南翼陡倾角 69°~80°。康苏河以西两翼南陡北缓的特征更加明显。南翼产状直立甚至倒转。

乌拉根向斜，为库什维克（复）向斜的次级向斜（即东段合拢扬起部分）。东西长 50 km，南北宽 2~10 km，走向东西，北翼陡，倾角为 70°左右、南翼缓，倾角为 50°~60°，从槽部的新近系-古近系以至边部的白垩系，地层发育完整。乌拉根铅锌矿赋存于上、下白垩统海陆交互相灰白色含砾砂岩及砂砾岩段（克孜勒苏群-英吉沙群）和古近系海相沉积角砾状灰岩（含脉状铅锌矿）及石膏层内。

乌拉根隆起，位于乌拉根铅锌矿的西南侧，与西部的卡巴加特共同构成乌拉根—卡巴加特隆起，出露面积约 54 km²。该隆起出露地表并北去与苏鲁铁列克隆起相连，构成一马蹄形盾地，对矿区岩石、岩相、构造及成矿具有重要的制约作用，直接影响着乌拉根矿床的工业远景。下白垩统克孜勒苏群上部含矿的灰白色含砾砂岩及砂砾岩段和古近系阿尔塔什组底部含矿角砾灰岩稳定地沿马蹄形盾地内侧分布，且不整合于元古宇阿克苏群之上。

断裂构造相对发育，大多属区域性超壳断裂：喀拉铁热克断裂（乌恰断裂），走向东西—北西西，是分割塔里木地块（苏鲁铁列克—克孜加尔隆起、柯坪断隆)与西南天山活动造山带之界限断裂,具有由北向南逆冲动力性质;克孜勒苏隐伏断裂,走向北西—北西西,斜切库什维克复向斜;切列克辛右行走滑断裂,走向北北西,为一宽阔的断裂带,起到分割中生代盆地基底的构造作用;乌帕尔断裂,为分割塔里木地块与天山活动造山带的界限断裂。其总特点是:

①具有边界或缓冲断裂性质;

②规模巨大,长度大于数百千米,甚至数千千米,宽度数千米;

③切割深度大,一般深切下地壳,有的甚至进入上地幔,具明显的贯通断裂的特点;

④由平行次级断裂和配套断裂共同构成断裂组或断裂系;

⑤切列克辛断裂是塔拉斯—费尔干纳断裂南延的主要组成部分,它与乌恰断裂之交会处,形成大范围的格状构造交会区,从而形成断块式的上隆与下陷,为深源物质上涌提供通道;

⑥东西走向的乌恰断裂,具推复挤压性质,形成区域性推复构造体系;

⑦断裂具有继承性质,使现代地震、温泉和火山活动沿断裂带时有发生,构成近代地质动力活动带。

上述构造多为成矿物质的交换、运移、淀积场所,并为矿产储存准备创造了区域构造条件。

两条矿区断裂明显出现在向斜两翼:南翼乌拉根断裂,北东—南西向延伸,长度 15 km,断面北倾,倾角 45°~85°,为犁式断裂;吾合沙鲁断裂,西起吾合沙鲁,东至乌拉根铅锌矿东南侧帕恰布拉克锶矿,近东西延伸长达 28 km,经过乌拉根向斜北翼,并形成脉状铅锌富矿,断面北倾,倾角 65°~80°。

3)矿床

①矿层:乌拉根铅锌矿严格受控于乌拉根向斜,在两翼对称产出,形成下矿层(克孜勒苏群灰白色含砾砂岩、砂砾岩)和上矿层(古新统阿尔塔什组角砾灰岩)。有重要意义的是下矿层,其以向斜轴部为界,分南北两个矿带(实系下含矿层的南北地表露头)。

北矿带呈层状、似层状,产状(200°~220°)∠(60°~75°),铅锌矿层与地层产状一致,长度 3500 m,平均宽度 100 m,地表圈出东西两个矿化富集地段。西段圈出 4 个矿体,Ⅰ号矿体长 600 m,平均水平厚度 3.41 m,铅平均品位 0.25×10^{-2},锌平均品位 3.41×10^{-2},铅锌含量 3.66×10^{-2};Ⅱ号矿体,长 800 m,平均水平厚度 6.41 m,铅平均品位 0.47×10^{-2},锌平均品位 2.61×10^{-2},铅锌含量 3.08×10^{-2};Ⅲ号矿体,长 600 m,平均水平厚度 9.31 m,铅平均品位 0.36×10^{-2},锌平均品位 2.84×10^{-2},铅锌含量 3.20×10^{-2};Ⅳ号矿体,长 400 m,平均水平厚度 4.31 m,铅平均品位 0.27×10^{-2},锌平均品位 2.76×10^{-2},铅锌含量 3.03×10^{-2}。东段圈出 3 个矿体,Ⅰ号矿体长 800 m,平均水平厚度 9.69 m,铅平均品位 $0.16 \times$

10^{-2}，锌平均品位 2.73×10^{-2}；铅锌含量 2.89×10^{-2}；Ⅱ号矿体长 200 m，平均水平厚度 2.53 m，铅平均品位 0.12×10^{-2}，锌平均品位 3.16×10^{-2}，铅锌含量 3.28×10^{-2}；Ⅲ号矿体长 600 m，平均水平厚度 2.03 m，铅平均品位 0.03×10^{-2}，锌平均品位 2.24×10^{-2}，铅锌含量 2.27×10^{-2}。

南矿带呈似层状、层状产出，产状（ $320° \sim 330°$ ）∠（ $48° \sim 68°$ ）。铅锌矿层产状与地层产状一致，其长度 4000 m，平均宽度 150 m，地表圈出东、西两段矿化富集区段，西段圈出相互平行的两个矿体：Ⅰ号矿体长 1800 m，平均水平厚度 8.23 m，铅平均品位 0.70×10^{-2}，锌平均品位 3.06×10^{-2}，铅锌含量 3.76×10^{-2}。Ⅱ号矿体长 1200 m，平均水平厚度 6.54 m，铅平均品位 0.23×10^{-2}，锌平均品位 3.24×10^{-2}，铅锌含量 3.47×10^{-2}。东段圈出两个矿体：Ⅰ号矿体又有Ⅰ–1 号矿体，长 200 m，平均水平厚度 3.50 m，铅平均品位 0.36×10^{-2}，锌平均品位 2.41×10^{-2}，铅锌含量 2.77×10^{-2}。Ⅰ–2 号矿体长 400 m，平均水平厚度 3.84 m，铅平均品位 0.20×10^{-2}，锌平均品位 3.64×10^{-2}，铅锌含量 3.84×10^{-2}。Ⅱ号矿体长 800 m，平均水平厚度 5.26 m，铅平均品位 0.89×10^{-2}，锌平均品位 1.69×10^{-2}，铅锌含量 2.59×10^{-2}。

②矿石矿物：金属矿物有菱锌矿、闪锌矿、铅矾、方铅矿、黄铁矿、白铁矿等。脉石矿物有天青石、石膏、方解石、白云石。砂砾岩型矿石以粒状结构为主，少数为胶状、结核状、圆球状结构。矿石构造有浸染状、条带状、草莓状等。碳酸盐型矿石有结晶粒状结构、交代溶蚀结构、嵌晶结构、粗晶结构等，角砾状、块状、脉状构造。氧化矿石常见有晶粒结构、纤维结构，构造有皮壳状、多孔状、土状、粉末状等。

③矿石类型：乌拉根铅锌矿矿石按自然类型划分为砂砾岩型和碳酸岩型两类，它们分别代表着灰白色含砾砂岩和砂砾岩中铅锌矿（下矿层）及角砾灰岩内铅锌矿（上矿层）。

④围岩蚀变特征：乌拉根铅锌矿仅存在轻微的围岩蚀变，如白云石化、天青石化、石膏化、方解石化、黄铁矿化，前三种蚀变发育在矿化体附近，后两种蚀变局限在矿化体周围。天青石分两期，早期细粒结晶具层纹构造（反映其早期沉积成因），晚期晶粒粗大呈脉及网脉状并见晶簇（反映其晚期热液蚀变），方解石和白云石细粒状，为砂砾间充填物，早于硫化物，天青石化、黄铁矿化的蚀变作用见于铅锌矿体中，尤其是铅锌富矿体中。

⑤乌拉根铅锌矿成矿可大致划分几个阶段，即原始矿源层沉积阶段、盆地膏盐卤水–油田卤水循环改造阶段、岩浆低温热液（水）叠加阶段、氧化–淋漓–次生富集阶段，为多来源、多阶段、多期次、多形式的多因复成铅锌矿床。

（43）乌恰盆地新近纪陆相砂岩型铜成矿区带

阿赖海演变到新近纪时，海环境已全部消失而进入陆相沉积，乌恰盆地较为明显地有两个含矿层位,下层(中新统安居安组)为陆相砂岩型铜矿,特征是点多、面广;上层(中新统帕卡布拉克组)钼铀矿分布范围大,铀具有工业前景,(钼)也有一定的品位和规模。图 5-5-12 为乌恰盆地西部构造矿产示意图。

矿带地层与成矿关系密切者当属安居安组和帕卡布拉克组。安居安组为褐灰、褐红及黑灰色薄层状泥岩与黄灰、绿灰、灰绿色中厚层中细粒砂岩互层,下部砂岩在横向上由层状变为透镜状,泥岩向上部增多,且具波状层理、水平层理及波痕。岩石粒度东粗西细,岩层则有东厚西薄的过渡特征,砂岩铜矿主要产于该层。帕卡布拉克组为暗紫、褐灰色薄层状泥岩及粉砂质泥岩,与浅棕灰色中细粒砂岩互层,夹浅绿、灰绿色薄层粉砂岩,具波状层理、大型楔状层理、小型板状交错层理,以产砂岩型钼铀矿为主。

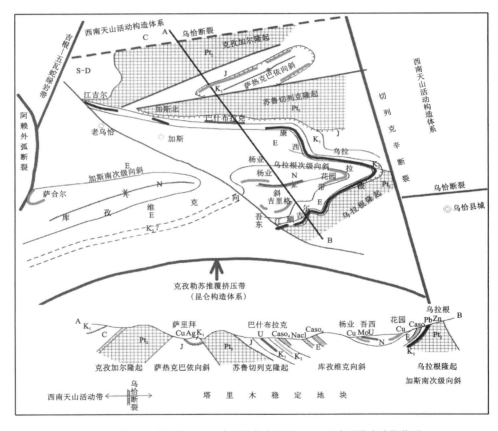

N—新近系;E—古近系;K₂ 上白垩统英吉沙群;K₂—下白垩统克孜勒苏群;
J—侏罗系;C—石炭系;S—D 志留-泥盆系;Pt₂—上元古阿克苏群。

图 5-5-12　乌恰盆地西部构造矿产示意图

　　乌恰盆地内安居安组砂岩型铜矿分布很广,自西向东有萨哈尔、乌鲁克恰提南、吾东、杨叶、杨树沟、花园、小黑孜苇等矿点及矿化点。另在克孜勒苏河以南昆仑山前缘,也有该层位的砂岩型铜矿分布,而且得到后期的构造改造,使铜品位变高。

　　萨哈尔砂岩型铜矿矿区处于拉克拉斯阿塔斯向斜北西翼,向斜轴向北东向,南西端翘起,弯曲部位为矿区含矿地段。矿区西部弧形萨合尔逆掩断层使泥盆统逆掩于新近系之上而形成推覆带,矿层产于新近系中新统乌恰群中部安居安组灰白色钙质含燧石石英砂岩中,矿带总长 5~6 km,矿体呈透镜状、层状、多层状(4~5 层),层位稳定、厚度变化大。矿区构造为向斜,安居安组含燧石石英砂岩普遍含矿,唯向斜北西翼由于断裂的复加使矿化相对集中,根据构造条件可划分出五个矿段。一般矿体长 200~300 m,厚 0.5~3 m,较富地段厚度可达 2 m,铜品位变化大,一般在 $(0.5~3)×10^{-2}$,甚至更高。主要矿石矿物有辉铜矿、赤铜矿、孔雀石及少量自然铜。脉石矿物有石英、燧石、微斜长石和方解石等。

　　(44)喀拉别勒古近纪海相砂岩型铜、新近纪陆相砂岩型铜成矿区带

　　该成矿区带分布于乌恰盆地南部克孜勒苏南岸,以乌帕尔断裂为界,南侧属塔里木地块,其上在古新系始新统-渐新统齐姆根组-卡拉塔尔组-乌拉根组-巴什布拉克组和新近系中新统安居安组-帕恰布拉克组中分别产海相玛依卡克铜矿和陆相休木喀尔铜矿。前者赋存于古近系古新统齐姆根组淡色泥岩(Ⅳ)、古新统齐姆根组-始新统拉卡塔尔组过渡层,其含矿层岩性为灰-灰绿色中细粒岩屑砂岩褐红色泥岩(Ⅲ)、始新统乌拉根组中上部灰绿色粉砂岩-细砂岩(Ⅱ)、始新统-渐新统巴什布拉克组第二岩性段灰-灰绿色细粒钙质砂岩(Ⅰ),共计四层矿。现知矿带走向北西—南东,倾向南西。倾角平缓,长度大于 20 km(含矿层位向南东方向仍有断续延伸),宽度 10~100 m。矿层长 180~1650 m,厚 0 45~1 57 m,铜品位 $(0.1~1.47)×10^{-2}$,属海相沉积成因,显多层状产出特征。地表矿石矿物为辉铜矿和孔雀石,铜的氧化物少见(如赤铜矿和自然铜)。矿石结构为粒状。矿石构造为稀疏星散状、层状、条带状、细脉状。从含矿地层时代(古近系)、含矿岩石建造(属细碎屑沉积岩-粉砂岩-砂泥岩)、矿石矿物组合(辉铜矿、孔雀石,几乎没有铜的氧化矿物)等迹象分析,可与伽师铜矿相对比。该类型铜矿大多有一定规模并具有工业前景。后者赋存于新近系中新统安居安组内,为滨-浅湖相粗粒岩屑砂岩(见植物化石),局部夹砾石层。安居安组下段矿化普遍,地表有孔雀石、蓝铜矿、辉铜矿、黄铜矿,以条带状、浸染状构造产出,植物化石量比与铜矿化强度成正比,植物化石周围可见浸染状辉铜矿(铜沉积与碳化作用有关),同时区域上的褐铁矿化、黄铁钾矾化与铜矿生成有着密切联系。该带铜矿具多层性,矿体走向长而稳定,虽厚度薄但铜品位尚可,成矿条件值得继续扩大找矿。尤其是海相砂岩铜矿,是该区新发现的一个矿床类型,应引起业内同行的重视。

（45）西克尔库勒—三岔口古近纪海相砂岩型铜成矿区带

该成矿区带西起阿图什市的大山口经伽师县西克尔镇，东到巴楚县三岔口，东西长约 120 km、南北宽平均 10 km。其大地构造位置属柯坪断块外侧边缘，在奥兹格他乌断裂与柯坪塔格断裂之间的喀什塔什山不对称背斜，该背斜北翼倾角缓，南翼倾角陡，受构造影响南翼地层局部倒转，沉积的砂岩铜矿（中—晚始新世卡拉塔尔组-乌拉根组）沿背斜南翼边缘及背斜倾没端及其北翼近东西向分布。该区带中西塔里木中、新生代砂岩型铜铅锌矿带分布如图 5-5-13 所示。

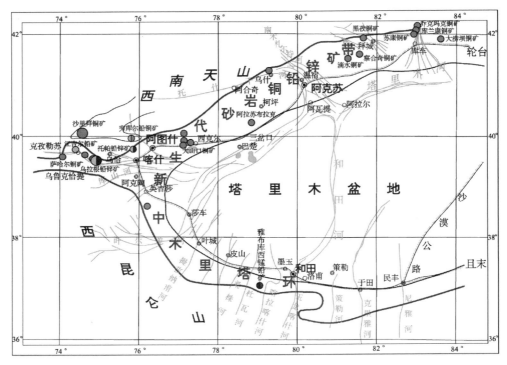

图 5-5-13　西塔里木中、新生代砂岩型铜铅锌矿带分布图

地层：乌拉根组主要为一套砖红色碎屑岩及蒸发岩沉积，可分两个岩性段，在伽师铜矿区又可细分 7 个岩性层，自上而下为浅灰绿色粉砂岩、砖红色泥岩、泥岩与薄层石膏互层、中-厚层状粉砂质泥岩、土褐色中层状粉砂质泥岩、泥质粉砂岩、生物灰岩等。

该带在古近纪早期，西南天山由北向南的动力挤压，使其产生强烈的推复抬升，形成了扇三角洲的沉积环境，有凝灰质砂岩、紫红色泥岩、灰白色中粒砂岩沉积。古特提斯海水于晚白垩世进入该区，几经进退，伽师地区没入海平面之下，自东向西逐渐变浅，出现生物发育台地泻湖环境下的碳酸盐岩-砂岩沉积建造，随着海盆的持续沉降，呈现出潮坪相的石膏-碎屑岩沉积，具潮上带向潮间带过渡沉积的特点。始新世卡拉塔尔组后期-乌拉根组，海水退出并开启了辫状河三角洲平原相沉积环境，由原来的碳酸盐岩-膏岩沉积转换为碎屑岩沉积，以砾岩、含砾砂岩、砂岩和泥岩为主，铜矿即赋存于其间的灰绿色细砂岩和紫红色泥岩中(潮坪相-辫状河三角洲相之转换过渡沉积)。虽然海平面相继多次上下震荡、波动升降，但它始终保持辫状河三角洲相，仅存前缘相和平原相之微小差异。

白垩纪晚期：依次形成扇三角洲沉积相、台地泻湖沉积相、潮坪沉积相、古近纪辫状河三角洲平原沉积相(铜沉积层位)、辫状河三角洲前缘沉积相、辫状河三角洲平原沉积相。

成矿带处于柯坪推覆构造的前锋区，沿着喀什喀尔套背斜两翼分布，南北两侧被东西走向逆冲断裂限制，与之配套的北东向、北西向压扭性断裂，南北向张性断裂，北北西向和北北东向张扭性断裂，具有控岩与控矿功能，铜矿床中的辉铜矿脉即为后期热液成矿的叠加。先期沉积层状铜矿与后期热液脉状铜矿构成该区铜矿成矿的大格局。

成矿区带的矿产自西向东有大山口、拜希塔木、西克尔镇、西克尔镇北、四道班、三岔口等砂岩型铜矿，具有代表性的矿床为伽师砂岩铜矿。

伽师砂岩铜矿产于喀什塔什山背斜南翼古近系始新统卡拉塔尔组-乌拉根组红色碎屑岩中，层位稳定且连续性好，地表特征明显，含铜矿化层地表断续出露长达几千米，自西向东由三个矿段(大山口、拜希塔木、西克尔)构成。

大山口矿段位于伽师铜矿西北端，赋存于Ⅰ、Ⅱ两个不同的矿化层中，圈出两个铜矿体：

Ⅰ-1 铜矿体位于通古孜阿格孜河东岸，赋存于I号含铜矿化层中，矿体地表出露标高 1296~1325 m，呈似层状，走向25°，倾向北西，倾角16°~22°。矿体地表出露长度 215 m、厚度 1.20~2.00 m，矿体平均厚度 1.55 m，铜平均品位 0.93×10^{-2}。

Ⅰ-2 铜矿体位于Ⅰ-1 铜矿体东南约 300 m 处，赋存于Ⅱ号含铜矿化层，已被采空。

拜希塔木矿段位于伽师铜矿中部含铜矿化层中，走向长 2600 m，矿体(层)产状与地层产状基本一致。走向280°，倾向南，倾角70°~79°，深部变陡近于直立。矿体呈层状、似层状，厚度在 1.18~15.30 m，厚度平均值为 5.23 m，厚度变异系数13.96%，矿体厚度稳定而变化不大。铜矿品位$(0.48~1.86)\times10^{-2}$，矿段平均品位 1.20×10^{-2}，品位变化系数 1.34%，矿化均匀。共圈出 1 号、2 号、3 号三个矿体，其规模依次由大到小。

1 号矿体：为拜希塔木矿段主矿体，地表出露长度 650 m，地下工程控制走向长度 1050 m，向深部矿体长度有明显增大之趋势，矿体走向稳定、连续性好。矿体最大厚度 15.30 m，最小厚度 1.16 m，一般厚度为 5.25~6.36 m，厚度变化系数 22.23%，属厚度稳定型矿体。矿体铜平均品位 $1.20×10^{-2}$，矿化沿走向及倾向方向变化不大，品位变化系数为 6.32%，属有用组分均匀型矿体。

2 号矿体：位于 1 号矿体东侧 300 m 处，地表为层状、似层状，出露长 190 m，1127 m 标高控制矿体长 360 m，1092 m 标高中段控制矿体长 255 m，矿体厚度比较稳定，连续性较好。工程中矿体最大厚度 5.95 m，最小厚度 1.18 m，平均厚度 3.27 m，一般厚度为 3.56~4.23 m，中上部厚度变化稳定，向深部变窄，在 929 m 标高矿层厚度 0.18 m 而近于尖灭。矿体平均品位 $1.45×10^{-2}$，铜矿化均匀且变化不大。

3 号矿体：出露于矿段东端 2 号矿体东侧 120 m 处，矿体地表走向长 100 m。1317 m 中段控制矿体长 190 m。1224 m 中段控制矿体长度 170 m。矿体走向尚不明显，矿体厚度 1.78~2.05 m，平均厚度 1.85 m，矿体平均品位 $0.75×10^{-2}$。

西克尔镇矿段位于伽师铜矿东端，含铜矿化层在地表出露 1000 余 m，走向 280°，倾向北，矿化体倾角 80°~87°，近于直立，该套地层主要由红色砂岩组成，其中夹数层厚度不等的浅色层，在浅色层集中发育的地段，构成所谓"浅紫交互层"成为砂岩铜矿的赋矿层，铜矿化发育在浅色层中可圈出两个铜矿体。

第一个矿体位于矿段西侧，为拜希塔木矿段含铜矿化层之东延部分，矿体走向出露长 140 余 m，走向 110°~290°，倾向北北东，倾角直立，向深部有变缓之趋势，平均水平厚度 1.56 m，铜平均品位 $0.71×10^{-2}$。

第二个矿体：位于矿段东侧，西距第一个矿体 4 km，属同一含铜矿化层，矿体地表走向东西，倾向一般南倾，局部北倾，倾角 85°~89°，矿体地表控制长度 230 m，矿体厚度一般 0.82~5.55 m，平均水平厚度 2.79 m，矿体平均品位 $0.62×10^{-2}$。矿体在 1240 m 中段以上已采空（深部探矿控制高程 1165 m）。

（46）温宿—拜城—库车古近纪、新近纪山前坳陷陆相砂岩型铜成矿区带

该区带泛指西起温宿经拜城、库车、东过轮台的广大山前丘陵地带，为新近纪含铜砂岩沉积区。新疆石油部门对该区地质构造划分如图 5-5-14 所示。

```
             西南天山活动造山带
------------山前逆冲推覆断裂--------
            北部单斜构造带
        克拉苏—依齐克里克背斜带
         拜城凹陷、阳霞凹陷
            秋立塔克背斜带
    南部前缘隆起带（古生代、中新生代叠合隆起）
```

图 5-5-14　温宿—拜城—库车古近纪、新近纪山前坳陷陆相砂岩型铜成矿区带地质构造划分

较大矿点据不完全统计有 20 余处，它们毫无例外地分布在两个背斜带上，矿带受地层层位–构造（褶皱+断裂）–沉积岩相（含蒸发岩相）联合控制。如克拉苏—依齐克里克背斜带上的黑孜尔、克孜力坎、巴西克其克、乔克马克、卡克玛克、红门坎、窝特拉克、皮羌布拉克、切克、阳霞。秋立塔克背斜带上有沿木扎特河下游分布的阿且可等 5 个矿点和拜雷阿塔、塔拉克、塔拉克吐孜鲁、阿瓦特、阿捷克、滴水、温巴什。库车河东西两岸有巴拉可依、康村、兰干、铜厂。成矿时代为新近纪的渐新世晚期吉迪克组、中新世晚期康村组及上新世库车组。断裂构造对铜矿的定位、铜品位提高、规模扩大有明显的制约（叠加–改造）作用，这里的含铜砂岩属湖相–残留湖相沉积，受蒸发岩控制，以矿层层序多、层位稳定为区域成矿特征，具有工业价值的铜矿层厚度 1 m 左右，鲜有厚者，铜品位 $1×10^{-2}$ 左右，罕有高者。典型性代表矿床为滴水砂岩型铜矿。

该铜矿位于库车洼地的前缘米斯坎塔克背斜之北翼，为向北倾斜的单斜构造，铜矿层产于新近系中新统棕红色泥岩、粉砂岩与上新统苍棕色砂岩、粉砂岩互层中，地层中下部局部夹砾岩。铜矿层严格受层位及岩性控制，各主要含矿层区域延伸长达数千米至数十千米，同时各矿层之间似保持着一定的间距（A 层距 B 层 180 m，B 层距 C 层 170 m），含矿层属紫、绿交替过渡的杂色岩相，矿体多产于绿色条带碎屑岩中。矿物成分简单，主要是氧化矿物，氧化带极其发育而次生富集带不明显。后期构造的变动一方面使沉积矿层遭受破坏，另一方面使潜水面以下矿层中铜元素迁移再沉积，对矿层起到增厚与加富作用。

矿区有三个含矿（绿色）层，由老至新分别以 A、B、C 命名：

第一含矿层（A 层），地表矿化较弱，连续性差，厚 3 m，一般不具工业意义，仅在局部地段形成长数厘米至数米、厚 $0.5\sim1$ m 的小矿条与矿饼，矿石品位较低，个别地段铜品位可达 $0.85×10^{-2}$。

第二含矿层（B 层），为本区主要含矿层，地表出露长达 12 km，含矿层厚 $2\sim5$ m，可详细划分 9 个矿化分层（$B_1\sim B_9$），具有工业价值者，仅有穷矿段、库姆矿段、阿尔特巴勒矿段。穷矿段矿层长 2300 m，平均厚 0.77 m，铜平均品位 $1.26×10^{-2}$。阿尔特巴勒矿段矿层长 1500 m，平均厚 0.85 m，铜平均品位 $1.08×10^{-2}$，矿层倾向延深达 600 m。

第三含矿层（C 层），系本区最顶部含矿层，东西延伸十余千米，厚 $7\sim12$ m，地表矿化微弱，均未形成较大工业矿体。

矿石主要为氧化矿，以自然铜、赤铜矿、孔雀石为主，蓝铜矿、铜兰次之，偶见黑铜矿、辉铜矿，伴生元素为银及微量镍和钴。矿物以胶结物形式充填于石英、长石砂屑和岩屑间，为接触式及孔隙式胶结，矿石具乳滴状、胶状、毛发状结构，网纹状、条带状、块状构造，铜品位 $(0.8\sim1.26)×10^{-2}$。

（47）杜瓦—扎瓦古近纪海相沉积-淋漓型锰成矿区带

该区带西起皮山县杜瓦镇东到墨玉县扎瓦，在总长大于 50 km 范围有 10 余处古近纪锰矿点，其大地构造环境属塔里木南缘坳陷区、古近纪陆内坳陷带中段。该区带中塔里木盆地中、新生代砂岩型铅锌铜锰矿矿产分布如图 5-5-15 所示。出露地层主要有白垩系灰岩与砂岩及古近系钙质砂岩、不纯灰岩和碎屑岩。古近系为矿区主要含矿层位。其中含锰灰岩和砂岩是主要含矿岩石，矿带西南起自波斯喀，东北伸延入牙布库曲。牙布库曲锰矿区为单斜构造，矿带长大于 4.5 km，宽 5~6 m，矿化岩石主要为不纯灰岩，其次为石英粉砂岩，含锰品位大多数大于 30×10^{-2}。锰矿物呈斑点状、细脉状、星点状分布，矿体形态受围岩产状控制，矿体与围岩顺层接触，接触面平整清晰，局部凹凸不平，也见节理裂隙中淋漓沉积锰矿脉，部分围岩被锰染成灰黑色，成为矿区的找矿标志之一。

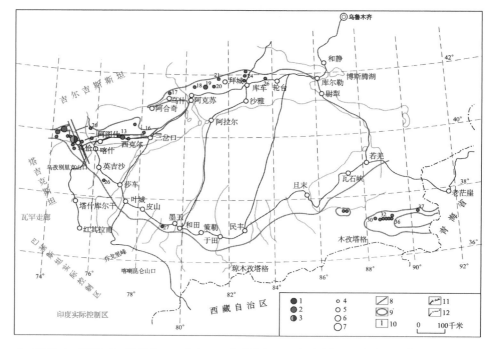

1—锰矿；2—铜矿；3—铅锌矿；4—矿点；5—中型矿床；6—大型矿床；7—超大型矿床；8—断裂带；
9—区域性马蹄形铜矿带；10—矿点或矿床编号。

图 5-5-15　塔里木盆地中、新生代砂岩型铅锌铜锰矿矿产分布图

矿石矿物：以软锰矿为主，占 65%~70%，其次是硬锰矿，占 10%~20%。脉石矿物：方解石占 10%~30%。锰矿石结构：硬锰矿呈不规则状或隐晶集合体分布，软

锰矿以半自形粒状(粒径0.01~0.3 mm)的柱状集合体产出,多围绕硬锰矿边缘。矿石构造:以稠密浸染状构造、星点状构造和块状构造为主,其中后者占85%以上。

矿石有益组分:锰矿平均品位 37.88×10^{-2},铜、铅、锌等品位均不足 1×10^{-2}。有害组分:S 品位为 2×10^{-2}、P 品位为 0.03×10^{-2}。矿石自然类型属氢氧化锰-氧化锰矿石,工业类型属富锰矿石,其中锰品位大于 40×10^{-2} 的I级富锰矿石约占89.53%。

矿床类型:属海相(浅海)沉积成因,其一表现为砂岩型锰矿,产于石英长石砂岩层中,为扁豆状、结核状、淋漓沉积脉状硬锰矿和软锰矿体,近矿上盘岩石为多色砂岩,下盘岩石为红色泥岩。其二为风化淋漓型锰矿,以扁豆状、细脉状、网状软锰矿和硬锰矿为主,显示其有含锰灰岩、白云质灰岩、菱锰矿风化的锰矿特征,两者互层产出、多条存在。除宏观的有固定层位、固定岩性层控特点之外,其成矿没有清晰的规律可循。该矿点矿石质量高,矿石类型多,矿区规模大,深部远景不清,属成矿年代较新的锰矿(和中亚第三纪大型奇阿图拉锰矿有相似之处),在新疆为一锰矿新类型,很值得科学研究与进一步深入地质勘查。

中昆仑

(48)中昆仑西段中元古代裂谷铁铜金成矿区带

该区带泛指木吉至苏巴什达坂以菱铁矿为主体的铁铜金成矿带,其中包括哈拉墩菱铁(铜金)矿、木吉西铜矿、阔克吉勒嘎金矿、皮拉里菱铁矿、布仑口铜金矿、契列克其菱铁矿、沙子沟铜矿、卡拉库里铜金矿、苏巴什磁铁矿、孜洛依磁铁矿等。该区带中新疆帕米尔木吉—塔什库尔干矿产分布图如图5-5-16所示。

矿产在区域上受控于中元古代裂谷,就区域变质相而论,它产于中深变质岩相与中浅变质岩相的转换层位上。中深变质岩相(高绿片岩-角闪岩相)中,主要岩性为黑云角闪片麻岩、黑云斜长片麻岩、黑云石英片岩夹红柱石石英片岩、十字石英片岩,矽线石石榴石岩、黑云片麻岩及大理岩(原岩恢复为复理石沉积夹中基性火山岩建造),中浅变质岩相(低绿片岩相)中,主要岩性为绿泥二云石英片岩、千枚岩、变砂岩、黑云石英大理岩(原岩恢复为陆源碎屑岩和碳酸盐岩建造)。

区域成矿特征:①成矿局限于元古宙裂谷盆地,成矿带中的各类型矿床(点)皆分布于元古宙裂谷内,该裂谷盆地时间延续从古元古代到震旦纪,它与桑株塔格—柳什塔格元古宙火山裂谷盆地是同期同位异地的同类产物。当古元古代陆壳再度开裂形成新洋壳时,中元古代裂谷产生,呈现出西昆仑西段海相热水沉积铁铜金矿带和东段海相火山热水沉积铜锌矿带。②统一的含矿层位,凡成矿带中的矿床与矿点,不论含矿元素如何组合,皆产于布伦阔勒群中深变质岩相之上、中浅变质岩相之下的过渡层位内,相当于塔昔达坂群底部含菱铁矿细碎屑岩-碳酸盐岩的岩相层,构成块状、条带状、层纹状菱铁矿和块状、浸染状、细脉状黄铁矿、黄铜矿、金矿。近矿围岩以铁质白云岩、硅化大理岩、绿泥板岩、泥质

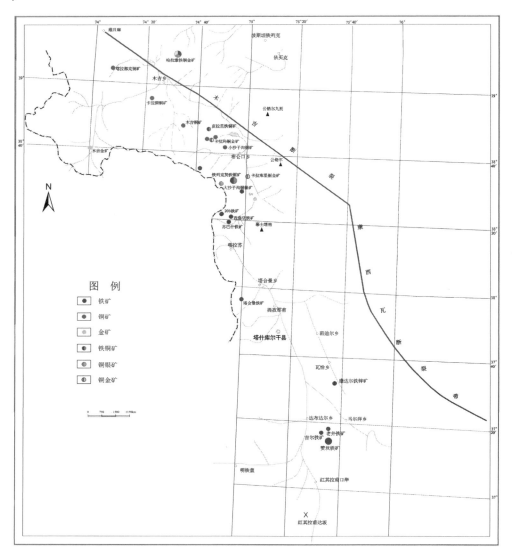

图 5-5-16　新疆帕米尔木吉-塔什库尔干矿产分布图

片岩、碳质千枚岩为多。③容矿主岩为细碎屑岩、碳酸盐岩、凝灰岩、千枚岩，并显现出海相热水-火山热水沉积的特征，在哈拉墩、卡拉玛、卡拉库里三矿床中的矿层底部，均出现长英质凝灰岩及区域变质的石榴子石岩，应归属于蓟县系中浅变质岩相底部的海相陆源碎屑岩-碳酸盐岩建造。④矿层具有铁铜金三元素垂直分带特征，根据各矿床(点)的成矿元素组合，将归类为 5 种组合类型，即铁铜金组合(哈拉墩)、铁铜组合(皮拉里)、(铁)铜金组合(布伦口)、铜银组合(大沙子沟)、铁(铜)组合(铁列克契、孜洛依),表明上铁(块状碳酸盐)下铜(块状硫化物)这一区域性成矿(元素分带)规律。⑤后期的构造改造作用与成矿叠加表现:该带成矿在区域上可分为两期(先期沉积-变质期、后期热液叠加期),在哈拉墩铁矿深部有脉状的黄铜矿和粗粒黄铜矿,卡拉玛铜金矿中出现不少网脉状黄铜矿,铁列克契铁矿中的黄铜矿,呈微-细脉状分布于菱铁矿层内,各类矿床普遍存在着重结晶作用与后期热液叠加作用,对提高铁铜金矿的矿石品位至关重要。⑥成型矿床密度大、大型矿床比例高,成矿带长度逾 100 km、宽度最窄处为 20 km,计约 2000 km^2 范围内,已知铁铜金、稀有金属矿等矿床(点)不下 15 处,其中有 8 处为成型矿床,大型铁矿两处(铁列克契、哈拉墩),近几年又有较有意义的成矿信息和化探异常发现。该带成矿概率、矿床密度、大型矿床比例等在新疆固体金属成矿带中处于前列,具有较大的蕴矿前景。

该区带与阿富汗喀布尔铜成矿带同处一个构造带要,这一成矿带属帕米尔突刺东翼,东巴达赫尚—谢瓦带前锋部位东段(东帕米尔),与之对称的帕米尔突刺西翼构造带的喀布尔—查曼带,在其北东段有喀布尔铜成矿带,矿层统一产出于古元古代沉积变质岩和火山沉积变质岩系中,在约 600 km^2 范围内分布着艾纳克、班达德、贾瓦尔等 34 个铜矿床(点),仅艾纳克铜矿区矿化面积就有 40 km^2,分中、西、南三个亚矿带。中带矿层长 2000 m、宽 60~150 m、延深 600 m,铜品位(0.71~2.86)×10^{-2},氧化带深 10~20 m,铜品位(0.6~3.92)×10^{-2},原生带深 80~250 m,铜平均品位 2×10^{-2}。中带铜储量达 10×10^6 t。西带长 2000 m、厚 4~49 m、铜品位(0.62~2.05)×10^{-2}。南带无资料参照。

(49)中昆仑东段中元古裂谷铜锌金成矿区带

中元古代裂谷范围,北界为布拉克—拉竹笼岩石圈断裂,南界为康西瓦超岩石圈断裂。该带所指限于皮山县以东到苦牙克断裂以西范围,地史上属长期隆起区,以前寒武纪变质岩为主,原岩为一套正常沉积细碎屑岩、碳酸盐岩及中酸性火山岩和火山碎屑岩互层。可分为三个岩段:下段碎屑岩及火山岩建造、中段火山碎屑岩及复理石建造、上部碳酸盐岩建造。

区域内含矿岩系的下部为古—中元古代高级变质相桑株塔格群,含矿层为中新元古代中低级变质相系塔昔达坂群,它角度不整合于桑株塔格群之上,在其中下部细碎屑岩和基性火山岩建造中,产出火山热水沉积多金属矿(以铜锌为主)。早古生代地层位于于田—民丰南山,呈现裂谷沉积特点,出现相应的岩石建造与矿产,它与元古宙地层断裂接触。晚古生代有零星的小范围地层分布,如产于断陷盆地内的上泥盆统奇自拉夫组,为红色碎屑岩建造和磨拉石建造,其中有含铜砂岩沉积,不整合于老地层之上。

桑株塔格群:主要岩石有片岩(黑云石英绿泥片岩、绿泥绢云石英片岩、石榴石黑云石英片岩)和片麻岩[黑云斜长片麻岩、黑云片麻岩、绿泥黑云片麻岩(原岩为基性火山岩)]以及大理岩,有少量石英岩、混合岩,经原岩恢复,它们是一套中基性火山岩、火山碎屑岩、细碎屑沉积岩及镁质大理岩(该群由新疆地矿10大队划为长城纪)。

塔昔达坂群:主要由石英片岩、绢云石英片岩、黑云石英片岩、绿泥片岩和大理岩组成,出露厚度近万米,原岩为一套浅-次深海相硅质、钙质细碎屑岩、碳酸盐岩和中酸性火山岩。其中细碎屑岩约占65%,碳酸盐岩占15%,火山岩占20%。火山岩在地层层序的下部和中上部几个层位中产出,并与细碎屑互层,显示出多旋回活动特点,碳酸盐岩主要分布在层序最上部,塔昔达坂群与下伏桑珠塔格群呈断层或角度不整合接触,时代为蓟县纪。

成矿区带内侵入岩发育,主要侵入期为晋宁期和海西期,以中酸性花岗岩类为主,并有少量基性岩和超基性岩。早古生代花岗岩与基性岩、超基性岩伴生,岩石化学属钙碱性系列,多具I型花岗岩特征。晚古生代花岗岩呈岩基状、岩株状产出,主体岩石为二长花岗岩、石英闪长岩、钾长花岗岩(铝过饱和),显示出大陆边缘陆壳花岗岩特征。晋宁期侵入岩具有成分演化系列性,由基性经中酸性向碱性岩石系列演化,在塔里木边缘出现碱性的辉长岩、辉绿岩、闪长岩和花岗岩,并产生与之相适应的矿化与矿床。

强烈而多次喷发是该区火山活动的特点,中酸性火山岩和火山碎屑岩经常与浅-半深海相沉积岩互层,造成火山沉积环境。海相火山热水沉积矿床多产于塔昔达坂群与桑株塔格群之过渡层位。这里上泥盆统奇自拉夫组紫红色砂岩建造中的砂岩铜矿具有良好的找矿前景。

区域地球化学特征显示有 Cu、Zn、Au、Ag、As、Pb 等元素。该带发现矿点不少,大多属小型矿床,主体矿床类型为海相火山热水沉积型,产于蓟县系底部,有塔木其铜锌矿床、阿依塔什铜锌矿床、乌孜伦格黄铁矿点和长城系顶部的亚门铁矿床、普鲁黄铁矿点、铜牙铺铜铁矿点等。巴西其其干在蓟县系硅质岩、基性火山岩及细碧岩中有多处铜铅锌矿化地段发现,巴西其其干岩石元素丰度值特征见表5-5-9。

表 5-5-9 巴西其其干岩石元素丰度值特征表

样品号	矿石/岩石名称	$w(Au)$ /10^{-9}	$w(Pb)$ /10^{-6}	$w(Zn)$ /10^{-6}	$w(Ag)$ /10^{-9}	$w(Cu)$ /10^{-6}	$w(As)$ /10^{-6}	矿化厚度
SQHY1	硅质砂岩	1.9	8.86	0.87	68	300	136	5 m
SQHY2	蚀变辉长岩	1.9	0.93	0.31	11	300	64	2 m 铅锌矿化层

续表5-5-9

样品号	矿石/岩石名称	$w(Au)$ /10^{-9}	$w(Pb)$ /10^{-6}	$w(Zn)$ /10^{-6}	$w(Ag)$ /10^{-9}	$w(Cu)$ /10^{-6}	$w(As)$ /10^{-6}	矿化厚度
SQHY3	黄铁矿化辉长岩	1.0	0.60	300	10	45	22	
SQHY4	硅化绿泥片岩	1.6	0.62	0.11	7.1	0.20	260	2 m
SQHY5	基性岩脉	13	265	230	0.61	0.18	2.5	2 m 铅锌铜矿化层
SQHY6	绿泥石化细碧岩	1.3	1.11	0.19	9.5	800	27	2 m
SQHY7	黄铁矿化细碧岩	6.8	500	360	1.1	0.30	2.3	
SQHY8	黄铁矿化细碧岩	1.0	800	360	0.365	50	19	
SQHY9	褐铁矿化破碎带	5.1	110	360	0.365	0.16	29	
SQHY10	褐铁矿化破碎带	100	110	380	9.4	1.8	3.2	
SQHY11	黄铁矿化细碧岩	390	110	0.18	25	7.1	10	7.8 m 铜矿化层
SQHY12	黄铁矿化细碧岩	2.6	600	215	0.365	100	I2	
SQHY13	黄铁矿化细碧岩	84	110	400	0.41	0.23	7.5	
SQHY14	黄铁矿化细碧岩	4.7	100	265	0.11	500	4.1	

上述诸矿化带均隶属于桑珠塔格-柳什塔格成矿带的东段。

塔木其铜锌矿：

位于于田县昆仑乡皮希盖村南东东方向 10 km，皮希盖河上游河谷中，矿区为单斜构造，地层为蓟县系塔昔达坂群下亚组，属细碧角斑岩建造，含矿岩石主要为变质角斑岩、石英角斑岩，其次是火山碎屑岩及变质泥砂岩，云母石英片岩、中酸性火山熔岩及火山碎屑岩构成区域含矿层位。侵入岩不发育，矿床围岩蚀变强烈，主体蚀变有硅化、绢云母化、黄铁矿化、阳起石化及绿帘石化。现以黄铁矿化等围岩蚀变为依据。自西向东划出三个蚀变带：

PY$_1$黄铁矿化蚀变带，横切南北向河谷分布，倾向172°，地表出露长度90 m，最大宽度8 m。围岩为绿泥石石英砂岩、黄铁绢云硅质岩、黄铁-绿泥硅质岩，有黄铁矿、黄铜矿、闪锌矿等矿体。其中的Ⅰ号矿体长37 m，最大宽度8 m，平面呈鲸鱼形，东宽西窄跨河产出，矿体上盘为阳起石硅化角斑岩，下盘为强硅化石英角斑岩。采样分析结果见表5-5-10。

表5-5-10　塔木其铜锌矿 PY$_1$ 矿体品位特征表

$w(Cu)/10^{-2}$	$w(Zn)/10^{-2}$	$w(S)/10^{-2}$	$w(Au)/10^{-6}$	$w(Ag)/10^{-6}$
3.88	0.13	47.34	0.17	17.50
—	8.63	4.68	19.50	—
1	12.90	44.17	0.08	30.50
1.95	15.36	30.73	0.08	5.80
1.73	—	41.06	0.8	5.80
5.74	0.33	11.66	—	—
8.54	18.36	23.80	0.17	—

PY$_2$黄铁矿化蚀变带，出露在矿区中部，走向南北、倾向东，地表出露长170 m，最大宽度5.5 m。蚀变带主要是黄铁矿化、硅化泥砂岩，强绢云母化、硅化安山岩，黄铜矿化绿泥石英片岩，黄铜矿化石英岩。其中的Ⅱ号矿体分布于黄铁矿化带北段，走向北东—南西，长17.5 m，最大宽度5.5 m，产于硅化安山岩中，矿石类型同Ⅰ号矿体。因覆盖而规模不清。采样分析结果见表5-5-11。

表5-5-11　塔木其铜锌矿 PY$_2$ 矿体品位特征表

$w(Cu)/10^{-2}$	$w(Zn)/10^{-2}$	$w(S)/10^{-2}$	$w(Au)/10^{-6}$	$w(Ag)/10^{-6}$
3.15	6.19	34.53	0.41	1.3
4.00	0.17	34.02	0.17	13.80
2.09	0.07	26.89	0.17	9.5
1.91	0.03	29.81	0.08	9.5

PY_3 为黄铁矿化蚀变带,见浸染状黄铁矿与黄铜矿。

矿石矿物有黄铁矿、黄铜矿、闪锌矿和少量磁铁矿。脉石矿物为石英、绢云母,以及少量绿泥石、阳起石。矿石以致密块状为主,浸染状次之。成矿元素是铜、锌、硫、铁。伴生元素为金、银、钴、铅。有用元素品位:铜$(1\sim8.54)\times10^{-2}$,锌$(0.5\sim18.3)\times10^{-2}$,硫$(30\sim50)\times10^{-2}$,金$(0.08\sim19.5)\times10^{-6}$,银$(1.3\sim30.5)\times10^{-6}$。采样分析结果见表 5-5-12。

矿床类型属中元古代蓟县纪海相火山热水沉积型(块状硫化物)铜锌矿。

表 5-5-12　塔木其铜锌矿 PY_3 矿体品位特征表

$w(Cu)/10^{-2}$	$w(S)/10^{-2}$	$w(Au)/10^{-6}$	$w(Ag)/10^{-6}$
3.56	5.68	6.5	—
6.46	22.60	0.08	8.30
5.83	18.20	0.08	7.00
4.99	17.55	0.08	7.00
0.52	2.22	8.75	—

西昆仑

(50)西昆仑昆盖山北麓晚古生代裂谷西段石炭纪锰成矿区带

远景区位于阿克陶县木吉乡西玛尔坎苏河谷上游奥尔托喀纳什—穆呼一带,地理坐标东经73°32′00″~74°15′00″,北纬39°17′00″~39°24′00″,面积800 km²。

该区带先后发现 5 处富锰矿床(点),构成一条长达 44 km 向西延伸至国外的锰矿化带,目前敲定奥尔托喀纳什、穆呼两个大型锰矿床。前者控制矿体长度大于 3000 m,斜深 200 m。

锰矿带分布地层主要为石炭系下统乌鲁阿特组和上石炭统喀拉阿特河组及二叠系下统玛尔坎雀库塞组、中统昆盖依套组,其中石炭系为区内最主要的锰矿赋矿层位,地层长度达到 75 km,二叠系中统昆盖依套组中也发现有锰矿点。

奥尔托喀纳什锰矿:圈定两条矿体长度大于 3000 m,向西延伸至塔吉克斯坦境内。矿体厚度 2.88~15.61 m,平均厚度 5.70 m。矿体产状(21°~250°)∠(58°~75°)。矿体东段控制斜深约 200 m,西段控制斜深平均 130 m,锰矿顺层产于灰黑色、灰绿色泥质灰岩加薄层微细晶灰岩中,矿体出露地表,风化后局部形成黑灰色条带,锰矿石平均品位37.32×10^{-2}。

穆呼锰矿:共圈出 5 条锰矿带 16 条锰矿体。

Ⅰ号矿带:呈 NE—SW 向展布,整体走向79°,矿体形态复杂,呈似层状、脉状、透镜状，厚度不稳定，矿带中矿体多处存在分支–复合、尖灭–再现和局部膨大、局部窄小等现象。该矿带地表裸露较好，连续性强，地表出露长930 m，两端被掩盖，矿带西部宽、东部次之、中部最窄。矿石矿物主要是菱锰矿，围岩为灰黑色砂屑灰岩（矿层顶底板整合关系），矿层产状（146°～179°）∠（38°～66°），地表矿体厚度1.90～15.30 m，锰品位（11.66～45.07）×10^{-2}，单工程锰平均品位（12.88～35.35）×10^{-2}，矿带平均品位29.51×10^{-2}。深部控制斜深144 m，厚1.44～7.47 m，锰品位（19.93～35.87）×10^{-2}，平均锰品位28.98×10^{-2}。

Ⅱ号矿带：呈近东西向展布，走向近86°，圈出一条矿体，矿体形态复杂，呈似层状、脉状、透镜状，厚度不稳定。矿体地表出露连续性差，断续出露长约660 m（东部未控制）。矿石主要为菱锰矿，顶底板围岩为灰黑色砂屑灰岩，整合接触，矿层产状（151°～186°）∠（41°～64°）。地表矿体厚度1.70～10.40 m，锰品位（14.15～30.47）×10^{-2}，单工程锰平均品位（17.21～27.95）×10^{-2}，矿带锰平均品位21.71×10^{-2}。深部厚度4.07 m，控制斜深24 m，锰品位（27.49～36.17）×10^{-2}，平均品位31.98×10^{-2}。

Ⅲ号矿带：呈北东—南西向展布，整体走向68°，矿带内圈出一条矿体，矿体形态简单，呈似层状、脉状，厚度稳定，地表断续出露长度约570 m。矿石主要是菱锰矿，矿层与围岩整合，顶底盘岩石均为灰黑色砂屑灰岩。矿层产状（156°～174°）∠（39°～55°），地表矿体厚度1.20～1.70 m，锰品位（18.92～26.58）×10^{-2}，单工程平均品位（18.92～23.80）×10^{-2}。矿带锰平均品位21.78×10^{-2}。

Ⅳ号矿带：呈北东—南西向展布，由一条矿体组成，走向近69°，矿体形态简单，呈似层状、脉状、透镜状，厚度不稳定。矿体地表断续出露，长约460 m，矿石主要为菱锰矿，含矿岩性为灰黑色砂屑灰岩，矿体产状为（151°～168°）∠（38°～41°），顶底板均为黑色砂屑灰岩，与矿带呈整合接触。矿体厚度0.90～3.80 m，锰品位（12.99～13.48）×10^{-2}，平均品位13.21×10^{-2}。

Ⅴ号矿带：呈北东—南西向展布，走向近70°，由一条矿体组成，矿体呈脉状、透镜状，地表大部分被覆盖，断续出露长约330 m，矿石主要为菱锰矿，含矿岩性为灰黑色砂屑灰岩，矿体产状为（145°～177°）∠（35°～49°），顶底板均为黑色砂屑灰岩，与矿体呈整合接触。矿体地表厚度1.00 m，锰品位14.52×10^{-2}。

坦迭尔锰矿点：

出露于中二叠统昆盖依套组中，矿（化）体呈层状产出，近矿围岩为灰黑色岩屑晶屑凝灰岩，含矿层位稳定，东西绵延数十千米，厚0.86～3.2 m，矿体多被岩石碎块轻度覆盖，矿石矿物为菱锰矿，铁黑或淡蓝黑色，针状、纤维状、粒状，金属光泽，锰品位（7.15～40.26）×10^{-2}，脉石矿物为方解石，呈灰色不规则粒状产出。该矿床受构造作用，多发生强烈叠加褶皱使局部地层厚度变大。

初步评价区内锰矿远景资源量大于 2000 万 t，主攻地区应以昆盖山北坡延伸的上石炭统为主，并注意对二叠系的寻找，主攻矿种为富锰矿，类型属海相火山沉积型锰矿床。

(51)西昆仑昆盖山北麓晚古生代裂谷东段硫铜锌金成矿区带

该区带区域构造为昆盖山裂谷，泛指奥依塔格晚古生代裂陷槽北段，最老地层为蓟县系推覆体，分布于昆盖山山脊，由卡拉更和巴克切依构造岩组构成。西昆仑山前主断裂界定了石炭纪-二叠纪裂谷的北东边界。

地层：石炭系为裂谷主期地层，下统库山河组为稳定的滨-浅海相砂砾岩、碳酸盐岩海进式沉积，产砂砾岩型铜银矿（特克里曼苏）；乌鲁阿特组为双峰式火山岩，下部为枕状玄武岩，上部为酸性英安岩、霏细岩、热水沉积岩，属狭窄深海槽沉积，产与基性火山岩有关的块状硫化物铜锌矿。中统卡拉乌依组为灰-黑灰-灰绿色灰岩、泥岩、粉砂岩、砂岩、碳质页岩；阿孜干组为灰-灰黑色薄-中厚层灰岩夹介壳灰岩、碳质页岩、泥岩及燧石结核粉砂岩。上统塔合奇组浅灰-灰-灰白色薄-中厚层灰岩、介壳灰岩、团粒灰岩，含丰富蜓类化石，有铅锌矿化；克孜尔奇曼组为灰-深灰色白云质灰岩、介壳灰岩、团粒灰岩、鲕状灰岩夹砂质灰岩、绢云绿泥千枚岩，顶部有紫红色钙质粉砂岩，中基性火山岩含蜓类、腕足类化石，有含铜黄铁矿层。

区带为单斜构造，走向北西、倾向北东，由于北北西向走滑断裂构造的影响，岩层普遍遭受变质与变位，故而使该区带构造变动强烈、岩层产状多变、构造形式多样，显示出构造的多变性和复杂性。火山活动强烈，侵入活动普遍，以小型岩体、岩株为主，属海西晚期花岗岩、闪长岩、斜长花岗岩，上述岩石与铜金矿的产出有密切的时、空关系。

矿产：在昆盖山北坡裂谷中已发现矿点（床）20 余处，构成 6 个矿田（图 5-5-17）。这些矿田经孙海田等研究被称之为"昆仑式铜矿"，并以其依赖的岩石系列和区域成矿特点，而厘定为海相火山热水沉积块状硫化物铜锌矿床类型。详分为两组，一组由下石炭统乌鲁阿特组基性火山岩容矿（萨洛依式），有萨洛依、其木干、古鲁滚涅克等矿点；另一组为上石炭统克孜里奇曼组酸性火山岩容矿（阿克塔什式），有阿克塔什、卡吾克、萨西萨苏、卡拉卡依等矿点。一般而言，基性火山岩中矿床矿石成分为铜或铜锌组合。而酸性火山岩中矿床多是铜铅锌组合。它们虽受不同火山沉积建造控制，但矿石成分基本一致、矿化特征相似、产出地质环境相同、形成时间相近，且空间比邻和成带成群集中分布，它们具有内在的成因联系并构成统一的成矿系列。

(52)铁克里克隆起外缘冒地槽早石炭世(库山河组)海相砂砾岩型铜银成矿区带

该带自北而南，有特克里曼苏、1062、1063 和卡拉乌依等砂砾岩型铜矿，它们沿着下石炭统库山河组砂砾岩层向叶尔羌河中游延伸。

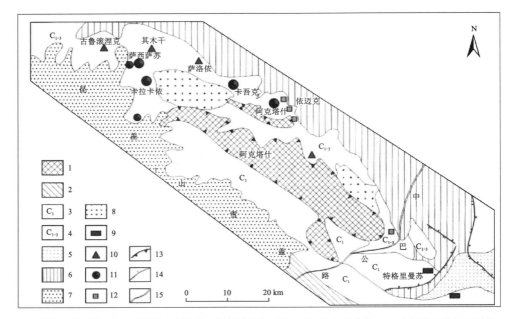

1—冀县系推覆体，主要岩性为角闪片岩、阳起石片岩、绿泥石片及大理岩等；2—上泥盆统杂色碎屑岩建造；3—下石炭统库山河组浅海相陆源碎屑岩和碳酸盐岩建造；4—上、下石炭统双峰式火山岩系及浅海相陆源碎屑岩和碳酸盐岩建造；5—侏罗系陆相含煤碎屑岩建造；6—第三系全新统；7—昆仑山雪盖；8—海花西期筏岗岩；9—层控砂岩型铜矿床；10—萨洛依式块状硫化物矿床；11—阿克塔什式块状硫化物矿床；12—金矿床（化）；13—推覆体界线；14—逆断层；15—公路。

图 5-5-17　西昆仑昆盖山北坡块状硫化物矿床分布图（据孙海田）

特格里曼苏砂砾岩型铜矿矿层产于下石炭统库山河组，东西分为两个矿区（三个矿段），南北分有四个含矿层位，矿区地质图如图 5-5-18 所示。

1）地层：自下而上（由南而北）将库山河组划分为两个亚组。

下亚组分布于矿区南部，地表延展稳定，主要岩性为灰白-青灰色、少量灰黑色厚层石灰岩，间或夹不稳定红色砂岩和泥岩，顶部有细脉状辉铜矿矿化。

上亚组自下而上划分 7 段：

1 段：红色砂质泥岩、泥岩夹少量红色砂岩，层厚 11~53 m。

2 段：下部含矿层，以灰白色长石石英砂岩为主，层理清晰延展稳定，向西北、东南方向变薄，其中夹少量红色泥岩和透镜状矿层，层厚 41 m。

3 段：中部含矿层，下部为灰白-白色石英岩、石英砂岩夹少量相变的红色铁质细砂岩，上部为灰黑-黑色细砂岩，顶部细砂岩向上过渡为紫红色铁质细砾岩（4 段），上下部之间有不稳定的细砾岩（石英质小砾石）层沉积，它有三层矿，上

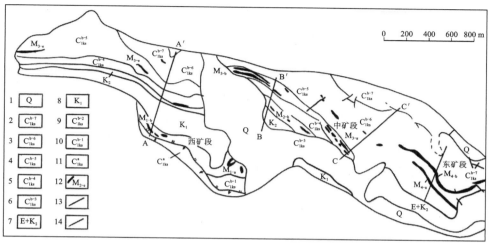

1—冲洪积层；2—片岩、板岩、千枚岩、角岩；3—铁质砂岩夹矿化石英岩（最上部合矿层位）；
4—石英砂岩、石英岩及少量细砂岩（上部含矿层位）；5—铁腐细砂岩石英砂岩；
6—石英岩、石英砂岩（中部含矿层位）；7—石膏层、片岩夹灰岩、泥灰岩、角岩等；8—红色砂岩夹泥岩；
9—砂岩、石英砂岩（底部合矿位）；10—砂岩、泥岩、底部有少量角砾岩；11—厚层状石灰岩；
12—矿层、矿化层及编号；13—断层；14—剖面位。

图 5-5-18　阿克陶县特格里曼苏铜矿矿区地质图

层含矿性最好，层厚 185 m。

4 段：主要由红色-猪肝色细砂岩、铁质细砂岩夹红色泥岩和灰黑-深灰色细砂岩组成，偶见黄铜矿，层厚 95 m。

5 段：上部含矿层（主矿层），灰-灰白色石英砂岩、灰黑色细砂岩、泥质砂岩、泥质砂岩组成与围岩整合关系，层厚 8~126 m。

6 段：顶部含矿层：由厚层状粉红-紫红-猪肝色中-细粒砂岩组成，夹少量红色泥岩、泥质砂岩，它层位稳定见两层矿化，上层矿化较好，矿化层断续长 2 km，地表矿石品位低，局部有工业品位，层厚 552 m。

7 段：厚层状深灰-灰黑色片岩、板岩、千枚岩及少量角岩，层厚 1084 m。

2）构造：矿区为单斜构造，走向北西西—东西，倾向北东—北，倾角 30°~80°，地层褶皱明显，断裂发育。

3）矿床：矿区长 5 km，宽 1 km，面积 5 km²，由东而西分三个矿段（分别以东、中、西矿段命名），由南而北（由下而上）出现四个含矿层，其中上部含矿层最主要、中部含矿层次之。

下部含矿层：位于西矿段，属库山河组上亚组 2 段灰白色砂岩，围岩与矿层整合, 含矿层长数百米、矿层长<400 m, 矿体短小呈似层状, 平均厚度 5.47 m, 最厚 6.89 m, 含铜品位 1.35×10^{-2}, 最高铜品位 2.3×10^{-2}。

中部含矿层: 位于中矿段, 产于库山河组上亚组 3 段灰–深灰色细砂岩及灰白色石英岩中, 含矿层断续长 1 km, 具工业价值矿层多为透镜状、狭长似层状、矿体厚度变化大、胀缩常见, 矿石品位低, 地表可见条带状孔雀石, 计圈出铜矿体 7 个, 平均厚度 1.65 m, 最大宽度超过 8.64 m, 含铜品位 0.64×10^{-2}, 最高铜品位 3.03×10^{-2}。

上部含矿层: 长 1 km, 主体分布在中矿段, 少部分在西矿段, 产于库山河组上亚组 5 段灰–灰白色砂岩及灰黑色细砂岩中, 各矿体均与围岩整合, 呈似层状、透镜状, 见多层矿体, 长 50~200 m, 平均厚度 2.01 m, 最大厚度 10.54 m, 含铜品位 0.6×10^{-2}, 最高铜品位 4.94×10^{-2}。

顶部含矿层: 位于东矿段, 产于库山河组上亚组 6 段红色砂岩和灰白色石英岩砂岩内, 似层状, 含矿层断续长 2 km, 矿体长度 70~80 m, 平均厚度 2.5 m, 含铜品位 0.74×10^{-2}, 最高铜品位 2.35×10^{-2}。

矿体围岩砂砾岩的主要矿物成分为石英、钾长石、酸性斜长石、白云母、绢云母、黑云母。胶结物为硅质和少量泥钙质。胶结类型为接触式与充填式。

矿石矿物: 硫化物有黄铜矿、辉铜矿、黝铜矿、斑铜矿、方铅矿、闪锌矿、黄铁矿。氧化物有稀少的赤铜矿、自然铜、磁铁矿, 以及次生矿物孔雀石、铜兰、蓝铜矿、褐铁矿及锰质氧化物。

脉石矿物: 主要是石英、方解石、重晶石。

矿石常见有包含结构、共边结构和固溶体结构及网状、细脉浸染状构造

矿物组合: 下部含矿层为辉铜矿–黝铜矿组合; 中部含矿层为黄铜矿–斑铜矿组合; 上部含矿层为黄铜矿–铜兰组合; 顶部含矿层为黄铜矿–方铅矿–闪锌矿组合。

氧化带深度 10~20 m, 少见次生富集带, 局部存在时也仅见于下部含矿层内。

围岩蚀变: 红化(氧化)、褪色(还原)、硅化、绢云母化、高岭土化。

(53)西昆仑奥依塔克晚古生代裂陷槽南部铅锌铜成矿区带

构造单元属西昆仑北部大陆边缘裂谷坳陷带塔木—卡兰古坳拉槽(夭折裂谷), 位于铁克里克隆起的内缘, 有较稳定的构造基底, 故而呈现出稳定型沉积建造–碳酸岩和碎屑岩, 与成矿有关的地层是泥盆系和石炭系。

泥盆系以中统和上统为主, 分布于坳拉槽北端铁克里克区和南端阿其克背斜区, 而石炭系则位于塔木—卡里牙斯卡克向斜核部和阿其克背斜倾没背斜两翼, 铅锌铜矿的赋矿地层是中泥盆统克孜勒陶组、下石炭统卡拉巴西塔克组与霍什拉甫组。

中泥盆统克孜勒陶组分上、下两个亚组，下亚组为黄褐色千枚岩，上亚组为灰色石英岩、含铁斑石英岩、砾状石英岩，系铜铅含矿层位。下石炭统卡拉巴西塔克组下部碎屑岩建造有砂质砾岩、钙质砂页岩、砂质灰岩、生物碎屑灰岩，上部碳酸岩建造主体岩石为白云质灰岩、白云岩（区域性铅锌含矿层位）。下石炭统霍什拉甫组由老到新依次为灰黑色碳质粉砂岩夹薄层灰岩-厚层钙质角砾岩-紫红色含砾砂岩、灰绿色粉砂岩及细砂岩-灰黑色厚层灰岩（顶部为菱铁矿层），上部为铜矿层、灰黑色碳质粉砂岩及泥岩（底部为铅矿层）。

该区带现存构造为复式向斜，构造的时间演化多期性及其空间上的推覆构造性质，再加之格状断裂的出现，使其造成分散的"向斜断块"。受北北西向断裂制约，形成总体走向为北北西向走滑断裂与近东西推覆构造混成的格状-菱格状构造带。岩浆岩不发育为其区域的突出特点。

该区带矿产可简单概括为 1 个坳拉槽构造，2 个矿带[东带（塔木、卡里牙斯卡克、左拉根、卡兰古），西带（铁克里克、苏盖特、喀普喀、阿尔巴列克、吐洪木里克、乌苏里克）]，3 个含矿层位（中泥盆统克孜勒陶组上亚组、下石炭统卡拉巴西塔克组，下石炭统霍什拉甫组），4 个矿田[自北而南近等距分布铁克里克铅铜矿田、塔木铅锌矿田（塔木—卡里亚斯卡克）、阿尔巴列克铅铜矿田（阿尔巴列克—帕尔湾—塔木其）、阿其克铅锌矿田（土洪木里克—卡兰古）]。在长 100 km、宽 22 km，约 2200 km^2 范围内共有 31 个铅锌铜矿点（床）。图 5-5-19 为该区带内新疆西昆仑铁克里克-库斯拉甫区域地质矿产图。代表性矿床为塔木铅锌矿。

塔木铅锌矿：

奥依塔克晚古生代陆缘裂陷槽中的铅锌铜矿，在区域上受控于北北西向切列克辛走滑断裂带，塔木铅锌矿区为一倒转向斜构造，下石炭统卡拉巴西塔克组为矿区含矿地层，与上泥盆统奇自拉夫组呈角度不整合关系，卡拉巴西塔克组底部为碎屑岩建造，岩性为砂质砾岩、钙质砂页岩、砂质灰岩、生物碎屑灰岩，上部为碳酸盐岩建造，主体岩性为中厚层白云质灰岩、白云岩、白云质角砾岩、硅质岩，属矿区含矿层位和容矿岩石。就区域性构造而论，以塔木铅锌矿为主体矿产分布受控于塔（木）卡（里牙斯卡克）向斜，南段完整，北段缺失东翼，向斜自北而南，西翼有塔木、塔木南、卡里牙斯卡克，东翼有乌鲁克、卡其卡克等铅锌矿出现。

1）矿区地层：

第一岩性段：为浅灰-黄灰色薄层灰岩与粉砂质页岩互层夹生物碎屑灰岩，与下部地层整合接触。

第二岩性段：以厚层状灰质白云岩、白云质角砾岩为主，普遍褐铁矿化、方铅矿化、闪锌矿化，局部形成铅锌富矿体。铅锌矿体在地层中呈层状、似层状、大透镜状，与地层产状一致并整合产出。

第三岩性段：以厚层状灰白-灰色细粒灰岩为主，与上覆地层不整合接触。

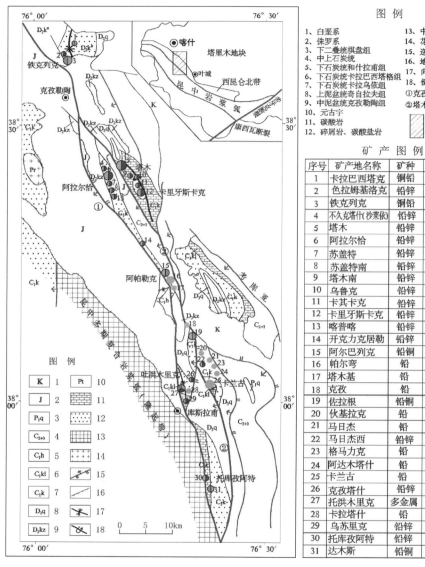

图 5-5-19 新疆西昆仑铁克里克-库斯拉甫区域地质矿产图

图 例

1、白垩系　　　　　　　　13、中酸性岩浆岩
2、侏罗系　　　　　　　　14、花岗岩
3、下二叠统棋盘组　　　　15、逆断层
4、中上石炭统　　　　　　16、地质界线
5、下石炭统和什甫组　　　17、向斜
6、下石炭统卡拉巴西塔格组　18、倒转向斜
7、下石炭统卡拉乌依组　　①克孜勒陶—库斯拉甫断裂
8、上泥盆统奇自拉夫组　　②塔木-卡兰古断裂
9、中泥盆统克孜陶组
10、元古宇　　　　　　　▨奥依塔格裂陷槽范围
11、碳酸岩
12、碎屑岩、碳酸盐岩

矿 产 图 例 表

序号	矿产地名称	矿种	矿点	工业规模
1	卡拉巴西塔克	铜铅		矿点
2	色拉姆基洛克	铅锌		矿点
3	铁克列克	铜铅		中型
4	不久克塔什(沙莱依)	铅锌		矿点
5	塔木	铅锌		中-大型
6	阿拉尔恰	铅锌		中型
7	苏盖特	铅锌		矿点
8	苏盖特南	铅锌		矿点
9	塔木南	铅锌		矿点
10	乌鲁克	铅锌		矿点
11	卡其卡克	铅锌		矿点
12	卡里牙斯卡克	铅锌		小型
13	喀普喀	铅锌		矿点
14	开克力克居勒	铅锌		矿点
15	阿尔巴列克	铅铜		小型
16	帕尔弯	铅		小型
17	塔木基	铅		矿点
18	克孜	铅		矿点
19	佐拉根	铅铜		小型
20	伙基拉克	铅		矿点
21	马日杰	铅		矿点
22	马日杰西	铅锌		矿点
23	格马力克	铅		矿点
24	阿达木塔什	铅		矿点
25	卡兰古	铅		中型
26	克孜塔什	铅锌		矿点
27	托洪木里克	多金属		小型
28	卡拉什	铅		矿点
29	乌苏里克	铅锌		小型
30	托库孜阿特	铅锌		矿点
31	达木斯	铅铜		矿点

图 例

K	1	Pt	10
J	2		11
P₁q	3		12
C₂₊₃	4		13
C₁h	5		14
C₁kl	6		15
C₁k	7		16
D₃q	8		17
D₂kz	9		18

0　5　10km

岩浆岩不发育是该型矿床的普遍性区域地质特点。

2）含矿层特点：产于下石炭统卡拉巴西塔克组第二岩性段中的塔木铅锌矿，层位稳定，倾向 240°~260°，倾角大于 70°，共圈出五个矿体，分别以Ⅰ、Ⅱ、Ⅲ、Ⅳ、Ⅴ命名。

Ⅰ号矿体：位于矿区西部最上层，产于白云岩及白云质角砾岩、硅质岩中，呈似层状并具分层，长度大于 800 m，厚度 2~40 m，平均厚度 10.5 m，垂向延深大于 700 m，矿体厚度不稳定，主要金属矿物为闪锌矿、方铅矿，其次有黄铁矿。地表单工程品位 Zn 为 $(1.50~36.71)×10^{-2}$，Pb 为 $(0.5~15.6)×10^{-2}$，地表单工程平均品位 Zn 为 $(1.30~9.93)×10^{-2}$，Pb 为 $(0.52~5.44)×10^{-2}$。深部铅锌品位相对偏高，尤其是铅品位。

Ⅱ号矿体：和Ⅰ号矿体平行，应属含矿层上部层位，产于白云质角砾岩中。其成矿的最大特征是在层控基础上的后期脉状富矿叠加，显示与层理斜交、裂隙充填的方铅矿、闪锌矿脉、细脉、细网脉、网脉富矿地段，矿体南端相对较富。矿体长度大于 120 m，地表单工程见矿水平厚度为 12.75~21.65 m，延深大于500 m，地表单工程平均品位 Zn 为 $(3.09~7.23)×10^{-2}$，Pb 为 $(1.80~3.26)×10^{-2}$，地表矿体平均品位 Zn 为 $4.78×10^{-2}$，Pb 为 $2.48×10^{-2}$。

Ⅲ号矿化体：为含矿层下部矿化层，其规模不亚于Ⅰ号矿体，唯铅锌品位太低。

Ⅳ号矿体：系与含矿层几近垂直的一组断裂控制，容矿岩石为白云岩，地表矿体呈透镜状，可见长度为 80 m，地表水平平均厚度 22.02 m，地表单工程平均品位 Zn 为 $(4.56~5.82)×10^{-2}$，Pb 为 $(1.57~2.75)×10^{-2}$，地表矿体平均品位 Zn 为 $5.19×10^{-2}$，Pb 为 $2.16×10^{-2}$。深部未进行探矿。

Ⅴ号矿体：系含矿层的北段，上部氧化矿，深部虽有探矿坑道但未探清楚。

3) 矿石物质组分：主要金属矿物为闪锌矿、方铅矿、黄铁矿及其氧化物（菱锌矿、铅矾、白铅矿），脉石矿物为白云石、方解石、石燧、白云母、重晶石、石膏，矿物显示出同生与后期改造的生成特点，其生成顺序为方解石→白云石→黄铁矿→方铅矿→闪锌矿。闪锌矿两期生成，早期为黑色-灰黑色铁闪锌矿，晚期为红褐色、黄色、浅黄色闪锌矿，方铅矿大多被闪锌矿包围，黄铁矿乃以胶状体分散在围岩中，尤其是在上盘。矿石中有用组分以铅锌为主，锌多铅少，锌分布比铅分布范围大，而且有上锌下铅的垂向分带特点，此外尚有 Cu、Cd、Ba、Sr 等元素，可惜均无工业利用价值。

4) 矿石结构构造：矿石结构简单，主要为他形页片状、粒状。矿石构造为块状、浸染状、脉状。

5) 围岩蚀变普遍而强烈：主要有①白云石化，实为次生白云石化，局部已成为白云岩，根据其粒度及结构特征，可细划出细-中粒厚层块状白云岩、灰质白云岩、白云石化灰岩，它们与铅锌成矿有密切关系，其中灰质白云岩含矿性最好，白云石化灰岩仅在蚀变强烈地段有矿化（体）存在。②方解石化蚀变广泛，以粒状、脉状、网脉状形式出现，蚀变区多有闪锌矿、方铅矿和黄铁矿出现，而且似有随脉体蚀变的强度分带而呈现闪锌矿→方铅矿→黄铁矿的矿物分布特征。③硅化、分层状、脉状两类，层状硅化一般与硅质岩中铅锌矿关系密切，脉状硅化沿断裂发育以粒状、浸染状、网脉状形式穿插于灰岩和白云岩中。

6）塔木铅锌矿为一大型海相热水沉积矿床（铅锌远景储量接近百万吨），通过勘查与研究，有如下问题需要解决：

①矿区构造的真实厘定，即厘定矿区构造属于单斜还是倒转向斜，这直接影响着矿区地质矿产远景的估价。

②Ⅲ号矿体的深部勘查，以便确定富矿的存在地段。

③Ⅳ号矿体的深部勘探，最终评估该矿体的经济价值。

④矿体的深部钻探，探明在氧化矿体之下是否存在铅锌原生矿体带。

⑤就区域矿产发展而言，弄清塔木与纵向上塔木南矿点和横向上阿拉尔恰矿点的空间关系，显得更加必要。

（54）西昆仑库尔良晚古生代裂谷铜金成矿区带

库尔良晚古生代裂谷，西起塔木—恰特断裂，东至尼沙，北部以柯岗断裂与铁克里克隆起分开，南部以克拉克断裂与中昆仑岩浆弧为邻，实乃奥依塔克晚古生代裂陷槽西侧（昆盖山—恰尔隆）之东延（属区域性断裂走滑拉张部分），构成微向南西凸出的弧形构造。长 200 km，宽 20~30 km，面积约 5000 km²。

裂谷总体为复式背斜，下石炭统他龙组构成复背斜核心，为一套海相细碎屑岩夹少量灰绿色碳质粉砂岩、泥质粉砂岩，含珊瑚、腹足类、有孔虫化石。中上石炭统库尔浪群分布于复背斜两翼，由浅变质的滨-浅海相碎屑岩、碳酸盐岩夹双峰式火山岩组成，主要岩性有灰色、深灰色、少量灰绿色砾岩、长英质砂岩、粉砂岩、千枚岩以及基性凝灰岩和酸性火山岩。火山岩集中分布于克里阳河上游，产在库尔浪群的上段，火山岩具双峰式火山岩特征，岩性主要为变质玄武岩和蚀变霏细岩，出露厚度大于 500 m，下段主要为海相含碳沉积碎屑岩和碳酸盐岩建造。

就大地构造性质而论，本区带属西昆仑北部大陆边缘弧后裂谷坳陷带，而库尔良裂谷的火山沉积建造，以滨海-浅海相正常沉积的碎屑岩、碳酸盐岩为主，火山岩仅作夹层出现，具冒地槽沉积构造特征，构造活动与岩浆活动较弱，盆地沉积环境相对稳定。

矿产：截至目前，尚无成型矿床发现，但在库尔良裂谷西段叶城—皮山南山有为数众多的矿点出现如喀拉塔什、库尔浪、扣克巴西—阿巴勒克、布尔汉、大桑鹿斯、库台克力克等矿点。

1）库尔浪含铜黄铁矿位于桑珠河上游库尔浪河西岸，赋矿地层为库尔良群，含矿围岩为片理化火山岩-火山碎屑岩，矿（化）体呈似层状、透镜状产出，地表氧化带发育，由孔雀石、铜兰、褐铁矿组成的铁帽断续分布，目估铜品位（0.8~4）×10⁻²。

2）扣克巴西—阿巴勒克含铜黄铁矿位于波斯喀河上游，赋矿地层为库尔良群，含矿围岩为千枚岩化中基性火山岩及其凝灰岩，矿体呈透镜状、似层状产出，地表氧化带明显，层状、块状黄铁矿化清晰，随机拣块取样品位 S 为（30 ~ 43）×10^{-2}，Cu 为 $0.9×10^{-2}$，该带硫化物地表露头较多，其相互生成关系不明。

3）布尔汗含铜黄铁矿位于杜瓦河上游，赋矿地层为中、上石炭统库尔良群，容矿围岩为千枚岩化火山-凝灰岩，矿（化）体呈似层状、透镜状产出，地表氧化带明显，另外该点还有蛇纹石化超基性岩脉（含玉石），两者均进行过开采。大桑鹿斯黄铁矿（系布尔汉含铜黄铁矿带的一段）岩性为石英绿泥片岩、碳质千枚岩、石灰岩和黄铁矿化大理岩，侵入岩为石英闪长岩，有 7 条黄铁矿-磁黄铁矿脉产于黄铁矿化大理岩中，硫品位 $30.53×10^{-2}$，黄铁矿矿石量 9240 t（硫储量 3318.49 t），次生地表矿物有自然硫和水绿矾，它们以细脉状及薄层状分布，矿体长 400 m，厚 0.3 m，自然硫品位（41.8 ~ 58.86）×10^{-2}，估计矿体储量总体 1400 t，自然硫 704 t。

该带地质工作程度低、矿产信息量大，针对含铜黄铁矿及相关的矿产开展矿点及区域性地质勘查显然是必要的。

（55）西昆仑柳什塔格晚古生代断陷金铁成矿区带

该成矿区带北以昆北断裂与塔里木中央地块隔开，南以包斯塘断裂为界，与桑株隆起为邻，其间构成晚古生代断陷。自然地理相当于柳什塔格并形成金铁成矿区带。

地层：除少量蓟县系、古生界之外，主要是泥盆系、石炭系和侏罗系，其中石炭系阿羌组是区域重要的含矿层位，系一套海相沉积-热水沉积岩和正常沉积岩夹碳酸盐岩的含金硅铁建造，金铁矿产于火山喷发沉积-喷流沉积岩与正常碎屑岩夹碳酸盐岩之沉积过渡层中，原岩恢复为海底喷发钙碱性火山岩系列（安山岩-英安岩）和碎屑岩类（变质砾岩、砂砾岩、碳酸盐岩和铁金石英岩），由下而上分为 4 个岩性段：①含砾糜棱岩段（原岩为砾岩和砂岩）；②英安质糜棱岩-阳起片岩段，局部可见薄层大理岩（原岩恢复为中基性火山凝灰岩、凝灰质砂岩夹碳酸盐岩）；③安山质凝灰岩-凝灰质砂岩夹大理岩、薄层状磁铁石英岩段，是区带重要的含矿层位，矿体顶板以大理岩、凝灰砂岩为主，底板见安山质凝灰岩（原岩为安山质钙碱性火山岩夹碳酸盐岩、磁铁石英岩）；④英安质凝灰岩段（原岩为中基性凝灰岩）。

构造：总体为向南倾斜的倒转复背斜，轴向北西西，产状（185° ~ 240°）∠（57° ~ 80°），含金磁铁石英岩层分别产于复背斜两翼，构成南北两个含矿带，并被近东西向、北东东向断裂破坏，形成破碎不完整的复式背斜。以昆北断裂为界，在其上盘出现一系列近东西向推覆性逆冲断裂，倾向南，走向上呈舒缓波状，以压性-压扭性为主要地质力学特征。

侵入岩不发育，以加里东期、海西中期二云花岗岩、闪长岩、花岗岩为主。

变质作用：区域变质与动力变质的复合作用，使岩石普遍发生变质与变形，其变质程度为低绿片岩相-角闪岩相-片麻岩相。区域动力变质带呈线形或带状展布，从碎裂岩到糜棱岩。在强烈构造应力作用下，岩石多已发生强烈的挤压而产生压碎和塑性变形，形成韧性剪切带，宽度达 2~3 km，由断裂向两侧表现出由强挤压到弱破碎的动力过渡，动力变质岩石有角砾岩、碎裂岩、碎斑岩、千糜岩、糜棱岩等。

矿产：这里的矿产矿种和类型单一，主要为含金磁铁石英岩。已发现有苦阿、恰克能萨依、帕西木、麻特、小沙勒等多处金铁矿床(点)。在研究诸矿点后总结如下：

1)矿体特征：矿体以其出露于复背斜的两翼而划分为南、北两个矿带。其产状为(185°~240°)∠(57°~80°)，金铁矿带地表长度 600~1600 m，宽度 20~50 m，沿走向具断续尖灭再现特点，含矿岩石为条带状磁铁石英岩和少量含金黄铁矿化蚀变岩(蚀变岩宽 2~5 m，长局部达 10 m)。地表可见黄钾铁矾、褐铁矿、孔雀石和铜兰，具有硅化、黄铁矿化、磁铁矿化、绢云母化、碳酸盐化等蚀变，氧化深度 3~6 m。矿体长度 104~296 m，最大长度 560 m，厚度 1.24~2.48 m，最大厚度 4.30 m，含矿岩石为条带状磁铁石英岩。部分是黄铁矿化碎裂岩，形态呈层状、似层状、透镜状，含矿围岩主要是凝灰岩、糜棱岩和大理岩。

2)矿石化学成分：矿石以铁为主，铁平均品位(35.78~38.80)×10^{-2}，共生元素品位 Au(3.37~4.38)×10^{-6}、Ag(6.39~7.25)×10^{-6}，Cu(0.27~0.53)×10^{-2}，S(2.46~3.40)×10^{-2}。

3)矿石矿物成分：磁铁石英岩型金矿矿石矿物有磁铁矿、黄铁矿、磁黄铁矿、黄铜矿、方铅矿、斑铜矿、闪锌矿、赤铜矿、自然金、孔雀石等；脉石矿物有长石、石英、方解石、绿帘石、绿泥石、铁白云石。蚀变岩型金矿矿石矿物有黄铁矿、磁铁矿、方铅矿、闪锌矿、自然金、斑铜矿、孔雀石和蓝铜矿；脉石矿物有长石、绿帘石、石英、方解石、铁方解石和绿泥石。

4)矿石结构有粒状结构、碎裂结构、交代结构、粒状变晶结构、填隙结构、连晶结构、包裹结构、固溶体乳滴状结构(磁铁矿包裹黄铜矿、黄铁矿、石英。黄铁矿包裹磁铁矿、黄铜矿、自然金，石英包裹自然金)。矿石构造常见条带状、浸染状、块状、网脉状等矿石构造。

5)自然金赋存状态：黄铁矿为自然金主要载体矿物，原分析矿石金品位 3.64×10^{-6}，物相分析表明矿石中裸露金与半裸露金总品位为 2.18×10^{-6}，硫化物金品位 0.73×10^{-6}，碳酸盐中金品位 0.27×10^{-6}，硅酸盐中金品位 0.22×10^{-6}，褐铁矿中金品位 0.24×10^{-6}。

6)矿石自然类型：

①按氧化程度划分：原生矿占主体。

②按矿石有用组分划分：铁金矿石、铁矿石、金矿石、铁金铜矿石、铜矿石。

③按矿石结构构造划分：条带状磁铁石英岩矿石、块状磁铁矿石、网脉状金矿石。其中条带状磁铁石英岩矿石是铁金矿石的主要类型，网脉状矿石多在蚀变岩型金矿中出现。

④依容矿岩石性质、组分划分为两类：磁铁石英岩型金矿石（包括磁铁矿型、含黄铜磁铁石英岩型、黄铁矿磁铁石英岩型、含黄铜矿黄铁矿磁铁矿石英岩型等矿石）和蚀变岩型金矿石。

(56)西昆仑上其汗古生代裂谷铜锌铅金成矿区带

地层主体为长城系及不整合于其上的志留-泥盆系：长城系（角闪岩相）片岩、片麻岩分布于山前地带；蓟县系大理岩构成高山峡谷；志留-泥盆系岩石主体为细碎屑岩含碳质岩、细碧角斑岩。由北而南（由新至老）依次出现：细碎屑岩层、灰岩、砂岩、细砂岩层，细碎屑岩、碳质岩层。

构造：受北东向苦牙克断裂与北东东向山前断裂所挟持，形成构造三角区，区内为一个走向北西的不完整向斜，它北西端仰起，南东端被苦牙克断裂割切。侵入岩不发育为该区另一地质特点。

矿产：小区内已知铜矿4处、多金属矿2处，以层控型、斑岩型为主，这里的火山岩尤其是细碧角斑岩中普遍有黄铁矿、黄铜矿化存在。

上其汗含铜黄铁矿床位于民丰县城南约90 km，县城到叶亦克可通汽车，叶亦克至矿区直距28 km，靠毛驴运输，交通异常困难。

区域上属单斜构造，走向东西，倾向南。矿区北部为上泥盆统奇自拉夫群，是一套紫红、灰、灰绿色变质石英砂岩，红色变质泥质砂岩所构成的陆相杂色磨拉石建造。含矿地层为志留-泥盆系海相火山沉积建造，主要岩石有细碧岩、酸性凝灰岩、大理岩和碳质千枚岩。详细划分三个岩性段，由新至老：

A岩性段，分布于矿区南部，东西向延伸，岩性为细碧岩、石英角斑岩、凝灰质砂岩、千枚岩及大理岩透镜体。厚度大于200 m。

B岩性段，分布于矿区中部，东西向延伸，自西向东厚度加大，主要岩性为酸性火山岩（石英角斑岩，石英角斑凝灰岩），蚀变强烈，多变为绢云石英片岩、绿泥石英片岩，厚度26~130 m。上其汗河东岸该段地层黄铁矿化强烈，形成宽20~90 m的蚀变带。

C岩性段，分布于矿区北部，近东西向展布，下部为基性火山岩与酸性火山岩互层夹结晶灰岩、千枚岩。上部中基性火山岩（现已变质为绿泥片岩、绿泥石英斜长片岩夹千枚岩）、薄层大理岩。厚310~450 m，最大的岩石特征是自下而上碳质千枚岩渐次增多。

矿体呈北西西向延伸，似层状产出，长520 m，厚3.72~13.87 m，平均厚度8.19 m，最大厚度57.57 m，上其汗沟西岸为主矿体，产在B岩性段顶部酸性火山凝灰岩中，与上覆岩石界限截然，矿体与地层产状一致，倾向南、倾角80°。矿体上部为块状矿石，下部为浸染状矿石。

地表氧化带为铁帽：风化层中有毒砂、黄矾、绿矾、胆矾、红铁矾、黄镍铁矾、黄钾铁矾、褐铁矿、高岭土等矿物和银、钛、钴等元素。

矿石矿物：主要矿物是黄铁矿，其次是黄铜矿，少量磁铁矿、闪锌矿、方铅矿、毒砂与自然金。

脉石矿物：石英、方解石、绢云母及绿泥石。

矿石结构：主要有他形粒状结构，其次有半自形、自形粒状结构、填隙结构、共结结构、筛状结构、乳状结构以及定向压碎结构。矿石构造有稀疏浸染、稠密浸染、条带浸染、致密块状、角砾状等。

矿石类型：以硫化物矿石为主，氧化物矿石次之，有块状黄铁矿-磁黄铁矿石、块状铜锌黄铁矿石、块状含铜黄铁矿石、块状黄铁矿石、浸染状黄铁矿石、条带状-浸染状黄铁矿石。其中块状铜锌黄铁矿石、块状含铜黄铁矿石、块状黄铁矿石和条带状浸染状黄铁矿石是矿床最主要的矿石类型。矿床内的矿石类型具有垂向分带特征，自下而上依次出现条带状-浸染状黄铁矿石、稠密浸染状黄铁矿石、块状黄铁矿石（块状含铜黄铁矿石）、块状铜锌黄铁矿石。相对应的元素 S、Cu、Zn、Pb 含量逐渐增高。

围岩蚀变：绿泥石化、绢云母化、高龄土化、硅化、黄铁矿化、绿帘石化，多沿矿体下盘发育，蚀变厚度 20~90 m。

成矿元素：主元素 S、Cu、Zn，伴生元素 Au、Ag、Co。S 产于黄铁矿中，Cu、Zn、Pb 分别产于黄铜矿、闪锌矿、方铅矿内，Co 以类质同相存在于块状黄铁矿中，含量（0.001~0.003）$\times 10^{-2}$，Au、Ag 富集于块状矿石带上部，平均金品位 0.38×10^{-6}，平均银品位 30×10^{-6}。局部有工业品位。块状矿石中铜品位（0.31~3.6）$\times 10^{-2}$，平均 1.33×10^{-2}。锌品位（0.52~3.48）$\times 10^{-2}$，平均 1.44×10^{-2}，硫品位 19.46×10^{-2}。

区域化探异常，在区带北侧出现五个多金属化探异常，自西向东有：

①异常面积（15×15）km^2，Ag、Zn、Cu、Pb、Au。②异常面积（20×7）km^2，Zn、Cu、Pb、Co、Ag、Au。③异常面积（15×80）km^2，As、Sb、Hg、Au。④异常面积（20×15）km^2，Zn、Cu、Pb、Hg、Sb、Au。⑤异常面积（10×3）km^2，Hg、Au、Sb。

5.6 东昆仑成矿亚省

5.6.1 东昆仑地质

新疆东昆仑山在柴达木与西藏两地块之间，是受青藏高原隆升影响强烈的地区,处于北侧的阿尔金南左行走滑断裂走向滑动和南侧西藏地块隆升且向北挤压,使东昆仑地区地质动力场具南北向挤压与北东—南西向剪切复合力联合作用,故而在区域上形成由北西向南东的压扭性构造体系。更由于北东部柴达木地块和中部阿牙克库勒地块对西藏地块的相对阻抗,东昆仑的大地构造总体空间显现出镶边状弧形构造特征。

(1)古尔嘎坳陷(托格拉萨依凹陷):北界以阿尔金南断裂与阿尔金断隆分开,南界柴(达木)南缘断裂与东昆仑北带相邻,它西窄东宽,走向东西,平面呈三角形,实际上该区构造的性质可理解为它是具有盖层的西延柴达木地块。

(2)祁曼塔格古生代沟弧带:北部以柴(达木)南(缘)断裂为界,濒临柴达木地块,南部以伊仟巴达隐伏断裂为界,与昆中元古代断块分开,形成一个走向北西西、微向西北突出、中间宽两端窄的祁曼塔格活动造山带。在元古宙结晶基底之上。早古生代时,由于地壳裂陷扩张,形成早古生代凹陷,沉积了较厚的以奥陶系为主的早古生代地层(祁曼塔格群),属沉积近万米的碎屑岩、碳酸盐岩夹较厚基性岩的优地槽沉积。泥盆系与石炭系总体属地台型沉积,有海相、海陆交互相及陆相沉积,岩性为碎屑岩、碳酸盐岩夹陆相火山碎屑岩。地层厚度小,岩浆岩发育,主要侵入次有加里东期花岗岩和海西期花岗岩。

(3)昆中元古宙断块:在伊仟巴达隐伏断裂(北)与昆中断裂(南)之间,相当于阿其克库勒中新生代盆地范围。

(4)昆南早古生代增生楔:界于昆中断裂(北)与昆南断裂(南)之间。

5.6.2　成矿区带地质

(1)祁漫塔格(北、中、西)古生代复合岛弧钨、铅锌、铜铁钴金成矿区带

东昆仑祁曼塔格地处青藏高原东北部、柴达木盆地西南缘、东昆仑复合造山带的西段。阿其克库勒以北呈一向北凸出的弧形山系,西止于北东向的阿尔金断裂,北与柴达木盆地相邻,西南与库木库里盆地相接,东西长约550 km(新疆段300 km左右),南北宽75 km。

区带内各个时代的地层均有出露,以古生代和中生代地层为主,概括起来,可分四个构造层群:①基底的古-中元古界构造层,以金水口群摆沙河组、长城系小庙群和蓟县系狼牙山组中深变质岩系为特征。岩性主要由片麻岩、混合岩、云母石英片岩、石英岩、角闪岩、大理岩、白云岩和白云质灰岩等组成。下古生界构造层,主要由奥陶-志留系滩间山群含碳酸盐岩火山-沉积岩系、鸭子泉组中基性火山岩和白干湖组变碎屑沉积岩系组成。上古生界构造层,包括泥盆系牦牛山组海陆交互相碎屑岩、碳酸盐岩、中酸性火山岩,石炭系大干沟组生物碎屑灰岩、复成分砾岩夹硅质岩、缔敖苏组近源滨-浅海相碎屑岩-碳酸盐岩沉积。中生界构造层,主要为上三叠统鄂拉山组陆相火山碎屑岩夹火山熔岩及不稳定碎屑岩,其

常以剥蚀残留的形式，零星分布于侵入岩体中的金水口群摆沙河组、蓟县系狼牙山群、寒武-奥陶系滩间山群、石炭系的缔敖苏组和大干沟组等，与成矿关系密切。

区带总体构造以断裂为主，且显示出不同的期次与性质，如北西向次级断裂是主要的控岩、控矿构造，北西—东西向断裂控制着矿体，北东向和近南北向断裂为成矿后构造，而且以北东走向的白干湖断裂带为界，以西的断裂走向主要是北东向，以东主要为北西向。

区带岩浆活动强烈，类型齐全，包括侵入岩-喷发岩、超基性岩-基性岩-中酸性岩-碱性岩。岩浆活动时间长并显示多旋回特征，如历经中新元古代、加里东期、海西期、印支期、燕山期。它们具有时、空分带性，即由西而东有加里东期-海西期-印支期-燕山期之变化趋势。若以祁漫塔格蛇绿岩为界，以北加里东-海西期南印支-燕山期岩体发育。若以白干湖断裂带为界同，以西早古生代和东晚古生代-中生代(多为三叠纪)侵入岩发育。其中与铁、铜、铅锌、钼、钨、锡等多金属成矿有关的侵入岩，与加里东期、印支期小岩体、岩脉、岩支及不规则状产出的中酸性花岗质侵入岩关系更密切。

区带矿产：截至目前已发现铁、铜、铅锌、钼、钨、锡、钴、铋、金、银、镍、镉等10余个矿种，百余个矿床、矿点和矿化点，值得提出的矿床有北祁漫塔格元古宙沉积变质型迪木那里克铁矿、加里东期矽卡岩型白干湖钨锡矿，祁漫塔格结合带上的元古宙海相热水沉积型(层控区域变质矽卡岩)维宝铅锌矿、印支期矽卡岩型潘龙峰、于沟子铁铜-多金属矿、鸭子泉铜钼锡矿以及构造蚀变岩型黑山金矿，阿尔金走滑断裂带的岩浆熔离型长沙沟、阿克萨依镍铜铂矿。这些矿床说明祁曼塔格具有良好的蕴矿前景。

维宝铅锌矿：

大地构造位置，属柴达木微板块边缘祁漫塔格古生代复合沟弧带，南北分别被库木库里、柴达木两个新生代盆地所夹持。

区域地层：主要为中元古界金水口群白沙河组，岩性主体为中深变质的钾长花岗片麻岩，局部出露大理岩；蓟县系冰沟群狼牙山组，岩性主要有条带状绿帘石透辉石矽卡岩、微晶大理岩、绿泥绢云千枚岩和绢云母纤闪石片岩等；中生界晚三叠统鄂拉山组，由一套中酸性、中基性火山岩组成，主要岩性有凝灰岩、流纹岩和中酸性熔岩等。区内中酸性侵入岩发育，以印支期花岗闪长岩、二长花岗岩、斑状二长花岗岩为主。维宝铅锌矿主要产于蓟县系狼牙山组的条带状大理岩(后经区域变质为绿帘石透辉岩矽卡岩)粉细砂岩互层大理岩化灰岩层内，该套地层呈北西—南东向分布，岩石整体变质属千枚岩相-绿片岩相，岩石类型是以中-浅变质碳酸盐岩-碎屑岩为主，夹部分细碎屑岩片岩的岩石组合。

矿床：铅锌铜矿赋矿岩石主要为条带状绿帘石(透辉石)矽卡岩，另外在大理岩中也见少量矿化。矿化蚀变带的长度大于 2000 m，宽 20~140 m，在矿区主要含矿带内共圈出地表矿体 30 条，其中工业矿体 20 条，L1、L2、L5 为主矿体，矿体多数呈近东西向条带状分布，主要矿体连续性好，向深部出现分支，矿体走向 102°~282°，倾向 170°，产状与围岩产状基本一致，形状为似层状和透镜状。矿（化）体主要产于层状矽卡岩中，原岩为条带状粉砂岩泥岩与大理岩互层。L2 和 L5 矿体占矿区铅锌储量的一半。L2 矿体地表长 615 m，厚 2.19~20.04 m，平均厚度 17.71 m，延深大于 285 m，倾向 205°~242°，倾角 58°~65°，矿体地表铅品位（0.42~12.26）×10^{-2}，平均品位 1.94×10^{-2}；锌品位（0.53~5.34）×10^{-2}，平均品位 1.87×10^{-2}。深部铅品位（0.41~4.61）×10^{-2}，平均品位 1.75×10^{-2}；锌品位（0.52~5.22）×10^{-2}，平均品位 1.13×10^{-2}。L5 矿体长约 620 m，厚 1.81~17.39 m，平均厚度 9.80 m，斜深大于 370 m。矿体地表铅品位（0.44~3.71）×10^{-2}，平均品位 1.32×10^{-2}；锌品位（0.56~3.53）×10^{-2}，平均品位 1.7×10^{-2}；深部铅品位（0.42~10.02）×10^{-2}，平均品位 1.51×10^{-2}；锌品位（0.61~10.75）×10^{-2}，平均品位 1.9×10^{-2}。

矿石类型：以绿帘石、透辉石矽卡岩型铅锌矿为主，次为绿帘石、透辉石、石榴子石型铅锌（铜矿石）。矿石结构：中细粒自形-半自形结构、斑状结构、交代结构、胶状结构和交代残余结构。矿石构造：浸染状、块状、条带状、角砾状和网脉状等。矿石矿物：方铅矿、闪锌矿、黄铜矿、黄铁矿、毒砂、磁黄铁矿、黝铜矿、白铁矿、磁铁矿、褐铁矿和孔雀石。脉石矿物：石英、斜长石、绿帘石、绿泥石、透辉石、白云母、方解石、黑云母、透闪石、角闪石和石榴子石等。围岩蚀变以矽卡岩化为主。

地球化学特征：主要成矿元素 Pb、Zn、Cu 在狼牙山组内富集。其中 Pb 品位最大值大于 1000×10^{-6}，Zn 品位最大值 1403.7×10^{-6}，Cu 品位最大值 179.23×10^{-6}，Ag 品位最大值 2000×10^{-6}，Sn 品位最大值大于 30×10^{-6}，主要对应岩性为透辉石、绿帘石矽卡岩，其次是该组地层中的片岩和千枚岩。

（2）托库孜达坂晚古生代海相火山热水沉积型铜锌金成矿区带

喀拉米兰弧沟系中托库孜达坂群为海相火山岩，系与海相火山作用有关的成矿带，具有与良好的海相火山成矿作用有关的铜-多金属矿床的找矿前景，除卡特里西中型规模铜锌矿外，在且末县南部昆仑山区，东西长约 300 km 的下石炭统托库孜达坂群火山岩内，分布着多处与海相火山活动有关多金属矿（化）点，自西向东有：

①几克里阔勒铜矿点，矿化细碧岩层夹于粉砂岩和灰岩之中，岩层中黄铁矿呈星散状、浸染状分布，铜、钴、镍、锌含量较高，为海相火山活动形成的细碧岩型铜-多金属矿类型。

②色娥子永滚铜金矿点，以黄铁矿为主的金属硫化物，主要赋存于细碧岩

中，为与海相火山作用有关的矿点。

③达拉库岸铁铜金-多金属矿点，位于卡特里西铜锌矿矿北西 10 km 处，矿体呈层状，产于灰绿色玄武质凝灰岩中，矿石主要成分为磁铁矿和含金铜黄铁矿，具典型的海相火山岩型铁铜金组合。

④秦布拉克南铜金矿点，灰绿色凝灰岩中分布有层状黄铁矿型含铜金矿化体。具明显的火山沉积特征。

⑤嘎其哥洛德南铜矿点，在灰绿色凝灰岩中存在多处铜矿化。

⑥克孜勒萨依南铜矿化点，在凝灰岩、石英斑岩及碳酸岩中存在铜矿化。

卡特里西海相火山热水沉积铜锌矿：

矿区地质：

1) 地层：为下石炭统托库孜达坂群，系碎屑岩、碳酸盐岩、火山碎屑岩组成的一套滨-浅海相连续沉积岩建造。地层产状 (156°~158°)∠(65°~78°)，按地层顺序由老至新分下、中、上三套岩石组合。

①下部为一套滨-浅海相火山碎屑岩、细碎屑岩及碳酸岩建造，岩性为灰绿色块状晶屑凝灰岩、灰黑色薄层含碳粉砂岩、灰白色厚层粒屑泥晶灰岩。

②中部为一套浅海相火山碎屑岩及碳酸岩建造，岩性以灰岩和凝灰岩为主，火山活动自下而上呈现出中酸性、中性、基性演化系列，岩性表现为流纹岩、安山质凝灰岩、基性凝灰岩。

③上部灰岩中所夹的基性凝灰岩为含矿层。青灰-灰黑色硅化凝灰岩，产状 155°∠(44°~79°)，由一套以凝灰质成分为主的硅化较强烈的岩石组成，其中有流纹岩夹层，细分岩石有灰黑色硅质含砾凝灰岩、灰黑色中层硅化凝灰岩、青灰色中层凝灰质砂岩、灰白色中厚层流纹岩、青灰色中层硅化凝灰岩。

青灰色中层硅化凝灰岩再两分：下部 4 层分别为灰黑色含生物碎屑薄层粒屑灰岩、浅灰绿色中薄层硅化灰岩、灰绿色厚层状绿帘岩、绿泥石化安山质晶屑凝灰岩。上部 5 层，分别为灰白色薄层细晶-中晶灰岩（铜锌矿体产于其上覆含碳粉砂岩及其所夹的基性凝灰岩中）、灰绿色糜棱岩化、透闪石化含铜锌金属硫化物基性凝灰岩（矿区绝大多数矿体赋存于该层）、灰黑色、灰绿色晶屑凝灰岩（XII 号矿体产于该层）、灰黑色薄层状糜棱岩化绢云母化含炭粉砂岩（IX 号矿体产于该层）、青灰色薄层状细晶灰岩（X 号矿体生于该层）。

2) 构造：矿区位于托库孜达坂复向斜北翼。总构造为北北东方向。产状 (125°~170°)∠(60°~87°)，个别地段由于构造及重力弯滑作用而使地层北倾。矿区单斜上的岩层波状弯曲形成背形与向形构造，另外在 F1 和 F5 断裂构造两侧，断裂的挤压作用造成岩层剧烈变形而形成拖曳褶皱。

断裂发育，较大者五条，呈北东东—南西西向，皆属成矿后断裂，对矿层有破坏作用但影响不大。

3）岩浆岩：矿区与周边无岩浆岩出露，仅见稀疏脉岩少量分布。

4）变质作用：区域变质属绿片岩相，动力变质在断裂的两侧使岩石具碎斑结构、糜棱结构、残斑结构，石英的波状消光、泥质物蚀变为鳞片绢云母碳质层，呈层纹状并形成皱纹状构造。

5）主要蚀变类型：①硅化，在矿区北侧岩石和矿体中发育，表现为矿区部分灰岩、凝灰岩中的硅质成分增高、硬度、致密度加大，矿体内部主要表现为沿裂隙出现石英细脉。②黄铁矿化，呈细脉浸染状分布于岩石片理面及裂隙中，在区内硅化强烈地段多见黄铁矿立方体，另在部分断裂破碎带所充填的石英脉中多有浸染状黄铁矿分布。③碳酸岩化，主要发育在灰岩层中，方解石呈细脉状穿插，常与石英伴生，矿体内有石英碳酸盐细脉和含铁白云岩分布。④绢云母化，绢云母常呈鳞片状集合体出现于矿体内和围岩中，含碳粉砂岩绢云母化较发育。

矿区地球化学特征：

从少量勘查地球化学剖面显示，Cu、Zn、Ag、Au、Co、Ni、Bi、As、Sb、Cr 等 10 种元素在矿区的地层中均有显示，一般碎屑岩、碳酸盐岩等正常沉积岩中含量较低、变化幅度相对较小。火山岩地层中各类元素含量相对较高，且变化幅度较大。矿层中各类元素含量增高，且变化幅度十分大。元素相关性表现为，铬镍与主成矿元素负相关，砷锑与主成矿元素正相关。

用矿区所采集的有代表性的 41 件基岩化探样品中 11 种元素作相似 R 型点群分析：

第一组：Cu、Co、Au、Zn、Ag、Bi、Pb 为第一类，相关性较好，以主要成矿元素和伴生有益元素为主，代表成矿期海相火山沉积形成的矿化元素组合，其中主成矿元素铜与钴相关性较好，锌与铜和钴有一定关系，银、铋、铅三种元素之间的关系较为密切。

第二组：砷、锑两元素间相关性较好，但与矿化元素组合的关联性较小，代表与后期构造热液活动有关的元素组合。

第三组：镍、钴与矿化元素组合呈负相关，代表独立的元素组合，与成矿作用无关。

从以上分析可以看出，主要成矿元素与伴生元素的相关性较好，它们具有同源性，即来自成矿期的海相火山活动。

矿区地球物理特征：用激发极化法小四极岩矿石物性统计，碳质粉砂岩的极化率为 5.19% ~ 14.57%，平均 9.51%（地表露头）。矿体极化率为 3.48% ~ 6.35%，平均 5.26%（平硐内）。灰岩极化率 1.34% ~ 2.38%，平均 2.01%。（地表露头）。由矿区矿石与围岩物性参数看：灰岩为高阻低极化体，矿体有较高极化率和较低的电阻。碳质粉砂岩则为高极化率和低电阻。数据证明，灰岩与矿体的电性差异较大，碳质粉砂岩的极化率高于矿体近 1 倍，两者难于区分。

矿床地质特征：卡特里西铜锌矿受地层岩性控制，主要产于灰绿色糜棱岩化透闪石化基性凝灰岩中，一般呈层状、似层状、透镜状夹于灰岩及含碳粉砂岩中。矿区共有 14 个矿体，分布在东西长 2.5 km 的范围内，相对集中于东、西两个地段，其中东部 F1 断裂北侧分布 9 个矿体（Ⅲ~Ⅺ号），西部 F1 断裂北侧分布有 5 个矿体（Ⅰ、Ⅱ、Ⅻ~ⅩⅣ号），其中东部Ⅵ、Ⅷ号矿体为主矿体。矿体长度一般在 25~756.8 m，厚度在 0.38~23.79 m，多数近直立（陡）南倾，产状（145°~165°）∠（65°~87°），铜品位一般在（0.3~4.5）×10^{-2}，最高可达 9.81×10^{-2}，锌品位一般在（5~5.2）×10^{-2}，最高可达 21.54×10^{-2}。

主要矿体：

①Ⅷ号铜锌矿体：位于矿区中、东部，呈层状、似层状，局部有膨大现象。该矿体是矿区已知规模最大的一个矿体，产于灰岩与含碳粉砂岩之转换部位。含矿岩石为灰绿色糜棱岩化透闪石化基性凝灰岩，矿体呈北东东向展布，整体陡而南倾（地表局部北倾），产状（150°~160°）∠（69°~89°），矿体长 756.8 m，厚 0.60~13.47 m，平均厚度 3.47 m，现控制垂深 386 m，铜品位（0.22~8.02）×10^{-2}，平均铜品位 2.50×10^{-2}，锌品位（0.52~14.36）×10^{-2}，平均锌品位 2.52×10^{-2}，铜锌矿重合率 80%以上，铜锌品位总体稳定，一般矿体靠近围岩两侧锌含量高于铜，从地表到深部铜锌品位具增高趋势。矿体内有少量呈透镜状灰岩夹层。

②Ⅵ号铜锌矿体：似层状呈北东东向展布。含矿岩石为灰绿色糜棱岩化透闪石化基性凝灰岩，围岩为灰岩。矿体长 653.6 m，厚 0.45~13.16 m，平均厚度 4.07 m，矿体东段厚、西段薄，矿体整体向南陡倾，产状 148°∠85°。

③Ⅰ号铜锌矿体：位于矿区西部，矿体呈似层状产于灰岩内的灰绿色含硫化物的基性凝灰岩夹层中，铜锌矿体长 329 m，厚 0.52~2.50 m，平均厚度 1.73 m，东段膨大，中西段较窄，矿体产状与围岩一致，（150°~163°）∠（55°~89°），铜品位（0.22~7.72）×10^{-2}，平均铜品位 2.07×10^{-2}，锌品位（0.56~8.30）×10^{-2}，平均锌品位 2.48×10^{-2}。

④Ⅻ号铜锌矿体：位于矿区西部，呈似层状、条带状产于安山质晶屑凝灰岩中，北东东向展布，产状与围岩一致，（155°~171°）∠（68°~89°）。矿体为窄条状，长 341 m，厚 0.38~2.21 m，铜品位（0.24~3.58）×10^{-2}，平均铜品位 1.64×10^{-2}；锌品位（0.47~3.87）×10^{-2}，平均锌品位 2.43×10^{-2}。

卡特里西铜锌矿床除Ⅰ、Ⅵ、Ⅷ、Ⅻ矿体控制长度达中等规模矿体外，其他均为小矿体。其中Ⅵ、Ⅷ号矿体厚度较大，铜锌品位较高，控制垂深已达 400 m，系卡特里西铜锌矿的主矿体，而Ⅰ、Ⅻ号矿体厚度较小，品位相对较低。矿体连续性一般较好，厚度变化系数在 0.49~1.05，品位变化系数在 0.32~1.99，属较稳定的矿体，后期断裂构造对矿体影响不大。

矿石自然类型：①稀疏浸染状矿石：是该矿床的主要矿石类型，金属矿物呈星点状、稀疏浸染状分布于矿石中，脉石矿物占矿石总量 80% 左右，主要有透闪石（20%~40%，最高可达 66%，系凝灰岩中的基性矿物成分蚀变而来）、绿泥石（10%~33%，由凝灰质成分蚀变而来）、滑石（3%~10%，最高可达 85%）、石英（5%~15%，最高可达 42%），还有少量白云石和绢云母。金属矿物占矿石总量 20% 左右，主要有黄铁矿（3%~10%）、闪锌矿（2%~8%）、黄铜矿（3%~6%），为细脉状单体或集合体，产于透闪石及其他脉石矿物晶间，另外有方铅矿和磁黄铁矿，它们系成岩期的产物，也有明显的后期改造作用，Ⅰ、Ⅱ、Ⅻ号矿体中该类型矿石较多。②细脉浸染状矿石：是本矿床最主要的矿石类型，金属矿物呈细脉状、浸染状分布于矿石中，脉石矿物约占矿石总量 50%~70%，主要有透闪石（10%~32%，最高可达 46%），绿泥石（6%~23%），滑石（3%~10%，最高可达 85%），石英（5%~15%，最高可达 42%），还有少量白云石、透辉石、角闪石。金属矿物占矿石总量 30%~50%，主要有黄铁矿（10%~30%）、闪锌矿（6%~20%）、黄铜矿（5%~15%），具沿原生沉积构造排列并形成细脉之特点。该类型在各矿体中均较常见。③稠密浸染状矿石：它是该矿床的主要矿石类型，金属矿物稠密浸染分布。脉石矿物占矿石总量 20%~50%。主要有透闪石（5%~28%）、绿泥石（6%~15%）、滑石（3%~10%）、石英（5%~10%）及少量白云石、透辉石。金属矿物约占矿石总量 50%~80%，主要是黄铁矿（20%~40%）、闪锌矿（12%~50%）、黄铜矿（10%~45%）。可见各类金属矿物随含量变化而形成韵律层。主要出现在Ⅵ、Ⅷ号矿体中段及Ⅴ、Ⅹ号矿体部分地段。

矿石工业类型：根据不同深度矿石的物相分析，该矿床有氧化矿和硫化矿两种，矿床氧化带极浅，2 m 以下进入混合带，5 m 以下进入原生硫化物带，因此该矿床矿石工业类型应为硫化铜锌矿石。

伴生元素：①有益组分，银含量 $(4.5~39.9) \times 10^{-6}$，平均含量 20.83×10^{-6}，最高含量 59.1×10^{-6}，含量变化系数 66%，呈均匀分布，常与铜锌密切伴生。铅（方铅矿）在各矿体中广为分布，部分超过工业品位，其含量一般在 $(0.2~1.1) \times 10^{-2}$，平均含量 0.63×10^{-2}（超过铅硫化矿石边界品位），最高含量 3.26×10^{-2}，含量变化系数为 124%，呈较均匀的分布，常与铜锌硫化物伴生。硫广泛分布于各矿体中，部分超过工业品位，其含量一般在 $(3.0~10.04) \times 10^{-2}$，平均含量 5.35×10^{-2}，最高含量 14.54×10^{-2}，含量变化系数 66%，均匀分布，含硫矿物为各种金属硫化物，广泛分布于各矿体中。②有害组分：砷含量很低（最高含量 0.008×10^{-2}），对矿石选、冶性能无影响。氟作为矿石中有害组分，分布较普遍，其含量一般在 $(0.03~0.15) \times 10^{-2}$，平均含量 0.11×10^{-2}，最高含量 0.32×10^{-2}，含量变化系数 19%，均匀分布，氟对矿石的冶炼加工影响较大。氧化镁，作为矿石中有害元素含量超高，其含量一般在 $(8.73~13.79) \times 10^{-2}$，平均含量 11.39×10^{-2}，最高含量 16.41×10^{-2}，含量变化系数 26%，氧化镁对矿石的冶炼加工有一定影响。

微量元素：化学全分析得知：Sb、Ga、Cr、Bi、In、Se、Te、Re、Ge、Ti、Mo、W 等微量元素的含量均达不到可伴生利用的一般工业要求。镉含量一般在 $(0.01 \sim 0.076) \times 10^{-2}$，最高可达 0.11×10^{-2}，能予以工业利用。

矿床成因：含矿基性火山岩虽经后期动力变质作用强烈改造，但仍有很多明显的火山沉积特征。

①矿体与灰岩接触关系为渐变式整合接触，表现为多数与矿体接触的灰岩中含较高的锌（矿体顶底盘多为富锌层），部分与灰岩接触的矿体底层，有少量角砾沿矿石沉积微层分布。

②矿石中金属硫化物矿层的微细韵律构造，闪锌矿与黄铜矿、黄铁矿微细韵律层，反映火山活动的规律性变化。

③在矿区中部IV~XI号矿体分布地段，矿体与灰岩呈交替层状出现，呈现出规模较大的韵律层，这种变化与火山活动周期性强弱更替所造成的成矿物质间歇性供给变化有关。

④矿体中常出现灰岩夹层（反映其形成于深度 200 m 左右封闭性浅海环境），一般多为长透镜状。

⑤矿体与灰岩在横向上，常出现相变关系。

⑥灰岩包卷矿层，透镜状分布，矿体外围被灰岩呈弯曲层状包卷。

⑦含碳粉砂岩中矿体里面常有含碳粉砂岩细层，反映沉积环境的微小变化。

⑧细脉浸染状矿石中金属硫化物细脉沿脉石矿物层理展布，为典型沉积特征。

⑨在矿区北侧流纹岩中，沿流面有泥晶白云石出现，这是海相火山活动的特征。

以上述各项特征充分表明该矿床属于海相火山热水沉积型块状硫化物铜锌矿床。

屈库勒克金矿：

位于阿尔金断裂之南喀拉米兰金锑铜锌石棉成矿带。矿床产于上石炭统喀拉米兰河群上亚群，正常沉积碎屑岩和碳酸盐岩的岩石组合中。

矿床有三个矿带，南北相距 3~4 km，均近东西向分布，矿脉受屈库勒克断裂两侧次级近平行断裂控制，共同的围岩蚀变有硅化、黄铁钾矾化、褐铁矿化、黄铁矿化和辉锑矿化。

Ⅰ号矿带共 11 条矿体，其中Ⅰ-1 金锑为主矿体，另圈出Ⅰ-1、Ⅰ-2、Ⅰ-3 等 9 个隐伏矿体，Ⅰ-2 为矿带下盘的小矿体。Ⅰ号矿带控制长度 1200 m，单工程厚度 0.47~12.04 m，平均厚度 3.35 m，金锑同体共生呈正相关关系。矿带总体形态为似层状、脉状，近东西向展布，矿体的见矿标高 4422~4806 m，垂高 384 m，最大控制斜深 305 m，金品位 $(0.08 \sim 148.76) \times 10^{-6}$，平均品位 $7.68 \times$

10^{-6}，锑品位$(0.08 \sim 49.46) \times 10^{-2}$，平均品位$3.05 \times 10^{-2}$。

Ⅱ号矿带以金为主，伴生锑-多金属，见矿标高$4170 \sim 4285$ m，圈出金矿化体三个，解体出金矿体两个，其中Ⅱ-1金矿体长度93 m，厚077 m，金品位2.37×10^{-6}，Ⅲ-2矿体长度243 m，厚度$0.77 \sim 0.85$ m，平均厚度0.81 m，金品位$(1.05 \sim 1.47) \times 10^{-6}$，平均品位$1.26 \times 10^{-6}$。

Ⅲ号矿带以金为主，伴生锑、铅、铜矿化，目前圈出六个金矿体，主矿体为Ⅲ-2、Ⅲ-3。Ⅲ-2矿体位于矿带中段，长590 m，厚$1.3 \sim 15.03$ m，平均厚度3.8 m，金品位$(0.08 \sim 15.05) \times 10^{-6}$，平均品位$3.51 \times 10^{-6}$，见矿标高$4046 \sim 4437$ m。Ⅲ-3矿体位于矿带东段，长度360 m，厚度$0.60 \sim 7.99$ m，金品位$(0.12 \sim 7.86) \times 10^{-6}$，见矿标高$4010 \sim 4088$ m。

矿床的形成与断裂构造及岩浆活动热液有关，属中低温热液型金矿，具有大型金矿发展前景。

(3)奥依亚依拉克—库拉木勒克海西中晚期斑岩型铜钼成矿区带

该带西起喀拉萨依经阿帕—奥依亚依拉克—脑齐—喀帕—阿羌，东到库拉木勒克全长200 km、宽50 km，面积为上万平方千米。核心地带在安迪尔、喀拉米兰两河上游之间。

其大地构造位置处于东西昆仑与阿尔金三构造单元之交会地段，北东东向阿尔金南断裂与北东—南西向拉竹笼断裂—苦牙克断裂之"X"形交接部位。

这里地层为南部泥盆系和北部石炭系，均属于火山喷发-沉积建造，两者以断裂接触。

矿带构造以断裂为主，平面由三个断裂系统(北东东向、北东—南西向、北西—南东向)交会而构成菱格状断裂格架。

岩浆岩发育，由南而北：

1)加里东期基性-超基性岩带，沿泥盆系与石炭系界限断裂分布。

2)中酸性岩带，主要侵入石炭系内，详细划分：

①海西中期闪长岩、花岗闪长岩、钾长花岗岩。

②海西晚期辉长岩、闪长岩、花岗闪长岩、石英闪长岩、花岗岩、钾长花岗岩。

矿产：已知有阿克塔什矽卡岩型铜矿、依散干铅矿，斑岩铜矿区带内还发现有转石和河系中广为分布的砂金矿。

(4)白干湖加里东期-海西期矽卡岩-热液型钨、锡、铜、金成矿区带

该区带大地构造属柴达木微陆块南缘祁曼塔格加里东褶皱带。

带内地层主要是长城系金水口群、青白口系冰沟组、奥陶系祁曼塔格群和志留系白干湖组：

长城系金水口群小庙组和青白口系冰沟组，主要分布在白干湖断裂北缘和碧

云山断裂南缘，为一套陆缘碎屑岩-碳酸盐岩建造，局部伴有火山活动，主要岩性有二云母石英片岩、绿泥绢云石英片岩、黑云母石英片岩夹大理岩、绿泥阳起石英片岩。变质程度达到低绿片岩相-绿片岩相，其中刚性岩石(石英岩、大理岩等)因变形作用被拉断呈肠状、透镜状，软层(泥质岩)则发生柔流褶皱。

奥陶系祁曼塔格群分布于成矿带中部古尔嘎一带，受阿尔金断裂的次级断裂控制，主要岩性为浅灰色绿泥绢云长石变砂岩、凝灰质绢云长石变砂岩、浅灰绿色绿泥长石片岩夹变安山岩、白云质灰岩及硅质岩，是一套属于热水喷流沉积产物。

志留系白干湖组，分布在白干湖断裂南缘，受白干湖断裂控制，呈北东向条带状分布，西南部被碧云山断裂带所截，主要岩性为砂岩、泥岩等，产笔石化石，为一套笔石页岩建造。

另外在成矿带的南西黑山—吐拉一带，有石炭系喀拉米兰河群。

带内构造：北东向阿尔金断裂和北西向碧云山断裂贯穿全区，构成区内基本构造格架。白干湖断裂是阿尔金断裂南侧次级平行断裂，走向60°，延伸150 km，具左行走滑性质，南西端被昆中断裂所截，白干湖断裂为多期活动的复合性断裂，断裂带宽2~5 km，由糜棱岩、千糜岩、构造片岩、断层角砾岩和断层泥组成。具有韧性剪切和脆性构造活动特征。剪切面产状(130°~160°)∠(55°~70°)。在晚期发育的脆性变形中，有宽2~100 m的断层角砾岩、断层泥和断层碎裂岩混成带，断层面产状(320°~350°)∠(50°~70°)，根据擦痕、拖曳褶皱判别为左行走滑并兼有逆冲性质。

带内岩浆岩：具体体现为白干湖侵入岩带，侵入长城系金水口群小庙组和青白口系冰沟组中，以其结构、构造、成分、侵位关系划分，按地理分布分别命名为六个岩群，即古拉木萨依粗粒二长花岗岩、托格热萨依片麻状黑云二长花岗岩、白干湖中细粒似斑状二长花岗岩、柯可卡尔德粗粒似斑状二长花岗岩、吊草滩中粒钾长花岗岩、水草泉粗粒钾长花岗岩。

带内矿产：依据成矿带地质条件、化探异常及异常查证成果和矿床(点)的分布，将白干湖成矿带细分五个成矿亚带。

1)吐拉金、铜多金属成矿亚带：由三个成矿集中区构成。

①沿碧云山断裂分布金异常，预示着构造活化与岩浆热液有关的金矿存在。②木孜都克一带，花岗闪长岩岩墙和岩株与金水口群大理岩侵入接触，在内外接触带普遍矽卡岩化，含黄铁矿、黄铜矿、黝铜矿等金属硫化物，以细脉状产出于岩体和矽卡岩中，形成长达10 km的矿化带，并有金、钨伴生，有复合型(斑岩型-矽卡岩型-岩浆热液型)铜金矿成矿前景。③野狼沟地区分布着次火山岩(以次英安岩、次流纹岩为主)，地表普遍发育黏土化、青磐岩化、硅化等蚀变，含矿岩石为强硅化次英安岩，铜品位高达4×10^{-2}，并伴有锌、金矿化。

2）古尔嘎铜、钨、金成矿亚带：已发现喀拉曲哈铜矿、钨矿和金矿，铜矿体6 条，受北东向构造裂隙控制，以孔雀石为主，铜品位 0.6×10^{-2}，钨矿体两条，品位一般约 0.14×10^{-2}，金矿化地段普遍具有硅化、强褐铁矿化，局部有黄铁矿化和碳酸盐化。另有化探发现赋存于火山碎屑岩中的克孜勒金矿等。

3）黑山金-多金属成矿亚带：大面积连续的金异常带和众多的金矿与印支期花岗岩关系密切，如日吉普地区的一流纹斑岩体普遍存在浸染状黄铁矿化、黄铜矿化和方铅矿化，原生晕测量结果表明达到全岩矿化程度，金品位 0.5×10^{-6}，岩体中心金品位可达到边界品位（1×10^{-2}），在北部石炭系钙质砂岩中的多金属矿点圈出矿体 2 条，金品位（1.44～15.94）×10^{-6}，银品位（40～300.2）×10^{-6}，铅品位（0.90～11.20）×10^{-2}，锌品位（0.34～6.93）×10^{-2}。

4）白干湖—嘎勒赛钨锡成矿区带：沿东西向加里东期英云闪长岩并受白干湖断裂控制的白干湖—嘎勒赛钨锡带，已发现钨锡矿 10 余处，总体构成白干湖钨锡矿田和阿瓦尔钨锡矿床。

5）鸭子泉金、铜、铁、多金属、稀有-稀土成矿亚带：鸭子泉东西向断裂制约着基性-超基性杂岩体和隐爆角砾岩筒分布，产镍、铜，局部见有星点状不均匀分布的孔雀石（深部钻探验证见黄铁矿、黄铜矿、局部可形成矿体）。干沟子地区已发现铁钼矿脉 19 条，均受矽卡岩控制。铌元素异常长 2.5 km，宽 1 km，品位 80×10^{-6} 左右，已达到矿化程度，局部达到边界品位。

白干湖钨锡矿：

地层：主要有古元古界金水口群、志留系白干湖群，金水口群是钨锡的赋矿层位。白干湖断裂为重要的导矿构造。岩浆岩主要为加里东期二长花岗岩、钾长花岗岩。地球化学特征：发现 Hs-24（1∶100000 水系沉积物调查）异常系 W、Sn 为主的综合异常，岩屑测量 W 异常值为 135×10^{-6}、Sn 异常值为 6×10^{-6}，为异常下限值，圈出综合异常 11 处，异常走向北东，矿床分三个矿段 29 条矿体。

Ⅰ矿段有矿体 12 条，产于古元古界金水口群绢云石英片岩中，矿体长 200～3800 m、厚度 1.43～8.33 m、平均品位 WO$_3$（0.08～0.57）×10^{-2}、Sn（0.12～0.20）×10^{-2}。Ⅱ矿段有 6 条矿体，矿体产于加里东期花岗岩与金水口群接触带上，矿体长 200～660 m、平均厚度 3.15～42.02 m，平均品位 WO$_3$（0.12～0.45）×10^{-2}、Sn（0.09～0.14）×10^{-2}。Ⅲ矿段有 11 条矿体，产于古元古界金水口群绢云石英片岩中，矿体控制长度 240～1000、厚度 1.39～21.74 m，平均品位 WO$_3$（0.09～1.19）×10^{-2}、Sn（0.03～1.38）×10^{-2}。

矿石有石英脉黑钨矿和矽卡岩型白钨矿两种类型。矿石矿物有黑钨矿、白钨矿、锡石、钨华、黄铜矿、黝铜矿、蓝铜矿、孔雀石。脉石矿物主要是石英，其次为黑云母、白云母、绢云母、透闪石等。围岩蚀变为透闪石化、透辉石化、符山石化、硅化、碳酸盐化、电气石化、云英岩化和白云母化等。矿田以钨锡为主，还伴生金银镓等有益元素。

矿床成因类型为与加里东晚期岩浆热液有关的矽卡岩型-石英脉型钨锡矿床。

(5)迪木那里克中元古代沉积变质铁矿成矿区带

该区带位于阿尔金断裂南西段的南缘，主要地层出露为中元古代浅变质复理石建造，迪木那里克矿区岩石主要是千枚岩，铁矿呈层分布。矿体顶层地表为黄褐色黄铁矿-黄铁钾矾等松散风化物质。

迪木那里克铁矿：

对矿区地质成矿时代有三种认识：①早古生代岩片(1:25万区域调查)，属阿尔金南蛇绿构造杂岩带的组成部分。②奥陶系祁曼塔格群(矿产普查评价项目)。③有学者将其对比为青白口系索尔库里群，也有将其成矿时代归为中元古代。岩性组合主要为一套浅变质碎屑岩、泥岩及少量火山岩。铁矿主要产于千枚岩、粉砂岩、泥质千枚岩中，近年来深部钻探了解该套地层下部发育大量基性熔结角砾。矿区构造为一北西向单斜层，产状(20°~55°)∠(30°~52°)，岩浆岩不发育，仅见钠黝帘石化、阳起石化闪长岩、辉长岩、煌斑岩等中基性岩株和岩枝。

矿床地质：矿区分三个含矿层，共计 62 个矿体，矿体产状与围岩一致，走向 125°~155°，倾向北东、倾角 30°~60°，矿石品位 TFe 为 $(20~40)×10^{-2}$，平均品位为 $29×10^{-2}$，个别样品能达 $40×10^{-2}$，矿体顶、底板围岩皆为千枚岩或千枚岩风化物及破碎带，局部发育有火山岩。

矿石特征：矿石矿物以磁铁矿为主，常伴生少量黄铁矿、钛铁矿。

矿石结构：主要为细-微晶结构等。

矿石构造：主要是条带状构造、似层状构造以及块状构造。

矿石(自然)类型：磁铁矿型和石英-磁铁矿型，矿体边部和中间常过渡为含铁砂岩和含铁石英岩。

矿体围岩主要是千枚岩、粉砂岩、泥质千枚岩、基性火山岩。围岩蚀变主要有绿泥石化、黄铁矿化、碳酸盐化等，矿体中常有石英脉、黄铁矿化石英脉、方解石脉穿插。

矿床成因：属火山沉积变质铁矿床。并有明显的后期蚀变及热液富集。

找矿标志：①由于铁矿产于陆缘裂陷海盆构造环境并经历长期的区域变质作用，故利于沉积变质铁矿的形成。②浅海-半深海弱还原环境产生的细碎屑岩-火山岩建造，有利于铁矿层的沉积。③完整地高磁异常指示磁性体的存在及其范围和规模。④铁帽、铁矿露头、铁矿转石提供直接的铁矿找矿标志。

(6)吐拉中生代(J-K)断陷盆地陆相砂砾岩型铜成矿区带

该区带系上叠于石炭系之上的中新生代断陷盆地(南侧与上志留统断层接触)，东西长 80 km，南北宽 20 km，面积约 1600 km²。

地层主体为白垩系，其次是侏罗系、古近系和新近系。中生界在盆地外缘，新生界位居盆地中心。白垩系为含矿地层，系一套河湖相红色碎屑岩建造，由紫红色砂砾岩、砾岩、砂岩、粉砂岩、泥质岩类和灰绿色含铜砂岩与石膏组成，厚度1674 m。已发现砂岩铜矿两处，即嘎其哥洛得铜矿和克孜勒萨依铜矿。铜矿呈似层状、透镜状，具多层性，与围岩界限清晰，含矿层位稳定、品位高。矿带长800 m、宽33～50 m。单个矿体一般长5～80 m，一般厚0.5～1.5 m，最长323 m，较厚者2～4 m，一般铜品位$(0.5～5.26)×10^{-2}$，特富品位$(7.66～17.33)×10^{-2}$，伴生银。矿体倾向15°～35°，倾角40°～70°。矿石具星散状、薄膜状、虎皮斑状、条带状、块状等构造。矿石矿物仅见赤铜矿与少量的自然铜，围岩蚀变微弱。就沉积环境而言，盆地虽小但封闭条件良好。

（7）黄羊岭三叠纪边缘海燕山期锑汞金铜成矿区带

该区带构造属于陆缘活动带，长约750 km，宽25～60 km，区内矿化以锑汞为主，次为金铜，已圈出卧龙岗—黄羊岭—长山沟锑汞矿带，长60 km、宽2～4 km。已发现黄羊岭锑矿床、卧龙岗锑矿床、长山沟汞矿床及数处锑汞矿点，区域上有6处锑矿化集中区，含锑石英脉近50余条，是新疆锑矿远景带之一。它东去相应对接青海、甘肃、陕西锑汞矿带，南部为印支-喜山期斑岩型铜矿成矿远景带。

区内锑汞矿成矿的主要特点：①主要分布于三叠纪碎屑岩建造内砂岩、页岩及凝灰岩中，呈脉状产出。但在区域上受层位控制。②近矿围岩蚀变有硅化、黄铁矿化、碳酸盐化，尤以硅化较强烈。③矿体为脉状，有石英辉锑矿脉、辉锑矿脉、石英辰砂脉且脉体密集，主要受断裂特别是层间断裂控制。④矿体数量多，并具有一定规模，长几十米到百余米，宽几厘米至几十厘米。⑤锑矿物为辉锑矿，伴生有黑钨矿和雄黄等，汞矿物为辰砂，伴生雄黄。⑥矿石品位较富，黄羊岭锑矿二号矿体，锑品位$(3.52～165.36)×10^{-2}$，平均锑品位$9.76×10^{-2}$；长山沟汞矿二号矿体汞品位$(0.08～6.78)×10^{-2}$，平均汞品位$2.05×10^{-2}$。⑦矿床成因为热液类型，容矿岩石为碎屑岩，围岩为强硅化砂岩和碳质页岩，控矿构造为破碎蚀变带与层间断裂带。

（8）阿其克库勒沉积盆地陆相砂岩型铜成矿区带

该区带属库木库里新生代山间断陷盆地，东西长350 km、南北宽20～75 km。北侧以昆北断裂和祁曼塔格相邻，南侧以昆中断裂与阿尔喀尔山相隔，本带沉积物皆来自两侧风化冲积物质，构成砂砾岩型铜矿的成矿地质环境及铜矿的物质来源。

地层：主体地层为新近系中新统石马沟组和上新统下部石壁梁组：

新近系中新统石马沟组，可分为上下两段，下段自下而上依次为中-厚层状砾岩、含砾粗砂岩、砂岩，薄层状砂岩、泥质粉砂岩。具序理层理，砂砾岩碎屑物质中等分选，磨圆度较差，属湖泊冲积扇相沉积。上段自下而上为中厚层含砾粗砂岩、钙质砂岩、粉砂岩，薄层泥质粉砂岩。总体岩性以砂岩为主，发育着明显的平行层理、正粒序层理和泥沙互层层理，局部还可见波状层理和斜层理，它与下段相比砂岩碎屑物粒度变小、分选性和磨圆度均较好，具湖泊三角洲相沉积特征。

新近系上新统下部石壁梁组，亦可分为上下两段，下段自下而上为中厚层钙质粉砂岩、薄层状钙质粉砂岩和与泥质粉砂岩互层，局部地段发育薄层状、透镜状含砾粗砂岩、粗砂岩及石膏薄层，总体岩性以细砂岩粉砂岩为主，发育水平层理、平行层理，偶见斜层理，具浅湖相沉积特征。上段自下而上为中-薄层状钙质粉砂岩、薄层状泥岩夹石膏层。岩石发育水平层理和平行层理，属泻湖相沉积。

矿产：该带砂砾岩型铜矿可理出三个含矿层位，由老至新为：①石马沟组下段顶部，岩性组合为褐红色砾岩、砂岩、灰色含铜砾岩、含铜粗砂岩和钙质砂岩及钙质泥岩。含铜砂砾岩集中在该组上下段的过渡部位，石马沟组下段顶部泥质砂岩中所夹的条带状、薄层状含砾(粗)砂岩中，为该带主要含矿层，以牦牛沟铜矿为代表。②石马沟组上段顶部，岩性组合为褐红色钙质粉砂岩、粉砂岩、泥岩互层夹薄层状浅绿色含铜砾岩，为本带的主要含矿层位，以色斯克亚河矿段为代表。③石壁梁组下段顶部，在褐红色-砖红色钙质粉砂岩、粉砂岩、泥岩互层中夹有浅绿色含铜砂砾岩，为该带次要含矿层位，以红石梁铜矿为代表。本带所有含矿层，均发育在细粒碎屑岩所夹的条带状、薄层状粗碎屑岩中，总览本区带的成矿特点，说明区域成矿属于一个动荡而且不稳定的沉积环境。

克其克勒克砂岩铜矿：

为新疆时代最年轻的砂岩铜矿，即产于新近纪上新世的沉积铜矿。

1)地层

上部：红梁组红色膏盐建造。

中部：石壁梁组细分为两大沉积建造，上部属红色膏盐建造(土黄色细砾岩与泥岩互层，顶底板出现石膏层)。

下部：石马沟组砾岩、砂岩、泥岩，红色砂岩建造，分为四层：①灰-土黄色细砂岩、细砂岩与泥岩互层；②灰-土黄色泥岩砂岩互层；③砖红色泥岩夹绿色、灰白色钙质中粒砂岩，系主矿层；④红色砂岩、泥岩夹砂砾岩。

2)构造：矿区为东西走向的复式向斜，其中又有多个次级背斜与向斜，铜矿层赋存在次级向斜翼部和次级构造转折部位。

3)矿床：铜矿层延伸稳定，矿化范围大，呈多层出现，其中矿体以似层状、扁豆状、串珠状为主，矿体以其地表集中程度区分为东、西两个矿段，东矿段出露在次级背斜区，有 6 个矿体，单体长 15~138 m，厚 1.5~3 m，铜平均品位 $1×10^{-2}$，最高品位 $14×10^{-2}$。

矿石矿物：孔雀石、赤铜矿、黑铜矿、蓝铜矿、胆矾和少量自然铜。

伴生元素：主要为 Ag 和 Ti，其次为 Mn、Sr、As、Sb。

矿石构造：星点状、条带状、块状。

预测远景：可达中型(现具小型矿床规模)。

(9)阿尔喀山晚古生代弧间盆地铜铅锌金成矿区带

区带范围：东起新(疆)青(海)边界阿尔喀山，向西经金水河、庆丰山，越过苦牙克谷地到萨特曼和比林切克山，北起阿其克库勒盆地南缘断裂，南止于木孜塔格-鲸鱼湖断裂。

地层：极少未分上志留统和少量泥盆系分布，后者为一套陆源碎屑岩及碳酸盐岩建造，火山活动微弱。分布于金水河和阿克塔斯峰一带。石炭系和二叠系为本区带主要地层，约占区带面积80%，石炭系为碎屑岩、碳酸盐岩建造。下二叠统下部碧云山组为灰绿色砂岩、粉砂岩夹大理岩，上部喀尔瓦组为碳酸盐岩，两者整合过渡。

构造：石炭纪末至二叠纪初为本区主要的构造活动期，上石炭统与下二叠统之间角度不整合，不整合面发育厚度较大的紫色砾岩层，构造上称"印尼卡拉变动"。二叠纪初海水向南退出阿尔喀山，形成一近东西走向海槽，早二叠世早期沉积一套由粗变细陆源碎屑岩，后被晚期碳酸盐岩建造不整合覆盖。构造上称"阿尔喀山变动"。晚二叠世海水南移至可可西里海槽，阿尔喀山成为塔里木南缘新的增生带。

侵入岩：属造山后期和非造山期侵入体，有岩株和岩基形式，以海西中期花岗岩、花岗闪长岩、闪长岩为主，海西晚期花岗岩、碱性花岗岩次之，并有少量闪长岩、辉长岩和超基性岩。

矿产信息：铅、铜重砂异常各 1 处，铅锌矿化点 1 处、铅矿点 1 处、铜钼矿点 2 处。其中夏尔干铜钼矿点，位于苦牙克断裂东南侧，地层为中泥盆统布拉克巴什群，岩性为火山岩、碎屑岩夹石灰岩及硅质岩。黑云母花岗岩岩株长 1.5 km，宽 0.45 km，在花岗岩与石灰岩接触带附近，形成透辉石、石榴子石矽卡岩，矿体赋存于矽卡岩中，矿体呈脉状、透镜状，长 40~60 m、宽 0.3~15 m，脉状矿体 3 处，透镜状矿化体 8 处，矿石构造为致密块状和浸染状，矿石拣块样品位为 Cu $(1.56~3.85)×10^{-2}$，Mo 为 $0.119×10^{-2}$，Zn 为 $0.13×10^{-2}$。

5.7　康西瓦—鲸鱼湖板块构造缝合带

该缝合带为塔里木—华北地块与华南板块间的地缝合带，它的西北部始于木吉，向南西经恰尔隆、马尔库乡、康西瓦、苏巴什、乌鲁克库勒湖，越过库雅克断裂后直至鲸鱼湖；西端延入塔吉克斯坦境内，东端延入青海省境内的昆仑山口。

缝合带内广泛出现以石炭-二叠系为主体的构造岩块,部分地段出现混杂岩和蛇绿混杂岩。总体来说,研究程度较低,但东段研究程度高于西段。

5.8 青藏(喀喇昆仑)成矿省

5.8.1 喀喇昆仑山地质

该成矿省大地构造单元包括:

(1)松潘—甘孜微板块的西延部分、可可西里—大红柳滩三叠纪边缘海盆和西金乌兰三叠纪混杂岩带。早二叠世的地裂运动使松潘甘孜地块从扬子地台裂离,于中三叠世地壳强烈下陷形成边缘海盆,成为古特提斯洋的一部分。晚三叠世为浊流沉积,以浅变质泥质长石石英砂岩为主,杂色砂岩、砾岩泥质粉砂岩次之,夹高碳质泥岩、泥灰岩、灰岩、中基性熔岩及凝灰岩,并有印支期、燕山期花岗岩类侵入。

(2)羌塘—唐古拉微板块的北部边缘的塔什库尔干古陆及陆缘海盆,次级构造单元细分:①阿克赛钦地块,出露最老的地层是中元古代长城系,岩石由浅变质的石英砂岩、粉砂岩、条带状硅质大理岩组成,属浅海陆棚环境的陆源碎屑沉积,构成古元古代结晶基底之上的第一盖层。②河尾滩侏罗纪—白垩纪前陆盆地,中—晚三叠世发育复理石沉积,下部见有含有冷水动物群的二叠纪灰岩(外来岩块),三叠纪末随着古特提斯洋向北消减,三叠纪及其以前的地层褶皱隆起,侏罗纪碳酸盐岩、砂岩等角度不整合覆于三叠纪砂板岩之上,其上又被上白垩纪的碳酸盐岩、碎屑岩不整合覆盖,具有古特提斯洋封闭后的前陆盆地沉积特征。③乔戈里地块,分布在乔戈里峰一带呈 NW—SE 向排列,西南被塔什库尔干右行走滑断裂所截,地层主要由古元古代结晶基底构成,并有喜山期花岗岩侵入。

(3)唐古拉古陆,属羌塘—三江构造带北部边缘唐古拉山古陆西段。次级构造单元有:①邦达错地块,北以拉竹笼断裂为界,南界为龙木错—卧牛湖断裂,分布于龙木错—邦达错一带,区内出露的最老地层为下古生界(O_2,S_{1-2}),属稳定浅海相碎屑岩建造,上古生界(D,C)为亲华夏型准地台型沉积,以碳酸盐岩为主夹碎屑岩,中生界沿坳陷发生海侵超覆,地块的构造变形以逆推、走滑、斜冲为主,该区可能具前寒武纪变质基底(与阿克赛钦地块雷同),故古生界具有古老地块的盖层性质。②唐古拉侏罗纪—白垩纪陆缘海盆位于唐古拉古陆西北缘。区内出露最老地层可能为泛非运动(800~500 Ma)所形成的变质基底,上古生界多属盖层性质。侏罗纪—白垩纪以陆源碎屑岩、碳酸盐岩为主,属古陆边缘海盆沉积。新生界以第三纪断陷盆地沉积为主,并发育大陆型中基性火山岩。印支期—

燕山期花岗岩、花岗闪长岩发育而基性岩也时有分布。③帕米尔微板块东南部一个小角，分布于木吉—苏巴什达坂以西(塔什库尔干断裂以西至国境线之间(地带)。

5.8.2　成矿区带地质

(1)塔什库尔干元古宙地块铁成矿区带

该区带包括古元古界角闪斜长片麻岩、大理岩，中元古界千枚岩、大理岩，寒武系、奥陶系碳酸盐岩建造，志留系半深海陆源碎屑岩-碳酸岩建造夹放射虫硅质岩，泥盆纪小范围碳酸岩-陆源碎屑岩建造到陆相磨拉石建造，石炭纪局部残留海次稳定型碳酸盐岩建造，二叠纪南部残留海盆沉积、北部边缘地堑型陆相火山磨拉石建造，三叠纪属上叠盆地沉积，海陆交互陆源碎屑岩建造，有大规模准原地钾长花岗岩化。矿产以铁为主，呈北西—南东向延展，以沉积变质型磁铁矿为主，其分布可分为两个亚带：北西亚带有塔合曼、松机拉、康达尔等矿床(点)，矿带分布长度约 50 km；南东亚带有塔阿西、塔瞎尔、希尔布里、叶里克、天然、老并、吉尔铁克，乔普卡里莫和赞坎等矿床，矿带分布长度大于 70 km。两矿带内矿床产出的地质背景雷同、矿床类型相仿、成矿特征相似，具体反映出区域成矿的一致性，构成新疆的一个重要铁矿带。

老并铁矿：

产于元古宇布伦阔勒群，赋矿围岩以黑云石英片岩为主，局部为变质砂岩，两者的共同特点是，均具有不同程度的磁铁矿化，岩石有：①黑云石英片岩，呈深灰色-灰黑色，具斑状变晶结构、鳞片状粒状变晶结构、纤维粒状变晶结构，片状构造，主要矿物为石英、黑云母，次要矿物为斜长石、角闪石、白云母、石榴子石，副矿物为磁铁矿，原岩恢复为中基性火山岩。②变质砂岩，灰白色变余细粒砂状结构，层状构造，主要矿物为石英，次要矿物为黑云母，副矿物为磁铁矿。矿区为宽缓褶皱区，具北背(斜)南向(斜)的构造特点。

矿体有数十条之多，具一定规模者有十数条，各矿体均赋存于黑云石英片岩中，总走向 NW—SE，严格受地层层位和岩性控制，主要呈层状、似层状，与围岩呈渐变过渡关系，局部与围岩发生同步褶曲，矿体具明显的沉积成矿与变质改造之特征。现仅对具有代表性的 M6、M7、M13 铁矿体予以描述。

M6 矿体：分布在矿区中部黑云母石英片岩中，顶、底板围岩呈整合接触顺层产出，矿体出露于北部背斜两翼，北翼矿体北倾、倾角 $15° \sim 60°$，南翼矿体南倾、倾角 $37° \sim 54°$，矿体总长 3200 m，平均厚度 21.97 m，TFe 品位 32.41×10^{-2}，mFe 品位 30.12×10^{-2}，矿体上下盘均为黑云母石英片岩，矿石中可见含黄铁矿-硬石膏磁铁矿石和含黄铁矿磁铁矿石。

M7 矿体：分布在矿区东北部，呈层状与围岩整合产出，矿体上盘围岩为片麻状变砂岩，下盘为黑云石英片岩。矿体走向北西—南东，倾向北东，倾角平均

40°，矿体与围岩产状基本一致。地表矿体长 2500 m，平均厚度 9.53 m，平均品位 TFe $45.86×10^{-2}$，矿石类型与 M6 矿体相似。

M13 矿体：分布于矿区东南部，层状与围岩整合产出。矿体下盘为含磁铁矿黑云石英片岩，上盘为二云石英片岩，矿体走向北西—南东，倾向北东，倾角 50°，矿体走向延伸较长，厚度变化较大局部厚度达 20 m，平均品位 TFe $42.6×10^{-2}$，矿石类型为绿泥石磁铁矿石。

关于铁矿带的大地构造归属有两种意见，即随板块缝合带的位置而变化，一种意见将其划在康西瓦—塔什库尔干—木吉断裂带，属喀喇昆仑构造体系；另一种意见将其划在康西瓦—温泉沟—马尔津断裂带，属昆仑构造体系。

矿石特征：矿石类型有斜长角闪岩型磁铁矿石、黑云石英磁铁矿石、石英磁铁矿石、绿泥石磁铁矿石、含黄铁矿磁铁矿石、角闪石英磁铁矿石、（硬）石膏磁铁矿石、方解石磁铁矿石，主要是石膏磁铁矿石，其中石膏与磁铁矿以浸染状分布。铁矿物主要是磁铁矿，另有少量赤铁矿和褐铁矿。金属硫化物以黄铁矿为主，另有少量的黄铜矿、磁黄铁矿。脉石矿物为石英、黑云母、绿泥石、角闪石、石膏和硬石膏。矿石结构主要有自形-半自形-他形粒状结构、碎裂结构、填隙结构、穿插结构、交代残余结构、固溶体分离结构、假象结构、变质重结晶结构，环带结构等。矿石构造有条带状构造、浸染状构造和块状构造等。

成矿期次分为四个成矿期：①原始沉积期，主要形成了一套富铁质的初始含铁建造——布伦阔勒群黑云石英片岩（岩性段），这一阶段的铁矿物以原始沉积的磁铁矿为主，另有少量黄铁矿和极少量的赤铁矿，三者近于同时生成。②区域变质期，为磁铁矿的富集阶段，极少量赤铁矿变为磁铁矿，部分磁铁矿变质重结晶颗粒增大。③热液改造期，主要形成铁、铜的硫化物，以黄铁矿、磁黄铁矿、黄铜矿为主，手标本上常见铁铜硫化物与磁铁矿呈浸染状分布，未见明显的穿插关系，推定其为变质热液作用的产物。④表生氧化期，早期形成的金属硫化物在地表与浅部发生氧化作用，磁铁矿碎裂、黄铁矿风化氧化，形成褐铁矿和黄钾铁矾，黄铜矿氧化为孔雀石和铜兰。

（2）瓦恰晚古生代铜-多金属成矿区带

地层以石炭系粉沙质泥质板岩、硅质板岩、结晶灰岩变砂岩为主体，燕山早期花岗岩、北西向的断裂构造系统和已知的区域化探异常如下：

1）Hs-22-乙 2，Au 综合异常近圆形，面积 170 km²，Au 异常平均值 $3.34×10^{-9}$，最高值 $14×10^{-9}$。

2）Hs-29-乙 2，Pb、Zn、Ag 综合异常呈椭圆形，面积 108 km²，Pb 异常平均值 $51×10^{-6}$，最高值 $67×10^{-6}$，Zn 异常平均值 $127×10^{-6}$，最高值 $128×10^{-6}$，Ag 异常平均值 $185×10^{-9}$，最高值 $215×10^{-9}$，伴生 Cd、As、Sb、Sn 等元素。1:5 万水系沉积物测量圈出 Au、Ag、Cu、Pb、Zn、W、Mo、As、Sb 等 9 种元素，单元素化探异

常 115 个，归并为 9 个综合化探异常，经检查，其中欠孜拉夫即嘎尔基蒙拉卡综合化探异常之反映，库克西里克异常已发现 Fe、Cu 矿化线索，显示具有找矿潜力。

欠孜拉夫铅锌铜矿：

铅锌铜矿化层产于石炭系灰色变质砂岩、变凝灰质砂岩夹灰色大理岩中，另白垩系分布于矿区西部，角度不整合于石炭系之上。地层走向东西、倾向北东、倾角 40°~80°，受岩浆作用影响，变质砂岩普遍角岩化，局部形成矽卡岩。矿区自西向东岩石为灰色钙质变砂岩、变质砂岩、变凝灰质砂岩（矿化层）、大理岩、钙硅质角岩（其中有透镜状矿化体）。总体显示 3~4 个沉积旋回，Pb、Zn、Cu 矿化层受沉积旋回控制。

矿区为单斜构造，和区域构造线一致，清晰显现三条断裂：北部断裂近东西向横切全区，区内长 2900 m，宽 5~10 m，倾向北，倾角 70°，断裂主体为构造角砾岩；中北部断裂，走向北东，倾向北西，倾角 70°，区内长度 2400 m（东出图外没入第四系），主要表现为构造角砾岩；中部断裂走向北西，倾向北东，倾角 40°~65°，近南北向贯通全区，区内长度 3500 m，宽 10~50 m，断裂内岩石由构造角砾岩、碎裂岩、糜棱岩、千糜岩构成，该断裂早期属韧性剪切性质，后期为脆性断裂，具有多期活动的特点。

岩浆岩：印支期中粒花岗岩，由于构造影响，岩体碎裂化、糜棱岩化、千糜岩化，围岩角岩化、矽卡岩化，岩浆作用对铅锌铜富集提供热源与物源。

变质作用：经历区域变质、接触变质、动力变质等作用。

区域变质作用变质矿物：透闪石、阳起石、绢云母、绿帘石。变质相：绿片岩相-低角闪岩相。变质作用：对 Pb、Zn、Cu 成矿的物质富集起了一定作用。接触变质作用：矽卡岩化、角岩化与矿化关系密切。动力变质作用：产生碎裂岩、构造角砾岩，断裂为成矿物质运移提供通道与储矿空间。

矿床规模：共圈出六个矿体，其中Ⅰ-1、Ⅰ-3 为主矿体，粗估资源量铜 30 万 t、铅 40 万 t、锌 20 万 t、银 532 t。Ⅰ-1 矿体似层状，围岩为灰色变凝灰质砂岩，矿层断续出露总长度 1850 m，被北部、中北部断裂横切为三段（北段长 360 m、中段长 1170 m、南段长 400 m），产状 87°∠46°，平均厚度 3.58 m，平均品位：Cu $2.05×10^{-2}$、Pb $1.64×10^{-2}$、Zn $0.81×10^{-2}$、Ag $42.49×10^{-6}$。Ⅰ-3 矿体似层状，断续出露总长 2520 m，被北部、中北部断裂截为三段（北段长 390 m，中段长 880 m，南段 1250 m），产状 88°∠56°，平均厚度 4.30 m，平均品位：Cu $1.18×10^{-2}$、Pb $7.91×10^{-2}$、Zn $3.11×10^{-2}$、Ag $116.45×10^{-6}$，尚有诸多小矿体（L-2、L-4、L-5、L-6）。

矿石自然类型：砂岩型铅锌铜矿石、矽卡岩型铜铅锌矿石。矿石有用组分：闪锌矿-方铅矿矿石、方铅矿-闪锌矿矿石、黄铜矿矿石。

（3）大红柳滩三叠纪边缘海稀有金属-多金属成矿区带

突出的矿产集中地段是皮山县谢依拉—和田县大红柳滩，呈北北西向带状分布，长约210 km，宽20~70 km，地层主要是三叠纪沉积建造（粗碎屑岩-细碎屑岩-碳酸岩-硅质岩建造），花岗伟晶岩出露区的地层多变质为结晶片岩和混合岩。区内断裂发育，以北西、北西西向为主，东西向和南北向次之。印支期二长花岗岩和印支—燕山期钾长花岗岩广泛出露，并与花岗伟晶岩有成因联系，花岗伟晶岩脉常沿着这些岩体的外接触带呈带状分布，有时分布在花岗岩体顶部或背斜轴部及翼部。现已发现花岗伟晶岩脉7000余条。其中含锂辉石矿脉124条，主要产于远离岩体的红柱矽线黑云片岩、黑云石英片岩、黑云斜长片麻岩及透辉石变粒岩中，大红柳滩含锂锡（铌、钽、铷、铯）花岗伟晶岩达中型规模。中红柳滩以产绿柱石为主，有矿点、矿化点多处。西去三素在元古宇和古生界中，与燕山期陆壳重熔花岗岩二云花岗岩有关的花岗伟晶岩500多条，其中20条含白云母，3条含铍锂铌钽，并有黄玉、紫晶、绿柱石等宝石和多处热液型铜铅锌矿点。该带在叶城县阿哈拉兰干沟黑云片麻岩中有含绿柱石石英脉。南部有双羊达坂南斑岩铜矿化点，同时在约40 km长距离内，多处发现细脉浸染状铜矿石，另在乌鲁克库勒西有脉状铜矿发现。

（4）乔尔天山—岔路口（火烧云）印支—燕山期铅锌矿成矿区带

该区带位于羌塘地块北缘喀喇昆仑中生代陆缘甜水海盆地，铅锌矿多赋存于中新生代碳酸盐岩和碎屑岩中，沿着北西向乔尔天山—岔路口断裂两侧分布着众多铅锌矿点（床），诸如甜水海、多宝山、河尾滩、宝塔山、羚羊滩、克孜勒、火烧云等，区域地层主要出露晚古生界和中生界，其中中侏罗统龙山组和上白垩统铁隆滩群灰岩、碎屑岩为主要含矿围岩。

火烧云铅锌矿：火烧云铅锌矿区地层，主要出露有上三叠统克勒青河组砂岩段、中侏罗统龙山组灰岩段、砂砾岩段和第四系。其中中侏罗统龙山组灰岩段为赋矿地层，主要为一套灰白色、深灰色厚层、厚块状细晶亮晶灰岩，层间断层破碎带或泥岩夹层与厚层状白云质灰岩交界处为有利成矿部位，矿石多呈角砾状、网脉状、纹层状构造特征，矿体与碳酸盐岩层理近乎平行产出。

据新疆地矿八大队普查资料介绍，火烧云铅锌矿地表矿体具三层特点，自下而上为下层菱锌矿和白铅矿、中层硅锌矿和硅质岩、上层闪锌矿和方铅矿。已圈出10余个铅锌矿体，矿体长几十至几百米，宽达几十米，最厚十余米，锌品位（0.57~5.27）×10^{-2}，最高13.58×10^{-2}，铅品位（0.38~2.54）×10^{-2}，最高6.69×10^{-2}。矿体内部有上下分层现象，上贫下富，夹层发育，结构较复杂，与顶板围岩界限不清。下部富矿层品位均匀，夹石、夹层少，与底盘围岩界限清晰。上、下矿层之间界限也较为清晰，矿石常具条带状、皮壳状、角砾状、空穴蜂窝状构造，有沿张性空间贯入充填之特征。氧化程度高，深度大，施工见矿钻孔内基本均为氧化矿(菱锌矿和白铅矿),富矿石碳酸盐型铅锌矿矿物含量,最富单样品中铅+锌金属含量达 $66×10^{-2}$。矿石矿物主要为菱锌矿、黄铁矿、白铅矿、闪锌矿和方铅矿。

(5)布拉克巴什—云雾岭喜山期铜金成矿区带

构造属陆缘活动带,区带长 280 km,宽 20~40 km,地层为三叠纪砂岩、页岩及火山岩,侵入岩为花岗岩、花岗闪长岩、斜长花岗岩。矿产有金矿(坡残积金矿、斑岩型金矿与铜钼伴生),该带东去西藏有金矿发现,再向东接青海省太阳湖金矿。铜矿现知云雾岭斑岩型铜钼金矿,它产于云雾岭复式花岗岩体外侧黑云斜长花岗斑岩相(次)北缘内接触带,矿化带呈东西向带状分布,西宽而东窄,长 2 km,宽 200~300 m。围岩蚀变主要是硅化、黄铁矿化、黄铜矿化、绢云母化、孔雀石化褐铁矿化,其次是泥化、绿泥石化、次闪石化、黑云母化、白云母化,局部出现电气石化。热液蚀变具有明显的水平分带。金属矿物主要有黄铁矿、磁黄铁矿、黄铜矿,其次为斑铜矿、辉铜矿、褐铁矿、孔雀石,偶见辉钼矿。该区带西去布拉克巴什见有斑岩铜矿转石。从大地构造背景分析(属三江成矿带范畴)和成矿地质条件的对比得出该区带与玉龙斑岩铜矿的成矿具有相似性。

(6)林济塘陆缘盆地铁铜金成矿区带

该区带总构造走向为北北西向,长 500 km,平均宽约 50 km。这里出现志留纪复理石建造、二叠纪裂谷建造和中生代陆缘沉积。具体而言,早二叠世早期有陆缘碎屑岩沉积,晚期属以基性火山岩为主的准双峰式火山岩-复理石建造。三叠纪时转为浅海相复理石建造沉积,侏罗纪—古近纪属夹有火山岩的石膏碳酸盐岩建造,在新近纪隆起为陆。侵入岩为燕山期花岗闪长岩和二长花岗岩。

(7)乔戈里地块铜金成矿区带

地层主要有古元古界,为黑云母斜长片麻岩夹黑云石英片岩和大理岩;下二叠统空喀山口组,属陆棚浅海沉积为夹砂岩的碳酸岩建造,其中在含砾板岩内有冷水型单通道蜓科化石,具冈瓦纳古陆的沉积和生物特征。断裂发育皆为北西走向的逆冲断裂。侵入岩为燕山早期 I 型花岗闪长岩。矿产仅知有铜金和稀有金属成矿信息。

第6章 结 论

　　新疆地壳结构显示纵向成带、横向成块、垂向成层，以层为基础受断裂割切，辅以块及菱块，两者有机结合的构造叠加，构成层块地壳结构的空间模型。它的深部构造为两隆（准噶尔幔隆、塔里木幔隆）两坡（阿尔泰幔坡、昆仑—喀喇昆仑幔坡）一洼（西天山幔洼），构成 M 形深部构造界面，与之对应的为三山（阿尔泰山、天山、昆仑—喀喇昆仑山）两盆（准噶尔盆地、塔里木盆地）W 形现代地貌景观。深（部）浅（层）构造互为镜像反映。莫氏面北高（薄）而南低（厚），总体显斜坡状，地史发展过程中的古地理演化及构造发展显示多岛海与小洋盆，缺失完整的大洋和标准岛弧，所以新疆地壳表现出既非稳定亦非活动的过渡型地壳构造性质。

　　新疆深部构造自北而南依次为阿尔泰幔坡带、准噶尔幔隆、西天山幔洼、塔里木幔隆、昆仑—喀喇昆仑幔坡带。借鉴 C. X. 哈姆拉巴耶夫利用地壳总厚度、玄武岩质层、花岗岩质层和沉积岩的厚度与其相互关系，以及矿石-岩浆岩系列组合特征而划分地壳类型的原则，通过对地壳类型划分的各种方案进行比较，将新疆地壳类型划分为①铁镁质地壳：准噶尔型，体现在准噶尔西、北、东部，以及库鲁克塔格和北山；②铁镁-硅铝质地壳：天山型，主要分布在西天山；③硅铝-铁镁质地壳：阿尔泰型，分布区在阿尔泰山、昆仑山、喀喇昆仑山；④硅铝质地壳：塔里木型，仅体现在塔里木盆地。

　　构造是成矿的基础（含大地构造、区域构造、矿区构造），大地构造的理念制约着区域矿产的分区，大地构造的认识门派影响着成矿预测的思路和指导方向，笔者以板块构造观点为研究基础，以槽、台、洼多旋回递变式成矿，地质力学-断块学说为方向的综合构造观点分析新疆过渡地壳内过渡态矿产，尤其是固体金属矿产。

　　矿产受制于不同性质的大地构造单元，根据地质构造演化规律，以三大板块为基础，在新疆理出塔里木板块多期次构造开合与系列层次成矿、准噶尔板块增生-拼贴对称成矿和伊犁亚板块碰撞挤压-拉张线形成矿的三类区域成矿模式和

两环(准噶尔环、塔里木环)一线(天山以北纬 42°线为主线)空间分布的成矿构造
格架。固体金属矿产具有相对集中的成矿时限和大区域成矿集中分布的特点,统
计集中的成矿时段有古老基底区中元古代、盖层区的阿尔泰山泥盆纪、天山石炭
纪、昆仑山石炭纪—二叠纪以及地台活化后期的白垩纪和第三纪。空间上体现:
①塔里木板块四时段(中元古代、寒武纪—奥陶纪、泥盆纪—石炭纪、白垩纪—第
三纪),环状、弧形铁、铜、金、铅锌成矿带;②巴尔喀什—准噶尔环状海西中、
晚期斑岩型铜、钼成矿带;③以北纬 42°为代表的纬向线形铁、金、铜、镍成
矿带。

时(间)控(矿)规律:元古宙金属矿成矿主体早期为铁、金矿,中期为铅锌
银、铁铜金矿,晚期以铁锰铅锌矿为主。古生代震旦纪铁锰矿沉积,出现在北山。
奥陶纪相对次之,在柯坪塔格和天格尔达坂一带铅锌矿偶有分布。泥盆纪(尤其
是早、中泥盆世)层控型铁铜铅锌在阿尔泰山占主流,石炭纪(特别是早、中石炭
世)铁锰铜钼镍铅锌等主要分布在天山和昆仑山,白垩纪—第三纪铅锌铜汞锑金
银矿在塔里木盆地周边和喀喇昆仑山广为分布。

空(间)控(矿)规律:由新疆地质矿产图可以看到固体金属矿产分布,北为准
噶尔矿环,南为塔里木矿环,中间为东西向天山矿线,即前述的新疆固体金属矿
产“两环一线”的区域分布架构。尤其是近东西向(纬向)构造控矿,显著者诸如
额尔齐斯断裂、中天山北断裂、辛格尔断裂、康西瓦断裂、伊什基里克中轴断裂、
康古尔塔格断裂、雅满苏(苦水)断裂、依格孜塔格断裂、印尼卡拉塔格断裂,北
西向—北北西向控矿断裂,具有代表性的有切列克辛走滑断裂、准噶尔门地堑
(天山主断裂)、卡拉先格尔走滑断裂,北东—北北东向控矿断裂,如阿赖弧外缘
断裂、达尔布特断裂、明水断裂、苦牙克断裂和环形构造(艾肯达坂旋卷构造)
控矿。

(1)铜镍矿成矿时代与相关岩带

20 世纪 80 年代涂光帜院士将新疆铜镍矿依其存在的大地构造背景而分为:

1)造山带型:

①海西中期额尔齐斯基性杂岩带,有喀拉通克Ⅰ、Ⅱ、Ⅲ号岩体铜镍矿。

②海西中期土墩-图拉尔根基性-超基性杂岩带,有土墩、二红洼、黄山、香
山、黄山南、黄山东、葫芦、串珠、马蹄、图拉尔根等铜镍矿。

③海西中期依格孜塔格基性-超基性岩杂岩带,有坡北 1、坡北 10 铜镍矿。

④海西中期达尔布特超基性岩带(Cr),其中阿拉山口、庙儿沟段有与基
性-超基性杂岩有关的铜镍矿。

2)克拉通型:

①晋宁期兴地塔格基性-超基性杂岩带(包括Ⅰ、Ⅱ、Ⅲ、Ⅳ号岩体),Ⅱ号岩
体铜镍矿含矿性好。

②海西中期中天山北缘基性-超基性岩带，由三段构成：即西天山哈尔克山北缘基性-超基性杂岩带铜镍矿带（箐布拉克铜镍矿）、东天山库姆塔格沙垄—尾亚基性岩带钒钛磁铁矿带（尾亚-1062V、Ti 磁铁矿）、尾亚—刘家泉基性-超基性杂岩带铜镍矿带（天香、白石泉、天宇铜镍矿）。

具有工业价值的造山带型铜钼矿是新疆该矿种独特的成矿特色，也是全国有望成矿类型的个例。

（2）斑岩铜矿

斑岩铜矿分布主体为准噶尔环状斑岩带（图 6-1），属乌兹别克斯坦、哈萨克斯坦、中国、蒙古国所体现的中亚斑岩成矿带的中段，以准噶尔老块边缘晚古生代环状火山岩带为岩石基盘，区域性断裂为导向，海西期酸、碱性侵入岩为矿源体，在火山构造、断裂交会、富钙质火山岩和酸、碱性侵入岩（岩株、小岩体、岩支、岩脉）四种构造结合区成矿。

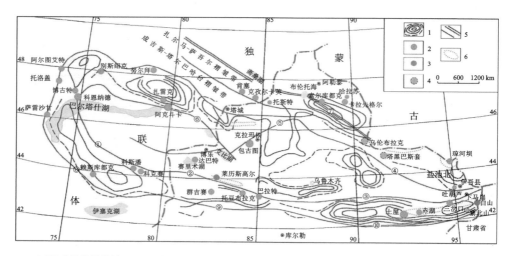

1—区域磁异常等值线；2—斑岩型铜矿；3—斑岩型钼矿；4—有争论的斑岩型铜矿；5—区域深断裂带；
6—具有 Cu、Mo 的化元素集中的异常区。①南准噶尔深断裂；②喀什河-阿拉沟深断裂；
③康古尔塔格深断裂；④卡拉麦里深断裂；⑤达尔布特-拉茲深断裂；⑥准噶尔门深断裂；
⑦科克森套-乌伦古深断裂；⑧巴尔喀什深断裂；⑨恰合博深断裂；⑩沙泉子深断裂。

图 6-1　哈萨克斯坦—准噶尔环状斑岩型铜钼矿带分布图
（资料摘自刘曼华—新疆地矿物化探队并补充）

扫一扫，看彩图

（3）富碱花岗岩成矿专属性

涂光炽院士将新疆北部富碱侵入岩划分为 8 个带，属非造山构造环境下壳幔重熔花岗岩系列，具有清晰的稀有-稀土金属、贵金属的成矿专属性，其中在新疆最为醒目的有两个岩带：

①准噶尔中部(阿拉套—拉巴—达尔布特—卡拉麦里)富碱花岗岩带，有阿拉套(卡斯别克、祖尔洪)锡钨矿带、阿克塔什稀有-稀土金属矿、老鸦泉岩体(卡姆斯特、贝勒库都克、黄羊山)锡矿带。

②塔里木北缘富碱花岗岩带，有吐古买提—巴什苏贡铌钽矿带、木兹都克稀有-稀土金属-FeCuAuZn 矿带，依兰里克碱性伟晶岩稀土金属、宝石矿带，霍拉山稀有-稀土金属矿带，以及瓦吉尔塔格—阔克塔格西稀土金属矿带。

(4)稀有-稀土金属矿的成矿特征

新疆稀有-稀土金属矿在阿尔泰山、天山、昆仑山、阿尔金山均有分布，据不完全统计，这 4 大山系可粗略划分出 12 个稀有-稀土金属矿产成矿带、47 个矿田，计有 12 万条(长度>20 m)花岗伟晶岩脉。

1)它们绝大多数产于造山带区域动力变质和热液变质的深变质岩相(角闪岩相以上)带中，容矿围岩时代元古宙、奥陶纪占优势。

2)地球物理特征：新疆最清晰的布格重力异常梯度带有三条，即喀纳斯—青河北西向重力梯度带、那拉提—喀瓦布拉克东西向重力梯度带、康西瓦—阿尔金反 S 形重力梯度带。它们是新疆板块的构造缝合带，也是地壳深部构造的幔坡带，稀土矿产多在莫氏面深度 42~50 km 深部构造对应区分布，属构造薄壳带和深源岩浆及深源物质占有率高的岩浆区。

3)地球化学特征：谢德顺和邓振球根据新疆北部 $37×10^4$ km^2，1∶20 万化探成果，3805 件样品 39 种元素分析值计算新疆地壳的总平均值。将阿尔泰区元素的有效平均值与地壳元素克拉克值比较得出，与下地壳-上地幔活动密切相关的元素 Na、Mg、Ca、Ti、V、Hg、P、Au、Al、Mn、Co、Zn、Cr、Cu、Ni、Sr 等含量偏低，而与地壳变质、变形、重熔等中酸性岩浆活动有关的 Li、Be、Nb、B、K、Zr、La、Sn 等元素含量相对偏高。鉴于地壳克拉克值是反映地球表层地壳整体组成元素结构的平均成分，所以亲花岗岩元素的富集和亲深部基性元素的亏损，准确地反映了阿尔泰地区上地壳，属于富浅色岩石的年青陆壳及有关花岗岩所显示的稀有金属成矿专属性，构成了该区的地球化学的基本特征。

4)稀土元素的成矿背景：国内外稀土矿床多分布在克拉通或较早克拉通化的地区，新疆稀土矿产分布于克拉通边缘，受板内、板边深断裂带控制，与其拉张期深源浅成岩浆岩有密切联系。较集中产出在塔里木北缘的赞比勒、瓦吉尔塔格、依兰里克、波孜果尔、阔克塔格西、且干布拉克，零星在东天山、阿尔泰山。

⑤新疆稀有金属矿床类型特征见表 6-1。

表 6-1　新疆稀有金属矿床类型特征表

类型与编号		主要矿化	主要金属矿物	矿床实例
花岗伟晶岩型	黑云母亚型黑云母-奥长石类	TR-Nb-Zr	黑(复)稀金矿、铌钇矿、铌铁金红石、独居石，磷钇矿	富蕴县库尔图伟晶岩矿床
	二云母亚型二云母-奥长石类	TR-Nb-Zr	黑(复)稀金矿、铌钇矿、铌铁金红石、磷钇矿、锆石	富蕴县汤宝其伟晶岩矿床
	二云母-奥长石-微斜长石类	TR-Nb(Be)	黑(复)稀金矿、铌钇矿铌铁金红石、褐帘石、磷钇矿、独居石、锆石、绿柱石	富蕴县塔尔郎伟晶岩矿床
	白云母亚型白云母-奥长石-微斜长石类	工业白云母Be-Nb	绿柱石、铌铁金红石、铌铁矿、铌锰矿、独居石、磷钇矿	富蕴县那森恰伟景岩矿床
	白云母-微斜长石类	工业白云母Be-Nb(Ta)	绿柱石、铌锰矿、钽铌锰石、独居石、磷钇矿	富蕴县邱拉克富伟晶岩矿床
	白云母-微斜长石-钠长石类	Be-Nb-Ta-Hf	绿宝石、金绿宝石、铌锰矿、钽铌锰矿、钽锰矿、细晶石、磷锰锂矿、独居石、富铪锆石	富蕴县库汝尔特13号脉
	白云母-微斜长石-钠长石-锂辉石类	Li-Be-Ni-Ta-Rb-Cs-Hf	绿柱石、金绿宝石、铌锰矿、钽铌锰矿、钽锰矿、细晶石、磷锂铝石、锂云母、铯榴石、富铪锆石	富蕴县胡斯特3号脉
	白云母-钠长石-锂辉石类	Ta-Nb-Be-Li	铌钽锰矿、钽锰矿、细晶石、绿柱石、金绿宝石、锂辉石	富蕴县柯鲁木特112号脉
	锂云母亚型锂云母钠长石类	Li-Ta-Nb-Be-Hf-Cs	铌钽锰矿、钽锰矿、细晶石、铀细晶石、锂辉石、锂云母、铯榴石、绿柱石、金绿宝石、富铪锆石	富蕴县可可托海3号脉

续表6-1

类型与编号		主要矿化	主要金属矿物	矿床实例
花岗岩型	黑云母-二长花岗岩亚型	Nb(Ta)-Zr-(Hf)-Y-Yb-Ce-Ta	褐钇铌矿、褐帘石、铌铁矿、锆石、独居石	奇台县苏吉泉黑云母二长花岗岩体
	白云母-碱长花岗岩亚型	Be-Nb-Ta-W-Sn-Mo	绿柱石、钽铌铁矿、辉钼矿、锡石、辉铋矿	清河县阿斯喀尔特铍矿床
火山岩型	流纹斑岩亚型	U-Be	硅铍石等	和丰县白杨河杨庄铀矿
现代沉积型	盐湖沉积亚型	Li-B-K-Na	锂的化合物为 LiCl，硼的化合物为 B_2O_3	若羌县罗布泊北洼地钾盐矿
	冲-洪积型		铌钽铁矿	富蕴县库波尔特沟口铌钽砂矿
	残-坡积型		绿柱石、铌钽铁矿	清河县阿斯柯尔特绿柱石砂矿，富蕴县阿尔恰提铌钽砂矿

⑥新疆稀土金属矿床类型特征见表6-2。

表6-2 新疆稀土金属矿床类型特征表

矿床类型	矿床亚类型	矿化及经济评述	主要特点
碳酸盐岩型	瓦吉尔塔格亚型	REO 平均品位 3.43%，储量 5678 t，P_2O_5 品位 0.99%～16%，Nb_2O_5 品位 0.005%～0.29%	碳酸盐岩脉形产于方钠霓霞正长岩-角闪正长岩碱性辉长岩（350 Ma）-辉石杂岩体晚期
	且干布拉克亚型	REO 品位 0.087%～0.163%，P_2O_5 品位 1%～8%，潜在资源	碳酸盐岩脉形成于超镁铁质岩（90 Ma）晚期
	克其克果勒塔斯都威亚型	REO 品位 0.37%～0.111%，潜在资源	碳酸熔岩厚 200 m，沿走向长达 5 km，产于上志留统

续表6-2

矿床类型	矿床亚类型	矿化及经济评述	主要特点
碱性正长岩型	阔克塔格西亚型	REO 品位 0.45%~0.099%，Nb$_2$O$_5$ 品位 0.0544%，Ta$_2$O$_5$ 品位 0.068%，(ZrHf)O$_2$ 品位 0.1058%，潜在资源	碱性正长岩顶部霓石钠长岩为矿体，RbSr 年龄 264 Ma，侵入元古宙变质角岩中
碱性花岗岩型	波孜果尔亚型	REO 品位 0.07%~0.09%，Y$_2$O$_3$ 品位 0.04%~0.06%，Nb$_2$O$_5$ 品位 0.1987%，Ta$_2$O$_5$ 品位 0.0211%，(ZrHf)O$_2$ 品位 0.15%~1.68%，U 品位 0.024%，Th 品位 0.16%	含独居石、烧绿石、锆石、霓石花岗岩岩株(279 Ma)，侵入上志留统变质岩中
碱性伟晶岩型	依兰里克亚型	REO 品位 1.55%，Y$_2$O$_3$ 品位 0.15%，矿化点	稀土富集在金云母、透辉石、方解石伟晶岩中
	玛依达亚型	REO 品位 0.013%~0.292%，Y$_2$O$_3$ 品位 0.005%~0.053%，矿化点	稀土富集在方钠石、霞石、钠长石伟晶岩(931 Ma)内
碱长花岗岩型	红柳亚型	Y$_2$O$_3$ 品位 0.026%，储量 2000 t，Nb$_2$O$_5$ 品位 0.039% 储量 3055 t，潜在资源	褐钇铌矿、铌铁矿富集在海西晚期黑云碱长花岗岩内
	霍什布拉克亚型	REO 品位最高达 2.433%，Y$_2$O$_3$ 品位 0.101%，矿化点	与电气石黑云花岗岩(296 Ma)有关的 10 余条萤石-电气石-石英脉
花岗伟晶岩型	石英滩亚型	褐帘石储量 4000 t，含独居石和钛铁矿，潜在资源	已发现含褐帘石化花岗伟晶岩 400 多条，产在元古宙地层中
	汤宝其亚型	含褐钇铌矿、独居石、矿化点	已发现含褐钇铌矿、独居石花岗伟晶岩脉数十条
	库尔图亚型	含褐钇铌矿、磷钇矿、矿化点	已发现含独居石磷钇矿花岗伟晶岩脉数十条，产于元古宙变质片麻岩中

⑦物质来源：海西晚期—燕山期 S 型花岗岩(矿源体)、变质岩(区域变质与动力变质)为成矿母岩，最典型的要属哈龙—青河古生代岩浆弧上的稀有-稀土金

属矿(10个矿田)和羌塘板块北缘康西瓦构造推覆带上的稀有-稀土金属矿(谢依拉、三素、康西瓦、大红柳滩)两个大型矿带。虽目前尚难于给出合理的区域成矿机制解疑，但利用这一认知，参阅两个代表性的变质岩带而推知其他几个变质带(如博罗霍洛中脊变质带、中天山变质带、中昆仑变质带)进行区域成矿预测、拓展找矿思路已见成效。

(5)铅锌(铜)矿

一般而言铅锌(铜矿)集中产出于四个含矿层位(中元古界、上寒武统-下奥陶统、泥盆系-石炭系、白垩系)且以层控型-层控改造型为主，属于海相(含亚陆相)热水-火山热水-陆相沉积成因，依附于裂谷、裂陷槽、坳(断)陷盆地等负向构造单元，并以富镁碳酸岩和碎屑岩为成矿围岩(白云岩、钙质白云岩、白云质灰岩、石英岩、砂岩等)，多伴生铜、钴、镉、铊。阿尔泰山泥盆纪、天山—昆仑山石炭纪为相对集中成矿时代，中新生代铅锌(铜)矿主体仅在塔里木盆地周边分布。

(6)锡、钨矿带的区域成矿的宏观特征

钨锡矿有四个较大的成矿区带(准噶尔、中天山、南天山、东昆仑)，在新疆北部与海西期花岗岩成矿有关的钨、锡矿似有如下成矿特征：①锡矿与A型偏碱性花岗岩有关，侵入时代以海西晚期较多。钨矿与I型花岗岩有关，侵入时代海西中晚期居多。②就大地构造性质而言，锡矿产出于非造山环境准噶尔中部构造俯冲带，而钨矿产于晚古生代岩浆弧中天山南、北界限断裂之两侧。③锡矿矿床类型有云英岩(锡石)型、石英脉(锡石)型、锡石-绿泥石型，而锡石-硫化物型鲜有发现。钨矿矿床类型有矽卡岩型白钨矿、石英脉型白钨矿、石英脉型黑钨矿。

(7)金矿

浅成低温热液型金矿是新疆金矿成矿类型的主体，依赋于火山洼地、裂陷槽和裂谷，它与(中高温)斑岩型铜矿两者的成矿特点，在区域上显示出时间相随空间相伴之分布规律，在区域上呈线状、环状及对称状配置关系。不同规模不同级别的区域性断裂，控制着新疆金矿的另一重要类型——韧性剪切带型，它所依赋的断裂大多具有壳幔源性质和继承性活动的特点。世界上在相对时代较老的变质岩区多有大-超大型金矿发现，尤其在加拿大和澳大利亚。21世纪以来新疆在中天山—喀喇昆仑发现成型金矿床，这无疑为新疆岩金矿开拓增加了可望的找矿方向。

(8)银矿

银矿分布相对普遍，现知有三个独立银矿：①东天山觉罗塔格古生代岛弧带西段矽卡岩型维权银矿，与黄铜矿伴生；②东天山中天山变质带图兹列克中元古界碳酸盐岩中层控型玉西银矿，与方铅矿伴生；③南天山阿拉塔格古生代岛弧带斑岩型(花岗斑岩)硫磺山银矿，与自然金、白铅矿伴生。其余属伴生型银矿，如与铜镍矿伴生的有喀拉通克铜镍矿，与铜矿伴生的有土屋铜矿、阿舍勒铜多金属矿、萨热克巴依铜矿、尼勒克陆相火山岩型铜矿（群吉、园头山）、东疆博格达山二叠系层控铜矿（穹开普台塔格、孔雀山），与金矿伴生的有陆相火山岩型金矿（阿希、京希、金山沟），与铅锌矿伴生的有可可塔勒、彩霞山、卡兰古、乌拉根、马鞍桥、豹子沟铅锌矿。新疆银矿具有依附成矿构造背景和产出状态的多样性，并与有色-贵金属矿产关系密切，尤多依赋陆相火山岩及沉积岩。

（9）汞矿

目前尚未发现成型汞矿，但其成矿信息颇多，更显示分布的集中性。现知信息有：

①准噶尔汞矿信息带，西起托里县彭格尔特辰砂矿点，东到巴里坤县段家地玄武岩辰砂矿点和三公尺凹地沟辰砂异常，总体沿着断裂带及火山岩带分布。

②伊犁盆地南北侧辰砂重砂异常带，南侧在克缇勉山北坡以加格斯台为中心，发现辰砂异常，北侧在乌鲁达克赛上游霍尔果斯岩体区和大西沟，发现辰砂异常。

③在柯坪陆缘坳陷区乔恩布拉克短背斜发现震旦纪变质砂岩中重晶石-辰砂脉。另在西南天山出现不少汞矿点。

新疆汞矿的控矿构造为远离板块缝合带及外侧俯冲带，以弧盆带为产出构造空间。

（10）锑矿

近年来，新疆锑矿的找矿工作有所进展，在昆仑山厘定了黄羊岭—卧龙岗—宿营地辉锑矿带，并探明卧龙岗锑矿达到中型规模。相应在南天山巴音布鲁克盆地南缘查汗沙拉锑银矿、阿赖构造弧内萨瓦亚尔顿金锑矿，西准噶尔包古图金矿中的辉锑矿均具有进一步勘查的前景。就锑矿县区域分布而言，南天山（含西南天山）是新疆锑、汞、金矿的找矿战略区，沿塔里木周边部署该组矿种的地质勘查实属必然。

（11）铁矿

铁矿是新疆最为优势的矿种，相对集中于元古宙和晚古生代，前者以沉积变质岩为容矿岩石，以火山变质岩成矿最佳，分布在中天山、中昆仑山变质带及塔里木盆地周边几个地块（如库鲁克塔格、铁克里克、阿尔金）；后者产于晚海西期火山岩系列中，其成矿随着火山活动阶段和喷发-喷溢形式而相应地配套产生不同类型的铁矿床，主要分布在北天山和阿尔泰山。

（12）锰矿

以沉积-火山沉积矿床为主，现知其成矿时代多集中在震旦纪、泥盆纪、石炭纪、古近纪、新近纪，几乎分布于新疆全境，有望锰矿带集中于东疆、南疆和西天山，现知锰矿床（点）不下50处，其产于海相沉积盆地，以沉积-火山热水沉积型层状、透镜状氧化锰-碳酸锰形式出现，有望锰矿带有：

①震旦纪：东疆红柳河—照壁山锰矿带，含塔水、黄山、水沟子花坪、照东等氧化锰矿床，该带东去甘肃省通畅口，长逾百千米。

②石炭纪：东疆雅满苏—沙泉子火山沉积-热水沉积碧玉硬锰矿，南疆昆盖山北坡海相沉积氧化锰矿带（奥尔托格纳什、穆呼），西去进入塔吉克斯坦境内，东阿赖山东段萨村氧化锰矿带长度超过 30 km，拜城—库车氧化锰矿带为标型火山沉积型富矿，西天山哈尔克山西段山麓北阿克苏—加满台—奇格台碳酸锰矿带的阿克苏、奇格台锰矿床储量达大型规模。

③古近纪：昆仑山北坡山前，皮山县杜瓦、墨玉县扎瓦氧化锰矿带属海相沉积型，含波斯喀、牙布库曲、扎瓦锰矿点。

④新近纪：在昭苏—特克斯河谷盆地，吐（鲁番）—鄯（善）—托（克逊）盆地内砂砾岩中发现锰矿（科博、八卡）。

（13）铬矿

新疆铬矿的前景仅次于西藏，位居全国第二位，东西准噶尔界山是新疆铬矿主产区，占新疆铬矿探明储量的87%，主体矿床有鲸鱼铬矿（大型）、萨尔托海、唐巴勒、清水、碱泉、塔克扎勒等小型矿床，东天山卡瓦布拉克铬矿亦具有开采价值。它们主要产于蛇绿岩带变质橄榄岩块和少量超镁铁质堆晶岩过渡带，属于阿尔卑斯型豆荚状铬铁矿床。

关于铬铁矿的找矿问题，"蛇绿岩及其构造侵位观"已为广大铬矿勘查工作者所首肯，并进一步认为当变质橄榄岩的化学特征和岩体类型确定之后，岩体的产出状态成为找矿和发现铬矿的关键。新疆蛇绿岩带因地、因时、因岩体而不同，要总体研究其形成、侵位和产出位置，以提高找矿效果。

（14）钒钛矿

钒钛矿在新疆属于优势矿种，不但产出环境广泛，而且工业前景可期、找矿前景较好。它具有三种成矿形式：①产于寒武纪，以 P、U、V 元素组合构成沉积型钒矿床，如红柳河平台山钒矿。②产于富碱-碱性辉长岩中的钒钛-磁铁矿，受制于塔里木西北缘北西向区域性走滑断裂，如大型瓦吉尔塔格、普昌钛矿和铜镍成矿区带一致，属于同一大地构造环境，而受辉长岩控制的含钒钛磁铁矿，如黄山—镜儿泉铜镍矿带上的香山和中天山北缘次级断裂东段的尾亚含钒钛磁铁矿等，另尚有其他如锅底山钒钛磁铁矿（产于卡拉麦里断裂）。

（15）关于邻国、邻省（区）矿产对比问题

新疆与八国（蒙古、俄罗斯、哈萨克斯坦、吉尔吉斯斯坦、塔吉克斯坦、阿富汗、巴基斯坦、印度）三省区（西藏、青海、甘肃）毗邻，它们山水相连，地质、构造、成矿条件基本一致，在考虑成矿地质背景迁移、过渡，构造性质变换及依附的条件独特演化的基础上，利用矿种转化、类型配套的思路进行区域性大型以上

矿床成矿对比见表 6-3。

表 6-3 周边邻国与中国新疆构造单元划分及大型以上矿床对比表

中亚及南亚	中国新疆
山区阿尔泰古生代褶皱带	北阿尔泰古生代褶皱带： 可可托海稀有矿、蒙库铁矿、 可可塔勒铅锌矿
矿区阿尔泰优地槽： 亚历山大诺夫铅锌矿 济良诺夫铅锌矿	玛尔卡库里—布尔津优地槽： 阿舍勒铜锌矿
额尔齐斯构造挤压带： 巴克尔奇克金矿	额尔齐斯构造挤压带： 喀拉通克铜镍矿
扎尔马—萨乌尔晚古生代褶皱带	萨乌尔晚古生代褶皱带
成吉斯—塔尔巴哈台古生代褶皱带	塔尔巴哈台古生代褶皱带
巴尔喀什褶皱带： 阿克斗卡铜钼矿、科恩纳德铜钼矿	西准噶尔褶皱带： 苏云河钼矿、包古图铜钼矿、阿尔木强铜钼矿
阿克苏晚古生代褶皱带	准噶尔阿拉套晚古生代褶皱带
塔拉迪库尔干地块： 捷克利铅锌矿、乌谢克铅锌矿	赛里木活化地块： 哈尔达坂铅锌矿、温泉铅锌矿
南准噶尔古生代褶皱带： 科克赛铜钼矿	博罗霍洛古生代褶皱带： 霍尔果斯开干白钨矿、莱历斯高尔钼矿
楚-伊犁晚古生代地向斜： 哈纳阿尔累金矿	伊犁陆内晚古生代裂谷： 阿希金矿博古图萨依金矿
中天山变质带： 库姆多尔金矿、杰特姆铁矿 南天山优地槽：萨雷贾兹锡矿、 琼科依汞矿、卡达姆萨依汞锑矿	中天山变质带： 卡特巴阿苏金铜矿 南天山冒地槽： 萨瓦亚尔顿金矿
卡拉库姆地块	塔里木地块： 乌拉根铅锌矿，萨热克铜矿
西帕米尔(喀布尔—查曼带) NNE 向褶皱带： 艾纳克铜矿	东西向前峰带—东帕米尔(西昆仑西段)NNW 向褶皱带： 铁列克契铁矿、塔什库尔干铁矿 (塔木铅锌矿、图洪木里克铜矿)
中国新疆	蒙古国西部

续表6-3

中亚及南亚	中国新疆
北阿尔泰古生代褶皱带：可可托海稀有矿、蒙库铁矿、可可塔勒铅锌矿	山区阿尔泰
额尔齐斯构造挤压带：喀拉通克铜镍矿、索尔库都克铜钼矿	戈壁阿尔泰：塔林金矿
东准噶尔晚古生代褶皱带：蒙西铜钼矿	
东天山古生代褶皱带：土屋铜矿、玉海铜钼矿	奥依托盖铜钼矿、查干苏尔加铜钼矿

参考文献

[1] 曹振中. 金窝子金矿成因分析[J]. 新疆矿产地质, 1990(1-2): 45-50.

[2] 成守德, 王元龙. 新疆大地构造演化基本特征[J]. 新疆地质, 1998, 16(2): 97-107.

[3] 程松林, 王世新, 冯京, 等. 和尔赛斑岩型铜矿床地质特征及找矿标志[J]. 新疆地质, 2010, 28(3): 254-259.

[4] 陈哲夫, 周守沄, 乌统旦. 中亚大型金属矿床特征与成矿环境[M]. 乌鲁木齐: 新疆科技卫生出版社, 1999.

[5] 陈超, 吕新彪, 吴春明, 等. 新疆库米什地区钨矿成矿远景探讨[J]. 矿床地质, 2013, 32(3): 579-590.

[6] D I Musator. 用新的地质构造观点(板块构造)来认识苏联地质史及地史方面的若干问题[C]//第27届国际地质大会论文集(英文版), 1984.

[7] 邓振球. 新疆地球物理场特征[J]. 新疆地质, 1992, 10(3): 233-243.

[8] 邓洪涛. 博罗科努山北坡金铜矿成因类型探讨[J]. 新疆地质, 2001, 19(2): 123-126.

[9] 方庆新. 西南天山波沙克—乌兰赛尔成矿亚带锑矿成矿模式[J]. 新疆地质, 2003, 21(2): 237-238.

[10] 付治国. 东天山东戈壁大型钼矿床地质地球化学特征与成因分析[J]. 矿产勘查, 2012, 3(6): 745-754.

[11] 范忠信, 王福同, 李魁元. 新疆阿舍勒铜矿 I 号矿床地质特征及其成因探讨[C]//第二届天山地质矿产学术讨论会论文集, 乌鲁木齐: 新疆人民出版社, 1991: 190-197.

[12] 丰成友, 姬金生, 薛春纪等. 东天山西滩浅成低温热液金矿床地质特征及成因分析[J]. 新疆地质, 1999, 17(1): 1-7.

[13] 丰成友, 李东生, 吴正寿, 等. 东昆仑祁漫塔格成矿带矿床类型、时空分布及金属成矿作用[J]. 西北地质, 2010, 43(4): 10-17.

[14] 樊卫东, 胡建民, 石福品等. 库鲁克塔格鲍纹布拉克铜矿床成因类型探讨及找矿意义[C]//第六届天山地质矿产学术讨论会论文集, 乌鲁木齐: 新疆青少年出版社, 2008(上): 115-119.

[15] 冯京, 薛春纪, 王晓刚等. 新疆查汗萨拉金矿化地质特征及成因浅析[J]. 新疆地质, 2009, 27(2): 127-130.

［16］傅明禄，许奋强，曾阳，等.哈密黄土坡铜锌矿地质特征及找矿方法探讨［J］.新疆地质，2010，28（3）：260-266.

［17］冯金星，石福品，汪帮耀，等.西天山阿吾拉勒成矿带火山岩型铁矿［M］.北京：地质出版社，2012.

［18］郭海田，李纯杰，李锦平，等.新疆昆仑式火山岩型块状硫化物型铜矿床及成矿环境［J］.矿床地质，2004，23（1）：82-92.

［19］高景刚，梁婷，彭明兴等.新疆彩霞山铅锌矿床硫，碳，氢，氧同位素地球化学［J］.地质与勘探，2007，43（5）：57-60.

［20］郭涛，邹振林，田江涛.新疆哈密大水锰矿地质特征及成因分析［J］.新疆地质，2009，27（2）：150-154.

［21］郭方晶，丁汝福，游军，等.希勒库都克钼铜矿床地球化学特征及成因［J］.新疆地质，2012，30（1）：40-45.

［22］Н А беляевский，等.中亚深部构造［J］. уэбекскийгеологискийжурная，1976（1）.

［23］И А 吐满罗，等.大型-特大型有色贵金属矿床赋存构造及成分特点［J］.苏联地质，1994，11-12.

［24］胡军，丁德轩，胡方秋.天山地区岩石圈动力学特征初探［J］.新疆地质，1985（2）：85-94.

［25］胡剑辉.新疆铅锌矿主要类型地球化学异常特征及成矿规律探讨［C］.第五届天山地质矿产学术讨论会论文集，乌鲁木齐：新疆科技出版社，2005，440-446.

［26］胡庆雯.新疆伊犁博古图萨依金矿床地质特征及富集规律［J］.矿产与地质，2007，21（4）：452-455.

［27］胡庆雯，刘宏林.新疆乌恰县萨热克砂岩铜矿矿床地质与找矿前景［J］.矿产与地质，2008，22（2）：131-134.

［28］胡庆雯，刘宏林，朱红英.谈新疆伊犁地区主要金属矿产若干区域成矿规律［C］.第六届天山地质矿产学术讨论会论文集，新疆青少年出版社，2008：844-847.

［29］胡华伟，景宝胜，王斯林，等.新疆若羌县维宝铅锌矿床地质特征及矿床成因浅析［J］.西北地质，2010，43（4）：73-80.

［30］Л Н АФиногенова，等.帕米尔和天山穿透性构造体系及其在成矿作用中的意义［J］. Сквозныарупоконцент-рирующнеструктурым："нука"，1989.

［31］江远达.利用区域地球物理资料研究天山和准噶尔地区的深部构造［J］.新疆地质，1985，（4）：51-57.

［32］姬金生.东天山康古尔塔格金矿带成矿系列［C］//第三届天山地质矿产学术讨论会论文集，乌鲁木齐：新疆人民出版社，1995.

［33］敬占国，赵云长，赵杰.浅论乔夏哈拉磁铁矿型铜金矿床地质特征［J］.新疆矿产地质，1995（1-2）：70-77.

［34］贾承造.塔里木盆地的构造演化［C］//第三届天山地质矿产学术讨论会论文集，乌鲁木齐：新疆人民出版社，1995.

［35］景宝胜，胡华伟，李惠，等.新疆东昆仑鸭子泉-维宝一带地质成矿规律浅析［J］.西北地质，2010，43（4）：62-72.

［36］姜晓，郭勇明，杨良哲，等.哈密沙东大型钨矿床地质特征及成因探讨［J］.新疆地质，2012，30（1）：31-34.

［37］匡文龙，刘继顺，朱自强，等．西昆仑地区卡兰古 MVT 型铅锌矿床成矿作用和成矿物质来源探讨［J］.新疆地质，2003，21（1）：423-428.

［38］L G 鲍嘉，田培仁.蒸发岩盆地在形成层状矿化中的作用［J］.新疆矿产地质，1990（1）：158-164，157.

［39］李龙乾.浅析聚敛板块特征与新疆钨锡矿的生成关系［J］.新疆矿产地质，1990（1-2）：74-75.

［40］李惠.热液金矿床原生叠加晕的理论模式［J］.地质与勘探，1991，29（4）：46-51.

［41］林关玲，刘春涌.试论新疆深部构造基本特征［J］.新疆地质，1995，13（1）：56-66.

［42］鲁新便.阿尔金山及邻近地区深部地电结构探讨［J］.新疆地质，1995（3）：256-263.

［43］鲁新便，杨林.新疆塔里木盆地及邻区深部岩石圈结构特征［J］.新疆地质，1996（4）：289-296.

［44］李向东，王元龙，黄智龙.康西瓦走滑构造带及其大地构造意义［J］.新疆地质，1996（3）：204-212.

［45］黎彤，倪守斌.塔里木—华北板块的地壳和岩石圈元素丰度［J］.地质与勘探，1998（1）：22-26.

［46］刘春涌，刘拓.新疆云雾岭铜矿化的发现及其意义［J］.新疆地质，1998，16（2）：185-187.

［47］李风鸣，王宗社，侯文斌.东天山小热泉子铜矿床综合找矿模型的建立［J］.新疆地质，2002，20（3）：38-43.

［48］刘国范.新疆阿尔金地区清水泉铜金铂矿床特征及成因浅析［J］.矿产与地质，2003，17（96）：215-217.

［49］李庆昌.新疆稀有金属矿稀土矿床类型及矿化特征［C］//第五届天山地质矿产学术讨论会论文集，乌鲁木齐：新疆科技出版社，2005，95-93.

［50］李文渊.中国西北部成矿地质特征及找矿新发现［J］.中国地质，2015，42（3）：365-379.

［51］李泰德.新疆孔雀山铜矿成矿特征分析［J］.矿产勘查，2012，3（4）：430-434.

［52］李爱民，闫军武，潘维良.维宝铅锌矿床地质与地球化学特征［J］.西北地质，2010，43（4）：81-86.

［53］刘孟康，徐叶兵.蒙古 Oyu Tolgoi 斑岩铜金矿的勘查［J］.地质与勘探，2003，39（1）：1-9.

［54］李嘉兴，姜俊，胡兴平，等.新疆富蕴县蒙库铁矿床地质特征及成因分析［J］.新疆地质，2003，21（3）：307-311.

［55］刘家远，单娜琳，钱建平，等.隐伏矿床预测的理论和方法［M］.北京：冶金工业出版社，2005.

［56］刘德权，王金良，唐延龄，等.新疆首次厘定与碱性火山岩有关铜金矿床新类型——博乐市喇嘛萨依铜金矿床［C］//第五届天山地质矿产学术讨论会论文集，乌鲁木齐：新疆科技出版社，2005，91-94.

［57］李思强，马忠美，郭旭吉.阿勒泰复向斜的成矿环境及其矿产［J］.矿产与地质，2006，20（2）：116-121.

[58]李明,周圣华,胡庆雯,田培仁.中亚成矿域斑岩铜(钼)矿带的认识与建立[J].中国地质,2007,34(5):870-877.

[59]李明,胡庆雯,田培仁,等.论新疆"西域系"构造与成矿[J].矿产与地质,2007(5):499-503.

[60]李建兵,杨桂荣,陈奎等.新疆西南天山川乌鲁铜金锑-多金属地质特征与召开规律[J].新疆地质,2007,25(4):379-383.

[61]刘建平,王核,龚贵化,等.新疆西准噶尔地区加尔塔斯斑岩型铜矿地质特征及深部预测[J].地质与勘探,2009,45(1):7-12.

[62]刘宏林,胡庆雯,田培仁.关于新疆乌恰盆地中新生代砂岩型铅锌铜铀层次成矿浅析[J].矿产与地质,2010,24(2):113-119.

[63]李恒海,高壮,唐延龄,等.探索新疆地质矿产资源奥秘[M].北京:地质出版社,2010.

[64]黎敦朋,肖爱芳.祁曼塔格西段白干湖钨锡矿区巴什尔希花岗岩序列及构造环境[J].西北地质,2010,43(4):53-61.

[65]刘猛,游军,丁汝福.希勒库都克钼铜矿区地球物理、地球化学异常特征与找矿模式[J].新疆地质,2012,30(1):46-57.

[66]李文渊,董福辰,张照伟,谭文娟,姜寒冰,肖朝阳.西北地区矿产资源成矿远景与找矿部署研究主要进展及成果[J].中国地质调查,2015,2(1):18-24.

[67]李卫东,卢鸿飞,石丽明,贾金典,刘建,崔军.新疆大水西钒矿黑色岩系地质特征及成因分析[J].矿产勘查,2013,4(3):269-272.

[68]李明,胡庆雯,周圣华,田培仁.新疆晚古生代裂谷中同生断裂的控矿问题[J].地质与勘探,2009,45(1):30-35.

[69]Фаворская М А 等. 吉尔吉斯经向构造的成矿意义[J].Сокеткаягеология),1979,(11).

[70]Бородаевская М Б,赵玉丁.大型有色和贵金属矿床的预测标志[J].西北地质,1988,(2):60-65.

[71]马华东,杨子江.塔里木西南新生代盆地演化特征[J].新疆地质,2003,21(1):92-95.

[72]Harris N B W,周频波.碰撞带岩浆作用的地球化学特征[J].地质地球化学,1988(6):40-46+69.

[73]борнсов О M.中亚线性特征和环状构造[J].уэбекскийгеологискийжурная,1976,(6).

[74]裴荣富,吴良士.在我国开展寻找超大型矿床的若干基础研究问题的讨论[J].矿床地质,1990(3):287-289.

[75]裴荣富,叶锦华,梅燕雄,尹冰川.特大型矿床研究若干问题探讨[J].中国地质,2001(7):9-15+21.

[76]权培喜等.阿尔金—东昆仑西段成矿带地质背景研究[M].北京:地质出版社,2014,225-242.

[77]屈迅.新疆天山西段区域成矿特征、成矿系列及找矿方向[C]//第三届天山地质矿产学术讨论会论文集,乌鲁木齐:新疆人民出版社,1995.

[78]漆树基,张桂林.伊宁吐拉苏地区硅化岩型金矿特征及成因[J].新疆地质,2000,18(1):42-50.

[79] RobertKerrich, Derek Wyman, 俞正奎. 中温热液金矿床的地球动力学背景及其与增生构造体制的关系[J]. 国外火山地质, 1992(1): 5-9.

[80] 任经武, 田培仁, 田朝江, 等. 新疆觉罗塔格岛弧带雅满苏—沙泉子晚古生代裂陷槽金属矿产[J]. 矿产勘查, 2018, 9(8): 1496-1505.

[81] 施培春. 新疆西南天山赞比勒区富碱侵入岩及其成矿特征[J]. 新疆有色金属, 2010(4): 9-12.

[82] 宋建国. 新疆博乐县喀拉铜矿区Ⅱ号矿地质矿化特征及成矿环境分析[J]. 新疆矿产地质, 1993(1-2): 69-74.

[83] 沙德铭, 董连慧, 鲍庆中, 等. 西天山地区金矿床主要成因类型及找矿方向[J]. 新疆地质, 2003, 21(4): 419-425.

[84] 孙宝生, 刘增仁, 王招明. 塔里木西南喀什凹陷几个地质问题的新认识[J]. 新疆地质, 2003, 21(1): 78-84.

[85] 宋茂德, 刘志, 李洪茂, 等. 新疆东昆仑白干湖成矿带成矿地质背景及找矿方向[J]. 西北地质, 2010, 43(4): 44-52.

[86] 申萍, 沈远超, 刘铁兵, 等. 西准噶尔谢米斯台铜矿的发现及意义[J]. 新疆地质, 2010, 28(4): 413-418.

[87] 邵行来, 薛春纪, 严育通, 等. 地面高磁度连续磁测在西天山群吉萨依铜矿勘查应用[J]. 新疆地质, 2011, 29(3): 342-347.

[88] Т Н полимов. 天山地壳演化过程中的岩浆作用类型[J]. цэъ·Ач·kosccp, 1985, (1).

[89] 田培仁. 对伊犁地区铁铜矿产分布规律的初步认识[J]. 新疆冶金地质, 1979(2):

[90] 田培仁. 新疆波浪镶嵌构造与区域主要金属矿产[J]. 新疆矿产地质, 1992(3): 11-17.

[91] 田培仁. 浅析新疆钨锡矿[J]. 新疆有色金属, 1990(2): 27-32.

[92] 田培仁. 新疆主要金属矿产区域集群与板块构造关系研讨[C]//第二届天山地质矿产学术讨论会论文集, 乌鲁木齐: 新疆人民出版社, 1991, 227-235.

[93] 田培仁. 伊犁亚板块构造格架与金属矿产区域特征[J]. 矿产与地质, 1992, 6(3): 167-176.

[94] 田培仁. 非天山方向构造与区域控矿探讨[J]. 地质与勘探, 1993(9): 29-32.

[95] 田培仁. 泛论中亚构造与成矿[J]. 矿产与地质, 1995, 9(2): 95-102.

[96] 田培仁, 周自成. 由中亚矿产地质背景谈新疆有色-贵金属超大型矿床成矿问题[C]//第三届天山地质矿产学术讨论会论文集, 乌鲁木齐: 新疆人民出版社, 1995.

[97] 田培仁, 周自成. 再论新疆非天山构造[J]. 新疆有色金属, 1997, (1): 1-3.

[98] 田培仁, 周自成. 浅议新疆地壳结构和构造演化与成矿作用[C]//第四届天山地质矿产学术讨论会论文集, 乌鲁木齐: 新疆人民出版社, 2000, 35-44.

[99] 田培仁, 周自成. 新疆铜铅锌矿主要矿床类型的宏观特征及有望矿产区带厘定[C]//第五届天山地质矿产学术讨论会论文集, 乌鲁木齐: 新疆科技出版社, 2005, 119-125.

[100] 田薇. 新疆伊犁晚古生代裂谷陆相火山岩型铜(银)矿的成矿规律及其找矿前景(以阿吾拉勒地区为例)[J]. 矿产与地质, 2006, 20(3): 237-242.

[101] 涂光炽. 新疆找矿工作的几点粗浅设想[C]//新疆与周边地质矿产综合研究第一集, 北

京：科学出版社，1986，1-8.

[102]涂光炽.初议中亚成矿域[J].地质科学，1999，34（4）：397-404.

[103]涂光炽.从一个侧面看矿床事业的发展-若干重要矿床领域的新进展及找矿思维的开拓[J].矿床地质，2002，21（2）：97-105.

[104]汤良杰.略论塔里木盆地主要构造运动[C]//第三届天山地质矿产学术讨论会论文集，乌鲁木齐：新疆人民出版社，1995.

[105]田培仁，胡庆雯.西塔里木晚古生代海相热水-火山热水沉积型铅锌（铜）矿区域成矿特征[J].矿产勘查，2010，1（2）：131-139.

[106]V I 斯米尔诺娃等.铜矿床[J].矿床研究，1983.

[107]V A 穆辛，X A 阿布杜拉也夫，B E 米纳耶夫，C E 赫里斯托夫，S A 业甘别尔迪耶夫，田培仁.中亚古生代地球动力学[J].新疆有色金属，1996，（4）：50-58.

[108]吴顺发.论环形影像及其与岩金矿化区的关系[J].黄金地质科技.1990（1）：48-53.

[109]王学潮，何国琦，李茂松，陆书宁.浅论反天山构造带[J].新疆地质，1996（3）：193-203.

[110]王永新.简论准噶尔西南缘及西部天山矿集区成矿地质环境与前景预测[C]//第四届天山地质矿产学术讨论会论文集，乌鲁木齐：新疆人民出版社，2000，319-323.

[111]王永新.东帕米尔层控碳酸岩型铁铜金矿浅释[J].新疆地质，2004，22（4）：370-373.

[112]王江涛.新疆大小金沟成矿地质条件及找矿方向[J].新疆地质，2003，21（2）：257-258.

[113]王文胜.新疆阿合奇马场地区地球化学特征及与成矿关系探讨[J].新疆地质，2009，27（2）：141-144.

[114]王勇.西准噶尔地区阿尔木强铜矿地质特征及成因分析[J].矿产勘查，2018，9（8）：1506-1515.

[115]王永新，田培仁.浅论新疆海相火山热水沉积矿床的分带及其找矿意义[J].地质与勘探，2003，39（4）：6-11.

[116]王永新，田薇.赛里木地块地质构造演化与矿产分布及前景展望[C]//第五届天山地质矿产学术讨论会论文集，乌鲁木齐：新疆科技出版社，2005，146-200.

[117]王京彬，秦克章，吴志亮等.阿尔泰山南缘火山喷流沉积型铅锌矿床[M].北京：北京：地质出版社，1998，14-17.

[118]汪劲草，夏斌，漆树基.伊宁吐拉苏火山盆地金矿成矿构造系统与远景评估[J].新疆地质，2003，21（4）：383-386.

[119]吴华，李华芹，莫新华等.新疆哈密白石泉铜镍矿区基性-超基性的形成时代及地质意义[J].地质学报，2005，79（4）：499-502.

[120]王龙生，李华芹，刘德权等.新疆哈密维权（铜）：矿床地质特征和成矿时代[J].矿床地质，2005，24（3）：280-283.

[121]吴益平，陈克强，钟莉.新疆阿尔金断裂北缘喀腊大湾铜多金属矿床地质特征及控矿因素分析[C]//第六届天山地质矿产学术讨论会论文集，乌鲁木齐：新疆青少年出版社，2008.

[122]王平户，张国成，解新国.新疆库木库里盆地砂砾岩型铜矿成因分析[J].地质与勘探，

2009, 45(1): 18-22.

[123]肖序常等.中国新疆地壳结构与地质演化[M].北京: 地质出版社, 2010.

[124]熊光楚.地球物理调查预测金属矿床[M].北京: 地质出版社, 1986.

[125]熊光楚.新疆金属矿产快速勘查方法技术系统[M].北京: 地质出版社, 1997.

[126]新疆维吾尔自治区地质矿产局.新疆维吾尔自治区区域地质志(区域地质)[M].地质出版社, 1993.

[127]新疆维吾尔自治区地方志编纂委员会.新疆通志(地质矿产志)[M].乌鲁木齐: 新疆人民出版社, 1997.

[128]许桂红, 肖昱, 田培仁.新疆塔里木元古代海相热水-火山热水沉积金属矿床成矿背景与成矿预测(扩充版)[C]//新疆矿业发展建言献策研讨会文集, 2006.

[129]许桂红, 肖昱, 田培仁.塔里木盆地周缘中新生代砂岩型铅锌铜锰区域成矿浅析[J].矿产勘查, 2014, 5(6): 857-865.

[130]肖庆华, 秦克章, 许英霞, 等.东疆中天山红星山铅锌(银)矿床地质特征及区域成矿作用对比[J].矿床地质, 2009, 28(2): 120-132.

[131]肖昱, 许桂红, 田培仁.谈塔里木板块开合构造与层次成矿(以层控金属矿床为例)[J].矿产与地质, 2016, 30(1): 35-41.

[132]肖昱, 许桂红, 杨艳绪, 等.新疆哈密市野马泉西金矿成因探讨[J].矿产与地质, 2018, 32(6): 2011-2015.

[133]袁学诚, 左愚, 徐新忠, 等.阿-阿断面与西夏克拉通[C]//新疆地质科学(5), 北京: 地质出版社, 1994.

[134]杨泽军, 靖军, 郭德红.阿沙勒金矿地质特征及成因初探[J].新疆地质, 1999, 17(3): 181-188.

[135]杨富全, 王立本.新疆霍什布拉克碱长花岗岩地球化学及成矿作用[J].地质与资源, 2001, 10(4): 199-203.

[136]袁英霞, 潘朝霞, 钱玉珍.新疆库鲁克塔格兴地Ⅱ号岩体铜镍含矿性评价[J].新疆地质, 2002, 20(1): 49-52.

[137]杨屹, 杨凤, 刘新营, 等.阿尔金大平沟金矿床地质特征及成因探讨[J].新疆地质, 2002, 20(1): 44-48.

[138]杨甲全, 钟莉, 邓刚.北山地区坡北Ⅰ号, 10号基性-超基性岩体成矿预测及找矿方向[J].新疆地质, 2002, 20(3): 214-218.

[139]印建平, 王旭东, 李明, 等.西昆仑卡拉塔什矿区含铜砂页岩中发现钴矿[J].地质通报, 2003, 22(19): 736-740.

[140]印建平, 田培仁, 戚学祥, 等.西昆仑塔木—卡兰古铅锌铜矿带含矿岩系的地质地球化学特征[J].现代地质, 2003, 17(2): 143-150.

[141]杨富全, 邓会娟, 夏浩东, 等.新疆阿图什彻依布拉克锡多金属矿点地质特征[J].新疆地质, 2003, 21(4): 426-432.

[142]杨富全, 毛景文, 夏浩东, 等.新疆北部古生代浅成低温热液型金矿特征及其地球动力学背景[J].矿床地质, 2005, 24(3): 242-259.

［143］杨富全，毛景文，王义天，等.新疆西南天山萨瓦亚尔顿金矿床地质特征[J].新疆地质，
2005，24(3)：206-223.

［144］杨富全，毛景文，王义天.新疆西南天山萨瓦亚尔顿金矿床地质特征及成矿作用[J].矿
床地质，2006，24(3)：206-217.

［145］杨建国，阎哗轶，徐学义.西南天山成矿规律及其与境外对比研究[J].矿床地质，2004，
23(1)：20-29.

［146］尹意求，郭正林，胡兴平，等.新疆吉木乃县艾丁克罗赛铜矿的矿化类型及成矿模式
[J].地质与勘探，2005，41(3)：1-6.

［147］燕长海，陈曹军，曹新志，等.新疆塔什库尔干地区"帕米尔式"铁矿床的发现及其地质意
义[J].地质通报，2012，31(4)：549-557.

［148］杨志强，李俊芳，樊颖华.新疆东戈壁钼矿床地质特征及成矿阶段划分[J].矿产勘查，
2013，4(6)：616-623.

［149］袁涛.新疆西天山莫托沙拉铁(锰)矿床与式可布台铁矿床地质特征对比[J].地质找矿论
丛，2003(S1)：89-92.

［150］张良臣.中国新疆板块构造与动力学特征[C]//第三届天山地质矿产学术讨论会论文集，
乌鲁木齐：新疆人民出版社，1995.

［151］周守沄.东天山新一轮国土资源大调查区的地质构造及金铜成矿带与成矿远景区[C]//
第四届天山地质矿产学术讨论会论文集，乌鲁木齐：新疆人民出版社，2000，276-288.

［152］赵树铭.伊犁板块演化及其成矿规律[C]//第三届天山地质矿产学术讨论会论文集，乌
鲁木齐：新疆人民出版社，1995.

［153］祝新友，汪东坡，王书来等.新疆阿克陶县塔木—卡兰古铅锌矿带矿体地质特征[J].地
质与勘探，1999，36(6)：32-35.

［154］张希栋，查仁荣，赵新生.新疆和硕南山金矿成矿条件及找矿远景分析[C]//第四届天山
地质矿产学术讨论会论文集，乌鲁木齐：新疆人民出版社，2000，395-401.

［155］张子敏，马汉峰，蔡根庆.南天山独山锡矿床的成矿特征及成矿模式[J].新疆地质，
2001，19(1)：49-53.

［156］赵祖应，唐晓东.西克尔新近纪砂岩铜矿矿床地质特征及开发利用前景[J].新疆地质，
2003，21(1)：141-142.

［157］赵振华，熊小林，王强，等.新疆西天山莫斯早特石英钠长斑岩铜矿床(一个与埃达克质
岩石有关的铜矿实例)[J].岩石学报，2004，20(2)：249-258.

［158］周圣华，胡庆雯，田培仁.论新疆伊犁浅成低温热液型金矿与斑岩型铜(钼金)矿的相随
相伴规律[J].矿产与地质，2008，22(5)：400-404.

［159］张良臣，刘国忠.塔里木地块及其陆缘铁矿[C]//第六届天山地质矿产学术讨论会论文
集，乌鲁木齐：新疆青少年出版社，2008，726-727.

［160］周涛发，袁峰，张达玉，范裕，刘帅，彭明兴，张建滇.新疆东天山觉罗塔格地区花岗岩
类年代学构造背景及其成矿作用研究[J].岩石学报，2010，26(2)：478-502.

［161］张喜，高俊，董连慧，李继磊，刘新，钱青，江拓.伊什基里克山切特木斯铜矿区火山岩
地球化学特征与成矿背景探讨[J].新疆地质，2011，29(1)：7-12.

[162]张振杰, 吕新彪, 陈超.新疆忠宝钨矿床成矿流体特征与演化[J].矿床地质, 2011, 30
(6): 1058-1068.

[163]赵树铭, 杨维忠, 王敦科, 宋安强.卡特巴阿苏金矿床地质特征及成因探讨[J].矿床地
质, 2012, 31(S): 825-826.

[164]周斌, 王峰, 王明志, 李晓聪, 白小鸟, 潘亮, 韩旭.水系沉积物测量在新疆霍什布拉克
地区找矿应用[J].物探与化探, 2014, 38(5): 872-878.

[165]钟世华, 申萍, 潘鸿迪, 郑国平, 鄢瑜宏, 李晶.新疆西准噶尔苏云河钼矿床成矿流体和
成矿时代[J], 岩石学报, 2015, 31(2): 449-464.